中 外 物 理 学 精 品 书 系

本 书 出 版 得 到 " 国 家 出 版 基 金 " 资 助

U0246954

国家出版基金项目
NATIONAL PUBLICATION FOUNDATION

中外物理学精品书系

前沿系列·16

加速器物理基础

陈佳洱 主编

陈佳洱 方家驯 郭之虞
李国树 裴元吉 　编著

北京大学出版社
PEKING UNIVERSITY PRESS

图书在版编目(CIP)数据

加速器物理基础/陈佳洱主编. —北京:北京大学出版社,2012.9
(中外物理学精品书系·前沿系列)
ISBN 978-7-301-21270-7

Ⅰ. ①加…　Ⅱ. ①陈…　Ⅲ. ①加速器-高等学校-教材　Ⅳ. ①TL501

中国版本图书馆 CIP 数据核字(2012)第 222081 号

书　　　名	加速器物理基础
著作责任者	陈佳洱　主编
责任编辑	刘　啸
标准书号	ISBN 978-7-301-21270-7
出版发行	北京大学出版社
地　　　址	北京市海淀区成府路 205 号　100871
网　　　址	http://www. pup. cn
电　　　话	邮购部 62752015　发行部 62750672　编辑部 62752021
	出版部 62754962
电 子 邮 箱	zpup@pup. pku. edu. cn
印　刷　者	北京宏伟双华印刷有限公司
经　销　者	新华书店

730 毫米×980 毫米　16 开本　29.75 印张　567 千字
2012 年 9 月第 1 版　2024 年 8 月第 6 次印刷

定　　　价：80.00 元

序　言

　　物理学是研究物质、能量以及它们之间相互作用的科学。她不仅是化学、生命、材料、信息、能源和环境等相关学科的基础,同时还是许多新兴学科和交叉学科的前沿。在科技发展日新月异和国际竞争日趋激烈的今天,物理学不仅囿于基础科学和技术应用研究的范畴,而且在社会发展与人类进步的历史进程中发挥着越来越关键的作用。

　　我们欣喜地看到,改革开放三十多年来,随着中国政治、经济、教育、文化等领域各项事业的持续稳定发展,我国物理学取得了跨越式的进步,做出了很多为世界瞩目的研究成果。今日的中国物理正在经历一个历史上少有的黄金时代。

　　在我国物理学科快速发展的背景下,近年来物理学相关书籍也呈现百花齐放的良好态势,在知识传承、学术交流、人才培养等方面发挥着无可替代的作用。从另一方面看,尽管国内各出版社相继推出了一些质量很高的物理教材和图书,但系统总结物理学各门类知识和发展,深入浅出地介绍其与现代科学技术之间的渊源,并针对不同层次的读者提供有价值的教材和研究参考,仍是我国科学传播与出版界面临的一个极富挑战性的课题。

　　为有力推动我国物理学研究、加快相关学科的建设与发展,特别是展现近年来中国物理学者的研究水平和成果,北京大学出版社在国家出版基金的支持下推出了“中外物理学精品书系”,试图对以上难题进行大胆的尝试和探索。该书系编委会集结了数十位来自内地和香港顶尖高校及科研院所的知名专家学者。他们都是目前该领域十分活跃的专家,确保了整套丛书的权威性和前瞻性。

　　这套书系内容丰富,涵盖面广,可读性强,其中既有对我国传统物理学发展的梳理和总结,也有对正在蓬勃发展的物理学前沿的全面展示;既引进和介绍了世界物理学研究的发展动态,也面向国际主流领域传播中国物理的优秀专著。可以说,“中外物理学精品书系”力图完整呈现近现代世界和中国物理科学发展的全貌,是一部目前国内为数不多的兼具学术价值和阅读乐趣的经典物理丛书。

　　"中外物理学精品书系"另一个突出特点是,在把西方物理的精华要义"请进来"的同时,也将我国近现代物理的优秀成果"送出去"。物理学科在世界范围内的重要性不言而喻,引进和翻译世界物理的经典著作和前沿动态,可以满足当前国内物理教学和科研工作的迫切需求。另一方面,改革开放几十年来,我国的物理学研究取得了长足发展,一大批具有较高学术价值的著作相继问世。这套丛书首次将一些中国物理学者的优秀论著以英文版的形式直接推向国际相关研究的主流领域,使世界对中国物理学的过去和现状有更多的深入了解,不仅充分展示出中国物理学研究和积累的"硬实力",也向世界主动传播我国科技文化领域不断创新的"软实力",对全面提升中国科学、教育和文化领域的国际形象起到重要的促进作用。

　　值得一提的是,"中外物理学精品书系"还对中国近现代物理学科的经典著作进行了全面收录。20 世纪以来,中国物理界诞生了很多经典作品,但当时大都分散出版,如今很多代表性的作品已经淹没在浩瀚的图书海洋中,读者们对这些论著也都是"只闻其声,未见其真"。该书系的编者们在这方面下了很大工夫,对中国物理学科不同时期、不同分支的经典著作进行了系统的整理和收录。这项工作具有非常重要的学术意义和社会价值,不仅可以很好地保护和传承我国物理学的经典文献,充分发挥其应有的传世育人的作用,更能使广大物理学人和青年学子切身体会我国物理学研究的发展脉络和优良传统,真正领悟到老一辈科学家严谨求实、追求卓越、博大精深的治学之美。

　　温家宝总理在 2006 年中国科学技术大会上指出,"加强基础研究是提升国家创新能力、积累智力资本的重要途径,是我国跻身世界科技强国的必要条件"。中国的发展在于创新,而基础研究正是一切创新的根本和源泉。我相信,这套"中外物理学精品书系"的出版,不仅可以使所有热爱和研究物理学的人们从中获取思维的启迪、智力的挑战和阅读的乐趣,也将进一步推动其他相关基础科学更好更快地发展,为我国今后的科技创新和社会进步做出应有的贡献。

"中外物理学精品书系"编委会　主任

中国科学院院士,北京大学教授

王恩哥

2010 年 5 月于燕园

内 容 简 介

本书首先系统地讲解了粒子加速器的基本概念、原理和加速器物理的相关基础知识，包括加速器基本构成、发展概况、分类方法、粒子运动的相对论描述、粒子源和粒子束的光学特性等．之后，本书对各种类型的加速器作了全面、详细的介绍和分析．这些加速器包括高压加速器、感应型加速器、回旋加速器、同步加速器、高能加速器组合，以及直线加速器等．同时，本书还讨论了带电粒子在恒定磁场中的运动和聚焦，以及在加速器研究发展中产生过重要影响的自动稳相原理．最后，本书还对加速器的新技术和新原理做了介绍，并探讨了它们的发展前景．

本书是面向加速器专业本科生的教材，也可作为加速器专门化课程的教科书或加速器领域研究生的教学参考书．同时，本书也可供加速器物理相关领域的研究人员参考．

序

近一个世纪以来,作为人类探索微观世界的重要手段,粒子加速器科学技术取得了巨大的成就.最初粒子加速器只是实验室中的一项设备,如今超高能的加速器和对撞机已发展成周长达数十千米的规模巨大的国际巨型高新技术工程,它们加速粒子的能量比早期加速器提高了 7 个数量级以上!粒子加速器的应用范围现在也已经远远超出基础研究领域,各类加速器在工业、农业、医药以及国防建设的各条战线上发挥着重要作用.面对一门发展如此迅猛,内容如此丰富的综合性的科学技术,我们显然难以将一切最有趣、最先进的东西包括到书中来.因此,作为一本教科书,我们首先强调的是粒子加速器的基本概念、原理和基础知识.我们期望学生通过本课程的学习,深入了解各类加速器的概念、原理、结构、性能要点、主要应用,以及它们之间的内在联系和共同规律.只有这样,才能为进一步学习加速器相关的其他课程或创造性地从事加速器相关领域的研究工作打下坚实的基础.

本书在内容的选取上着重于当前常用的、性能比较先进的加速器,而对趋于或已经淘汰的加速器只作简要的介绍.但对于历史上一些富有启发性的概念和尝试,则作为加速器技术的发展过程适当予以讨论,以活跃学生的思想.鉴于近些年来我国加速器领域的巨大进展和未来的发展需求,我们既注意介绍国内加速器的成就、现状及有关的数据,同时也注意介绍国际的先进水平和发展趋势.本书在内容的阐述上注意原理讲解与实物形象相结合,力求给出比较清楚的物理图像而不拘泥于严格的数学推导.为了便于学生系统地学习和掌握相关知识,我们将不同加速器中共同的问题适当地归纳集中以减少繁琐重复.

本书共分十一章.第一、二章对粒子加速器的概貌,以及加速粒子的产生和光学特性作了全面介绍.第三章集中讨论了直流高压型加速器,包括倍压加速器、静电加速器、串列式加速器、强脉冲电子束加速器等的有关原理和工作特性.第四章阐述了带电粒子在磁场中运动的一般规律,这是加速粒子在圆形轨道加速器中运动的共同规律.在此基础上,第五、六、八、十章分别介绍了电子感应加速器、回旋加速器、同步加速器,以及电子回旋加速器等圆形轨道加速器.第七章集中讨论了自动稳相原理,这是同步加速器、直线加速器和电子回旋加速器共同的理论基础.第九章讨论了直线加速器,包括离子直线加速器、电子直线加速器和超导直线加速器等.最后一章介绍了加速技术的新发展,其中包括新原理、新技术以及它们的发展前景.

　　本书是加速器专业本科生的适用教材,也可作为加速器专门化课程的教科书或加速器领域研究生的教学参考书.本书全部讲授约需要 90 学时,要求学生在学习本课程前学过高等数学、普通物理、理论力学、电动力学,以及高频电子学等基础课程.

　　本书第一、六、十一章由陈佳洱编写,第二、五、十章由李国树编写(陆元荣整理),第七、九章由方家驯编写,第八章由裴元吉编写,此外由李国树和裴元吉合编了第四章,郭之虞和陈佳洱合编了第三章,最后由陈佳洱对全书作了统稿工作.

　　本书大纲制订和编写过程中得到了北京大学、清华大学、原子能科学研究院、中科院高能物理研究所、兰州近代物理研究所、上海原子核所、复旦大学和中国科技大学的专家教授的热情支持.他们提出了不少宝贵意见,也提供了不少资料、图片和有益的建议.北京大学的陆元荣同志为本书成稿做出了很大贡献.在此一并致谢.

　　由于本书编者学识所限,书中难免有缺点和不妥之处,敬请读者批评指正.

中国科学院院士　陈佳洱

2012 年 4 月

于北京大学物理学院

常用符号表

一般一个符号只代表一个物理量,但也有的符号在不同地方代表了不同的物理量.现将本书所用符号及其物理意义按字母顺序排列如下:

A	束椭圆的相面积、对撞机中两对撞束的束流截面积	F	聚焦节、扇形磁场调变度、粒子受到的作用力、组合透镜焦距
A_x	径向自由振荡的振幅		
A_z	轴向自由振荡的振幅	f	频率、透镜的焦距
a	RFQ加速器束流通道的最小半径、束流半径	f_c	粒子回旋频率、电磁波在波导中传播的截止频率
a_n	第 n 次空间谐波的振幅	f_r	高频加速电场频率
$\boldsymbol{B}$	磁感应强度矢量	f_s	理想粒子的回旋频率
B	亮度	G	粒子回旋一圈被加速的次数、磁刚度
B_i,B_f	磁感应强度的初始值和终止值		
B_n	归一化亮度	g	漂浮管间加速间隙的宽度
B_r,B_θ,B_z	磁感应强度在径向、角向、轴向的三个分量	$\boldsymbol{H}$	磁场强度矢量
b	输电带的宽度	H_c	临界磁场强度
b_{rk},b_{zk}	径向、轴向磁场畸变量 k 次谐波的幅值	H_r,H_θ,H_z	$\boldsymbol{H}$ 磁场强度在圆柱坐标中径向、角向、轴向的三个分量
C	电容、周长、常数	h	谐波系数或倍频系数
c	光在真空中的速度	H_{sh}	超热临界磁场
D	加速腔的内直径、散焦节	I	束流强度、单位矩阵
d	双圆筒电极的间隙宽度	I_0,I_1	修正贝塞尔函数
$\boldsymbol{E}$	电场强度矢量	J	刚体的转动惯量
E_b	击穿电场强度	$J_m(m=0,1,2,\cdots)$	贝塞尔函数
E_n	一个单元内轴上峰值平均电场	$\boldsymbol{j}$	热或者场致发射电流密度矢量
$E_z(z,t)$	轴上电场分布	j	单位虚数
E_r,E_θ,E_z	$\boldsymbol{E}$ 在圆柱坐标中径向、角向、轴向的三个电场分量	K	回旋加速器的能量常数、四极透镜的聚焦常数
		K_0,K_1	修正贝塞尔函数
		$K_{5/3}$	第二类分数阶修正贝塞尔函数

k	四极透镜的梯度、倍频系数或谐波系数	Q_L	腔的有载品质因数
$k=\omega/c$	角频率为 ω 的波在自由空间的传播系数	q	粒子的电荷数
		R	电阻
$k=2\pi/\beta\lambda$	与粒子同步的谐波分量的传播系数	R_{BCS}	材料的表面电阻
		r	半径
L	轨道长度、电感	r_c	瞬时轨道半径、回旋加速器的封闭轨道半径
L'	传输线单位长度上的电感值	r_s	平衡轨道半径
l	腔长、加速管长度	S	面积
l_0	直线节长度	s	轨道变量
l_n	相邻两个漂浮管间隙中心的长度	T	粒子运动周期、时间渡越因子、热力学温度
M	互感系数、带电粒子运动的转换矩阵	T_c	非理想粒子的运动周期、充电时间
M_0	自由空间的转换矩阵	T_r	高频电场的周期
M_x	磁场中粒子径向运动的转换矩阵	T_s	同步粒子运动周期
M_z	磁场中粒子轴向运动的转换矩阵	T_{sN}	第 N 圈电子的回旋周期
M_{px},M_{pz}	边缘磁铁的转换矩阵	t	时间变量
m	RFQ 加速器电极调制系数、粒子的质量	U	粒子每回旋一圈所辐射的能量
m_0	粒子的静止质量	$U(\varphi)$	位能函数
m_{ij}	束流转换矩阵的矩阵元	$U(r,\theta,z)$	RFQ 电极在傍轴附近产生的空间电位分布
N	倍压电源的级数、扇形磁铁的数目、轨道磁场的周期数	U_r	径向一周的振荡能
n	单元链中的单元序数、磁场降落指数或者磁场对数梯度	U_z	轴向一周的振荡能
		V	相体积、相邻电极间的电位差、高频电压
O	漂移节	V_a	高频电压的幅值
P	高频功率及功率损耗	$\boldsymbol{v}$	粒子运动的速度矢量
$\boldsymbol{p}$	粒子的动量矢量	v_r,v_θ,v_z	粒子运动的速度分量
p_r,p_θ,p_z	粒子动量的径向、角向、轴向分量	v_g	波的群速度
		v_{nf}	第 n 次正向行波的相速度
p_x,p_y,p_z	动量在直角坐标系中的三个分量	v_{nb}	第 n 次反向行波的相速度
		v_p	波的相速度
Δp	粒子的动量分散	W	粒子的动能
Q	腔的品质因数、高压电极上积累的电荷量	W_m	回旋加速器中粒子的极限能量
		W_t	谐振腔的电磁总储能
		W_{tr}	粒子的临界动能

ΔW_n	粒子第 n 次加速时所获得的动能增量	λ	电磁波的波长
x	粒子轨道的径向偏移	μ	周期聚焦结构中一个周期的相移量、磁导率
Z	阻抗、原子序数	μ_0	真空磁导率
Z_0	传输线的特性阻抗	ν	粒子一圈内的振荡次数
Z_{eff}	有效分路阻抗	ν_r	粒子径向振荡次数
Z_{in}	谐振腔的输入阻抗	ν_z	粒子轴向振荡次数
Z_s	谐振腔的分路阻抗	ξ	膜片透镜的孔径修正系数、色品
z	粒子轨道的轴向偏离、直线加速器中粒子所处的轴向位置	ξ_0	谷场区轨道对中心的张角
α	加速管设计及工艺常数、粒子的动能与静止能量之比	ρ	粒子在磁场中的轨道曲率半径
$\alpha(s),\beta(s),\gamma(s)$	自由振荡函数	σ_s	输电带表面平均电荷密度
$\alpha_{\text{L}},\alpha_r$	轨道因子	σ_{sm}	输电带表面最大电荷密度
β	粒子的相对速度	Φ	磁通量
γ	能量的相对论因子	φ	高频电场相位
ε	发射度、粒子总能量	φ_i	注入时粒子的高频相位
ε_0	真空介电常数、粒子静止能量、流强峰值处能量	φ_s	平衡相位
ε_n	归一化发射度	$(\Delta\varphi)_{\text{m}}$	相振荡的振幅
ε_{tr}	临界能量	Ω	相振荡的角频率
$(\Delta\varepsilon)_{\text{m}}$	相振荡的能量振幅	ω	粒子回旋角频率
$\delta\varepsilon=\Delta\varepsilon_{1/2}/\varepsilon_0$	能散度	ω_0,ω_π	0 模、π 模的振荡角频率
η	正电子产额、动量分散函数	ω_c	波导的截止角频率、粒子的回旋角频率
η_0	峰场区轨道对中心的张角	ω_r,ω_z	径向、轴向的振荡角频率

目　　录

第一章 绪 论

第一节 加速器的基本构成

加速器的全名是"带电粒子加速器",它是一种用人工方法产生高能带电粒子束的装置。它利用一定形态的电磁场将正负电子、质子、轻重离子等带电粒子加速,使它们的速度达到每秒几千千米、几万千米乃至接近光速。这种具有相当高能量的粒子束,是人们变革原子核、研究"基本粒子"、认识物质深层结构的重要工具。同时,它在工农业生产、医疗卫生、科学技术以及国防建设等方面也都有着广泛而重要的应用。

粒子加速器是一种复杂的高技术工程设备,大体上由四个基本部分及若干辅助系统构成(图 1.1):

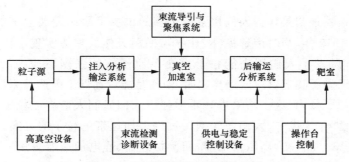

图 1.1 加速器的基本构成示意图

（1）粒子源：用来提供待加速的各种带电粒子束,如各种类型的电子枪、离子源以及极化离子源等。

（2）真空加速室：这是一种装有加速结构的真空室,用以在真空中产生一定形态的加速电场,使粒子在不受空气分子散射的条件下得到加速,如各种类型的加速管、射频加速腔和环形加速室等。

（3）导引聚焦系统：用一定形态的电磁场来引导并约束被加速的粒子束,使之沿着预定的轨道受加速电场的加速,如圆形加速器的主导磁场与四极透镜场等。

（4）束流输运、分析系统：这是由电、磁场透镜,弯转磁铁和电、磁场分析器等器件构成的系统,用来在粒子源与加速器之间或加速器与靶室之间输运并分析带电粒子束。当多个加速器串接工作时,用来在加速器之间分析、输运粒子束。

　　除了上述四个基本部分之外,加速器通常还设有各种束流监测与诊断装置、电磁场的稳定控制装置、真空设备以及供电与操作设备等.

　　加速粒子所达到的能量是表征加速器性能的重要参数之一,它的基本单位是电子伏(eV)(1 eV＝1.602×10^{-19} J),但在加速器中常用的单位还包括千电子伏(keV)、兆电子伏(MeV)、吉电子伏(GeV)和太电子伏(TeV)等.它们之间的换算关系为:

$$1 \text{ 千电子伏} \qquad 1 \text{ keV} = 10^3 \text{ eV},$$

$$1 \text{ 兆电子伏} \qquad 1 \text{ MeV} = 10^6 \text{ eV} = 1\,000 \text{ keV},$$

$$1 \text{ 吉电子伏} \qquad 1 \text{ GeV} = 10^9 \text{ eV} = 1\,000 \text{ MeV},$$

$$1 \text{ 太电子伏} \qquad 1 \text{ TeV} = 10^{12} \text{ eV} = 1\,000 \text{ GeV}.$$

　　能量在 100 MeV 以下的加速器称为低能加速器,能量在 100 MeV～1 GeV 间的称为中能加速器,能量在 1～100 GeV 间的为高能加速器,在此之上的统称超高能加速器.不同能量的加速器,如低能与高能加速器之间,其结构和规模有很大的差异.这些我们将在本书的有关章节中加以讨论.

第二节　　加速器的发展概况

　　粒子加速器最初是作为人们探索原子核的重要手段而发展起来的.它的历史应该追溯到 1919 年,当时卢瑟福(Rutherford)用天然放射源实现了历史上第一个人工核反应,激发了人们用高能粒子束变革原子核的强烈愿望.1928 年伽莫夫(Gamov)关于量子隧道效应的计算表明,即使是能量远低于天然 α 射线的粒子,也有可能透入原子核内.这一结果进一步增强了人们研制人造高能粒子源的兴趣和决心.20 世纪 20 年代中,人们曾经探讨过许多加速带电粒子的方案,也进行了许多实验.到了 30 年代初,高压倍加器、回旋加速器、静电加速器等第一批粒子加速器终于相继问世.1932 年,J. D. 考克饶夫特(J. D. Cockcroft)和 E. T. 瓦耳顿(E. T. Walton)用他们所建造的 700 kV 高压倍加器加速了质子,并实现了第一个由人工加速的粒子引起的核反应 Li(p,α)He. 同年 E. O. 劳伦斯(E. O. Lawrence)等发明的回旋加速器也开始运行.几年之后,他们用由回旋加速器获得的 4.8 MeV 氢离子和氘束轰击靶核产生了高强度的中子束,还首次制成了 ^{24}Na,^{32}P 和 ^{131}I 等人工放射性核素.这几位加速器的先驱者后来分别获得了诺贝尔物理学奖.同一时期,R. J. 范德格拉夫(R. J. Van de Graaff)创建了静电加速器,它的加速粒子能量虽不如回旋加速器的高,却十分精确,且平滑易调,被誉为研究原子核的理想工具.

　　首批加速器的诞生和运行显示了由人工加速方法产生高能粒子束的优越性:不仅粒子束的强度远高于宇宙线或天然放射性核素所放射出的粒子射线的强度,并且粒子的品种多,束流的能量和方向又可以在一定范围内精细调节.这些重要的优点都是天然放射源所不具备的.

此后的几十年间,随着人们对微观物质结构的探索不断深入到更小尺度的新层次,对加速器的要求也不断地从已经达到的能量推向新的、更高的能量范围.这一趋势促使人们不断地用新的概念、新的原理和技术来突破已有的加速器所受到的技术或经济的限制,造出新型的加速器来.在第二次世界大战结束以前,回旋加速器曾经是唯一的能将氘或 α 粒子的能量加速到 20～50 MeV 的加速器,但由于加速粒子的质量随着能量迅速增长的相对论效应,回旋加速器很难把质子能量加速到 25 MeV 以上,更不适宜于加速电子.1940 年, D. W. 克斯特(D. W. Kerst)利用电磁感应产生的涡旋电场实现了新型的加速电子的感应加速器.几年之后,电子感应加速器的能量达到了 100 MeV. 1945 年 V. I. 维克斯勒尔(V. I. Veksler)和 E. M.麦克米伦(E. M. McMillan)分别提出了谐振加速中的自动稳相原理,从理论上指出了突破回旋加速器能量上限的方法,结果引起了兴建电子同步加速器、同步回旋加速器和质子同步加速器等新一代中高能回旋谐振式加速器的高潮.另一方面,二次大战期间发展起来的兆瓦级大功率射频、微波技术大大地推动了直线加速器的发展. L. 阿耳瓦列兹(L. Alvarez)和 W. W. 汉森(W. W. Hansen)分别领导建造的质子驻波直线加速器和电子行波直线加速器,奠定了现代直线加速器发展的基础.在加速电子的过程中,直线加速器没有同步加速器那种明显的同步辐射损失,因而可以达到很高的能量.美国斯坦福的 3 km 长的 35～50 GeV 电子直线加速器(SLAC)在相当长的时期保持着加速电子的能量记录.

采用传统的弱聚焦结构的同步加速器在提高能量的过程中遇到了磁体尺寸、体积过大的困难,阻碍了它的发展. 20 世纪 50 年代初, M. S. 利文斯顿(M. S. Livingston)、E. D. 柯朗(E. D. Courant)等提出的强聚焦原理,可使加速器的磁体的尺寸大大缩减,结果又导致了一批新的强聚焦型加速器的诞生,诸如强聚焦同步加速器、扇形聚焦回旋加速器以及采用强聚焦透镜的直线加速器等.美国费米实验室按这个原理建成的强聚焦质子同步加速器的能量达到了 500 GeV,比弱聚焦质子同步加速器的能量记录高出了近 40 倍.

上面所提到的都是用加速粒子束打静止靶的加速器.在这样的方式下粒子与靶核间的有效作用能存在着随加速器能量的提高而增长缓慢的问题.1956 年克斯特提出通过高能粒子束间的对撞来提高质心系统的有效作用能的概念.在这一概念的引导下,人们兴建了一批对撞机.今天活跃在超高能物理前沿的加速器都属于对撞机这一类型,包括有效作用能为 2 TeV 的质子-反质子对撞机、100～140 GeV 的正负电子对撞机,以及在欧洲核子中心调试运行的大型强子对撞机(LHC)等.在LHC 中,质子在长约 27 km 的隧道中被加速到 7.0 TeV 进行对撞,达到 14.0 TeV 的有效作用能量.质子与相对较重的离子碰撞时,还能产生 1 148 TeV 的作用能量.

　　近一个世纪以来的历史证明,每当一种类型的加速器的能量达到极限时,总会有另一种基于新的加速原理或技术的加速器问世,它具有向更高能区发展的潜力.加速器发展中的这种新陈代谢的力量使加速器的能量在 60 年中提高了约 8 个数量级,而每单位能量的造价则下降了约 6 个数量级.(见图 1.2 和图 1.3)加速器的数量从一两台发展到 4～5 千台,而加速粒子的种类也从 e,p,d 和 α 等少数粒子发展到可加速任意一种带电粒子,包括正负电子、质子和反质子以及周期表上全部元素的离子及相关的放射性核素等等.当今人们对于加速器新原理和新技术的探索与应用方兴未艾,如美国曾提出的以超导磁体建造 2×20 TeV 的超高能对撞机的计划,以及利用激光等离子体中 100 GV/m 的强电场建造小尺度的高能加速器的计划等,这些新概念、新原理的可行性探讨都已提上日程.可以预期,未来的加速器将具有更高的能量或流强,并具有更小的尺寸和更低的成本.它们的兴建必将为人们对微观物质世界的探索做出新的贡献!

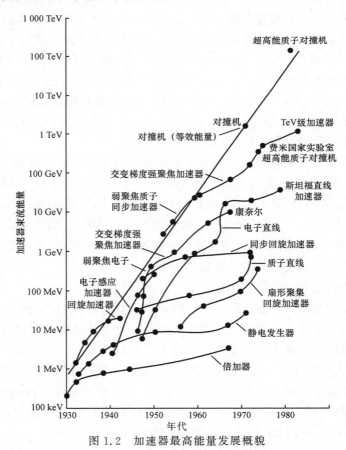

图 1.2 加速器最高能量发展概貌

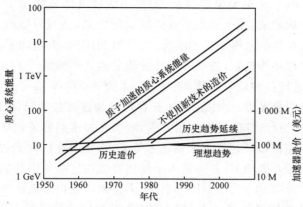

图 1.3　加速器造价与新技术的关系

如今,加速器的应用已远远超出了基础研究领域.它们一方面在诸如材料科学、固体物理、分子生物学、化学,以及地质、考古等其他学科领域有着重要的应用,同时在工、农、医等方面,也广泛地应用于同位素生产、肿瘤的诊断和治疗、射线消毒、辐射育种、食品保鲜、离子注入、材料的辐射改性、离子束的微量分析,以及空间辐射模拟、核爆炸辐射模拟等中.如今应用性的加速器已占世界加速器总数的绝大部分.它们的能量比较低但束流强度比较高,一般还辅有便利于某方面应用的专用工艺装置.它们中的多数已由实验室研制转为工业批量生产.目前国际上从事这类应用性加速器生产销售的公司已有 50 余家之多.

我国粒子加速器的发展始于 20 世纪 50 年代.当时赵忠尧教授领导的小组在北京近代物理研究所研制成功了我国第一台质子静电加速器.同一时期,由苏联引进的两台25 MeV电子感应加速器和一台极面直径为 1.2 m 的回旋加速器,也分别在北京大学、清华大学和原子能研究院安装并投入运行.到了 60 年代,在核科学基础研究和国防科研的推动下,有关科技单位和高校纷纷致力于高压倍加器、静电加速器、电子感应和电子直线加速器的设计和研制,其中以谢家麟教授领导下于1964 年研制成功的 30 MeV 电子直线加速器能量最高.在此期间,有关的工业单位,包括原第一机械工业部电器院、上海先锋电机厂和保定变压器厂等也开始了低能加速器的设计与生产.至 60 年代中我国自制的加速器总数已达 50 余台,为日后的发展奠定了良好的基础.

20 世纪 80 年代是我国粒子加速器科学技术空前发展而富有成果的时期.为基础学科研究兴建的一些大规模项目如 2.2/2.8 GeV 的北京正负电子对撞机(BEPC)提前建成,对撞束的亮度达到国际同能量正负电子对撞机的最高水平.直径 7.2 m 的兰州分离扇型重离子加速设备(HIRFL)和合肥 800 MeV 同步辐射光源(HESYRL)也相继出束运行.还有一些低能加速器项目,包括 35 MeV 质子直线加速器、25 MeV 电子回旋加速器、2×6 MV 串级静电加速器与 4.5 MV 单级静电加速器等也都先后建成,投入运行. 进入新世纪以来,经过升级改造的 BEPCII 对撞束的亮度在原有基础上提高了 100 倍. 兰州的 HIRFL 上增建了重离子同步加速器与电子冷却储存环等装置,使碳离子等的能量达到约每核子 1 GeV(记做 1 GeV/u)的能量,用以进行各种放射性核素的研究. 上海 3.5 GeV 第三代同步辐射装置也获得了高亮度的同步光束. 这些成就标志着我国加速器技术已跨上了一个新的高度,进入国际先进的行列. 低能加速器方面,我国在加速器超灵敏质谱计、强流射频四极场(RFQ)加速器以及超导加速器技术等方面,也都在国际上占有一席之地. 在我国经济建设的有力推动下,各类实用小加速器也在这些年中蓬勃地发展起来. 它们或由有关单位研制、生产,或由国外引进,大量地涌现出来活跃于核医学、生物医学、放射治疗、半导体微电子工业、辐照加工、无损探伤以及核分析技术等各个领域. 总的说来,我国粒子加速器的发展已具备一定规模,设计和加工制造的技术也已有大幅度的提升,大多数实用小加速器已具有国产化配套生产的能力,正在逐步进入国际先进行列.

第三节　加速器的分类

加速器的种类繁多,不同类型的加速器有着各自不同的结构和性能特点,还有着不同的适用范围. 除了第一节提到的依加速粒子的能量来划分加速器外,常常还依加速粒子的种类或加速电场和粒子轨道的形态来区分加速器.

按加速粒子的种类划分,加速器可分为电子加速器、轻离子加速器、重离子加速器和微粒子团加速器.

电子是最常见的一种带电粒子. 它易于以大量自由电子的形式获得,也易于加速. 它的静止能量为 0.511 MeV,是常见加速粒子中最低的. 电子在加速时很容易达到相对论性速度,例如能量到 2 MeV 时,速度已高达 $0.98c$.(参见表 1.1 及图 1.4)一般来说相同能量下电子加速器的尺寸、规模和造价在同类加速器中往往是最低的. 除了电子之外,也可加速正电子,唯后者不如前者那么容易获得.

表 1.1　常见加速粒子的主要特性

粒子	静止质量/kg	静止能量/MeV	电荷/$(10^{-19}$C$)$
e	9.109×10^{-31}	0.511	-1.602
p	1.672×10^{-27}	938	1.602
d	3.342×10^{-27}	1 877	1.602
α	6.644×10^{-27}	3 733	3.204

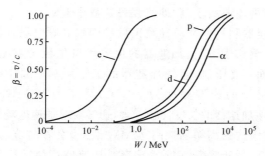

图 1.4　粒子相对速度与动能的关系

　　轻离子型加速器用于加速质子、氘和 α 粒子以及 H⁻、D⁻ 等负离子. 氢离子的静止质量相当于 938 MeV,是轻离子中最小的,而它的荷质比(电荷数与质量数之比)为 1,比氘和 α 高一倍,是各种离子中最高的.

　　原子序数 $Z > 2$ 的各种原子的离子(包括正负离子)称为重离子. 一般说来重离子的荷质比小,飞行速度低,难于达到相对论性速度. 现有的加速器已可加速周期表上各种重元素的离子,包括铀离子,但重离子的加速效率低,加速设备的规模一般都比较大,造价昂贵.

　　除了重离子之外,人们还对加速质量在 $10^4 \sim 10^{15}$ u($1\ \mathrm{u} = 1.66 \times 10^{-27}$ kg)的带电微粒子感兴趣,包括直径 $0.1 \sim 1\ \mu\mathrm{m}$ 的金刚石和铁的微尘直至有机分子团等. 它们的荷质比在 $10^{-9} \sim 10^{-3}$ 间,经加速后它们的速度可达 $10 \sim 100$ km/s. 这类加速器目前为数甚少,本书不作讨论.

　　加速电场和粒子轨道的形态是反映加速原理、决定加速器结构的关键因素. 据此可将加速器分为直流高压型、电磁感应型、直线共振型和回旋共振型四种类型,它们分别适用于不同的能量范围,加速不同粒子. 它们在性能上各有特色,同时又相互竞争、相互补充,不断发展完善,而许多大的粒子加速设备则往往由多种不同类型的加速器互相串接组合而成.

　　直流高压型加速器用直流高压电场来加速带电粒子,它包括静电加速器和倍压加速器两大类. 前者包括单级和串列静电加速器,后者按电源电路的结构又可分为串激倍压加速器、并激高频倍压("地那米")加速器、Marx 脉冲倍压加速器以及绝缘芯变压器等. 高压型加速器的主要特点是可以加速任意一种带电粒子且能量易于平滑调节. 但这类加速器的加速电压直接受介质击穿的限制,一般不超过 $30 \sim 50$ MV,因此加速器的能量不高.

　　电磁感应型加速器用交变电磁场所感生的涡旋电场加速粒子,包括常见的电子感应加速器和近年来发展的直线感应加速器. 电子感应加速器能量的适用范围在 $15 \sim 50$ MeV(最大的虽达到 300 MeV,但在经济上并不可取). 它的缺点是流强较低,一般不超过 $0.5\ \mu\mathrm{A}$,且不宜于加速离子. 直线感应加速器在脉冲状态下工作,既可加速电子也可加速离子,脉冲流强可达数十 kA.

直线共振型加速器利用射频波导或谐振腔中的高频电场加速沿直线形轨道运动的电子和各种轻、重离子.这类加速器的主要优点是粒子束流强度高,并且它的能量可以逐节增高而不受限制.直线加速器的工作频率随加速粒子的静止质量的增大而降低,加速电子的典型频率为 3 GHz,质子为 200 MHz,而重离子则在 70 MHz 以下.为了使加速器的长度比较合理,通常要求加速电场的振幅达 10 MV/m 以上,结果导致加速结构的高频功耗高达 MW 级.设备投资高、运行费用昂贵是这类加速器的一大缺点.近年来新兴的超导直线加速器可使运行费用降低至原来的 1/2 到 1/3.已建成的直线加速器中加速电子的最高能量达 50 GeV,质子达 800 MeV,铀离子达 10 MeV/u.

回旋共振型加速器应用高频电场加速沿圆弧轨道作回旋运动的电子、质子或其他轻、重离子.这种加速器按导引磁场的性质又可分两类:一类是具有恒定导引磁场的加速器,包括经典回旋加速器、扇型聚焦回旋加速器、同步回旋加速器和电子回旋加速器等;另一类是导引场的磁感应强度随加速离子的动量同步增加,而粒子的曲率半径保持恒定的加速器,包括电子、质子和重离子的同步加速器.前者的束流强度比较高,而适用于中、低能粒子的加速.后者的流强相对较弱,束流的负载因子较低,但粒子的能量很高.尤其是在质子同步加速器基础上发展起来的储存环和对撞机,在质心系的有效作用能可达 2~40 TeV,居各类加速器能量之首.但电子同步加速器由于同步辐射损失的限制,其能量不高于 8 GeV.

第四节　加速器的应用

加速器作为粒子射线源有一系列的优点,诸如所产生的粒子种类繁多,粒子束能量比较精确且可在大范围内平滑调节,束流强度高、性能好且可随意控制等等,因此加速器在科技、生产和国防建设等领域中有着极为广泛的应用.限于篇幅,下面只列举几个主要方面.

1. 在探索和变革原子核和基本粒子方面的应用

几十年来人们用加速器合成了绝大部分超铀元素和上千种人工放射性核素,并系统深入地研究了原子核的性质、内部结构以及原子核之间的相互作用过程,使原子核物理学迅速发展成熟起来.随着加速器能量的提高还陆续发现了一百多种所谓“基本”粒子,催生了夸克模型以及电磁相互作用和弱相互作用相统一的理论,建立起粒子物理学这样一门新学科,使人们对微观物质世界深层结构的认识深入到 10^{-18} m 的领域.可以预期,在今后的一个时期中人们将充分发挥新建的诸如巨型串列静电加速器、超导分离扇回旋加速器、TeV 级超导储存环对撞机和电子直线对撞机等先进设备,对诸如核运动的新形态,核子的结构,夸克和轻子的种类、性质和它们之间的相互作用,以及强作用的性质等前沿问题做更深入的探索. 特别是LHC(图1.5)的启动,将使人们得以对有关早期宇宙现象以及粒子物理的标准模型的检验等科学前沿进行深入研究.

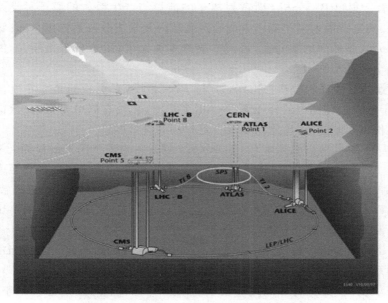

图 1.5 大型强子对撞机(LHC)总体布置图

2. 在原子、分子物理、固体物理等非核基础科研方面的应用

用加速器产生的电子、离子和光子束研究粒子与原子、分子碰撞的物理过程以及所产生的一系列新的状态、新的同位素原子,有利于研究传统原子、分子物理学所无法研究的许多问题. 一种叫做"基于加速器的原子与分子科学"的研究方向正在发展之中. 同时,加速器给出的高能粒子也是研究固体和表面微观结构、杂质分布、固体的内部磁场、缺陷、损伤等的有效手段. 过去单级和串列静电加速器等低能加速器在这些研究中发挥了重要作用. 近年来,基于电子同步加速器的同步辐射光因辐射功率高(大于常规光源数十万倍!)且稳定,光谱范围宽阔,高度的偏振和准直性以及高的时间分辨率而在原子、分子物理、固体和表面物理、化学、生物物理等基础领域,以及微电子光刻、计量、全息照相等许多技术领域得到了广泛的应用.

3. 高灵敏度离子束元素分析

单级和串列静电加速器等产生的低能离子束广泛地用来进行各种样品的元素分析,其主要的技术如下:

（1）核反应分析（NRA）：测量由轻离子轰击样品时自靶核放出的粒子或辐射的强度及它们的能谱，可求出靶核元素的组分和含量，通过精细改变入射粒子的能量可以得到元素的深度分布．该技术适用于重基体中微量轻元素（$Z \leqslant 15$）的分析，灵敏度 1×10^{-8}，深度分辨率达几个纳米，并且有快速、不损坏样品等优点．

（2）背散射（RBS）分析：背散射离子的能量与产生散射的原子种类及其深度位置有关．测定背散射离子能谱就能确定表层内元素成分及其深度分布．该技术适于分析轻元素基体中的重元素，可一次检测多种元素，质量分辨率≈ 40，深度分辨率可达几个到几十纳米．

（3）弹性反冲探测分析（ERDA）：与 RBS 相反，它测量的是小角度出射的靶核，适用于分析重基体中的轻元素．与 NRA 相比，它具有简单易行、一次能分析多种元素的优点，如与粒子鉴别系统结合可有高的灵敏度．

（4）质子激发 X 射线荧光（PIXE）分析：通过入射质子诱发的检测元素含量的低限约为 $10^{-12} \sim 10^{-16}$，相对灵敏度 $10^{-6} \sim 10^{-9}$．将质子束聚焦并准直至微米量级的微细束再进行扫描可以构成质子显微镜对样品进行微区分析，如德国曾用 $3~\mu m$ 的质子束（3.5 MeV）研究肺癌细胞中的痕量元素组成．除质子外其他离子也可诱发特征 X 射线，进行成分分析．

（5）超灵敏加速器质谱计（AMS）：直接加速待测元素的离子至适当能量后用离子鉴别系统测量分析，可检测长寿命的宇宙成因核素，灵敏度高达 10^{-15}．这种方法不仅灵敏度高，而且有样品用量少、检测效率高的优点，已广泛应用于地质、考古、海洋等各个方面．

（6）活化分析：利用加速器产生的离子或中子与靶核发生核反应，使之成为放射性核素，然后测量该核素射线的性质和强度也可确定样品的组分和含量，这种方法的灵敏度可达 $4 \times 10^{-6} \sim 3 \times 10^{-9}$．

4. 加速器在医疗方面的应用

（1）医用放射性同位素的生产：加速器生产的缺中子同位素往往比反应堆生产的同位素更适宜于医用，因为它们的纯度和放射性比度都比较高，而且具有比较合理的半衰期．例如用于检查心脏和呼吸循环的 ^{15}O（$T = 2$ min）和 ^{13}N（$T = 10$ min），检查血液用的 ^{11}C（$T = 20.5$ min）等，它们的半衰期适中，比较好用．而堆制的 ^{19}O（$T = 19$ s）和 ^{16}N（$T = 7.35$ s）半衰期太短，而 ^{14}C（$T = 5\,760$ a）半衰期太长，都不好用．还有在检查骨骼的损伤或肿瘤等时也要用加速器生产的 ^{18}F、^{52}Fe 等发射正电子的核素，通过"湮没"辐射来测出它们在体内的沉积、分布等情况，研究表明，至少有 36 种加速器生产的放射性核素适用于医疗或生物研究．它们一般由回旋加速器生产，也可以用直线加速器生产．

（2）放射治疗：加速器产生的电子，X 射线，质子，中子，π^- 介子以及 C、N 等高能重离子都具有杀伤癌细胞的能力,都可能成为治疗癌症的有用工具.其中电子和X射线已在许多地方代替 ^{60}Co 在临床上广泛使用,但这二者都对"氧效应"灵敏,对缺氧的癌细胞的杀伤力受到限制,而对"氧效应"灵敏度低的中子治疗效果可能更好,尤其是 π^- 介子,质子和 C、N 等离子不仅对氧效应不灵敏而且在体内有确定的射程,用它们治疗癌症可以大大减少表层机体和正常细胞的损伤.通常电子感应和电子直线加速器用于电子和 X 射线治疗,回旋和轻离子直线加速器用于中子治疗.质子、π^- 介子和高能重离子治疗须用中、高能加速器,费用昂贵,尚未普及.

除了上述应用之外,加速器的粒子射线还可用来对一些不宜用化学方法消毒的物品,如疫苗、抗生素等进行辐照消毒,也可用来对一些手术器件进行辐照消毒.

5. 加速器在工业上的应用

(1)辐照加工:电子和 X 射线辐照目前已成为化工生产的一个重要手段,广泛地应用于聚合物的交联改性,涂层的固化,橡胶的硫化,聚乙烯的发泡以及热缩材料、木材-塑料复合材料制备等加工过程.经辐照生产出来的产品有许多优良的特点.例如,聚乙烯电缆经 10^5 Gy 辐照后,熔点可从 135 ℃ 提高到 325 ℃,在 300 ℃ 左右仍能维持原有性能.为此美国电讯电缆的 90% 都是经过辐照加工的.又如,经辐照,硫化的橡胶的耐磨性可提高 20%.再如,用常规加温和加催化剂等方法固化的有机涂料,固化的时间长,质量差,而采用辐照固化的方法时间短(只要几秒钟),且涂层附着力强,不易剥落.辐照加工常用低能的强流加速器进行,如"地那米"加速器、电子直线加速器等.

(2)离子注入:用加速器将所需的离子注入硅基片的技术早已成为半导体器件和大规模集成电路片生产所普遍使用的关键工艺.离子注入所需的能量不高,一般在 400 keV 以下.离子束斑的直径通常为毫米级.若将束径减小到微米级,并用计算机控制微米束按程序注入,可以省去制造零件时的掩膜和光刻等工艺过程.除了数百 kV 的注入机外,近年来已有 3 MV 的注入机问世.

除了半导体器件外,离子注入金属、超导体的应用亦日趋活跃.许多重要材料的性质主要受到 $1\,\mu m$ 内表层组分和结构的影响,而通过离子注入恰好可控制和改变其组分和结构.例如在不锈钢中注入 Y^+、Ca^+ 可使抗氧化性能提高两倍,铁表面注入 Ar^+ 可不生锈,钢表面注入 N^+、Mo^+、B^+ 后可使磨损系数降低一个量级.

(3)无损检验:材料的无损检验是保证产品质量不可缺少的重要手段,加速器产生的 X 射线、中子等都可用来检验材料的缺陷.特别是 X 射线,常常用来检查大型铸锻焊件、大电机轴、水轮机叶片、高压容器、反应堆压力壳、火箭的固体燃料等工件中的缺陷,所用的加速器主要是电子直线、电子回旋和电子感应加速器.电子直线加速器-X 射线成像装置还用于海关大型集装箱的检测系统.检查处于快速运动状态下的爆炸飞散现象时则要采用大电流的电子脉冲加速器,进行"闪光"照相.

6. 加速器在核能开发方面的应用

加速器在裂变和聚变能的开发利用方面都有很多重要的应用. 例如核反应堆、核电站、核燃料生产和核武器的设计制造方面都需要加速器提供有关核反应、核裂变和中子运动的各种核参数, 还要用加速器的粒子束模拟反应堆中的核辐射检验材料的辐射损伤, 研究材料加固的措施. 强脉冲电子束可以产生类似核爆炸的辐射环境以研究核爆炸对仪器、材料、设备等的影响. 加速器产生的强中子流还可以分别使 ^{238}U 和 ^{232}Th 转化为 ^{239}Pu 及 ^{233}U 等核燃料.

利用相对论性强流电子束或重离子束可以进行惯性约束热核聚变的研究, 这是人类实现可控热核聚变的很有希望的途径之一.

7. 农业、生物学上的应用

(1) 辐照育种: 加速器产生的射线可以用来改变植物、微生物和动物的遗传特性, 使它们沿优化方向发展. 例如马铃薯和棉花的种子经约 $0.75\sim3\,Gy$ 电子束辐照处理后产量可提高 20%, 小麦、水稻、棉花及其大豆等作物经过辐照育种后可具有高产、早熟、矮秆及抗病虫害等品质, 柞蚕卵、鱼卵经辐照处理产量也有明显增长.

(2) 辐照保鲜: 辐照能抑制根菜类, 如马铃薯、洋葱、甜菜等的发芽, 延迟果品成熟或变质, 延长贮藏和供应期. 所需的辐射剂量一般在 $100\,Gy$ 以上.

(3) 辐照灭菌、杀虫: 农产品、畜产品和水产品中都有某些有害的微生物和寄生虫, 用 $100\,Gy$ 以上的剂量进行辐照处理可以杀虫、灭菌, 延长保藏期.

第五节 粒子运动参量的相对论表述

加速器中运动的高能粒子, 其速度 v 常常可与光速 c 相比. 根据相对论原理, 粒子的质量、能量和动量都应与其相对速度

$$\beta = v/c \tag{1.5.1}$$

直接相关. 粒子的运动质量为

$$m = m_0 / \sqrt{1-\beta^2}, \tag{1.5.2}$$

其中 m_0 是粒子的静止质量. 粒子的总能量为

$$\varepsilon = \varepsilon_0 / \sqrt{1-\beta^2}, \tag{1.5.3}$$

其中 $\varepsilon_0 = m_0 c^2$ 是粒子的静止能量. 粒子的动量为

$$p = mv = \frac{\varepsilon}{c} \cdot \beta = \frac{1}{c} \sqrt{\varepsilon^2 - \varepsilon_0^2}. \tag{1.5.4}$$

加速器中常常要用到粒子的动能 W 与静止能量之比 α 及总能量与静止能量之比 γ 两个参量:

$$\alpha = \frac{W}{m_0 c^2}, \tag{1.5.5}$$

$$\gamma = \frac{\varepsilon}{m_0 c^2} = 1 + \alpha. \tag{1.5.6}$$

由此,

$$m = m_0(1 + \alpha), \tag{1.5.7}$$

$$\beta = \sqrt{(1+\alpha)^2 - 1}/(1+\alpha), \tag{1.5.8}$$

$$p = m_0 c \sqrt{(1+\alpha)^2 - 1} = \frac{\varepsilon_0}{c} \sqrt{\alpha^2 + 2\alpha}. \tag{1.5.9}$$

当粒子的速度低时,$W \ll \varepsilon_0$,$\alpha \ll 1$,(1.5.7)式至(1.5.9)式的关系全部是常用的经典力学中的关系:

$$\begin{cases} m \approx m_0, \\ v \approx c\sqrt{\dfrac{2W}{\varepsilon_0}} = \sqrt{\dfrac{2W}{m_0}}, \\ p \approx \sqrt{2m_0 W}. \end{cases} \tag{1.5.10}$$

粒子速度高,即 $W \gg \varepsilon_0$,$\alpha \gg 1$,由式(1.5.7)至(1.5.9)得到

$$\begin{cases} m \approx \alpha m_0, \quad \gamma \approx \alpha, \\ \beta \approx 1 - \dfrac{1}{2\alpha^2}, \\ p \approx m_0 c\left(\alpha - \dfrac{1}{2\alpha}\right). \end{cases} \tag{1.5.11}$$

能量低时,粒子速度随动能较快地增加,能量很高时,粒子速度很少增加而质量随动能线性增加.参见图 1.4、1.6 和 1.7.

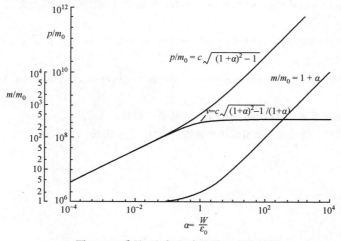

图1.6　质量、速度和动量随 α 变化情况

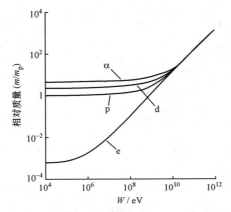

图 1.7 粒子相对质量与动能的关系

讨论加速粒子运动时往往还会用到另一个系数 $\Gamma = \beta\gamma$，它与上述诸量的关系为

$$
\begin{cases}
\gamma = \sqrt{1+\Gamma^2}, \\
\alpha = \sqrt{1+\Gamma^2} - 1, \\
\beta = \Gamma / \sqrt{1+\Gamma^2}, \\
p = m_0 c \Gamma.
\end{cases}
\tag{1.5.12}
$$

参 考 文 献

[1] 陈佳洱. 粒子加速器 [M]//中国大百科全书：物理学 I. 北京：中国大百科全书出版社，1987：733.

[2] 谢家麟. 加速器原理与技术的发展 [M]//中国大百科全书：物理学 I. 北京：中国大百科全书出版社，1987：610.

[3] Scharf W. Particle accelerators and their uses [M]. Amsterdam：Harwood Academic Publishers，1986.

[4] 徐建铭. 加速器原理 [M]. 修订版. 北京：科学出版社，1981.

[5] 陈佳洱，赵渭江，梁岫如. 我国低能加速器的发展 [J]. 物理，1989，18(10)：581.

第二章 带电粒子源

粒子源是产生带电粒子束的装置,它为加速器提供带电粒子束,是加速器的关键部件之一.加速器所能达到的性能指标在许多方面(如流强、发射度、能散度、粒子种类等)都取决于粒子源的水平.

早在 20 世纪 20 年代,离子源就开始在质谱计上使用.当时只有低流强的表面电离源和电子轰击型源.到 20 世纪 30 年代,高压倍加器和回旋加速器的出现,推动了高效率气体放电型离子源的研究,并成功地研制了潘宁型源.这类源至今仍广泛地使用,并有很大的发展.50 年代由于强流高能加速器的迅速发展,导致了高性能双等离子体源的发展.静电加速器的大量建造又促进了对 20 世纪 40 年代发展起来的高频离子源的深入研究.同时开始了串列静电加速器用的负离子源的研究.60 年代,在不断发展和改进已建成的离子源的同时,人们开始研究用潘宁型等常规的离子源获得多电荷态的离子,以满足重离子物理研究的需要.80 年代,研究人员为串列静电加速器研制了各种溅射型负离子源.近二十年来,高电荷态的电子束离子源与电子回旋共振型源研制成功,进一步推动了重离子物理研究.此外,根据核物理对极化离子束的要求,人们还发展了极化离子源.

大功率电子加速器要求使用能产生大功率电子束的电子源.电子对撞机的出现,又提出了对正电子源的要求.

粒子源与加速器两者是相辅相成的.加速器的发展对粒子源不断提出新的要求,而粒子源技术的每个重大突破和发展又都促进了加速器的发展与革新.

本章叙述的粒子源类型中,除电子束离子源外,绝大多数的粒子源类型,我国都已研制成功并投入使用.据不完全统计,迄今为止,我国已有三十多个单位开展过或正在开展粒子源的研究.

第一节 带电粒子束的主要参数

表征束流品质的参数很多,下面只叙述能散度、发射度和亮度三个主要参数.

一、能散度

能散度($\delta\epsilon$)是束流中带电粒子能量分散的程度.可用下式表示:

$$\delta\epsilon = \frac{\Delta\epsilon_{1/2}}{\epsilon_0}, \tag{2.1.1}$$

式中,$\Delta\varepsilon_{1/2}$为粒子束流强随能量的分布曲线中,流强为最大值一半处的能量宽度,即半高宽 FWHM,称为能量分散.ε_0为流强峰值处所对应的能量.(见图2.1)

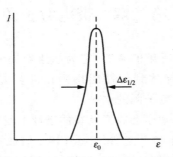

图 2.1　流强随能量的分布曲线

二、发射度

1. 相空间

在束流光学中,人们常把带电粒子束作为一个整体来进行研究,带电粒子的运动状态用相空间来描述.具体地说,对于在 Ox,Oy,Oz 三维笛卡尔坐标系中运动的带电粒子,如果给定了该粒子的三个位置坐标 x,y,z 和三个动量分量 p_x,p_y,p_z,这个带电粒子的运动状态就完全确定了.由坐标 x,y,z,p_x,p_y,p_z 所组成的六维空间叫做相空间.这样,某一带电粒子的运动状态就可以由这个六维坐标系中的一个点来表示.这一点叫做该带电粒子在相空间中的代表点.

描述粒子在 $z=z_i$ 处某个截面上的运动状态时,六维相空间退化为 x,y,p_x,p_y 四维相空间.而在 x,y 两个方向上运动互不耦合的粒子束,则只须用两维相平面来描述.例如,截面为矩形的束流,可分别在 x,p_x 和 y,p_y 构成的两维相平面上进行研究,而对于截面为圆形的旋转对称束,只用 r,p_r 构成的两维相平面就可以描述粒子的运动状态.

图 2.2 中,A,B 是粒子束在 $z=z_i$ 截面处束流的边界点.相图中线段 M_1M_2 上的各个点代表束流截面 $z=z_i$ 上离束轴为 r_M 的 M 点处全部粒子的运动状态,而线段 N_1N_2 上的点则代表距束轴为 r_N 的 N 点处全部粒子的运动状态.可见,相图中椭圆面积内的各点就代表了 $z=z_i$ 处束流截面上全部粒子的运动状态.这个椭圆称为粒子束在 $z=z_i$ 处的发射相图.它所包围的面积称为发射相面积(以下简称相面积).由椭圆边界所确定的横坐标 r_A,r_B 表示束流的径向尺寸,而椭圆边界最大纵坐标 r'_{M_1},r'_{N_2} 则可近似为束流的半张角 $r'\left(=\dfrac{\mathrm{d}r}{\mathrm{d}z}=\dfrac{p_r}{p_z}\approx\theta\right)$.为了实用上方便起见,人们常常用 r' 代替 p_r,如图 2.2 所示.

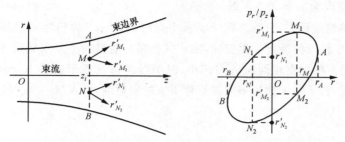

图 2.2　粒子束在 $z=z_i$ 截面处粒子运动状态的相图

束流发射度 ε 的一种常见定义为相面积 A 除以 π：

$$\varepsilon = \frac{A}{\pi}. \tag{2.1.2}$$

发射度的实用单位是米·弧度（m·rad）、厘米·弧度（cm·rad）或毫米·毫弧度（mm·mrad）。

2. 刘维尔定理

传输过程中粒子束发射相图的形状不断地变化，但它始终遵守刘维尔定理（Liouville theorem）的基本规律. 在束流光学中，刘维尔定理的表述如下：带电粒子在保守力场和外磁场中运动时，相空间内粒子代表点的密度在运动过程中将保持不变. 换言之，粒子群在相空间的行为像不可压缩的流体. 刘维尔定理的证明见参考文献[2].

由刘维尔定理可得出如下的推论：

（1）运动过程中粒子数 N 守恒，粒子在相空间内代表点的密度也不变，所以含有 N 个粒子的粒子群，在相空间内代表点所占的相体积 V 在传输过程中也将保持不变.

（2）当粒子束沿 x,y,z 三个方向的运动互不相关时，粒子束分别在 (x,p_x)、(y,p_y) 和 (z,p_z) 三个相平面内的代表点所占据的相面积在传输过程中也都各自守恒不变.

以上讨论表明，粒子束的半径和散角相互制约，无论采用什么聚焦手段，都不可能同时减小粒子束的半径和散角.

必须指出，上述的推论是从下面的假设条件得出的：

（1）不考虑束流内粒子间的库仑力（Coulomb force）作用，即通常所说的空间电荷效应. 虽然空间电荷场也属于保守力场，但这里每个粒子的运动不仅与其本身的位置有关，还与束流中其他粒子的位置有关.

（2）忽略粒子与传输系统中剩余气体的分子或原子的碰撞.

（3）不考虑粒子的辐射或与靶的相互作用. 因为，在这种情况下，粒子的能量会发生变化而成为非保守力系统.

在束流传输过程中,只有当粒子能量不变时,以(r,r')为坐标轴的发射相面积才是守恒的.如果粒子的能量发生变化,则相面积将与能量的平方根成反比.所以,随着加速过程粒子束的发射相面积A将减小,但相面积A与粒子动量$p(p=m_0c\beta\gamma)$的乘积将保持不变.为了便于比较不同能量粒子束的发射度,引入"归一化"发射度ε_n.

$$\varepsilon_n = \frac{A}{\pi}\beta\gamma, \tag{2.1.3}$$

式中,β表示相对速度,γ表示相对能量.

当粒子的运动速度为非相对论性时,粒子的动量

$$p = mv = \sqrt{2mW},$$

式中W为粒子的动能.粒子的质量m可视为常数.因而束流的发射度也有用粒子的能量或速度来归一的,即

$$\varepsilon_n = \frac{A}{\pi}\sqrt{W}, \tag{2.1.4}$$

$$\varepsilon_n = \frac{A}{\pi}v. \tag{2.1.5}$$

归一化发射度ε_n值的大小与离子的能量无关,而主要由离子源等离子体发射面的大小和等离子体内离子的热运动速度决定.对于同一个离子源,在相同的工作条件下,不同质量离子的热速度基本相同.为了便于对离子束的发射度进行比较,对不同元素的离子束发射度归一化时,规定都用相对于质子的质量来进行计算.

三、亮度

亮度是束流在相空间的密度.不只与流强有关,还与粒子的状态有关,即与发射度有关.显然,流强高的粒子束,其亮度不一定高.如果把流强高而发射度也很大的束流送入加速器,大部分粒子将不能顺利地加速到预定能量.

亮度定义的方法有两种:

(1)通过单位粒子束截面、单位立体角的束流强度称为亮度.(见图2.3)

设通过束流截面单元dS的束流强度为di,粒子轨迹所包围的立体角为$d\Omega$,则该单元束的亮度为

$$\frac{di}{dSd\Omega}. \tag{2.1.6}$$

考虑整个束流截面S,粒子束亮度可定义为

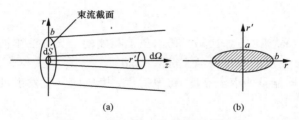

图 2.3　亮度第一种定义的示意图

$$B = \frac{\int_s \mathrm{d}i}{\int_s \mathrm{d}\Omega \mathrm{d}S} = \frac{I}{\int_s \mathrm{d}\Omega \mathrm{d}S}, \tag{2.1.7}$$

式中 I 是束流强度.

如果束流是旋转对称的,其发射相图为椭圆形,方程为

$$\frac{r^2}{b^2} + \frac{r'^2}{a^2} = 1. \tag{2.1.8}$$

由图 2.3 可知,

$$\mathrm{d}S = 2\pi r \mathrm{d}r,$$
$$\mathrm{d}\Omega = \pi r'^2,$$

所以

$$\int_s \mathrm{d}\Omega \mathrm{d}S = \int_0^b \pi r'^2 2\pi r \mathrm{d}r = \int_0^b 2\pi^2 \left(1 - \frac{r^2}{b^2}\right) a^2 r \mathrm{d}r = \frac{1}{2}\pi^2 a^2 b^2 = \frac{1}{2}\pi^2 \varepsilon^2.$$
$$\tag{2.1.9}$$

将 (2.1.9) 式代入 (2.1.7) 式,得到亮度的表达式:

$$B = \frac{2I}{\pi^2 \varepsilon^2}, \tag{2.1.10}$$

式中 ε 为发射度.

(2) 在四维相空间 (x, y, x', y') 内的粒子束流密度,即为亮度.

$$B = \frac{I}{V(x, y, x', y')}, \tag{2.1.11}$$

式中 $V(x, y, x', y')$ 为束流强度 I 所占据的四维相体积. 如果束流在 x, y 方向的发射相图都是椭圆形,发射相面积分别为 A_x, A_y,则

$$V(x, y, x', y') = \frac{1}{2}A_x A_y. \tag{2.1.12}$$

对于旋转对称束,相面积

$$A_x = A_y = \pi\varepsilon. \tag{2.1.13}$$

将 (2.1.12) 式和 (2.1.13) 式代入 (2.1.11) 式,得到

$$B = \frac{2I}{\pi^2 \epsilon^2}. \tag{2.1.14}$$

比较(2.1.14)式和(2.1.10)式可知,虽然亮度的定义方法不同,但最终表达式的结果完全相同.亮度的单位是 $A \cdot m^{-2} \cdot rad^{-2}$.

为了比较不同能量的束流亮度,将发射度 ϵ 换成归一化发射度 ϵ_n,即可得到束流的归一化亮度

$$B_n = \frac{2I}{\pi^2 \epsilon_n^2}. \tag{2.1.15}$$

B_n 与束流能量无关.

第二节 离子源的工作原理与结构

加速器中常用的离子源多属于电子碰撞型离子源.这类离子源的种类很多,本节只介绍它们的共性问题.其他类型的离子源将在第三节中作适当介绍.

一、对离子源的要求

1. 要求离子种类多、电荷态高

为了使加速器能提供多种元素的高能离子,要求离子源能产生多种元素的离子束.重离子加速器要求离子源提供高电荷态的重离子束.

2. 要求离子束的流强足够大

各种不同的应用领域对加速器提供的离子束的流强和能量提出不同的要求.离子源应能保证加速的离子有足够的束流强度.

3. 要求离子束的发射度小,亮度高

20 世纪 60 年代以前,注意力都集中在提高离子源给出的束流强度上.但人们逐渐发现,送入加速器的束流并没有被全部加速,加速器引出的束流强度小于预想值.随后,研究人员才对表征束流品质参数之一的发射度有了较大注意.从离子源引出离子束的发射度除与离子源内等离子体的离子温度、等离子体发射面有关外,还与离子在引出空间内和气体原子的弹性散射等因素有关.

4. 要求离子束的能量分散小

从离子源引出的每个离子的能量并不完全一样.离子束能量分散的大小一般由离子源的游离方式以及电源的波动等因素决定.离子源提供的束流的能量分散在直线加速器中会造成从加速器中引出束流的能量分散,在圆形加速器中会造成离子在加速过程中的轨道分散,在共振加速器中会使被俘获到加速过程中的离子

数大大减少.因而要求离子源产生的离子束能量分散尽量小.

5. 要求离子源的寿命长

离子源工作一段时间后,某些部件会损坏或出现故障,要更换元件或维修.离子源运行持续的这一段时间称为寿命.一般离子源的寿命约为几十到几百小时.

6. 要求离子源的效率高

它包括:(1)从离子源引出的离子束中有用的离子含量高,即离子束中所需元素离子的流强与总流强之比高.(2)离子源的气体利用效率高,即引出离子束的强度与气耗量之比高.提高气体的利用率,可以节省被电离气体的消耗量,更重要的是气体进入加速管,会影响加速管的真空度.(3)电源功率利用率高,即引出离子束的功率与消耗的电源功率之比高.

同一个离子源不可能同时具备上述全部要求.各种离子源有各自不同的特点,具体使用时要根据加速器的不同要求选用一种或多种合适的离子源.

表 2.1 列出了某些放电类型离子源的性能参数.

二、离子源的工作原理及主要组成部分

离子源的结构框图(见图 2.4),由供气系统、放电室、引出系统及聚焦电极组成.

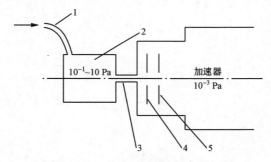

图 2.4　离子源的结构框图
1——供气系统;2——放电室;3——阳极及引出孔;4——吸极(引出电极);5——聚焦电极

1. 供气系统

供气系统由管道及阀门组成.打开阀门将需要的气体充入放电室,气压一般为 $10^{-1} \sim 10$ Pa.充入气体的性质由所需离子的种类决定.例如,需要质子就充入氢气,需要 α 粒子就充入氦气等等.

2. 放电室

充入的气体在放电室中电离,形成等离子体.按形成等离子体的不同方式,离

表 2.1　放电类型离子源的某些性能参数

离子源类型	能量分散 /V	总离子流强度 /A	离子束电流密度 /(A·cm⁻²)	气压 /Pa	工作物质类型	放电功率 /W	备注
场电离	$20\sim40$	$10^{-10}\sim10^{-8}$	$1\sim10^{2}$	$\sim10^{-6}$	气体	1 000	电场强度 5×10^{8} V/cm
双等离子体	10	$10^{-3}\sim10^{-1}$	$10^{-2}\sim1$	~10	气体·固体		引出电压 $20\sim30$ kV 弧电压 $40\sim70$ V
高频放电	$30\sim500$	$10^{-4}\sim10^{-2}$	$10^{-3}\sim10^{-1}$	~1	气体·固体	$100\sim300$	频率 $10\sim100$ MHz 辅助磁感应强度 4×10^{-3} T
火花放电	$10^{2}\sim10^{4}$	$10^{-6}\sim10^{-2}$	$10\sim10^{2}$	$\leqslant10^{-6}$	气体·固体	500	中性,不均匀
表面电离	$0.2\sim0.5$	$10^{-5}\sim10^{-2}$	$10^{-4}\sim10^{-2}$	$<10^{-4}$	蒸气,吸附原子	100	仅用于低电离电位的元素
低压弧光放电	$0.2\sim2$	$10^{-4}\sim10^{-2}$	$10^{-3}\sim10^{-1}$	$10^{-1}\sim1$	气体·固体	100	
高压弧光放电	10^{4}	$10^{-10}\sim10^{-2}$	$10^{-2}\sim10^{-1}$	$1\sim10^{2}$	气体·固体	200	
初级电子碰撞放电	~1	$10^{-10}\sim10^{-8}$	$\sim10^{-7}$	10^{-2}	气体	10	
振荡电子放电	$10\sim50$	10^{-3}	$\sim10^{-2}$	$10^{-2}\sim10^{-1}$	气体	100	
热阴极潘宁电子轰击放电	$1\sim10$	$10^{-10}\sim10^{-3}$	$10^{-10}\sim10^{-3}$	$10^{-5}\sim1$	气体·液体·固体	$50\sim150$	
大直径潘宁放电	10	$10^{-1}\sim1$	10^{-4}	10^{-2}	气体	$\sim10^{4}$	效率$>80\%$
溅射型潘宁离子源	$10\sim50$	$10^{-4}\sim10^{-2}$	$10^{-3}\sim10^{-2}$	10^{-2}	固体	200	
电子轰击诱发	~10	$10^{-4}\sim10^{-2}$	10^{-3}	10^{-2}	固体	500	用于具有低蒸气压的固体
冷阴极(潘宁)放电	50	$10^{-5}\sim10^{-3}$	$10^{-4}\sim10^{-3}$	$10\sim10^{2}$	气体	20	长寿命

子源分成不同的种类.但无论哪一种电离方式,在等离子体形成的过程中都是自由电子起着主要的作用.来自热发射或场致发射的电子以及空间的自由电子,受到电场加速而具有一定的动能.它们与气体分子碰撞将导致分子的离解和电离.下面以氢分子为例,说明离解和电离过程.

分子态变成原子态称为离解.具有一定动能的自由电子与氢分子碰撞,可能产生两种离解反应:

(1) 当自由电子动能达到 8.8 eV 时:

$$H_2 + e \longrightarrow H_1 + H_1 + e + 2\,eV.$$

(2) 当自由电子动能达到 11.8 eV 时:

$$H_2 + e \longrightarrow H_1 + H_1 + e + 11\,eV.$$

分子或原子态变成分子离子或原子离子称为电离.自由电子动能超过 13.5 eV 后出现电离反应.自由电子与氢分子碰撞时可引起四种不同的电离反应,即

(1) 当自由电子能量达到 15.6 eV 时:

$$H_1 + e \longrightarrow H_1^+ + 2e.$$

(2) 当自由电子能量达到 18.6 eV 时:

$$H_2 + e \longrightarrow H_1^+ + H_1 + 2e.$$

(3) 当自由电子能量达到 28 eV 时:

$$H_2 + e \longrightarrow H_1^+ + H_1 + 2e + 10\,eV.$$

(4) 当自由电子能量达到 46 eV 时:

$$H_2 + e \longrightarrow H_1^+ + H_1^+ + 3e + 10\,eV.$$

如果原子或分子捕获了一个电子还可以形成负离子.可见,在等离子体中有未被电离的中性粒子、正离子、电子和负离子.一般情况下等离子体中带正电荷的粒子数和带负电荷的粒子数基本相等,因而不显电性.它相当于处于中性状态的良导体.

在等离子体中还同时存在着电离的逆过程,称为复合.复合是离子俘获电子重新变成中性原子的过程.复合的结果使带电离子的数目减少.在放电室气压较低,电子的自由程大于放电室尺寸的情况下,复合现象主要发生在放电室壁附近,并与壁的材料有关.金属材料的复合系数高于绝缘材料,因此有些离子源的放电室(如高频)由石英或优质玻璃制成.复合现象对工作状态影响不大的离子源,其放电室仍由金属制成.

3. 引出系统

(1) 对离子,引出系统的要求是:① 能引出强的束流或具有高的引出效率;② 引出的束流具有优良的品质;③ 具有适当的气阻.放电室经过引出系统、聚焦电极与加速管相连.放电室内是低真空,气压为 $0.1 \sim 10\,Pa$.加速管内则须保持高真空,气压低于 $10^{-3}\,Pa$.维持放电室与加速管之间的压差就靠引出系统.因此,引出

系统的孔径及尺寸要合适.孔径大而短的引出系统气阻小,引出的离子流强,但放电室的气体消耗最大,这些气体流入加速管将增加真空系统的气载.反之,孔径过小,虽然气载小,但又会影响离子流的强度.

（2）引出过程：引出系统由两个中间有圆孔或狭缝的金属电极组成.一个是阳极,是放电室壁的一部分,另一个是引出电极,又叫吸极.两极之间电压差为 V,称为吸极电压.如果需要引出正离子,则将电压的正端接阳极.

图2.5是引出系统的示意图.等离子体是良导体,其电位基本上与阳极电位相等.当阳极与引出电极之间接入吸极电压后,在等离子体边界与引出电极之间就形成了很强的加速电场.该电场使从等离子体发射面发射出来的离子加速,通过引出电极的中间孔形成离子束.

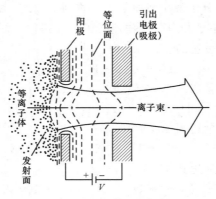

图 2.5　引出系统的示意图

等离子体发射面的形状是不固定的,它与等离子体密度、引出电压、引出系统的几何条件等有关.调节上述参数,可以获得最佳形状的发射面.在这种情况下,从等离子体中引出的离子束的强度和发射度都是最佳的.

为了增大气阻、减小离子源的气耗量,电极中间孔的尺寸一般为毫米量级.

（3）结构：引出系统的结构可大致分为三种,如图2.6所示.

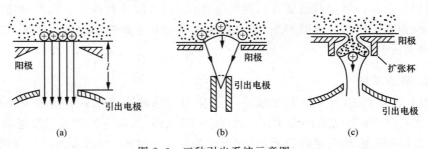

图 2.6　三种引出系统示意图

① 皮尔斯系统.这种引出系统的电极形状能够引出平行的离子束.图 2.6(a)是该系统的示意图.从图中可以看出,离子从靠近阳极孔的等离子体表面引出.等离子体发射面为一个平面,发射面积相当于阳极孔的面积.

② 从等离子体密度较低的离子源(如高频离子源)中引出离子束的引出系统.该系统如图 2.6(b).这里,离子从离子源内部的等离子体边界而引出.等离子体的半球形发射面大于阳极和引出电极的孔径面积,因而能取得较强的锥形离子束.

③ 从等离子体密度高的离子源(如双等离子体离子源)中引出离子束的引出系统.该系统见图 2.6(c).离子从放电室扩散出的等离子体边界面引出,因而阳极孔很小.阳极孔外设有扩张杯,扩张杯的截面比阳极孔的截面大得多,用来减小等离子体的密度.这样可以得到合适的发射面形状,从而得到品质好的离子束,同时还可使引出空间的电场强度降低,有利于避免电场击穿.

4. 聚焦电极

聚焦电极安装在引出电极后.如果引出正离子,则聚焦电极的电位应低于引出电极电位.这样两个圆筒电极间隙处的电场分布对正离子束有聚焦作用.图 2.7 画出了双圆筒电极间隙处的电场分布.从该图可见,离子在间隙中心面的前半部分($z<0$)处受电场的聚焦作用,在间隙中心面的后半部($z>0$)处则受电场的散焦作用.由于离子在聚焦区停留的时间 t_1 比在散焦区停留的时间 t_2 要长,所以间隙处电场对离子的总的作用是聚焦.

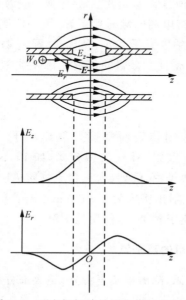

图 2.7　两电极间隙处聚焦作用示意图

第三节　离子源的主要类型

一、离子源的分类

离子源的种类至今已有数十种,分类方法很多,按离子产生的方法主要分为三大类.

1. 电子碰撞型

这类离子源靠具有一定动能的电子撞击气体分子产生等离子体,再用电场从等离子体中引出离子束.所以又叫等离子体离子源.加速器常用的离子源绝大部分属于这一类.

2. 固体表面电离型

这类离子源的电离发生在固体表面附近.电离过程可以靠热能来维持,也可以靠外部离子束、电子束轰击来维持.

（1）靠热能维持电离的热表面电离离子源.电离能较低的元素粒子（碱金属类和稀土金属类）碰到加热至一定温度的高电离能的金属（如钨、铂、铱等）表面时,就会使该元素的原子失去一个电子而成为离子.根据这一原理制成的离子源能得到品质好、纯度高的离子束,但是离子种类少,束流流强低,流强一般为高频离子源的几分之一.

（2）靠离子束轰击维持电离的溅射离子源.用一定能量的离子束轰击靶,就能从靶表面溅射出靶材料的中性原子和正、负离子.溅射源的种类很多,其中用铯离子束轰击金属靶锥而产生被轰击金属的负离子源是典型的溅射源,在加速器中得到了广泛的应用.

3. 热离子发射型

这类离子源是从高温固体表面直接发射热离子.碱铝硅酸盐的分子式为 $Al_2O_3 \cdot nSiO_2 \cdot M_2O$（$n$ 是整数,M 代表碱金属,如 Li,Na,K,Rb,Cs 等）,对其加热,能得到很强的碱金属离子束.例如,人工合成物质 $Al_2O_3 \cdot 2SiO_2 \cdot Li_2O$ 被加热到 $1\,200 \sim 1\,350\,℃$ 时,可发射出密度为 $1 \sim 1.5\,mA/cm^2$ 的锂离子束.这类离子源虽有束流品质好的优点,但离子种类少,使用范围窄.

二、加速器中几种常用的离子源

加速器中常用的离子源,除溅射离子源外,绝大部分都属于第一种类型.

1. 高频离子源

高频离子源是一种电子振荡式离子源.早在 20 世纪 40 年代就已经问世.高频源具有结构简单、寿命长、工作稳定和引出离子束中原子离子含量高等优点.这种源普遍用在高压型加速器上.

(1) 结构.图 2.8 是电感耦合式高频离子源的结构示意图.

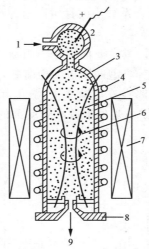

图 2.8 电感耦合式高频离子源结构示意图

1——电离气体入口；2——阳极；3——放电管；4——振荡线圈；5——磁力线；
6——电子；7——磁场线圈；8——引出电极；9——离子束

高频离子源主要由放电管及引出电极（又称吸极）系统组成.高频放电管用复合系数小的材料制成.放电功率较低的高频源,其放电管多用派力克斯玻璃（Pyrex glass）,而放电功率较高的高频源则选用石英.石英制成的放电管能耐高温,不易被高频电场击穿,并具有工作可靠、寿命较长等优点.放电管内充有一定气压的待电离气体.

高频功率通过一定的耦合方式由高频振荡器送入放电管并在管中激励起高频电磁场.耦合方式有电感耦合和电容耦合两种.图 2.9 为高频放电耦合方式的示意图.

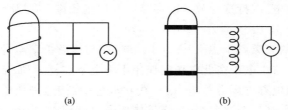

(a)   (b)

图 2.9 两种高频放电的耦合方式

（a）高频放电的电感耦合方式；（b）高频放电的电容耦合方式

　　放电管外壁套有励磁线圈用以产生轴向磁场.它的作用是约束电子,从而减少电子的损失,增强放电功率.

　　高频源的引出系统由阳极、引出电极和绝缘屏蔽组成.引出电极在放电管的底部.如果需要引出正离子,引出电极的电位应低于等离子体的电位.在引出电极的中心有一个供引出离子束用的孔道,其孔径与长度要选择适当,既要有足够大的气阻,又要保证引出一定的离子流强度.一般引出电极的孔径为 $2\sim3$ mm,长度为 20 mm 左右.引出电极常用复合系数小而且耐高温的石英套管屏蔽起来,以减少离子的复合.

　　引出系统按结构分为两种,其主要区别在于阳极结构不同.图 2.10(a)的阳极是位于放电管顶部的探针.这种类型的阳极结构简单,但等离子体发射面在石英套管的顶上,所以引出电压主要降在石英套管上,放电物质凝结在石英套管壁上,容易造成短路.而图 2.10(b)的阳极是位于放电管底部的一个带孔的金属电极.这种类型的阳极绝缘性能较好.

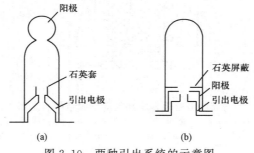

图 2.10　两种引出系统的示意图

　　(2) 放电原理.在高频源中,电子从高频电磁场中得到能量,并与气体分子碰撞使其电离,产生等离子体.

　　不同的高频电磁场的激励方式产生不同放电形式.在电感耦合的高频离子源[图 2.9(a)]中,耦合线圈中的高频电流感生穿过线圈轴心的高频磁通,因而在放电管内产生与线圈同轴的高频涡旋电场.自由电子在高频磁场和涡旋电场的作用下,沿涡旋电场方向作往返式回旋运动,使气体分子电离.这种形式的放电称为磁耦合放电,或称环状放电.维持这种放电的高频电源振荡频率一般为十到几十 MHz,工作气体压强为 $1\sim10$ Pa.

　　在电容耦合的高频离子源[图 2.9(b)]中,在与高频振荡电源相连的金属环之间产生高频电场.自由电子在此电场的作用下将上下往复运动,从而使气体分子电离.这种形式的放电称电耦合放电,或称线状放电.维持这种放电要求高频电源的振荡频率比前一种高一个数量级,工作气体压强可低到 10^{-2} Pa.因为气体稀薄,电子的平均自由程比放电管的尺寸大得多,自由电子与气体分子间发生碰撞的概率小,多数电子打在管壁上,并打出二次电子而获得电子的倍增.这种形式的放电主要靠二次电子维持.由气体电离产生的电子对放电只起次要作用.

从高频源中引出的离子流强度可达 10 mA 量级(见表 2.1),质子比高达 90%.

由于结构的限制,常规的高频离子源只能在常温下电离气体状态的物质,因此,能产生的离子种类较少.利用固态和液态物质工作的高频源,则能得到多种元素的重离子束.

2. 潘宁离子源

该离子源是 1937 年由潘宁(Penning)首先提出的,故称潘宁源.后来被飞利浦公司采用,所以又名 PIG 源(Philips ionization gauge),这种源多用于回旋加速器和直线加速器.

(1) 结构.图 2.11 表示潘宁源的结构.其放电室由阳极、阴极和对阴极组成.阴极和对阴极置于放电室的两端,电位相同.圆筒形阳极位于两个阴极之间,阳极与阴极间的电位差为几百伏到几千伏,与待电离的气体种类、工作气压、磁场强度、阴极材料和表面性质等因素有关.阳极筒外绕有励磁线圈,可产生磁感应强度为十分之几特斯拉的轴向磁场,用以约束电子.早期潘宁源使用冷阴极,现在多采用热阴极.此外,还有电子轰击型间热阴极和用弧光放电加热的自热阴极等等.冷阴极弧光放电的电压高达 1 000～2 000 V,电荷态也较高,但流强比热阴极约低 1～2 个数量级.

图 2.11　潘宁源结构示意图
1——阴极;2——阳极;3——对阴极;4——磁场线圈;
5——引出电极;6——轴向磁场

潘宁源的引出系统分轴向和径向两种.轴向引出时在对阴极上开引出孔,离子束由引出电极经引出孔引出.径向引出时在阳极筒的壁上开一个引出缝,离子束由引出电极经引出缝引出.轴向引出比径向引出的离子流发射度好,流强高一个量级,但电荷态较低,而且分子离子多.径向引出几乎没有分子离子.

（2）放电原理.从阴极发射出的电子,受阳极与阴极间的电场加速,向对阴极方向运动.在运动过程中,这些电子因电离气体而损失一部分能量,到达对阴极附近被反射回来.阳极与对阴极间的电场使电子向反方向加速,到达阴极附近又被阴极反射回来.这样,电子在阴极和对阴极之间往返地运动,同时,又受到轴向磁场的约束,使电子沿轴线做螺旋运动.于是,大大加长了自由电子的路程,从而增加了与气体分子发生电离碰撞的概率.因此,潘宁源放电室的工作气压比其他类型的离子源的要低,降低工作气压对提高离子的电荷态是有利的.

实际上,振荡的电子最终将趋向阳极而丢失.丢失的电子靠加速到阴极的离子产生的二次电子来补充,得以维持自持放电.没有与气体分子发生碰撞的电子,将打在对阴极上而丢失.为了减少这部分电子的损失,对阴极常常不与阴极相连而处于悬浮电位.这样,当离子源开始工作时,一部分打在对阴极上的电子将使对阴极的电位逐渐降低,直到电子不能打上去为止.

从潘宁源引出的离子流强可达几百 mA,但冷阴极潘宁源只有 mA 量级.

（3）潘宁源可以产生多电荷态的离子,过程有二:

① 单次碰撞的多重电离,即电子和中性粒子一次碰撞就打掉几个电子.电离反应式为:

$$A^0 + e \longrightarrow A^{n+} + (n+1)e$$

产生这种电离的条件是电子的能量高,一般须达到几百到几千 eV. 因此,要求离子源的放电电压要高.

② 逐次电离,即电子与中性粒子每次碰撞只打掉一个电子,通过连续几次碰撞得到高电荷态的离子.每次碰撞的电离反应式为

$$A^{n+} + e \longrightarrow A^{(n+1)+} + 2e.$$

逐次电离要求已初步电离的离子有较长的寿命且电子与离子间发生电离碰撞的概率高.因此,要求离子源放电电流大、电子路程长以及工作气压低.表 2.2 是几台潘宁多电荷态离子源的参数.

3. 双等离子体离子源

它是在不均匀磁场中热阴极弧光放电型离子源,简称双等源.“双”可解释为双收缩.电极形状使弧光放电形式的等离子体压缩一次,再由不均匀轴向磁场完成第二次压缩,从而提高了等离子体的密度.

双等源于 1956 年由德国人首先提出,后又增加了扩张杯,使发射面积加大、发散角减小.双等源是高亮度的离子源,等离子体的密度高达 10^{14} 离子对/cm^3. 它是高能加速器中产生强流质子束最常用的离子源.与其他离子源相比,双等源的结构复杂,造价较高.

表 2.3 列出了 10 台高能加速器上使用的双等源及其主要参数.

表 2.2　用于加速器上的潘宁多电荷态离子源的某些束流参数

加速器类型和名称	注入方式	引出方式	阴极形式	离子束性能　（　）中数据的单位是 μA,[　]中数据的单位是粒子数/s
回旋 Cyclone	内	径向	简热	$C^{3+}(10)$,$N^{4+}(12)$,$O^{4+}(9)$,$Ne^{5+}(1)$,$Ne^{6+}(0.01)$,$Ar^{8+}(0.1)$
紧凑回旋	内	径向	简热	$C[10^{13}]$,$Kr[3\times10^{10}]$,$U[3\times10^{9}]$
等时回旋	内与外			$N^{5+}(2)$,$O^{6+}(0.1)$,$Ne^{6+}(0.1)$,$Ar^{8+}(0.05)$
回旋 Alice	内外（直线）	（注：有剥离）		$N^{7+}(0.05)$,$Ca^{15+}(0.15)$,$Kr^{25+}(0.015)$
分离扇回旋	6 MV 静电	轴向		$Ne(0.01)$,$Ar(0.01)$
回旋 VEC	内	径向		$Li^{3+}(1)$,$Ne^{6+}(2)$,$Ne^{7+}(0.3)$,$Ni^{6+}(30)$,$Ni^{10+}(0.04)$
回旋 MSU	外	轴向	冷	$C^{4+}(0.09)$
回旋 K500				C^{5+},Ne^{6+},Ar^{8+},Kr^{8+}
回旋 ORIC	内	径向	冷（旋转）	$N^{5+}(2)$,$O^{6+}(3)$,$Ne^{6+}(3)$,$Kr^{8+}(1.2)$,Te^{11+},Nb^{9+}
回旋 88″	内	径向		$Li^{2+}(5)$,$L^{3+}[10^{12}]$,$B^{3+}(95)$,$O^{8+}(0.1)$,$Ar^{8+}(0.9)$
回旋 VEC	内	径向	冷	Li^{3+},Be^{3+},B^{4+},C^{5+},$N^{5+}(5,2)$,N^{6+},O^{6+},F^{7+},Ne^{7+},S^{8+},Cl^{8+},Ar^{9+},Fe^{8+},Zn^{8+},Kr^{7+},Xe^{8+}
回旋 176 cm	内	径向	冷	$N^{5+}(4.3)$,$Ne^{6+}(1.5)$
回旋 苏联	内	径向	简热	$N^{5+}(1000)$,O^{5+},Xe^{8+},观察到 Xe^{14+}
回旋 U200	内	径向	热	$C^{3+}(60)$,$Xe^{30+}[2\times10^{10}]$
回旋 U300	内	径向	热	$Ne^{4+}(50)$,$P^{6+}(15)$,$Ar^{7+}(3)$,$Xe^{9+}[3\times10^{12}]$,$W^{12+}[10^{10}]$
直线 UNILAC		径向	自热	$Ti^{4+}(14)$,$Ta^{10+}(4.5)$
直线 UNILAC		径向	简热	$Ti^{5+}(80)$,$Pb^{10+}(10)$,$V^{11+}(4)$
直线 Super HILAC		径向	冷	$Ca^{3+}(70)$,$Au^{9+}(10)$,$Fe^{4+}(5)$

表 2.3   高能加速器双等离子源的主要参数

实验室	ANL	BNL	CERN	Chalk River	Fermi Lab	ITEP	KEK	L F	Rutherford	Saclay
地点	美	美	西欧	加	美	俄	日	美	英	法
氢气压/Pa	40	27~67	67	~40	~20	80~107	33	27	50	27
弧流/A	40~50	10~25	70~90	6~15	60~80	50~80	60	5~10	45	10~40
最大磁场/T	0.3	0.25	0.8	0.1	0.3	0.2	0.11	0.25	0.2	0.3
源孔径/mm	0.6	1.3	0.6	0.5~1.0	1.3	1.8	1.5	0.6	0.8	0.7
扩张杯引出孔×长度/(mm×mm)	13×24	22.2×24.6	20×61	19×41	27×75 41×75 31×75	100×100	28×45	14×6	20×15	10×20
弧的占空系数	$0.5×10^{-4}$	$4×10^{-3}$	$1.2×10^{-4}$	100%	$(2~3)×10^{-4}$	$5×10^{-5}$	$4×10^{-4}$	$6×10^{-2}$	$5×10^{-4}$	
源的寿命/h	5 000~10 000	~6 000	>8 760	>300	3 000~8 000	>8 000	>700	3 000	>6 000	>6 000
高压加速管最大离子流/mA	250	500	~600		285 675 650	1 500	900	60	200	120
发射度 A×βγ/(cm·mrad)	0.3	0.25	0.3		0.2 0.55 0.4	0.82	0.5	0.025		0.1
质子比/(%)	75~80	80	75~80	70~80	85 80 80	83~85	>80	60		80

（1）双等源的结构与工作原理.

① 结构图. 图 2.12 为双等源结构的示意图. 放电系统由热阴极、中间电极和阳极组成. 弧光放电形成的等离子体集中在阴、阳极之间的小区域内. 阴极用钨丝或涂有氧化物的其他耐高温金属丝绕制而成. 中间电极则由导磁软铁材料制成,近阳极的一端做成圆锥形,中间有一直径 5 mm、长 10 mm 左右的孔道. 阳极板上镶有用铂等耐高温金属材料制成的插件,以便更换. 阳极孔直径约 0.5～1.5 mm,长度为 0.2～0.5 mm. 磁铁线圈外有导磁环,与中间电极、阳极构成磁回路. 在中间电极和阳极间隙处产生不均匀强轴向磁场,用以压缩等离子体.

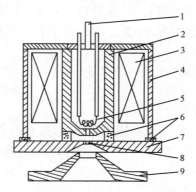

图 2.12　双等源结构的示意图

1——进气口；2——中间电极；3——磁铁线圈；4——导磁环；
5——热阴极；6——绝缘体；7——阳极；8——扩张杯；9——引出电极

② 工作原理. 双等源采用热阴极直流放电,常称弧光放电. 电子从加热到白炽程度的阴极射出,在阴极与阳极间 70～500 V 电压的作用下,电子与气体原子碰撞引起激发和电离,从而在阴极和阳极间形成弧光放电,建立起等离子体.

等离子体内的电场强度随放电室半径的减小而增加,因而中间电极锥形收缩的几何形状将导致电子流的聚焦和进一步加速,使电离强化,形成密度较高的"等离子体泡". 这是对等离子体的第一次压缩,称之为"机械压缩"或"静电压缩". 当电子流通过中间电极和阳极之间的非均匀轴向磁场时,再一次受到磁场的聚焦,形成对等离子体的第二次压缩,称为磁压缩. 于是,在阳极孔附近形成密度更高的等离子体,并通过阳极孔扩张到引出区.

图 2.13 展示了双等源中等离子体两次压缩的情况.

③ 引出系统. 离子束引出系统由阳极、等离子体扩张杯和引出电极组成. 引出电极与阳极间的电压为 20～50 kV. 早期的双等源采用一般的引出系统. 由于等离子体的密度高,发射面难以形成合适的凹形,所以引出的离子束发射度大. 为了改善引出束的品质,设计者把阳极孔做成锥形,出口处形成一个锥形空间,称为扩张

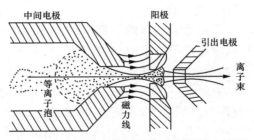

图 2.13 双等源中等离子体两次压缩示意图

杯.高密度的等离子体经过扩张杯后,发射面积加大,容易形成恰当的形状,(见图 2.13)使引出的离子束发射度减小.为了减少离子在扩张杯上的损失,可采用以下办法:

(i) 在扩张杯的空间加一个较弱的磁场(约 5×10^{-4} T);

(ii) 扩张杯选用绝缘材料;

(iii) 在扩张杯上加偏压.

(2) 三等离子体离子源.为双等源的变型.如果在双等源引出口的扩张杯上加一个偏压,则随偏压的改变,能获得一个附加的电离,这种效应称为后电离.当往扩张杯中注入与主放电区不同的其他气体或蒸气时,则可得到注入气体的正离子、负离子和多电荷态的离子.例如,注入氧气可引出流强为 10 mA 的氧正离子、200 μA 的双电荷态正离子和 200 μA 的负离子.主放电区一般采用 Ar 或 He,尚未发现注入扩张杯的气体反扩散到主放电区的现象.双等源的附加部分如图 2.14 所示.以 Li^+,Cu^+ 和 B^+ 三种元素的正离子为例,从三等离子体离子源引出的离子流强约为双等源离子束流强的 10 倍.

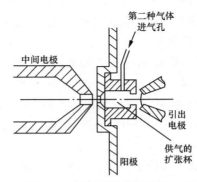

图 2.14 双等源的附加部分

(3) 双潘宁多电荷态离子源.它是双等源与潘宁放电相结合的离子源,所以称为双潘宁源.这种离子源可以提供多电荷态离子.

在双等离子体放电中,绝大部分快速的初始电子都在阳极上丢掉.这些电子对产生多电荷态没有贡献.如果把双等源的阳极孔加大,并在后面放置一个反射电极,这些电子就将在中间电极与反射电极之间沿轴向振荡,并受到轴向磁场的约束,从而大大地提高电离效率.双潘宁源的结构及轴向磁场的分布见图 2.15.

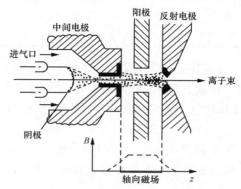

图 2.15　双潘宁源结构示意图

在下面的两种放电情况下,双潘宁源都能产生多电荷态的离子:

① 放电电流高达 10 A 左右,放电电压低于 100 V.这种放电情况适用于从固体物质产生多电荷态离子.

表 2.4 列出了在放电电流 5 A、放电电压 100 V、最大约束磁感应强度为 0.2 T 的情况下,双潘宁源用固体物质产生多电荷态离子的实验结果.

表 2.4　双潘宁源用固体物质产生多电荷态离子的实验结果

离子种类	电荷态分布/(%)					总离子流 /mA	标称离子占总离子流 的份额/(%)	支持 气体
	1	2	3	4	5			
Al	93.2	6.7	0.041			7	30.5	Kr
Ti	78.7	19.7	0.91	0.064		5.5	16.3	Ar
Fe	73.6	25.8	0.65			7	～30	Ar
Ni	～83	～16	<1			3	29.6	Ar
Cu	88.9	11	0.17			11	25.8	Ar
Zr	66.8	28.6	4.21	0.43		3	22.4	Ar
Mo	58.5	32.7	7.7	1.1		9.5	21.3	Ar
W	35.9	43.6	16.2	4.4		7	30.7	Ar

双潘宁源在这种放电参数情况下所得的结果与放电参数相近的双等源相似.

② 放电电压高于 500 V 时,只能用低于 1 A 的放电电流.表 2.5 列出使用惰性气体时,得到的实验结果.

表 2.5　双潘宁源用于惰性气体产生多电荷态离子的实验结果

粒子种类	放电参数			电荷态分布/（%）					总离子流/mA
	电压/kV	电流/A	磁感应强度/T	1	2	3	4	5	
Ar	1.5	0.5	0.18	59.2	35.0	5.5	0.27		0.5
Kr	1	0.5	0.125	64.9	27.6	6.5	1		0.25
Xe	1.2	0.4	0.18	48.8	33.7	12.6	3.7	1.2	0.15

重离子加速器要求加速高电荷态的离子，因为在相同的加速电压作用下，离子的电荷态越高，获得的能量就越高．得到高电荷态离子的条件是：第一，电离用的电子能量要高；第二，要求电子密度高和约束时间长；第三，工作气压要低，以减少电荷交换和复合损失．

高频源、潘宁源和双等源在约束时间长和电子密度高的情况下，都能产生多电荷态离子，但由于工作气压较高，很难得到高电荷态的离子．下面介绍两种高电荷态离子源．

4. 电子回旋共振（ECR）离子源

这类源是用电子回旋共振加热等离子体的高电荷态离子源．20 世纪 60 年代中期，法国利用电子回旋共振加热等离子体的原理制成了第一台电子回旋共振微波离子源，称为 MAFIOS，并用在回旋加速器上．以后，他们又陆续研制了两级（Super MAFIOS）和三级（Triple MAFIOS）电子回旋共振微波离子源．目前，这类源是一种较好的高电荷态离子源．

（1）基本原理．在均匀恒定的磁场中，带正、负电荷的离子及电子受洛伦兹力（Lorentz force）的作用将沿不同的方向按拉莫尔频率（Larmor frequency）回旋．如果在等离子体上外加一个角频率与电子回旋频率相同的高频或者微波横向电场，必有一部分电子不断受到高频（微波）场加速而吸收高频（微波）能量，而另一部分电子则受高频（微波）场减速．由于稀薄气体条件下微波频率大大高于电子碰撞频率，因此这些被减速的电子终将减速到零，随后就处于吸收高频能量的状态．可见，磁场中的等离子体在上述条件下对微波有强烈的吸收作用．由于在电子回旋共振条件下电子能有效地吸取微波能量，所以在与中性分子碰撞前有相当多电子的能量已大大超过了分子或原子的电离能．

（2）结构与性能．电子回旋共振微波离子源主要由微波系统、供气系统、放电室、励磁线圈、引出系统和透镜聚焦系统组成．图 2.16 是它的结构示意图．

微波功率源的频率已提高到 10 GHz 以上．微波传输及测量系统包括隔离器、入射功率及反射功率测量系统、波长计和功率调配器等．微波传输系统与放电室之间有波导窗，其作用是隔开气体但微波功率却完全可以通过．在波导窗附近有一可

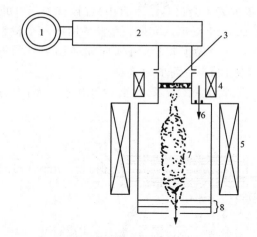

图 2.16　ECR 源结构示意图

1——磁控管；2——微波传输及测量系统；3——波导窗；
4,5——励磁线圈；6——进气口；7——放电室；8——引出及聚焦系统

调励磁线圈,它产生的磁场使等离子体的带电粒子向下漂移,保证波导窗不受粒子轰击.放电室的侧壁有水冷夹层,使腔体不至于过热.放电室可按谐振腔设计,为了使微波能有效地被等离子体吸收,腔的长度一般取三个半波长.放电室外有主磁场线圈,保证在放电室内建立起足够的磁场,磁场的大小由电子回旋共振条件决定.放电室底部是引出电极和聚焦系统.供气系统把需要的气体通过进气孔送入放电室,工作气压可低到 $10^{-3} \sim 10^{-5}$ Pa.

　　ECR 源具有寿命长、电离效率高、束流品质好和工作稳定等优点.目前,国际上多数重离子回旋加速器、直线加速器已用 ECR 源取代了 PIG 源.例如,德国的一台两级 ECR 源,微波频率为 14.4 GHz,使用超导磁铁和低温泵真空系统.在引出电压为 10 kV 时,得到了 O^{7+}（48 μA）,Ne^{10+}（1.2 μA）,Ne^{9+}（11 μA）,Ar^{16+}（0.8 μA）和 Ar^{14+}（6.2 μA）,为回旋加速器提供了从 He 到 Ar 的高电荷态离子束.法国的一台 ECR 源可为回旋加速器提供 Ar^{7+},Kr^{13+},Xe^{17+},Ta^{22+},Pb^{23+} 和 U^{24+} 等高电荷态离子束.中国兰州近代物理研究所的 SECRAL 高电荷态 ECR 运行在 $18 \sim 24$ GHz,可产生 O^{6+}（2.3 emA）,O^{7+}（0.8 emA）,Ar^{11+}（0.8 mA）,Xe^{20+}（0.5 emA）,Bi^{29+}（0.2 emA）等高电荷态重离子束流.中国北京大学的一台 2.45 GHz 的 ECR 离子源可以引出质子流强 100 mA,氘束 80 mA.

5. 电子束离子源（EBIS）

　　这类离子源是用高电流密度的电子束使约束在电场位垒内的离子进一步电离从而产生高电荷态离子的装置.苏联学者多耐茨（Donets）研制的型号为 KRION-2

的 EBIS 源(在 1975 年重离子会议总结发言中)曾被誉为当时的最佳离子源.

电子束离子源于 1967 年提出,1969 年发表了用第一个模型 EBIS-1 取得的实验结果.1970 年在 EBIS-2 上做了实验.1974 年初使用超导的电子束离子源建成,称为 KRION 源,已用在 10 GeV 同步加速器上.

(1) 结构及工作原理. KRION 源的结构及电位沿轴向分布情况如图 2.17 所示.

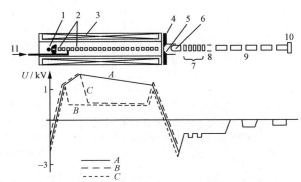

图 2.17 电子束离子源 KRION 的基本几何结构及电极电位的分布情况

1——电子枪;2——漂移管;3——励磁线圈;4——铁的磁屏蔽;

5——电子收集极;6——电子反射器及离子引出电极;7——透镜;

8——调制器;9——漂移管(弱静电聚焦);10——离子收集器;11——进气口

电子束离子源主要由螺线管线圈、发射电子束的阴极(电子枪)、放电室和离子引出电极组成.模型实验表明,多电荷态离子产生的速率随电子密度和电离区间长度的增加而增大.

使电子束聚焦的螺线管线圈长 1 m 以上,轴上的磁感应强度可达十分之几特斯拉.如果采用超导,则磁感应强度可达数特斯拉.

早期用硼化镧(LaB_6)的阴极发射电子束,电流密度不超过 10 A/cm^2.目前,多采用外电子枪,如皮尔斯会聚枪来发射电子束.由于采用了磁压缩,电子束的电流密度比硼化镧阴极发射提高了几个数量级.

通过供气管道把待电离的气体送入第三节漂移管(见图 2.17).从第三节漂移管进入放电室内的气体被高速的电子束电离.在电离时间内放电室两端产生轴向位垒,使离子电离到高电荷态后,再降低位垒,将离子引出.为此,须要改变各节漂移管上"A","B","C"三种不同的电位分布(见图 2.17 中三种电位分布曲线).当各节漂移管上电位分布为"A"时,由电子束电离产生的离子不能进入电离区而被迫流向阴极.电位分布变到"B"时,离子开始进入电离区,为注入阶段.电位分布变到"C"时,离子不再进入电离区,注入阶段结束.已进入电离区的离子受"C"电位分布两端位垒的约束,被电离到高电荷态,为电离阶段.当电位分布再变到"A"时,引出电极将高电荷态的离子引出,并将电子反射回去,为引出阶段.各节漂移管上的电位分布按"A","B","C"三种情况循环变化,每到"A",引出一束高电荷态离子束.引出的离子用飞行时间谱仪进行测量.

(2) 性能.迄今为止,EBIS 源是获得电荷态最高的多电荷源.这种源由于技术复杂、造价高,目前只有俄罗斯、美国、法国、德国等少数国家开展了这方面的研究,主要用于高能重离子加速器上.目前,在 EBIS 源上已能得到 Xe^{40+},U^{82+} 等极高电荷态的离子束.

6. 负离子的获得

研制串列加速器的建议早在 1937 年就已提出,但因受负离子流强度的限制未能实现.1955 年采用氢离子通过汞蒸气转荷得到了 $2\ \mu A$ 的氢负离子.1958 年底得到了 $70\ \mu A$ 氢负离子.同年,建成第一台串列加速器,而串列加速器的发展又要求产生重元素的负离子.1969 年建成第一台溅射型负离子源.目前,用溅射型负离子源能得到周期表中大部分元素的负离子.

负潘宁源的发展与回旋加速器有关.如果用回旋加速器加速负离子到预定能量后,再用箔剥离电子成正离子偏出磁场,可使回旋加速器的引出大大简化.

有些实验室的高能加速器采用氢负离子多圈转荷注入.对氢负离子的要求,推动了负双等离子体源、磁控管源等负源的研制和发展.

(1) 稳定负离子的形成.粒子通过碰撞、俘获电子后变成负离子.在实际应用中要求负离子必须稳定,然而是否稳定与元素的结合能有关.如果把一个电子加在某元素的中性原子(或分子)上,产生的结合能为正,则此元素的负离子稳定.反之,则不稳定.结合能又名电子亲合势.例如,卤族元素加一个电子恰好形成满壳层,这些元素的电子亲合势最大,其负离子也最稳定,而惰性气体本身的电子已形成满壳层,电子亲合势为"负",其负离子则不稳定.周期表中 75% 以上的元素电子亲合势为"正",它们在一定的条件下可能形成稳定的负离子.但总的来说,电子亲合势的值都较小,负离子与其他粒子相碰时容易分解,因而使负离子的流强受到一定的限制.电子亲合势为负的元素不能单独形成负离子,只能以化合物分子的负离子形式出现.

(2) 几种类型的负离子源.

① 转荷型负离子源.这种离子源发展最早,其基本原理是使一定能量的正离子通过固体膜或蒸气转荷成负离子.虽然固体膜的转荷效率较高,但其承受热负荷的能力太小,现已很少采用.目前多采用氢气或电离电压低、转荷效率高的碱金属蒸气做转荷介质.由双等源或高频源引出的正离子,在附加的电荷交换室或转荷管道中与转荷介质相互作用,一小部分会转荷成负离子.负离子束流强度决定于正离子束流强度和转荷效率,而转荷效率又与离子的种类、能量以及转荷介质有关.图2.18 是质子在几种碱金属蒸气中转荷为负离子的最高效率与能量的关系曲线.能

量为 20～50 keV 的正离子在"气体"中转换为负离子的转荷效率一般为 1% 左右.

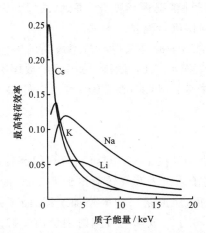

图 2.18　质子在几种转荷介质中转荷为负离子的最高效率与能量的关系曲线

这种类型的负离子源多用在串列加速器上,有以下缺点:(i) 正离子经过转荷后发射度增大;(ii) 碱金属蒸气对加速管的高压绝缘有害,因此要求真空泵的抽速大,不使有害气体进入加速管;(iii) 伴随产生大量中性粒子.

② 直接从等离子体中引出负离子.早在 1959 年,莫克(Moak)就发现改变双等源引出电极的电压极性,可以直接引出 50 μA 的氢负离子,同时伴有流强高 100 倍的电子.这是因为双等源的电子浓度很高,即使负离子产生的截面很小,也能引出一定量的负离子.1965 年劳伦斯(Lawrence)等发现在等离子体芯周围一圈处,负离子浓度较高,而电子较少.如果使引出轴相对放电轴略偏置 1mm 左右,就可引出更多负离子.这就是偏轴双等离子体离子源.

戈卢别夫(Golubev)在双等源上用空芯管放电,称为空芯放电双等源(HDD).这种离子源在中间电极孔中装一空芯棒,空芯棒的尺寸对氢负离子的产额有明显的影响.最佳情况下能得到 6 mA 的氢负离子束,发射度为 0.07 cm · mrad,并伴有小于 500 mA 的电子流.由于重离子对灯丝的溅射,容易引起灯丝的损坏,而且在易冷凝的蒸气内工作,容易发生堵塞或短路,为此,通常将灯丝换成空芯阴极.阴极与中间电极间的电弧产生在氢气中,而阳极区则选用所需离子的气体或蒸气.这就是空芯阴极直接引出双等源.

直接引出型负离子源比转荷型的亮度高,不伴有中性粒子.其独特的优点是发射度和能散度都很小.但是,可得到的负离子品种不多,除 H^- 外,还能直接引出 D^-, C^-, O^-, S^-, C^-, I^-, NH^- 等负离子.

③ 表面等离子体源.这里介绍两种该类型的强流离子源.

(i) 磁控管离子源.这种源的研制起源于苏联,图 2.19 是它的示意图.磁控管源的阴极呈椭圆跑道形,围绕它有一阳极.磁场平行于阴极表面,垂直于纸面.电子的运动轨迹与磁控管相似.氢气气压为 10 Pa 时,阴阳极间电位差为数百伏.电子受 $E \times B$ 场的作用在阴极与阳极之间作摆线运动,产生的正离子与原子轰击覆盖铯的阴极表面,氢负离子产额可大大增加.阴极表面产生的负离子在越过阴极鞘层时得到加速,通过等离子体到达阳极.经阳极孔引出的氢负离子被引出电极加速到数十 keV,离子流密度高达数 A/cm^2.目前已能得到 1 A 的氢负离子束.

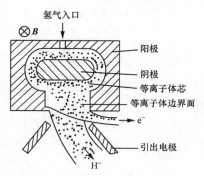

图 2.19 磁控管型负离子源示意图

这种强流负离子源的主要参数见表 2.6.

表 2.6 两种强流负离子源的主要参数

类型 参数	磁控管源		潘宁源		
	美国	苏联	美国		苏联
			H_2	D_2	
引出 $H^-(D^-)$ 电流/A	0.9(0.6)	1.0	0.44	0.2	0.2
$H^-(D^-)$ 电流密度/($A \cdot cm^{-2}$)	0.7(0.45)	3.3	0.44	0.2	5.4
能量/keV	20		14	14	
脉冲长度/ms	10(20)	1	3	6	
放电电流/A	260(80)	150	65	40	450
阴极电流密度/($A \cdot cm^{-2}$)	20(40)	50	33	20	90
放电电压/V	120	120	220	400	100
总放电功率/kW	30(22)	18	14.3	16	45
阴极功率密度/($kW \cdot cm^{-2}$)	1.5	4	4.8	5.3	9
功率效率/($mA \cdot kW^{-1}$)	30(20)	56	30	22	38
气体利用效率/(%)	2~3		1.1		
发射度/(cm · mrad)		0.08	1.15 (0.24 A 时)		~0.1
引出孔/mm		3×10			0.5×10

(ii) 强流潘宁负离子源.早期的潘宁源是首先达到 mA 级的负源.它与回旋

加速器的潘宁正源相似,是径向引出,但不是表面等离子体源.这种源的负离子束流强不超过 5 mA.

现代的强流潘宁负源也起源于苏联,之后美国 BNL 也研制成功.由于尺寸小,流强不如磁控管源.图 2.20 是 BNL-Ⅳ 型潘宁负源的示意图.这种潘宁负源的两个阴极都是空心的,并用钛和铯重铬酸($Ti+CsCr_2O_7$)按 3：1 比例混合的混合物填满.在面对引出缝处安放一独立的发射极,使性能提高一倍.

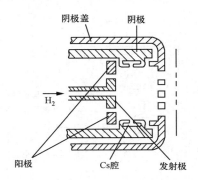

图 2.20　BNL-Ⅳ 型潘宁负源示意图

潘宁负离子源的主要参数也列于表 2.6 中.

④ 溅射源.不同元素的化学物理性质差别很大,从同一个源中要得到各种元素的负离子很困难,但溅射源是直接从固体表面溅射产生负离子,所以,除惰性气体外,几乎能产生周期表中所有元素及其化合物的负离子.

1962 年,克龙(Krohn)用 Cs^+ 离子束轰击固体表面时发现,溅射的粒子中有很大一部分是负离子,如果在溅射表面蒸镀一层铯,则负离子产额大大增加.根据这一重要发现,1969 年建成了第一台溅射型负离子源.1972 年,米德尔顿(Middelton)经过完善和改进,建成了当时被称为万用的负离子源 UNIS.以后,出现了许多种溅射负离子源.图 2.21 是 UNIS 源的工作原理示意图.

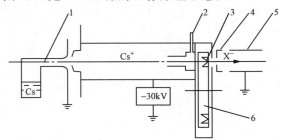

图 2.21　UNIS 源工作原理示意图
1——铯表面电离源；2——进气管；3——溅射锥；
4——引出杯；5——引出电极；6——转换盘

装入铯炉内的铯,经加热变成铯蒸气,通过用铂或钨制成的表面电离器变成 Cs^+ 离子,经聚焦、导向透镜后,聚成细束的 Cs^+ 离子射向溅射锥,从而溅射出溅射锥元素的负离子.把不同材料的溅射锥均布在可转动的圆盘上,在不破坏真空的情况下,转动圆盘就可得到不同元素的负离子.这些负离子是由 Cs^+ 离子束轰击溅射锥表面造成表面电离而产生的.与此同时,部分 Cs^+ 离子失去能量后被吸附在溅射锥的表面而形成铯的覆盖层,它能使溅射锥元素的结合能降低,因而提高负离子的产额.

UNIS 溅射负离子源的 Cs^+ 离子束能量为 30 keV,流强为 0.25 mA,可提供负离子的流强随离子种类不同而差异甚大,可相差几个数量级.某些元素的最强的负离子束已达到上百 μA,能连续运转几百小时.溅射源多用在串列加速器上.

7. 极化离子源

使粒子自旋极化的离子源称为极化离子源.极化的带电粒子束被加速器加速后成为高能极化束.20 世纪 60 年代以来,在核散射及核反应的研究方面,应用极化粒子束已愈来愈多.目前,极化离子源已用在高压加速器、单级和串列静电加速器、直线加速器、回旋加速器和同步加速器上,得到了高能极化离子束.

从 70 年代起,极化离子源才有了较快的发展.获得极化离子束的步骤是首先得到极化的中性束,再将极化中性束电离成极化离子束.目前,常用的极化离子源按产生极化中性束的方法分为原子束型和兰姆移位(Lamb shift)型两种.下面以氢为例,说明极化质子束的产生过程.

(1) 原子束型极化源.产生极化离子束的主要程序是:中性原子束→极化原子束→极化离子束.图 2.22 是这种极化源的工作程序框图.

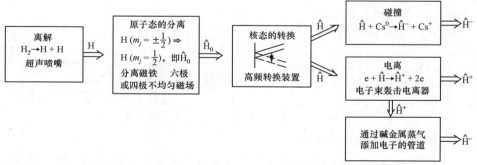

图 2.22　原子束型极化离子源的工作程序框图

H——氢的中性原子束;$\hat{H}_0$——极化的氢原子束;$\hat{H}^+$——极化的质子束;

$\hat{H}$——核极化的氢原子束;$\hat{H}^-$——极化的氢负离子

产生极化质子束的步骤如下:

① 将氢气送入离解器中,气压为 10^2 Pa 左右,用高频放电使分子态的氢离解

成原子态.原子态的氢通过狭缝(喷嘴)和准直器,形成定向的中性氢原子束(H).

②定向运动的氢原子束进入分离磁铁(一般为四极或六极磁铁),在特定分布的非均匀强磁场的作用下,电子角动量的取向为顺和逆着外磁场方向的两种状态.同时,由于磁场梯度与原子磁矩相互作用,具有不同角动量取向的原子向不同的方向偏移.分离磁铁的磁场分布使 $m_j = +\frac{1}{2}$ 态的原子受径向聚焦而顺利地通过磁铁孔道,而使 $m_j = -\frac{1}{2}$ 态的原子受径向散焦而丢失,从而形成了极化原子束($\hat{H}_0$).极化原子束只是电子极化的原子,并不是核的极化.

③要想得到极化的质子束,必须先设法使原子核极化.为此,在分离磁铁与电离器之间加一高频转换装置,特定频率的高频电场能使两个能级间发生跃迁,从而使核完全极化,得到核极化的中性原子束($\dot{H}$).

④从核极化的中性原子束到负极化离子束,可以直接用中性极化束与非极化的铯碰撞产生.也可以先将中性极化束电离.电离的方法很多,应注意尽量少产生退极化的离子.一般多采用电子束轰击法得到极化的正离子束($\hat{H}^+$).再使正极化束通过碱金属添加电子后得到负极化离子束($\hat{H}^-$).

原子束型极化源一般可提供流强为几 μA 的极化质子束或氘束.最高可达 $60\ \mu A$.由于非极化剩余气体电离的影响,实际的极化度为理想值的 $60\% \sim 90\%$.

(2)兰姆移位型极化源.兰姆移位表明:高于基态的氢原子第一激发态 $2S_{1/2}$ 和 $2P_{1/2}$ 不重合,且寿命相差很大.$2P_{1/2}$ 态通过辐射迅速地衰变到基态.而 $2S_{1/2}$ 态是亚稳态,寿命比 $2P_{1/2}$ 态要长几个数量级.兰姆移位型极化源就是利用这个特性得到氢的(2S)亚稳态极化质子束.

图 2.23 是这种极化源的工作程序框图.

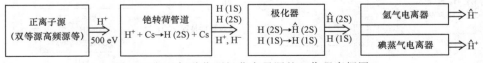

图 2.23　兰姆移位型极化离子源的工作程序框图

产生极化质子束的步骤如下:

① 使能量为 $500\ eV$ 的强流质子束通过铯蒸气的转荷管道,其中少部分质子将转换成亚稳态氢原子 H(2S).此外,束中还有基态氢原子 H(1S)和氢的正、负离子.用电场将离子偏离掉,而原子束则进入极化器.

② 在极化器中,有磁感应强度约为 $0.06\ T$ 的磁场和横向电场.当原子束通过电磁场时,由于能级的耦合现象,2S 态中 $m_j = -\frac{1}{2}$ 态的原子与 2P 态的寿命相似,

从而迅速衰变到基态,这就是亚稳态猝灭效应. 通过猝灭,我们可得到 2S 态中 $m_j = +\frac{1}{2}$ 态的极化氢原子 $\dot{H}_0(2S)$.

③ $\dot{H}_0(2S)$ 是电子自旋被极化的氢极化原子束. 为了得到核极化束,可在极化器中附加高频电场,使能级间发生跃迁. 在磁场的配合下,将一个能级猝灭而保留另一个. 这样,获得了核极化的氢原子束 $\dot{H}(2S)$.

④ 从极化器出来的原子中,除极化原子 $\dot{H}(2S)$ 外,还有大量的基态氢原子 H(1S). 为了提高离子束的极化度,在电离时要选择对极化原子电离度高的材料. 例如,氩气与极化原子的电荷交换概率比基态氢原子高两个数量级. 如果使能量为 500 eV 的核极化氢原子束通过氩气,就可得到核极化的氢负离子束. 反应式如下:

$$\dot{H}(2S) + Ar \longrightarrow \dot{H}^- + Ar^+,$$
$$H(1S) + Ar \longrightarrow H^- + Ar^+.$$

如果使核极化的氢原子束 $\dot{H}(2S)$ 通过碘蒸气,即可得到极化质子束.

兰姆移位型极化源的发展比原子束型要晚,到目前为止,极化束流强度为 $1\,\mu A$. 由于非极化的基态氢原子的电离,束流极化度为理想值的 $70\%\sim90\%$. 这种类型的极化源多用以产生负极化离子.

表 2.7 是两类极化离子源的比较.

表 2.7　两类极化源的比较

类型 性能及其他	兰姆移位型	原子束型
靶上流强	$0.4\,\mu A(\hat{H}^-, \hat{D}^-)$	$0.9\,\mu A(\hat{H}^-, \hat{D}^-)$
离子源引出流强	$1\,\mu A(\hat{H}^-, \hat{D}^-)$	$3\,\mu A(\hat{H}^-, \hat{D}^-), 160\,\mu A(\hat{H}^+, \hat{D}^+)$
离子种类	$\hat{H}^+, \hat{D}^+, \hat{H}^-, \hat{D}^-, \hat{T}^-, {}^8\hat{He}^{++}$	$\hat{H}^+, \hat{D}^+, \hat{H}^-, \hat{D}^-, {}^6\hat{Li}^+, {}^7\hat{Li}^+, {}^{28}\hat{Na}^+$
材料消耗	气耗量小(数 mL/h) Cs 耗量小	气耗量大(数 L/h) Cs 耗量大
建造	较原子束型容易,不要求大真空泵,造价较低	六极分离磁铁、电离器及谐振腔较难制作,要求大真空泵(2000 L/s),造价较高
维护	较简单,每半年清洗一次	如用扩散泵,则要求每 200~300 h 清洗一次,并更换扩散泵油

第四节　电子和正电子源

一、电子枪

为电子加速器产生并提供电子束的器件称电子枪. 一般分热发射和场致发射

两种. 目前多采用三电极结构, 即发射电子的阴极, 对电子束起聚焦作用的聚焦极和吸出电子的阳极. 图 2.24 是电子枪的工作原理示意图.

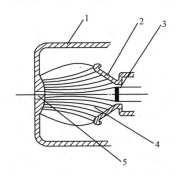

图 2.24　电子枪工作原理示意图

1——阳极；2——聚焦极；3——阴极；4——电力线；5——阳极孔

由低电离能材料制成的阴极放在锥形聚焦电极的深部, 两电极电位相同. 圆筒形阳极的底部有一引出电子的中心孔. 阳极底部的内表面与聚焦极的内表面构成电子光学系统, 电力线的分布形状对电子束起聚焦作用. 一般情况下, 阳极为地电位, 阴极和聚焦极对地为负高压. 电子束从阳极孔引入加速器. 为了保证电子枪的电子光学系统有良好的聚焦作用, 电极形状及位置和阳极孔径都要经过计算机优化计算.

在电流低于饱和值的情况下, 电子束的强度受到空间电荷的限制, 此时阳极电压与电流之间满足如下关系：

$$I(\text{A}) = 2.34 \times 10^{-6} SV^{\frac{3}{2}}/d^2, \qquad (2.4.1)$$

式中 S 为阴极面积, 单位为 cm^2, d 为阳极与阴极间距离, 单位为 cm, V 为阳极与阴极间电压, 单位为 V.

多数电子枪采用热发射阴极. 热阴极种类很多, 表 2.8 列出的是几种常用热阴极的主要参数.

表 2.8　几种常用热发射阴极的主要参数

阴极材料	工作温度/℃	最大发射电流密度/($\text{A} \cdot \text{cm}^{-2}$)		寿命/h
		连续	脉冲	
W	2 000～2 300	0.3～0.9	—	与尺寸和结构有关
ThO_2	1 400～1 700	2	8	100～300
BaO_2-SrO_3	650～900	0.15～0.5	100	100
	800～1 350	40	300	5 000
Ba-Ni	800～1 000	0.5～3	50	5 000
LaB_6	1 500～1 700	5	10.5	200

　　热阴极的加热方式有直热式和间热式两种.金属制成的阴极可直接通电流加热,为了加大发射面积多绕成螺旋线状.非金属的或电阻率较大的阴极材料则采用间热式.

　　除了热阴极电子枪外,近年来还发展了用高频电场激励的微波电子枪和用锁模激光激励的光阴极电子枪,电子束的亮度可达 $10^{10} \sim 10^{11} \, \text{A}/(\text{rad} \cdot \text{m})^2$.阴极材料是电子枪的重要问题所在,特别是现代强流加速器,要求电子枪能提供很强的电子束流,强度达上百甚至上千安培.为此,阴极直径有时须加大至几厘米,这给电子光学聚焦系统的设计带来很大困难.所以,研制工作温度低、发射电流密度大、寿命长的阴极是项非常重要的工作.

二、正电子源

　　在正电子加速器上产生正电子的装置称为正电子源.正电子是用高能电子轰击金属靶,在电子-γ 簇射的基础上产生的.由这种级联簇射产生的正电子不但能谱宽而且横向动量分量大,难于被后面的加速系统俘获.根据刘维尔定理,必须用一个前面很强后面逐渐减弱的纵向磁场,使横向动量很大而束流截面很小的正电子束转换成横向动量较小、横截面虽大但可被加速管的孔径接收的正电子束,选择合适的相位将它注入加速管,在加速过程中,用均匀螺线管磁场对正电子束聚焦.

1. 结构

　　正电子源由正电子转换器(包括正电子靶和正电子透镜)、过渡线圈、聚焦线圈和加速部件等组成.图 2.25 是北京正负电子对撞机(BEPC)正电子源的结构示意图.

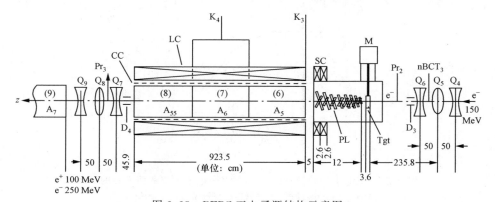

图 2.25　BEPC 正电子源结构示意图

A_i——第 i 号加速管(上面括号中的数字表示加速管的序号);CC——补偿线圈;
D_i——第 i 组导向磁铁;K_i——第 i 个速调管;LC——长螺线管聚焦线圈;
M——步进电机;$nBCT_i$——第 i 个束流探测器;PL——正电子透镜(锥形线圈);
Pr_i——第 i 个束流截面探测器;Q_i——第 i 个四极透镜;SC——过渡线圈;
Tgt——正电子靶;z——加速器轴和轴向坐标(在正电子源系统中,原点在出靶面)

为了得到较高的平均亮度,选用能量为 150 MeV 的电子轰击钨靶来产生正电子. 钨靶尺寸为 10 mm×6 mm. 改善正电子俘获用的锥形螺线管长 120 mm,由 6 kA 脉冲电源供电,磁场强度约为 2.7 T. 对正电子束聚焦用的均匀磁场由套在三节加速管上 9 m 长的均匀螺线管产生,最高场强约为 0.35 T. 在锥形线圈和加速管之间有过渡线圈,以保证磁场逐渐下降.

2. 正电子产额

正电子产额 η 是正电子源的重要指标,是加速系统俘获的正电子束流强度 $I(e^+)$ 与轰击靶的电子束流强度 $I(e^-)$ 之比,即 $I(e^+)/I(e^-)$.

正电子产额的计算包括模拟正电子在金属靶中的产生和跟踪正电子在匹配和加速系统中的运动两个部分. 利用 EGS 程序模拟高能电子在金属靶中的电子-γ 簇射,并将计算结果储存在数据过渡文件中,再利用粒子跟踪程序跟踪正电子直到正电子源末端.

BEPC 正电子源的正电子相对产额 $I(e^+)/I(e^-)$ 计算结果为 0.39%,而测得的正电子相对产额为 0.32%,与计算结果基本相符.

正电子的产额与正电子源系统的参数有关.

(1) 由电子-γ 簇射可知,用原子序数高的材料做靶得到的正电子产额高,但正电子在这种材料里的散射也较严重.

(2) 正电子产额与打靶电子束能量成正比,与打靶电子束流截面的关系见图 2.26.

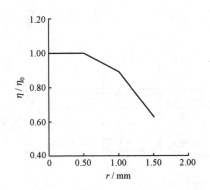

图 2.26 正电子产额相对值 η/η_0 与打靶电子束流截面半径的关系
η_0 指 $r=0$ 时的产额;靶材料为钨;靶厚 5.5 mm;
打靶电子束能量 2~150 MeV;角散 3.3 mrad

由图可见,当电子束半径从 0 变化到 1.5 mm 时,正电子产额大约减少 55%.

(3) 过渡线圈对收集正电子有利,可提高正电子产额.

(4) 正电子的入射相位对正电子产额至关重要.

参 考 文 献

［1］张华顺，等. 离子源和大功率中性束源［M］. 北京：原子能出版社，1987.

［2］Steffen K G. High energy beam optics［M］. New York：Inter Science Publisher，1965.

［3］班福德 A P. 带电粒子束的输运［M］. 刘经之，等译. 北京：原子能出版社，1984.

［4］Wilson R G and Brewer G R. Ion beam with applications to ion implantation［M］. Wiley，1973.

［5］贝特格 K. 重离子物理实验方法［M］. 江栋兴，刘洪涛译. 北京：原子能出版社，1982.

［6］Segré E. Annual Review of Nuclear Science，1967，17：373—421.

第三章　高压加速器

第一节　概　述

高压加速器是利用直流高压电场来加速带电粒子的加速器. 当一个电荷数为 q 的粒子, 通过一个电位差 V 时, 如果在运动中没有能量损失, 则其所增加的动能为

$$\Delta W = qV, \tag{3.1.1}$$

式中 ΔW 的单位为 eV. 上式表明, 提高电压与采用多电荷离子均可以提高粒子的能量. 有时我们也用归一化电位来描述被加速粒子的动能. 粒子的归一化电位

$$V_n = W/q, \tag{3.1.2}$$

这里 W 是粒子的动能.

高压加速器一般由高压电源、加速管、离子源或电子枪、高压电极、绝缘支柱和其他附属设备所组成, 如图 3.1(a) 所示. 高压电源将高电压施加于高压电极上, 高压电极由绝缘支柱支撑. 加速管一端与高压电极相连, 另一端处于地电位. 离子源或电子枪将被加速粒子射入加速管. 这些粒子由加速电场加速到加速管的另一端而获得能量. 加速管中的真空度一般在 10^{-4} Pa 或更高, 以减少被加速粒子与气体分子碰撞所造成的能量损失、散射和电荷交换现象. 这些现象都会造成被加速束流的损失.

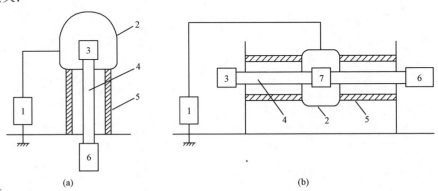

(a)　　　　　　　　　　　　　　　　(b)

图 3.1　高压加速器示意图

(a) 单级高压加速器; (b) 串列高压加速器

1——高压电源; 2——高压电极; 3——离子源(电子枪);
4——加速管; 5——绝缘支柱; 6——束线; 7——电子剥离器

高压加速器按高压电源类型的不同可分为倍压加速器、静电加速器、高频高压加速器、绝缘磁芯变压器型加速器和强脉冲加速器等类型.许多高压加速器加速粒子时,高压电极只被利用一次,这样的高压加速器是单级加速器,它们的离子源或电子枪装在高压电极里.如果让粒子多次通过加速电场,就有可能得到更高的能量.为此人们设计了串列加速器,如图 3.1(b)所示.在这种加速器中,高压电极具有正高压,位于地电位的离子源产生负离子.负离子被电场加速到高压电极后,经过一个固体薄膜或一段低压气体(称为电子剥离器),被剥除掉若干个电子而转变为正离子.正离子可再次被同一电场加速.负离子的稳定电荷数通常为1,若正离子的电荷数是 q,高压电极的端电压是 V,则粒子通过串列加速而增加的动能为

$$\Delta W = (1 + q)V. \tag{3.1.3}$$

显然,串列加速器只能加速离子,不能加速电子.

高压加速器出现于 20 世纪 30 年代初,在第二次世界大战以后,特别是 70 年代以来,得到了迅速的发展.静电加速器在高压加速器中占有重要地位.历史上,静电加速器的发展主要是围绕提高端电压,从而提高带电粒子束能量这一目标而进行的.在早期,电压主要受到高压电极火花放电的限制.假定高压电极是一个半径为 r 的孤立导体球,则其表面电场强度

$$E = V/r. \tag{3.1.4}$$

对于大气型静电加速器,作为绝缘介质的空气的击穿场强约为 30 kV/cm.开始时人们期望通过增大高压电极的直径来提高电压.1933 年范德格拉夫等开始建造高压电极直径达 4.57 m 的静电起电机,希望在一正一负两个高压电极间获得 10 MV 的电位差.但到 1936 年,正高压只达到了 2.4 MV,负高压也只达到 2.7 MV.实验表明,电压并不随高压电极的直径的加大而线性上升.在大间隙大电位差的条件下,气体的击穿场强要比小间隙小电位差条件下小得多.

与此同时,赫布(Herb)等开始探索提高电压的另一条途径——改变绝缘介质.他们先将一台 190 kV 静电加速器安装在密闭钢桶里,并将钢桶抽真空,但最高电压只略有上升.随后他们又在钢桶中充入 4 个大气压力的空气作为绝缘介质,结果最高电压上升到 750 kV.随后赫布等又进行了一系列试验改进,采取了提高气压、在绝缘气体中加入少量氟利昂、在高压电极外面增设中间电极等措施,于 1940 年将静电加速器的最高电压提高到 4.5 MV.

在此后静电加速器的发展中,最高电压的进一步提高主要受加速管耐压性能的限制.1946 年美国的两个小组开始设计建造 12 MV 静电加速器.但由于加速管全电压效应的限制,直到 50 年代中期,两个计划均未能达到预期目标.其中一台加速器在未装加速管时最高电压可达 14 MV,加速管在分段试验时,每段可耐 1.7 MV 的电压,但 10 段连在一起时,只能耐稍高于 5 MV 的电压.

50 年代中期,由于加速器端电压的进一步提高受限于加速管,串列加速的方法得到了人们的重视.串列加速的想法早在 20 世纪 30 年代即已提出,但因没有合适的负离子源而被搁置.50 年代中期用电荷交换方法得到了 20 μA 的 H⁻ 束,为串列加速创造了条件.1958 年美国高压工程公司(HVEC)建成了第一台串列静电加速器,所加速质子的最高能量达13.4 MeV.此后,该公司在 60 年代中期又先后建成了端电压 7.5 MV 的 FN 型与 10 MV 的 MP 型串列静电加速器.进入 70 年代以后,建造大型串列静电加速器的热潮进一步兴起.目前工作在 10 MV 以上的串列静电加速器已有 20 余台.

60 年代以来,电子辐照的工业应用日益得到重视,提高束流强度与功率成为高压加速器发展的另一重要目标.高频高压加速器、绝缘磁芯变压器型加速器与电子帘加速器得到了迅速的发展,单机束流功率已经达到 150 kW.几种主要类型高压加速器的特点与主要用途可参见表 3.1.此外脉冲强流加速器亦属于高压加速器.这种加速器将数十 ns、数 MV 的高压电脉冲加于一个真空放电二极管上,可以得到很强的电子束流脉冲(强度达数百 kA 乃至 MA 级).就加速间隙而言,粒子的渡越时间与电磁波的传播时间都比脉冲长度小得多,故粒子加速过程的描述仍可使用静电近似.

表 3.1 高压加速器的主要类型

类型	端电压/MV	特 点	主要用途
静电加速器	1~35	束流品质好,发射度与能散度小,能量稳定度高,并可在很宽范围内精细调节,可加速各种粒子,提供连续或脉冲束	核物理与中子物理实验研究,用作回旋与质子同步加速器的注入器,材料分析,高能离子注入等
倍压加速器	0.1~4	束流品质及能量稳定度较静电加速器差,但负载能力大,可加速各种粒子,提供连续或脉冲束流	质子与重离子直线加速器的注入器,中子发生器,离子注入机,电子辐照等
高频高压发生器	0.4~4.5	束流品质较好,高压纹波小,稳定可靠,束流功率达 150 kW,但电源利用率较低	电子辐照,也可供核物理实验及分析用
绝缘磁芯变压器型加速器	0.3~4	束流功率可达 90 kW,纹波较大,超过 2 MV时稳定性变差,重量大,但电源利用率高,可达 65%～75%,且价格便宜	电子辐照
电子帘加速器	0.15~0.3	束流功率可达 150 kW,结构简单,生产效率高,电源利用率可高达 90%	表面涂层固化辐照
强脉冲加速器	1~12	脉宽 50～100 ns,脉冲功率可达 10^{13} W,加速强电子束,并可产生短脉冲强 X 射线及轫致辐射	闪光照相及模拟核武器效应

第二节　高压发生器

一、串激倍压电源

串激倍压电源是一种对中低频交流电压进行多级倍压整流的线路,由升压变压器、整流器、主电容器和辅助电容器组成.对于 N 级倍压线路,若变压器次级电压的幅值为 V_a,在理想空载条件下,主电容柱经反复充电,输出电压可达 $2NV_a$.

在有负载时,主电容器将不停地通过负载放电,从而导致输出电压的下降.在电源的正半周内,主电容器有一持续很短的充电时间 T_c,又使输出电压上升.因此,主电容器的充放电使输出平均电压 $\overline{V}$ 较理想值 $2NV_a$ 有一电压降 ΔV,且实际输出电压围绕平均值有一波动 $\pm\delta V$.

为计算 δV 与 ΔV,我们进一步做一些简化近似.假定负载电流很小而电容器的电容量很大,充放电都在交流电压达到峰值时的瞬间完成,因此一个周期内通过负载的电荷 Q 都由主电容器供给.我们来考虑一个三级倍压电路(图 3.2(a)),在上述前提下,主电容充电阶段 $T_c(\ll T)$ 与放电阶段 $T_d(\approx T)$ 内电荷的流动情况将如图 3.2(b)、3.2(c)所示.在充电阶段,所有主电容器的充电回路均经过 AA',故 C_3 获得 Q,C_2 获得 $2Q$,C_1 得 $3Q$.在放电阶段,向负载的放电回路经过所有主电容,每一主电容均为此流失电荷 Q.对辅助电容的充电也是在短暂的瞬间完成的,所有回路也均经过 $A'A$,此过程中 C_2 流失 Q,C_1 流失 $2Q$.加上向负载的放电,则放电阶段中总起来 C_3 流失 Q,C_2 流失 $2Q$,C_1 流失 $3Q$.充电与放电阶段各电容上的电荷流动量达到平衡.

推广到 N 级倍压电路,可知充放电过程中,各主电容器的电荷转移量,C_N 为 Q,C_{N-1} 为 $2Q,\cdots,C_2$ 为 $(N-1)Q,C_1$ 为 NQ.若各主电容器的电容均为 C,则输出电压的波动幅值

$$2\delta V = \sum_{j=1}^{N} j\,\frac{Q}{C} = \frac{N(N+1)}{2}\,\frac{Q}{C}. \tag{3.2.1}$$

若负载电流为 i,充电电压的频率为 f,则 $Q=i/f$,于是

$$\delta V = \frac{N(N+1)}{4}\,\frac{i}{fC}. \tag{3.2.2}$$

下面我们来看输出电压实际上能达到的最大值 $V_{\max}$.由图 3.2 可知,C_1' 直接由变压器充电,充电后电压可达 V_a.但 C_1' 向 C_1 充电时要流失电荷 NQ,故 $V_{C_1'}$ 将下降到 V_a-NQ/C.C_1 由 C_1' 与变电器串联充电,电压可以达到

$$V_{C_1} = 2V_a - N\,\frac{Q}{C}. \tag{3.2.3}$$

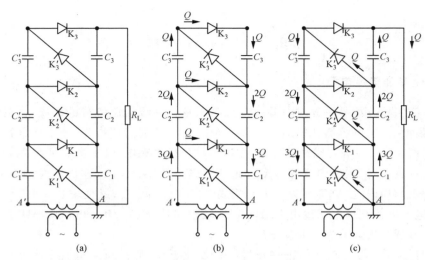

图 3.2　有载三级倍压线路中的电荷流动
(a) 三级倍压电路；(b) 主电容充电阶段 T_c；(c) 主电容放电阶段 T_d

C_1 向 C_2' 充电时电荷也要流失 NQ，因此 $V_{C_2'}$ 只能充到 $2V_a - 2NQ/C$. C_2' 向 C_2 充电时电荷流失 $(N-1)Q$，于是

$$V_{C_2} = 2V_a - 2N\frac{Q}{C} - (N-1)\frac{Q}{C}. \tag{3.2.4}$$

以此类推，可求出各主电容器上的最高电压值. 求和化简可得

$$V_{max} = 2NV_a - \left(\frac{4N^3 + 3N^2 - N}{6}\right)\frac{Q}{C}. \tag{3.2.5}$$

故 N 级倍压电路的平均输出电压

$$\bar{V} = V_{max} - \delta V = 2NV_a - \left(\frac{8N^3 + 9N^2 + N}{12}\right)\frac{i}{fC}. \tag{3.2.6}$$

电压降

$$\Delta V = 2NV_a - \bar{V} = \frac{8N^3 + 9N^2 + N}{12}\frac{i}{fC}. \tag{3.2.7}$$

由(3.2.2)式及(3.2.7)式可知，在一定的负载电流下，增大电容器的电容量，提高充电电源的频率，减少倍压级数均可以减少输出电压的波动与电压降. 由于 ΔV 与 N^3 成正比，级数增多时 ΔV 增加很快. 在实际线路中，前面假设的理想条件并不满足，此时，ΔV 往往比(3.2.7)式的计算结果还大，因此倍压电路的可用级数是有限的. 倍压级数也不能太少. 对一定的高压输出而言，较少的级数意味着较高的变压器次级电压幅值 V_a，并且还要相应增加整流器与电容器的耐压值，而增大电容器的电容量与耐压值则意味着增大体积. 正是这些因素限制了倍压线路输出电压的进一步提高，并决定了倍压加速器的庞大体积.

图 3.3 所示为对称式倍压线路,它有两套整流元件和两组辅助电容器,输出电流理论上可以增加一倍. 由于变压器的两个次级绕组相位相差 180°,主电容器对一组辅助电容器的放电,与另一组辅助电容器对主电容器的充电同时发生,这样就免除了主电容器上电压的大的波动. 因此,在对称式倍压线路中,负载引起的纹波与电压降落比单边倍压线路有显著降低:

$$\delta V = \frac{N}{2}\frac{i}{fC}, \tag{3.2.8}$$

$$\Delta V = \frac{2N^3 + 3N^2 + 4N}{12}\frac{i}{fC}. \tag{3.2.9}$$

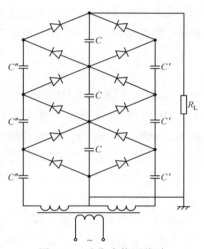

图 3.3 对称式倍压线路

由于对称式倍压线路中主电容器的电荷转移量很小,还可以进一步将主电容柱省掉. 这样电容器节省了 1/3,而纹波系数只增加大约 20%.

二、静电起电机

1. 基本原理

静电加速器的高压发生器是静电起电机,由高压电极、绝缘支柱与输电系统组成. 输电系统将电荷传送到高压电极上去,并不断积累. 设高压电极对地的电容为 C,积累的电荷为 Q,则高压电极对地的电位为

$$V = \frac{Q}{C}. \tag{3.2.10}$$

通常 C 很小,一般仅几十到几百 pF,原则上只要积累足够多的电荷,就可以得到很高的电压. 但实际上电荷的积累并不随时间线性增长,

$$\frac{\mathrm{d}Q}{\mathrm{d}t} = i_{\mathrm{c}} - i_{\mathrm{L}}, \tag{3.2.11}$$

式中 i_{c} 为输电电流，i_{L} 为负载电流。负载电流包括被加速的离子(或电子)流、电阻性的漏电电流以及二次电子负载和电晕放电电流等。其中电子负载和电晕电流在电压超过某个临界值以后迅速增长，结果使电荷的累积速度变慢。通常在电压上升到一定值时还会发生击穿现象。击穿时伴随强烈的放电，高压迅速下降，使加速器不能工作，并有可能造成永久性损坏。

2. 动带式输电系统

早期的静电起电机多采用动带式输电系统，其工作原理如图 3.4 所示。动带式输电系统由输电带、上下转轴、喷电与刮电针排、喷电电源和一些附属设备组成。输电电流

$$i_{\mathrm{c}} = \sigma_{\mathrm{S}} b v, \tag{3.2.12}$$

此处 σ_{S} 为输电带表面平均电荷密度，b 为输电带宽度，v 为输电带的线速度。带的宽度受几何因素限制，一般不超过 0.6 m。带的线速度 v 也不能过高，一般不超过 30 m/s，否则会引起强烈的振动，磨损也会加剧，影响带的寿命。此外带与周围气体介质摩擦引起的功率消耗——风耗与 v 的三次方成正比。过高的线速度会使驱动电机功率过大。因此提高输电电流主要靠提高 σ_{S}。输电带的最大表面电荷密度

$$\sigma_{\mathrm{SM}} = 2\varepsilon E_{\mathrm{b}}, \tag{3.2.13}$$

式中 ε 为气体介质的介电常数，E_{b} 为气体的击穿电场强度。值得注意的是，通常 σ_{S} 与 σ_{SM} 相比要小得多，这主要是由于带表面附近电场的分布往往并不均匀。这除了与附近的电极分布有关外，还取决于输电带带电时电荷沿表面分布的均匀程度。范德格拉夫提出的利用电晕放电向输电带喷电的方法，可以较好地达到这一目的。

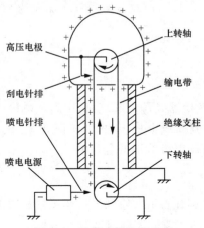

图 3.4　动带式静电起电机

图 3.4 中，接地转轴对面的喷电针排是一排金属针，针尖面对输电带.针排对地加上一定的高压后，在针尖附近形成强电场，使周围的气体发生电离而形成电晕放电.与针尖极性相同的带电粒子在电场作用下飞到输电带上，使其带电.刮电的原理也基本相同，只是电场方向相反，从而使电荷极性相反的带电粒子飞到输电带上，将其上的电荷中和掉.为了提高输电电流可以增加输电带的数量，但由于几何因素与成本的限制，一般不超过两条.实际上为提高输电能力常采用以下措施：

(1) 加分压棍.分压棍是金属棍或管，安装在输电带的两侧，和带表面平行，一般相距 10 mm 左右，固定在静电加速器的绝缘支柱上的分压片上.使用分压棍后，输电带表面沿纵向与横向的电场分布都得到匀整，从而可以提高带表面的平均电荷密度.由于静电吸力与输电带高速运行时的振动，输电带很容易与分压棍相擦，这会导致电荷损失，输电电流不稳，并影响输电带的绝缘性能与寿命，为此通常每隔几个分压片加一对保护棍.保护棍用绝缘材料制成，表面光滑，安装方式与分压棍相同，但距输电带表面较近，间隙一般在 3～5 mm.保护棍可以限制输电带的横向振动，使其不再与分压棍接触.

(2) 采用复激输电方法.复激输电即除了利用输电带的上行边将所需极性的电荷带至高压电极以外，还利用下行边把异性电荷从高压电极带到地电位.这样总的输电电流可提高一倍.复激的方法有两种，一种是在高压电极内再安装一套喷电电源与喷电针排，见图 3.5(a).另一种方法是把上转轴与高压电极绝缘起来，上行边的刮电针排与上转轴相连，再通过电阻连接到高压电极上，见图 3.5(b)，上行输电电流被刮下后流经电阻，产生一个适当的电位差，加到下行喷电针排与转轴之间，起了喷电电源的作用.第二种复激方法设备简单、成本低，但上行输电电流的波动会影响上转轴对高压电极的电位差，使总输电电流的波动增大.

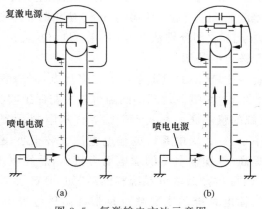

图 3.5 复激输电方法示意图

(3) 用高压气体作为绝缘介质.提高气压可以提高气体的击穿场强，从而提高输电带表面的最大电荷密度.但在实践上电荷密度的增长比电场强度的增长要慢得多.这可能与输电带振动等因素引起的局部电场增强有关.此外,对于正离子静电加速器而言,气压增大到一定值时会出现临界气压现象.此时在针尖对平板的电晕喷电系统中,间隙的火花放电击穿电压会突然下降,变得与电晕放电的起始电压相等,因此击穿前不再出现电晕放电.这使得利用电晕放电实现喷电的输电系统无法工作.临界气压的大小与气体种类和喷电装置电极的几何形状有关.当绝缘气体的工作气压超过临界气压时,必须改变喷电方法.

为克服临界气压现象的影响,赫布于 1956 年发展了一种订书钉输电带.这是在普通的输电带上订上许多普通的订书钉,书钉的开口一边向外,平的一边向里.在下转轴对面安放一个感应电极.当带子通过感应电极时,书钉上产生与电极极性相反的感应电荷,另一极性的电荷则通过转轴泄漏到地.带子离轴后,书钉上就带上了电荷.输电带进入高压电极后与上转轴接触,电荷从书钉上经轴传到高压电极上.虽然这种订书钉输电带并不具有很高的实用价值,但是它所采用的感应充电方法最终导致了实用的输电链与输电梯的诞生.

3. 链(梯)式输电系统

图 3.6 所示为美国国家静电公司(NEC)所生产的静电加速器(Pelletron)中的链式输电系统.输电链由一节节小金属圆筒以绝缘接头连接而成,用拉轮驱动.拉轮也由金属制成,下拉轮接地,上拉轮与高压电极相连.为实现复激输电,设置了感应电极板 $I_1 \sim I_7$(它们对链节有相同的电容量)与用来拾取电位的辅助小轮 $P_1 \sim P_3$. I_1 是上行充电感应电极.链节经由 I_1 时获得电荷 $+Q$,行至轮 P_1 处时电位升高到 $+V$,行至轮 P_2 处时电位升高到 $\phi+V$,这里 ϕ 是高压电极的电位. I_5 是下行充电感应电极,其电位与 P_2 同,即相对于上拉轮的电位差为 $+V$.链节经由 I_5 时获得电荷 $-Q$,实现复激.上(下)行链节接触上(下)拉轮时发生放电.为避免产生火花,设置了感应板 I_4 与 I_7,它们分别从 P_3 与 P_1 获得电位,使链节与拉轮接近时,链节所带的电荷保持在链节的外侧.

与带式输电系统相比较,链式输电系统有许多优点:链的磨损小、寿命长、吸潮小、伸长小,而且不产生粉尘.链节之间的间隙可起火花保护间隙的作用,不易发生电击穿.链式输电系统的感应充电方式不受临界气压限制,可在高气压中工作,且所需充电电源的功率小.链式输电系统的输电电流纹波很小,稳定度高,电压稳定度也可因此而得到提高.早期输电链的输电能力较弱,后经改进,到 20 世纪 80 年代末,多链输电系统已可与带型输电系统相匹敌.如 NEC 公司四链系统的输电电流已达 $1.2\,\mathrm{mA}$.链式输电系统的主要缺点是带动高压电极中的发电机的能力较差,常常要使用另外的传动轴.

目前还有少数静电加速器采用梯式输电系统.输电梯的工作原理与输电链基

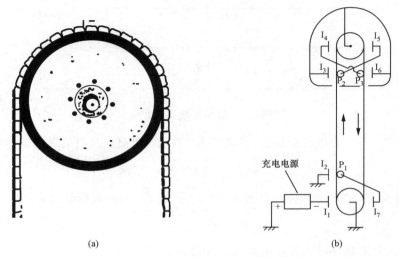

图 3.6　链式输电系统（NEC）
(a) 输电链与拉轮；(b) 链的复激输电

本相同.简单地说,输电梯大体上相当于两条并联着的输电链,相应的链节之间由一系列并行的金属板连接着.梯的优点是有效面积大,因此输电能力强,但因其风耗较链大得多,所需驱动功率也相应增大.

三、几种大电流高压发生器

1. 高频高压发生器

高频高压发生器采用负载性能良好的并激耦合倍压线路来产生直流高压,故亦名"并激倍压发生器".为了说明它的工作原理,我们先讨论图 3.7 所示的 N 级并激倍压线路的工作状况.整个电路由一个频率为 f,电压幅值为 V_a 的高频电源驱动.在空载情况下,每当 A 端为正时,电源即与诸偶数级电容串联向各奇数级电容同时充电;而当 B 端为正时,电源又与诸奇数级电容串接向各偶数级电容同时充电.空载下达到稳定时,有

$$V_{C_1} = V_a, \quad V_{C_2} = 2V_a, \quad \cdots, \quad V_{C_N} = NV_a. \tag{3.2.14}$$

当高压端加有电流为 i 的稳定负载时,每个电容在每周期中将流失电荷 $\Delta Q = i/f$.除直接由电源充电的 C_1 外,其他诸电容上的最高充电电压都将因电荷的流失而低于空载时的值:

$$V_{C_m} = mV_a - \frac{i}{f} \sum_{j=1}^{m-1} \frac{1}{C_j}. \tag{3.2.15}$$

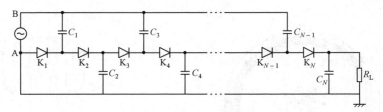

图 3.7 N 级并激倍压电路

一般情况下,各电容值是相等的.设其值为 C_s,则该电路有载时的最高输出电压

$$V_{\max} = NV_a - (N-1)\frac{i}{fC_s}. \qquad (3.2.16)$$

考虑到电容 C_N 在一个周期中还要流失 ΔQ,因此 C_N 上的最低输出电压

$$V_{\min} = NV_a - N\frac{i}{fC_s}. \qquad (3.2.17)$$

由此可知,并激耦合倍压线路的有载平均输出电压为

$$\overline{V} = NV_a - (N-1)\frac{i}{fC_s} - \frac{1}{2}\frac{i}{fC_s}. \qquad (3.2.18)$$

较空载时的输出电压 NV_a 有一电压降

$$\Delta V = \left(N - \frac{1}{2}\right)\frac{i}{fC_s}, \qquad (3.2.19)$$

而纹波为

$$\delta V = \frac{1}{2}\frac{i}{fC_s}. \qquad (3.2.20)$$

以上分析中忽略了整流器上分布电容 C_K 的作用.实际上 C_K 的存在将使整流器两端的反向电压 V_{C_K} 明显降低.这时一个耦合电容,如 C_m,除了要向下一级电容 C_{m+1} 充电外,还要向被反向偏置的整流器 K_m 的分布电容 C_K 及前一级电容 C_{m-1} 充电,从而建立级间电压 V_{C_K}.我们试通过分析一个等效电路单元中的直流成分的充放电情况来求出 V_{C_K},参见图 3.8.考虑到 C_m 和 C_{m-1} 等电容都为相邻的单元所共有,等效电路中各耦合电容的电容量均取为 $C_s/2$.在 C_m 向 C_K 可充电的半周中,若充电的电荷为 Q_K,则

$$V_{C_m} - \frac{Q_K}{C_s/2} = V_{C_{m-1}} + \frac{Q_K}{C_s/2} + \frac{Q_K}{C_K}. \qquad (3.2.21)$$

将(3.2.14)式代入,可解出

$$V_{C_K} = \frac{Q_K}{C_K} = \frac{V_a}{k}, \qquad (3.2.22)$$

其中 k 是电压降低因子,

$$k = 1 + 4\frac{C_K}{C_s} \geqslant 1. \qquad (3.2.23)$$

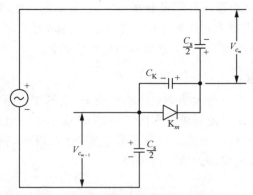

图 3.8 对 C_K 充电的等效电路单元

当电路上加有电流负载时,各电容上的最高充电电压将相应下降.将(3.2.15)式代入(3.2.21)式,可得

$$V_{C_K} = \frac{V_a}{k} - \frac{1}{k}\frac{i}{fC_s}. \tag{3.2.24}$$

由此不难求得,考虑整流器分布电容时,高频高压发生器的平均输出电压

$$\bar{V} \approx \frac{1}{k}NV_a - \frac{(N-1)}{k}\frac{i}{fC_s} - \frac{1}{2}\frac{i}{fC_s}. \tag{3.2.25}$$

实际上,首级与末级对 C_K 充电的等效电路与图 3.8 有所区别,但一般情况下 $N > 20$,故首级与末级的影响可忽略,(3.2.25)式仍近似成立.

以上结果表明,并激倍压线路的电压纹波与级数无关,输出电压降也只正比于级数 N,而不像串激倍压线路那样正比于 N^3.这就使这种电路易于做成级数多、输出电压高、输出电流大而纹波又小的高压电源,这也是高频高压发生器最大的优点.其实这种想法早在 20 世纪 20 年代就被提出来了,但用集总参数的电容器难以满足耐压要求,从而严重地限制了它的输出电压.60 年代,克莱兰(Cleland)等人使用几百 kHz 的高频电源,并巧妙地利用电极间的分布电容解决了耐压问题,这才使它重新发展起来.

实用的高频高压发生器整个装在充有高气压绝缘气体的密闭容器中.中央部分有两个半圆形的分压迭件柱,它们都是由固定在绝缘柱上的金属半圆环构成的.二柱之间有一个绝缘距离,其间装有 N 个整流器.它们互相串联着一端接地,另一端接至高压电极,中间各点与分压环相连.在分压柱外包有两个半圆柱形的高频电极.高频电压经这两个高频电极与分压环间的分布电容 C_s 耦合至整流器上,经整流后向对侧的分布电容充电,使环与高频电极间的直流电压由地电位逐级升高.上述耦合电容 C_s 的容量往往与整流元件的分布电容 C_K 的大小相当,这使得减压因子 k 相当大,一般为 5～6,故电源电压 V_a 应尽可能高,以避免过多的倍压级数.此外,由于其高压建立在电极与环间的分布电容上,故储能比串激式倍压发生器小得多,在同样电压下因击穿引起的损坏也较小.另一方面,由于它采用高频电源驱动,且电源电压的利用系数仅为 $1/k$,故整体的电效率较低.

2. 绝缘磁芯变压器

绝缘磁芯变压器是一种大功率直流高压电源.它的工作原理参见图 3.9.这种变压器的铁芯和次级线圈被分成许多层,层间用聚合物薄膜绝缘.每个次级绕组都与一整流线路相连,整流后的直流电压串联起来,就可以得到直流高电压.一般每层的电压仅数十 kV,故层间绝缘不难解决.

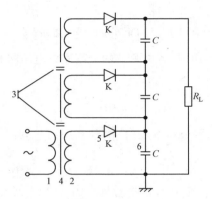

图 3.9　绝缘磁芯变压器工作原理
1——初级绕组；2——次级绕组；3——绝缘片；4——磁芯；5——整流器；6——电容器

绝缘磁芯变压器可以是单相的,也可以是三相的.具体结构大致可分为两类.一种是将中间分节的圆柱磁芯安放在铁磁材料外壳的轴线上.外壳接地,并构成磁回路的一部分.初级绕组绕在外壳内壁上,次级绕组分层绕在圆柱磁芯上.圆柱磁芯的顶端安放高压电极.另一种结构是将磁芯做成封闭回路,初级绕组放在最下面.上面的铁芯分节绝缘,次级绕组绕于其上.三相供电时一般用第二种结构,此时用三根圆柱形分节磁芯,上下端各用一环形磁轭连接起来.为了获得较高的输出电压,采用倍压线路整流,同层三个次级绕组的输出串联起来,再将各层的输出串联.如果要求有较大的输出电流,则可采用全波整流线路整流,同层三个次级绕组的输出可并联.

绝缘磁芯变压器一般都放在密封的钢桶里,内充高气压绝缘气体.为改善耐压性能,绝缘磁芯变压器的每一层都装有分压环,使铁芯、线圈、整流器等都处于均匀电场中.变压器的初级绕组可以用工频或中频交流电供电.

四、强脉冲高压发生器

强脉冲高压发生器由脉冲发生器和脉冲成形电路组成,可以输出电压在 MV 量级,电流在 mA 量级,脉宽为数十 ns 的强脉冲.若其负载为真空放电二极管,即构成强脉冲加速器,可以产生高功率粒子束.强脉冲高压发生器还可以作为直线感应加速器的电源,或用于准分子激光器和电磁脉冲模拟器中.

1. 单级电容储能脉冲发生器

我们来分析图 3.10 所示的脉冲发生器的工作原理.电容 C 是一储能元件,稳态下被电源充电到 V_0.电容 C 与短路开关 K 组成脉冲发生器,R 为负载电阻.当短路开关闭合,电流(从而能量)从电容器 C 传输到负载 R.该电流会产生磁场,故我们还应考虑电路中串联电感 L 的影响.我们定义

$$R_c = 2\sqrt{L/C}, \tag{3.2.26}$$

为脉冲发生器的特性阻抗.若负载 R 满足匹配条件

$$R = R_c, \tag{3.2.27}$$

则串联 RLC 电路处于临界阻尼状态,此时能量向负载的传递最快.显然,电感越小,该电路所能输出的峰值功率越高.受电容器制造技术的限制,对于高功率应用场合,上述单级电路的工作电压一般不超过 $100\,\text{kV}$.原则上也可以制造电感脉冲发生器,但此时需要一断路开关去切断流过电感的电流,而快速断路开关的制造比快速短路开关要困难得多.

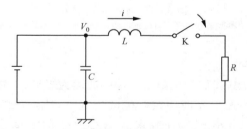

图 3.10　单级电容脉冲发生器

2. 高电压脉冲发生器

应用最广泛的脉冲高压发生器是马克斯发生器(Marx generator).典型的马克斯发生器工作原理如图 3.11 所示.发生器有大量储能电容器,各电容先通过高阻值绝缘电阻 R_i(或电感)并联充电至 $50\,\text{kV}$ 左右,然后通过同时触发短路开关 S,将各电容转换为串联组态,从而获得高电压.在输出高压脉冲的短时间间隔内,充电回路中的电阻或电感相当于开路.高压短路开关可用带触发电极的充气火花间隙开关.各开关同时触发短路后的等效电路如图 3.11(b)所示.其中串联电感 L_s 主

要来自火花间隙中的放电通道.若整个电路的尺寸 $l > c\Delta t$,其中 c 为绝缘介质中的光速,则电磁波的传播效应可以忽略.这时整个发生器的等效电路可简化为一个单级电容脉冲发生器,其电容量为 $C/2N$,串联电感为 NL_s,故上述马克斯发生器的特性阻抗

$$R_c = 2N \sqrt{2L_s/C} \propto N. \tag{3.2.28}$$

为获得高输出电压,N 一般很大.因此马克斯发生器的特性阻抗很难做小,这就限制了其输出功率的提高.马克斯发生器的优点是无须触发所有的短路开关,只要将低电压端的若干个开关触发动作,则其余开关在过电压下可自行触发短路.

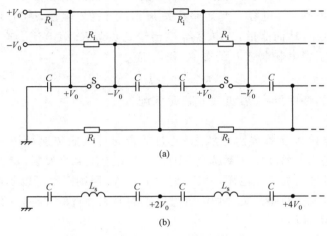

图 3.11　马克斯发生器
（a）一个典型马克斯发生器的前两级；（b）开关短路后的等效电路

3. 脉冲成形电路

从应用的角度考虑,我们希望高压脉冲的波形为矩形,即在脉冲期间有恒定的高压.而前述高压脉冲发生器即使在匹配的情况下,所给出的输出波形也不够理想.故须用成形电路对其整形.对于脉宽为 5～200 ns 的脉冲,其成形电路一般由传输线构成.目前较为实用的是双同轴传输线[布鲁姆林(Blumlein)传输线].这是一个嵌套耦合的双传输线,内外传输线有相等的特性阻抗 Z_0,如图 3.12 所示.如果忽略端点的差异,则两线的电磁波传输时间也相等.高压馈线将中间导体充电到 $-V_0$.内导体通过绝缘电阻 R_i 或充电电感接地.此绝缘电阻对慢过程（充电）相当于短路,而对快过程（放电）则相当于开路.一个电阻性负载 $R_L = 2Z_0$ 直接连接在内导体的输出端上,而在输入端的外导体与中间导体之间则接有短路开关.这种双同轴传输线在短路开关触发导通后可输出一个延迟的矩形高压脉冲,它的幅度为 $+V_0$,脉冲宽度为 $2l/v$,延迟时间为 l/v,其中 v 是脉冲传播速度,$v = 1/\sqrt{\varepsilon\mu}$. 这里 ε

和 μ 分别为传输线填充介质的介电常数与磁导率. 对于变压器油, $v=0.16$ m/ns. 双同轴传输线的短路开关可在地电位触发, 绝缘易于解决.

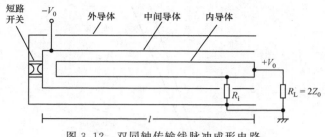

图 3.12 双同轴传输线脉冲成形电路

4. 功率压缩技术

一个强脉冲高压发生器可由多级储能元件以短路开关相连而组成, 能量逐级从前级向后级传递. 能量的传递时间(脉冲宽度)越来越窄而峰值功率则越来越高, 这意味着后级比前级有更高的储能密度与更低的串联电感(特性阻抗). 这种产生高功率强脉冲的方法被称为功率压缩技术. 脉冲功率压缩系统的首级一般采用产生脉冲高压的马克斯发生器, 其后各级则多采用传输线. 例如一种被称为 EAGLE 的强脉冲高压发生器由马克斯发生器与三级功率压缩水介质传输线组成, 输出电压 3 MV, 输出电流 1.6 mA, 脉宽 75 ns. 计划用 20 个这样的强脉冲高压发生器并联起来模拟核武器效应, 设计总输出功率 7×10^{13} W, 单脉冲输出能量可达 5 MJ.

第三节 高压电场与绝缘介质

(3.2.10)式表明, 高压加速器可视为一高压电极对地的电容系统. 高压的产生固然来源于高压电极上电荷的积累, 但高压的实现与维持则取决于高压电极与地之间绝缘介质的可靠工作, 即不发生电击穿和泄漏. 绝缘介质可分为固体、液体、气体与高真空四种. 当介质中的实际电场强度达到或超过介质的击穿电场强度, 击穿就会发生. 击穿的机制随介质的种类而异, 击穿场强亦随介质的种类、材料成分、物理状态以及电极系统的配置情况而有很大不同.

一、绝缘介质

绝缘是高压加速器中的主要技术难题. 高电压可引发固体、液体或气体绝缘材料中的等离子体击穿, 形成放电通道, 造成高压短路. 目前在高压加速器中, 特别是静电加速器中, 普遍采用具有优良电性能的高气压气体作为绝缘介质, 这是因为在大间隙均匀电场中, 高气压气体的击穿电压远高于各种其他类型的绝缘介质.(参见图 3.13)气体介质还具有击穿后可自动恢复的性能,而且大部分气体不存在绝缘性能老化的问题.

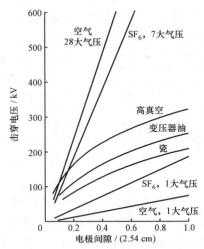

图 3.13 均匀电场中一些电介质的击穿强度

最早试图解释气体放电击穿机制的是汤森(Townsend)理论.假定阴极由于宇宙线轰击而放出少量电子,这些电子在向阳极加速的过程中会与气体分子碰撞.若电子在加速过程中获得足够的能量,则在碰撞时可以使气体分子电离,并由此引起电子倍增.产生击穿的条件是电流可以自维持,此条件可由气体分子电离时产生的正离子对阴极的轰击所引起的二次电子发射而得到满足.按照此理论,气体的击穿电压取决于间隙长度与气压的乘积以及气体的性质.一般认为在 10^5 Pa(约 1 个大气压)以下此结论是有效的.在均匀电场中增加气压,在 10^5 Pa 以内击穿电压近似为线性增长.超过 10^5 Pa 以后,击穿电压的增长随气压的增加逐渐变慢.应当指出,即使在均匀电场中,击穿场强也会随电极距离而变.例如普通空气在间隙 0.5 mm 时的击穿场强可高达 5 MV/m,而当间隙大于 10 mm 时击穿场强则下降到 3 MV/m 左右.对于二维或三维情况,电场往往是不均匀的,特别是在电极间隙较大时.此时电极表面的最大场强处可能发生局部放电.

不同气体的击穿强度相差悬殊,惰性气体最差,而负电性气体最好.负电性气体是指含有氧、氟、氯等负电性原子的气态化合物.这些气体分子容易吸附电子而成为稳定的负离子,从而削弱了电子倍增过程.目前在加速器中应用较为广泛的气体有氮气、氮气与二氧化碳(一般占 20%)的混合气体、上述气体与少量六氟化硫的混合气体,以及纯六氟化硫等.六氟化硫电气性能特别优良,但价格相对较贵.尽管如此,近年来仍有许多加速器采用纯六氟化硫作为绝缘气体.由于加速器体积近似与气体的击穿强度的三次方成正比,故采用纯六氟化硫可使加速器体积大为减小,从而可使总体造价降低.

对于固体与液体绝缘介质中的击穿,目前尚无简单的理论.实验表明,其击穿强度与材料的纯度和几何形状密切相关.处在强电场中的固体绝缘物,往往容易发生沿表面的击穿,而不是体击穿.即使在高气压中亦是如此.绝缘物表面的击穿电压并不随表面长度而线性上升,大电极间隙的表面击穿强度明显降低.因此,对于相同的绝缘长度而言,用分压片将其分割成多个小间隙可以提高整体的击穿电压.绝缘物端面与金属电极的良好接触十分重要.在接触不良的劈形间隙中,绝缘物表面上容易形成束缚电荷而使电场畸变.故实际选用绝缘材料时,除击穿强度与机械强度外,还须考虑与金属的粘接(焊接)性能.加速器中常采用的绝缘材料有玻璃、陶瓷和有机玻璃等.

二、高压电极系统

高气压型加速器的电极系统由高压电极、绝缘支柱与钢桶组成.让我们来考虑如图 3.14(a)所示的简化情况,即其间电场由两个同心圆球间的电场和两个同轴圆柱间的电场所组成.设高压电极电势为 V_0,半径为 R_0,钢桶半径为 R_2,则由拉普拉斯方程可解得球区的电势分布为

$$\phi(r) = \frac{V_0 R_0 (R_2/r - 1)}{R_2 - R_0}. \tag{3.3.1}$$

径向电场强度

$$E_r(r) = -\frac{\partial \phi}{\partial r} = \frac{V_0 R_0 (R_2/r^2)}{R_2 - R_0}. \tag{3.3.2}$$

在高压电极表面 E_r 有最大值

$$E_{r,\max} = \frac{V_0/R_2}{(1 - R_0/R_2)R_0/R_2}. \tag{3.3.3}$$

假定 R_2 固定,则使 $E_{r,\max}$ 取极小的 R_0/R_2 值可由 $\partial E_{r,\max}/\partial(R_0/R_2) = 0$ 求得,为

$$R_0/R_2 = \frac{1}{2}. \tag{3.3.4}$$

类似地,对柱区可求得最佳比例为

$$R_0/R_2 = 1/e = 0.368. \tag{3.3.5}$$

进一步的分析表明,无论在球区还是在柱区,当 R_0/R_2 在最佳比例附近变动时,高压电极表面电场强度 E_0 的变化并不显著,即最佳比例并不是十分临界的,故通常可取 $R_0/R_2 = 0.42 \sim 0.45$,以兼顾球区与柱区.

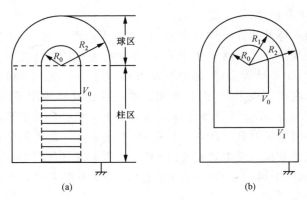

图 3.14   高气压型高压加速器电极系统
(a) 球区与柱区；(b) 中间电极

　　为进一步降低最高电场强度,可在高压电极与钢桶之间插入中间电极,如图
3.14(b)所示.设中间电极半径为 R_1,电势为 V_1,外表面电场强度为 E_1.在 R_0 与
R_2 固定的情况下,令 $E_1 = E_0$,即可求得最佳的 R_1 值及相应的 V_1 值.计算指出,中
间电极尺寸 R_1 的选择也是不临界的.通常我们可以采用较为简单的设计方法,例
如等间距设计.作为一个例子,我们来考察 $R_0/R_2 = 0.44$,$R_1/R_2 = 0.72$ 的情况.对
于球区,我们可解出

$$V_1 = V_0 / \left[1 + \frac{R_0}{R_1} \left(1 - \frac{R_0}{R_1} \right) \Big/ \left(1 - \frac{R_1}{R_2} \right) \right] = 0.54 V_0 , \tag{3.3.6}$$

$$E_1 = E_0 = 2.68 V_0 / R_2 . \tag{3.3.7}$$

而在无中间电极时,$R_0/R_2 = 0.44$,给出

$$E_0 = 4.06 V_0 / R_2 . \tag{3.3.8}$$

显然,增加中间电极的个数可以进一步降低电场强度的峰值,但同时使结构复杂,
成本增加.因此,中间电极的数目一般不超过两个.

　　上述分析只考虑了电场的径向分量,没有考虑电场的轴向分量.为了缩小加速
器长度,提高沿绝缘支柱的击穿梯度,通常每隔一定距离在绝缘支柱表面上安设一
个金属分压环,使绝缘支柱表面被人为地分压.因此,绝缘支柱表面是由许多分压
环构成的起伏柱面.若分压环为圆形截面,直径为 d,相邻环间的气隙为 g,则分压
环间轴向电场的最大值在 $g/d = 1.925$ 时取极小.但 d 过小会使径向电场畸变较
大,因此通常取 $g/d \approx 0.6$.也有一些加速器采用椭圆形截面的分压环,其长轴沿绝
缘支柱的轴向,以进一步降低径向电场.此外,绝缘支柱靠近高压电极处的电场畸
变往往特别大,容易引起打火.为此通常使高压电极的直径略大于分压环的外直
径,这样可以对靠近高压电极顶头的几个分压环起到一定的屏蔽作用,降低局部电
场强度.

高压加速器的电场设计,早期多使用保角变换或电解槽方法.20 世纪 70 年代以后,一些专用的计算机程序发展起来.不过,计算为最小场强的设计不一定能给出高的端电压,小模型试验也不能可靠地预言大型加速器的性能.目前,经验仍然是设计的重要依据之一.

三、绝缘支柱

绝缘支柱的主要作用是支撑高压电极.绝缘支柱既要有足够的机械强度,又要有足够的电绝缘强度和过电压保护措施,以改善加速器的抗击穿性能.

表 3.2 给出了串列静电加速器四种支撑结构及其比较.一般说来,中小型串列加速器多采用卧式结构,大型则多采用立式或折叠式结构.单级静电加速器以采用立式结构的居多.

为了提高电绝缘强度,绝缘支柱上每隔一定距离要安放一片金属分压片,使电场沿柱的分布尽可能均匀.分压片一般用不锈钢、硬铝或钛制成,加速管、输电带(或链、梯)等都从分压片中穿过.绝缘支柱的组合方式有两种:一种是采用整根的绝缘柱,分压片做成环式套在绝缘柱上,靠机械方法固定.另一种是用短绝缘块与分压片交迭组成绝缘支柱.近年来玻璃与陶瓷被广泛用作为绝缘柱材料,但它们与金属的连接必须采用可靠的粘接或焊接工艺.图 3.15 给出了一个绝缘支柱横截面的例子.

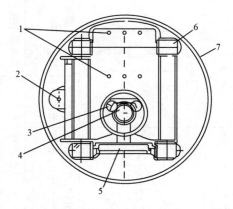

图 3.15 慕尼黑大学 MP 串列静电加速器改进后的绝缘支柱横截面
1——输电链;2——头部发电机驱动轴;3——加速管分压用电晕针;
4——加速管;5——柱分压电阻;6——绝缘支柱;7——分压环

表 3.2　串列静电加速器的支撑结构

结构	卧式	立式	折叠式	T型
简图	（离子源、束流）	（离子源、束流）	（离子源、束流）	（离子源、束流）
优点	不需要高大的房屋;对地基的要求较低;除了特别大型的外,维修检修方便	机械设计简单,内部可设升降梯,维修检修方便	具有立式的优点,且塔楼较矮,离子源可在地电位	直立支柱中无加速管,可以较短;横向支柱不承重,机械设计较简单
缺点	对绝缘支柱刚度与挠度要求较高;径向尺寸大大时维修不方便	总高度大,需要高塔楼;离子源要安放在塔顶上	高压电极内要加装 180° 偏转磁铁	钢桶相对较大,大型串列不经济

为保证各分压片之间的电压相等,须使用分压系统人为地强制分压.常用的分压方式有两种:电阻分压与电晕针分压.电阻分压的优点是伏安特性成线性,与气压无关,工作区域大,但在高电场下电阻表面的电晕放电及在瞬变过程中承受的过电压容易使电阻老化、损坏,故须采用保护措施.电晕针分压系统的应用也很普遍.负针尖的电晕放电比正针尖的要稳定得多.调节各分压片间的针尖间隙可使电压分布均匀.电晕针分压有两个主要缺点:一是只有在电压超过起始电压后才开始电晕放电,低于起始电压时不起作用;二是伏安特性非线性,高电压下电晕间隙的等效电阻急剧减小.为使电晕针分压系统在低端电压运行时仍能正常工作,NEC 公司用短路棒将部分绝缘支柱上的分压片短路.(这对于改进加速管的束流光学特性也有好处)在电晕针上串联适当阻值的电阻可以改善伏安特性的非线性,并提高间隙的击穿电压.电晕针系统也有老化问题,且其时效可能是非均匀的.

由于固体绝缘介质的击穿损伤往往导致不可恢复的电绝缘性能下降,所以绝缘支柱各节的过电压保护十分必要.通常在分压片之间安装火花间隙来进行过电压保护,早年多使用球隙,近年来环形火花间隙的使用日益普遍.(参见高压击穿小节)为了更好地保护加速管,有的加速器把加速管在电连接上从绝缘支柱脱离开,另用一套分压系统与过电压火花间隙.(参见图 3.15)

四、高压击穿

直流高压结构在升压和锻炼过程中常常出现打火击穿现象.击穿的通道可归结为三类:

(1) 径向击穿,即高压电极或绝缘支柱与钢桶之间绝缘气体的击穿.

(2) 轴向击穿,即沿绝缘支柱的固体表面的击穿或分压环间气体间隙的击穿,也包括沿输电带表面与加速管外表面的击穿.

(3) 加速管内部的真空击穿.关于真空击穿的讨论,我们留到下一节中进行.

击穿通常由某一处的初始打火引发,其发展过程十分复杂.一般来说,作为一种瞬变的脉冲过程,它所引起的电压浪涌将在加速器内各处传播,并导致次级击穿向高压结构各个部位的迅速发展.换句话说,一个局部的击穿可以在整个结构上引起一连串的打火.

初始击穿发生时,放电通道中可在几百 ns 内建立起数万乃至数百万 A 的电流脉冲.这种打火电流通常要在通道中多次往复,作阻尼振荡,并通过这一过程将储能释放到周围环境中去.试验表明,高压电极打火时 80% 的初始储能耗散在通道电阻上,并使构成此电阻的绝缘气体快速升温,产生体积的膨胀,以至发出声音激波和电磁辐射.实际上无论是初始打火还是次级击穿,它们所释放的能量都可能对结构部件,尤其是分压电阻和加速管,造成不同程度的损伤,包括永久性损伤.一般来说,高压结构的储能越高,可能造成的损伤也越大.对于打火击穿过程的宏观分析,可以用求解集中参数电路网络的方法模拟.斯塔尼福思(Staniforth)等对打火通道中的电流衰减规律做了仔细分析,发现可以用一个恒定的电感 L_s 和一个随时间减小的电阻 $R_s(t)$ 所组成的串联电路来表述初始打火,参见图 3.16(a).对于高压电极,由于它和钢桶之间构成了一个同轴传输线,因此可以用常见的仿真线网络来进行模拟,如图 3.16(b).其中 L_T 和 C_T 即为此同轴线的分布电感和电容.绝缘支柱与加速管可以用图 3.17(c)中的网络来表述.其中下标为 c 的网络代表绝缘支柱,下标为 b 的网络代表加速管,C_{sc} 与 C_{sb} 代表邻近节之间的电容,R_{sc} 和 R_{sb} 则代表分压电阻.绝缘支柱与加速管之间的导纳 Y_b 依二者之间的关系而定,当它们通过导体相连时 Y_b 是电感,反之,当二者完全分开时 Y_b 为电容.每当要研究某一种打火的过程时,就将初始打火的等效电路接至代表相应部件的电容上,然后求解网络其他各节点的电压和电流,以得到各种有用的信息.图 3.16(b)中的虚线即表示高压电极对钢桶打火时的连接方式.

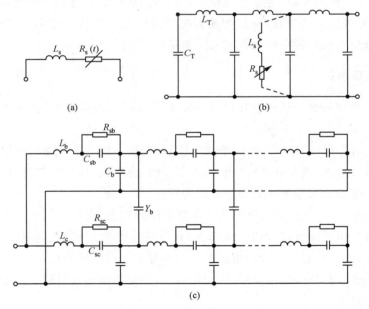

图 3.16　打火击穿的等效电路分析

(a) 初始打火等效电路;(b) 高压电极等效电路;(c) 绝缘支柱与加速管的等效电路

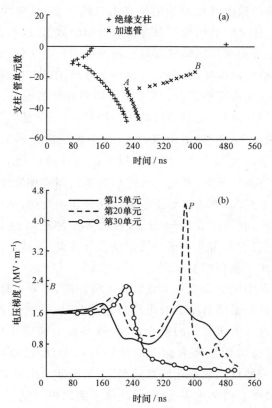

图 3.17 NSF 加速器中击穿的计算模拟

(a) 次级击穿沿绝缘支柱与加速管的发展；(b) 不同单元处浪涌电压梯度随时间的变化

斯塔尼福思曾用此方法对 NSF 加速器在 20 MV 端电压下的打火击穿进行了计算研究. 图 3.17 给出其中一个例子. 假定初始打火发生在中间电极下方绝缘支柱的第 10 单元处(绝缘支柱与加速管均被分成 48 个单元)，由此引发的次级击穿以 8.4×10^7 m/s 的速度沿绝缘支柱分别向两个方向发展[图 3.17(a)].另一方面，加速管向下传播的浪涌电压开始阶段并不足以引发次级击穿，直到初始打火后的 220 ns 左右，才在第 30 单元附近出现超过击穿场强[图 3.17(b)中纵轴上的 B 点]的过电压梯度，发生次级击穿. 此后次级击穿在加速管上沿两个方向发展，一路向加速管的低电压端逐节推移，而另一路则反过来向上传播，相应于图 3.17(a)中从 A 到 B 这一区域.值得注意的是，在这一区域中，例如第 20 单元，尽管首次浪涌并不足以引发次级击穿，但 380 ns 后由反向传播过来的浪涌脉冲幅度却很高[图 3.17(b)中的 P]，足以引起加速管内的真空击穿.

类似的计算表明，高压电极对钢桶的打火一般将引发绝缘支柱与加速管的次级击穿,浪涌过电压的数值可比原始电压高出三倍之多,且极性与原始电压相反.分析还表明,增加分压片间的电容可以降低过电压的数值.故有人主张在分压片间安装附加电容.采用环形火花间隙代替球隙作为浪涌过电压保护的效果也很好.

为了减低打火造成的损坏,首先要在设计中仔细调整电极系统的几何参数.特别要注意那些容易发生击穿的部位,尽可能地均整各处的电场.其次,还要采取适当的保护措施.除了前述的火花间隙过电压保护外,电子学装置与分压电阻的保护也是十分重要的.由于击穿时放电电流很大,很小的杂质电感也可产生高电压.一般单层铜板屏蔽的衰减系数为 10^{-5},不足以提供有效的屏蔽.电子学装置应装在二层铜板外壳中进行双层屏蔽,穿过屏蔽进出的馈线则应加装滤波器.为避免分压电阻在浪涌过电压下损坏,有人将分压电阻装在金属护套中,两端加上过压火花间隙与 LC 滤波器.另一值得注意的问题是,现代大型加速器包含着大量串联的间隙,这些间隙上电压分布与击穿水平的均匀性十分重要.这就对间隙的机械精度与分压电阻的精度提出了很高的要求.

在高压型加速器中完全避免打火放电是不可能的,除非设计得十分保守.实际上加速器的端电压就是通过有限的放电而逐步提高的,这种过程称为锻炼(conditioning).锻炼包括许多电压稍低的微小放电,这些放电能熔化掉电极表面的微观尖端毛刺,燃烧掉电极与绝缘壁表面上的油污与灰尘,使电极与绝缘表面暂时去气,这样,可以消除一些使局部电场增强的因素,从而使电压得以逐步提高.锻炼不能过急,放电过于激烈会损坏电极表面,使绝缘表面出现燃烧痕迹或溅射上金属覆盖层,造成永久性损伤.经过适当的锻炼,打火击穿的数量与程度可以被减少到运行所能接受的水平.

第四节   加 速 管

加速管是高压加速器的关键部件,现代大型静电加速器端电压的提高主要受到加速管耐压水平的限制.对加速管的主要要求是:具有良好的真空性能,能维持较好的真空度;有足够的机械强度;对被加速的粒子有较好的聚焦作用;有良好的耐高电压性能与必要的过电压保护措施.

一、加速管的基本结构与光学特性

与绝缘支柱类似,为改善电场沿轴向分布的均匀程度,整根加速管由一段段的绝缘环与金属片交迭封接而成.这些金属片称为加速电极,与绝缘支柱上的分压片相连.在大型加速器中,加速管则一般接有独立的分压系统.

在大气压下工作的加速器,如大多数倍压加速器,通常加速管较长而平均电位梯度较低.这种加速管往往分段较少,每段的长度为十几到几十厘米.其加速电极是长圆筒形,电极长度较电极间隙大很多,如图 3.18(a).在这种加速管中,电场集中在间隙附近,在圆筒电极内部几乎没有电场,粒子通过时仅以恒定速度漂移,因此这种加速管被称为带漂移管的加速管.相邻的两个圆筒电极构成双圆筒静电透镜,对束流有一定的聚焦作用.这类加速管的电位梯度一般不超过 1 MV/m.

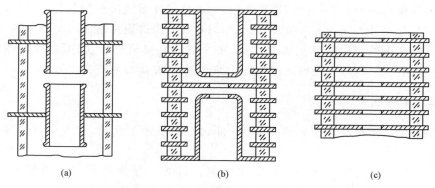

(a)   (b)   (c)

图 3.18   加速管的几种基本结构
(a)带漂移管的加速管;(b)大气型强流高梯度加速管;
(c)平板电极均匀场加速管

自 20 世纪 60 年代中期以来,大气型倍压加速器开始向强流方向发展.此时非线性空间电荷效应变得很强,特别是在低能情况下,使束的光学性质变坏,给束的传输带来困难.其解决办法是在较短的距离内,尽快将粒子加速到较高的能量.为此发展了大气型高梯度加速管[图 3.18(b)].在这种加速管中,由于采用了延伸电极结构,管壁的电位梯度仍在 0.4~0.7 MV/m,但在加速电极间的加速梯度可高达 3~5 MV/m.

在高气压型的高压加速器中,提高加速管的平均电位梯度,对于缩小钢桶尺寸,降低造价是十分有意义的.为进一步改进电场分布的均匀程度,高梯度加速管的分段很细,一般不大于 25 mm.加速电极的具体形状有多种设计,近年来多采用图 3.18(c)所示的平板电极.只要束流孔径与电极间距之比 r/s 值足够大,即可使粒子束与绝缘壁之间得到较为理想的屏蔽.此时加速电场沿加速管轴线的分布基本上是均匀的,故这种加速管被称为均匀场加速管或等梯度加速管.带电粒子进入均匀场区后,只受到轴向电场的加速作用,没有径向电场力,所以也没有聚焦作用.但是在加速管的入口与出口存在着场强的突变,相当于两个膜片透镜.设加速管长度为 l,被加速粒子在入口处的归一化电位为 V_1,在出口处的归一化电位为 V_2,则均匀场区场强

$$E = (V_2 - V_1)/l \approx V_2/l, \tag{3.4.1}$$

入口膜片透镜的焦距

$$f_1 = 4\xi V_1/E \approx 4\xi l/n^2, \tag{3.4.2}$$

其中 ξ 为孔径修正系数,一般情况下 $1 < \xi < 2.5$,$n^2 = V_2/V_1$ 是加速管的归一化电位比. 出口膜片透镜的焦距

$$f_2 = 4V_2/(-E) \approx -4l. \tag{3.4.3}$$

可见入口膜片透镜具有较强的聚焦作用,而出口膜片透镜仅有很弱的散焦作用. 整个均匀场加速管可视为入口膜片透镜、均匀场区与出口膜片透镜的组合系统,其中入口膜片透镜的作用是最主要的,它使整个加速管呈聚焦特性. 但若入口透镜太强,也会产生过聚现象,使束的像腰落在加速管内,在出口外成为发散束.

二、真空击穿

加速管的耐压水平受到真空击穿的限制. 从现象上看,真空击穿有两个主要特点:

(1) 全电压效应. 经验表明,虽然短加速管的电压梯度可以做得较高,例如 $3\,\mathrm{MV/m}$,但若干个这样的加速管段连接起来,最高工作电压并不能随加速管的长度线性增加. 20 世纪 50 年代初,克兰伯格(Cranberg)根据大量实验数据总结出加速管耐压与长度关系的经验公式

$$V = \alpha l^{1/2}, \tag{3.4.4}$$

其中 α 是取决于加速管设计与工艺的常数. 可见加速管的耐压梯度 V/l 将随加速管总电压的升高而下降,这种现象通常被称为"全电压效应".

(2) 电子负载现象. 这是一种与加速管内次级粒子再生倍增有关的放电现象. 在电压达到某个阈值时,加速管内会突然出现大量电子流,同时伴有强烈的 X 射线. 继续提高电压时,电子流急剧增加,很快超过高压发生器的负载能力,从而限制了电压的进一步提高. 实际上这是一种不完全击穿.

在高真空下,带电粒子与残余气体分子碰撞之间的平均自由程比电极间隙尺寸大得多,气体放电理论不能用于解释真空击穿. 对于真空击穿的机制,早在 20 世纪 50 年代初即有一些假说相继提出,但真空击穿的过程十分复杂,击穿的形成又发生在非常短的时间内,这使得实验观察与研究有相当的困难. 进入 70 年代以后,随着真空绝缘技术应用的日益普遍及实验技术的提高,对真空击穿机制的研究也有所进展. 就起因而言,真空击穿大致可以分为以下四种类型.

1. 场致发射

场致电子发射是一种量子力学的隧道效应. 强电场能使金属表面的能量位垒降低,从而导致电子的发射. 场致发射的电流密度与场强的关系由福勒-诺德海姆

(Fowler-Nordheim)方程描述:

$$j = AE^2 \exp(-B/E),\qquad(3.4.5)$$

其中系数 A,B 与金属表面的电离能有关. 根据此方程推算, 一个 25 MV/m 的电场产生的场致发射电流密度约在 10 nA/cm² 的量级, 但对清洁金属表面的实验测量表明, 实际电流要大得多, 相应推算出的场强可为所施加宏观电场的 10~1 000 倍. 实际上金属表面在微观上是不平的, 存在着许多小的晶须使电场增强. 在 10 MV/m 宏观电场作用下, 晶须对电场的增强作用可使表面场致发射电流的平均密度达到 1~100 μA/cm². 一种经常发生的过程是, 在高压电极或绝缘支柱高压击穿所引起的快脉冲过电压的作用下, 场致发射电流随场强迅速上升, 使阴极温度迅速增高, 并导致局部电阻的增大. 电阻的增大反过来又促使温度进一步上升, 最后导致发射体的爆炸, 形成等离子体云. 等离子体云的膨胀使电流进一步上升, 最终导致击穿并使阴极融化, 参见图 3.19. 从施加过电压到发射体爆炸的延迟时间一般在几个纳秒至数十纳秒, 是一个非常迅速的过程.

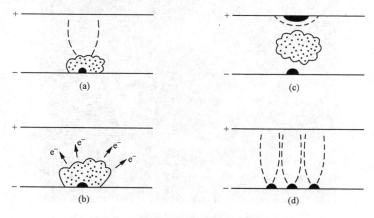

图 3.19　场致发射导致真空击穿过程
(a) 晶须发射体爆炸; (b) 等离子体云膨胀;
(c) 等离子体三极管形成; (d) 阴极新表面形态形成, 产生新发射体

2. 微颗粒撞击

这是 1952 年克兰伯格提出的假说. 他认为引起击穿的原因是有一些微颗粒松散地附着在电极表面, 由于某种原因, 这些微颗粒与电极脱离并带上电荷, 在电场作用下, 这些微颗粒在间隙间加速, 并撞到对面电极上. 如果其撞击区域上的能量密度超过某一与电极特性有关的阈值, 则可以引发间隙的击穿. 按此假说, 撞击能量是间隙电压与微颗粒所带电荷的乘积. 他假定微颗粒与电极分离时所带电荷正比于场强, 于是击穿的判据为 $VE \geqslant C$, 其中 C 为阈值. 对均匀电场 $E = V/l$, 代入判

据式得

$$V \geqslant (Cl)^{1/2}, \qquad (3.4.6)$$

与经验公式(3.4.4)相符. 由于相继提出的多个假说均可解释全电压效应, 而直接的实验观察又十分困难, 故假说提出后二十余年并无定论. 20 世纪 70 年代, 用激光技术观察到真空击穿前 5~100 μs 常有微颗粒以 0.4~1.4 km/s 的高速飞过间隙, 撞击时间与击穿时间的分析显示了高度的统计相关性, 从而使此假说得到证实.

微颗粒撞击电极表面时发生什么现象取决于其速度. 若微颗粒的速度超过临界弹性速度, 则将发生非弹性碰撞, 此时可能形成弹坑, 发生融化与蒸发, 并使电极表面出现凸缘与尖刺(图 3.20). 若微颗粒的能量足够高, 在融化与蒸发过程中可产生足够的气体并发生电离, 从而引发击穿. 三种常用的加速管电极材料铝、不锈钢和钛的临界弹性速度分别为 0.32 km/s, 0.53 km/s 和 1.2 km/s, 可见钛的抗击穿性能最好, 不锈钢次之, 铝最差.

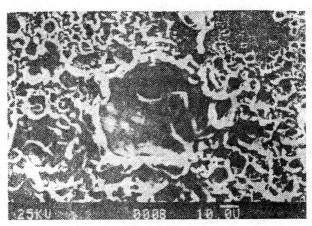

图 3.20　NSF 加速管光阑电极表面的显微照片
[引自 W. Assmann 等, N. I. M. A 244, 119(1986), 右下角标度为 10 μm]

3. 微放电

微放电是在不同电位电极之间流过真空间隙的自限制电流脉冲, 其宽度在 10^{-5}~10^{-2} s, 总电荷量在 10^{-9}~10^{-6} C. 所谓电子负载就是由大量微放电脉冲组成的. 1951 年麦吉本(McKibben)提出正离子与负离子交换雪崩理论, 认为造成电子负载的根源不是电子而是正负离子. 他曾用弱磁场来阻止电子射向阴极, 但不阻止负离子, 结果消除了 X 射线但并未改变出现微放电的电压阈值. 可见电子只是此过程的副产物, 对微放电的电流有贡献, 但不影响倍增过程. 设每个正离子撞击阴极产生负离子的概率为 A, 每个负离子撞击阳极产生正离子的概率为 B, 则只要 $AB > 1$ 即可产生雪崩过程. 实验证实, 电极表面的杂质状况对微放电有很大影响.

碱金属表面层可使 A 值增大,而富氧表面可使 B 值上升. 对微放电所产生的离子的谱分析发现了许多来自碳氢化合物的正负离子,例如 H^+,C^+,H^-,C^-,CH^- 等. 碳氢化合物可通过黏合剂或真空系统的油蒸气引入加速管内. 随着微放电的进行,电极表面放电区域内杂质原子不断消耗,当其局部密度减小到不足以维持雪崩过程,放电也就停止了,这就是微放电多为自限制电流脉冲的原因. 实际上加速管中微放电的路径很复杂,有些离子可渡越多个间隙,获得很高的能量,加剧雪崩过程并引发新的微放电,所以放电电流随加速管长度和电压按非线性增加. 这是由于各段加速管之间存在耦合所致. 从原理上讲,微放电属于不完全击穿,不应直接引发击穿,但其效果,如电子和离子对绝缘壁的轰击,有可能间接引发击穿.

4. 绝缘体表面击穿

绝缘体的表面击穿可在较低的加速管梯度下发生,其发展过程十分迅速. 目前对于绝缘体表面击穿的了解只限于其初始过程. 绝缘体的表面电场是由三个组成部分叠加而成,它们分别是外部电极系统所施加的电场、介质极化场和绝缘体表面电荷所产生的场. 值得注意的是,在阴极与绝缘体的接合处,电场可大幅度增强. 这已被计算与实验所证实. 该处位于金属、绝缘体与真空的相交位置,故被称为三态点. 三态点处的强电场可诱发场致发射. 所发射的电子可能撞击绝缘体,并引起二次电子发射. 一般情况下,绝缘体表面的二次电子发射系数 $\delta > 1$,这就使绝缘体表面带正电荷. 该表面电荷使 δ 值下降,并最终使 $\delta = 1$,从而达到平衡. 这种表面电荷的平衡可在几个微秒内建立起来. 在表面电荷的作用下,阴极表面的电场被进一步增强. 如此产生的非均匀场可使加速管的宏观击穿梯度下降到 $2\,MV/m$ 左右.

三、几种高梯度加速管

为了减小电子负载、克服全电压效应,必须采取有效措施削弱加速管各段之间的耦合,使微颗粒与引起微放电的离子不能长距离飞越. 常见的削弱长管耦合效应的方法有二:一是采用小孔径,二是引入抑制场. 小孔径可以限制次级粒子的运动范围,减低微颗粒事件的撞击能量. 目前应用最广泛的斜场加速管、螺旋斜场加速管与 NEC 公司的加速管均利用径向电场作为抑制场,效果很好.

1. 斜场加速管

在斜场加速管中,加速电极的法线与加速管轴线成一定的斜角. 由于电极表面产生的次级粒子初始能量很低,在加速电场的作用下,将沿电极法线方向运动,因此走不长的一段距离后,就会打在其他电极上. 这样次级粒子的最高能量便受到限制,X 射线本底大为降低,结果段间耦合被削弱,电子负载大大减小,在一定程度上克服了全电压效应. 斜场加速管的主要缺点是倾斜电场对被加速的离子束也有作用.电场的径向分量也使束流偏离轴线.所以在这种加速管中,每隔一小段就要使倾斜方向交替变换一次,如图 3.21 所示.其结果是,被加速粒子的轨迹围绕加速管轴线会有一个小的振荡.不同电荷态离子的轨迹也会产生歧离.如果设计合理,这还不至于造成束流大的损失,但会引起像差,增大束流的发散,并使脉冲束的脉宽增大.HVEC 的斜场加速管用不锈钢做电极材料,绝缘环用硼硅玻璃,封接用 PVA胶,实际运行梯度的上限约为 2 MV/m.

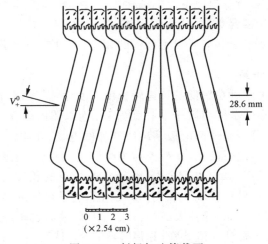

图 3.21　斜场加速管截面

2. 螺旋斜场加速管

在螺旋斜场加速管中,电极的形状与普通斜场加速管类似,但相邻电极法线在横截面内投影的方向错开一定的角度,成螺旋状排列,参见图 3.22.这使得电场的径向分量的方向连续变化,而不是像普通斜场加速管中那样按段突变.因此,螺旋场中被加速粒子轨迹的振荡幅度较小,二次电子的最大能量也比普通斜场中的低.若螺旋斜场只向一个方向(如顺时针方向)旋变,则被加速粒子经过一段加速管后,其横截面投影位置会发生径向位移而偏轴.因此在实际的螺旋斜场加速管中,旋变方向按顺时针与逆时针交替改变.

3. 金属陶瓷加速管

这是 NEC 公司生产的一种加速管,它有许多独特之处.在材料上它以金属钛做电极,陶瓷做绝缘环.钛电极与陶瓷间垫铝环,用压力扩散焊封接.由于不用PVA 胶,既避免了有机物沾污,又可以高温烘烤除气.配以无油真空系统后,可以比较彻底地消除碳氢化合物沾污.加速管的真空度可达 4×10^{-6} Pa.NEC 加速管在各小段的连接处设有"死区",中间有一可加热的小孔径光阑.死区的电极排

图 3.22　螺旋斜场加速管

列形成一个柱透镜,其电场的径向分量对产生于光阑片的二次粒子有散焦作用,但对于沿轴运动的粒子不起作用. NEC 加速管的电场完全是轴对称的,对于离子束的传输没有斜场那样的副作用.加速管外装有环状火花间隙,以提供过电压保护.通常三小段组成一个标准节,工作电压为 1 MV.若扣除死区,以有效长度计算,加速管的工作梯度为 2.3 MV/m.

此外,也有人采用横向磁场作抑制场.较弱的横向磁场可有效地偏掉电子,但不能改变微放电的阈电压,因此通常只作为辅助手段.有一种磁抑制加速管采用较强的横向磁场来偏掉能量较低的次级粒子,从而削弱长管耦合效应,实现较高的加速梯度.为了避免磁场对主束起偏转作用,要让加速管中隔一定距离安放的磁铁的极性交替地变化.

四、加速管的锻炼

加速管锻炼的目的是尽可能减小预击穿电流,消除初始微颗粒事件的来源.锻炼的强度要加以适当的控制,过激的锻炼与大的打火可导致加速管耐压性能的下降,称为退锻炼.加速管的锻炼方法主要有以下几种:

1. 电流锻炼

电流锻炼对新电极最有效.这种方法缓慢地增加电压,使预击穿电流得到控制.预击穿电流可以来源于场致发射、微放电或微颗粒事件.随着电流锻炼的进行,连续的预击穿电流逐渐减小,随机的电流尖峰脉冲的频率也逐渐下降.这意味着电极表面的微突起、松散附着的微颗粒以及吸附的气体被清除了. 由于此过程是在较低的电压下进行的,不足以引起击穿. 电流锻炼的目标,通常是使所加电压最后达到计划运行电压的 125%.

2. 打火锻炼

打火锻炼通常用于发生击穿后退锻炼的加速管,有时也用于新加速管. 这种方法通过重复打火达到破坏局部隐患的目的.

3. 弧光放电锻炼

20 世纪 80 年代初,伊索亚(Isoya)等发展了用于加速管的弧光放电锻炼技术. 这项技术借助相对高功率的等离子体轰击电极表面,使电极温度升高到 400~500 ℃,从而清除表面吸附的气体与碳氢化合物沾污. 为减小溅射现象,该技术用氢气作为放电气体,并采用了相对较高的气体压强(10~40 Pa). 放电过程中,氢气保持较高的流速,以便将电极释放出的气体带走. 经弧光放电锻炼的加速管,微放电现象大为削弱,高电压下的 X 射线也大幅度减少,最高电压梯度可达 3 MV/m. 用 PVA 胶粘接的加速管不能承受高温,因此不宜使用弧光放电锻炼方法.

第五节 高压加速器的其他技术

一、电压和能量的测量与稳定

1. 电压的测量

端电压较低而负载能力较大的高压加速器,可用高电阻伏特计测量端电压. 测得流过高电阻的电流,便可由欧姆定律求出高压值. 这种方法的测量精度受电阻阻值精度与表头精度限制,一般不好于 1%.

对于较高的电压,由于电晕电流随高压迅速增加,因而不能用上述方法测量. 此时通常使用旋转伏特计测量,其工作原理如图 3.23(a)所示. 对着高压电极装有一块对地绝缘的多叶扇形金属板,称为定片. 定片前装有一块开孔形状与定片相似的接地金属板,与电机转轴相连,为动片. 设动片不断地以频率 f_0 旋转,那么定片与电极之间的电容 C 也将随之变化. 适当选择叶片的形状,可使电容按正弦规律变化

$$C = C_0 \sin \omega t,   \tag{3.5.1}$$

此处 C_0 为电容的最大值,$\omega = 2\pi n f_0$,n 为叶片数. 电容的变化引起定片上感应电荷 Q 的变化,并进而引起外电路中电流的变化.

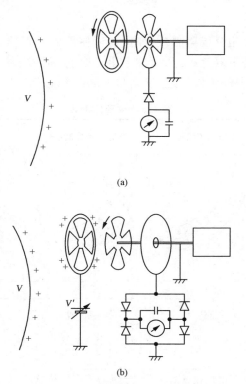

图 3.23　旋转伏特计工作原理图
(a) 直读式旋转伏特计；(b) 补偿式旋转伏特计

$$i = \frac{\mathrm{d}Q}{\mathrm{d}t} = V\frac{\mathrm{d}C}{\mathrm{d}t} = V_0 C_0 \omega \cos\omega t, \tag{3.5.2}$$

其中 V 为高压电极的电压. 实际上由于 C_0 值很难精确测定，所以旋转伏特计测量的并不是电压的绝对值，一般用核反应法来校正其读数. 如上所述的旋转伏特计被称为直读式旋转伏特计，其测量精度一般在 1％ 左右. 图 3.23(b) 所示为补偿式旋转伏特计. 它的检波定片是一金属圆盘，在盘前又加了一个动片和一个补偿定片，上面加有补偿电压 V'. 如果没有动片，那么定片面对补偿片扇形孔部位上的感应电荷由高压电极电场产生，而面对补偿片扇形叶片部位上的感应电荷由补偿电压 V' 的电场产生. 调节 V' 可达到完全补偿，即定片表面的感应电荷密度成为均匀的. 动片插入后会屏蔽一部分电场. 动片旋转时，定片上的感应电荷也会随之转移，但在完全补偿条件下，感应电荷总量不变，故检波信号输出为零. 此时 V' 正比于高压电极的电压 V，比例常数也要用其他方法校准. V' 用电位差计测量，精确度可达 0.1％～0.5％.

2. 分析器

粒子的能量一般用分析器测量. 加速器所使用的分析器, 主要有静电分析器、磁分析器与交叉场分析器三种. 从原理上讲, 它们分别属于能量分析器、动量分析器与速度分析器. 它们的工作原理、特点和用途可参见表 3.3.

表 3.3　粒子分析器

	静电分析器	磁分析器	交叉场分析器
原理简图[①] (以正离子为例)			
被分析物理量	能量	动量	速度
基本关系式[②]	$\dfrac{W}{q}=\left(\dfrac{e\rho}{2d}\right)V$	$\dfrac{mv}{q}=e\rho B$ 或者 $\left(\dfrac{m}{q}\right)\left(\dfrac{W}{q}\right)=\dfrac{(e\rho B)^2}{2}$	$v_c=\left(\dfrac{1}{d}\right)\dfrac{V}{B}$ （$\rho_c=\infty$）
特点	适用于能量较低的场合；偏转与质量无关，适用于重离子分析	对于 m,q 确定的粒子，$\rho\propto\sqrt{W}$，故 ρ 随 W 增长慢，在能量较高的场合下较为经济；由于边缘场的不确定性，不宜用于绝对测量	被选择束不偏转，束线布置简单，但不能分开中性粒子；偏转与电荷态无关，有时不能将不同粒子完全分开；分辨本领 $\propto\dfrac{1}{W}$，适合于能量较低场合
用途	粒子能量的绝对测量与相对测量；电荷态分析	粒子能量的相对测量；同能量粒子的质量分析	粒子能量的相对测量；同能量粒子的质量分析

① 图中电极板之间的 → 表示电场方向, × 表示磁场方向.
② 式中 ρ 为粒子轨道半径, d 为电极板间距, 下标 c 表示中心参考粒子.

静电分析器由两块等间距弧形电极构成. 电极之间相互绝缘, 并分别对地绝缘. 两块电极上分别加上电压 ±V/2 后, 电极间便产生径向电场, 使粒子沿弧形轨道运动. 入口狭缝与出口狭缝用来屏蔽边缘电场, 选择粒子的能量.

磁分析器的工作原理与静电分析器相似, 但用垂直于离子运动轨道平面的均匀磁场代替了径向电场. 该磁场使粒子沿圆弧形轨道运动. 随着粒子动能的提高, 磁分析器 ρ 的增加比静电分析器慢, 故在高能量下通常使用磁分析器. 但随着粒子质量的增加,磁分析器的半径也须增加,而在静电分析器中 ρ 与粒子质量无关,可见用磁分析器分析重离子是不利的.

在交叉场分析器中,电场与磁场方向相互正交,粒子沿着垂直于 E 和 B 的方向,通过分析器.具有一定速度的粒子若所受电场力和磁场力的合力为零,则沿束轴通过分析器,其运动不发生偏转.其他粒子都将受到偏转力而偏离原来的运动方向.在分析器后一定距离处安置狭缝,则只有速度在规定范围内的粒子才能通过分析器.

多数情况下,分析器只被用来进行能量的相对测量,其刻度须通过其他绝对测量的方法,例如测量已知核反应的共振峰或反应阈,以及测量离子的飞行时间等来进行校正.

3. 电压稳定系统

电压稳定系统由误差信号拾取装置、电子反馈放大线路与调节电压的控制机构组成.通常使用的误差信号拾取装置有:

(1) 旋转伏特计.其输出信号经放大整流后,送到差分放大器与一个参考电压比较,即可得到误差信号.此信号可反映高压电极电压的慢变化.

(2) 电容拾波板.这是一个对着高压电极安装的绝缘金属板,与高压电极间有电容 C.当高压 V 随时间变化时,拾波板上的电荷量 Q 也随之变化,于是在外电路中产生电流

$$i = \frac{\mathrm{d}Q}{\mathrm{d}t} = C\frac{\mathrm{d}V}{\mathrm{d}t}. \tag{3.5.3}$$

此信号可反映高压电极电压的快变化.

(3) 分析器像缝.将分析器偏转平面内的两片像缝分别对地绝缘,并各自通过阻值相等的电阻接地.当被分析的离子束恰好通过狭缝中间时,两片像缝上都接收到少量离子流,并在电阻上产生相同的电位降.在束流能量发生变化时,离子束位置相应偏移,使其中一片像缝上接收到的离子流变大,电阻上的电位降不再相等,从而给出误差信号.此信号反映了粒子束能量的变化.

常用的稳压方法有:

(1) 调节喷电电流.这种方法有十分之几秒的滞后时间,可用来纠正缓慢的电压漂移.

(2) 电晕三极管(电晕针).此装置面对高压电极装有一个作为阴极的针排,针尖从一个作为栅极的接地金属板的小孔中伸出,高压电极作为阳极,构成电晕三极管.改变栅偏压,就能调节喷向高压电极的电晕电流,从而稳定高压.此方法的响应时间在毫秒量级,可达到 0.1% 的稳定度,但只能用于高压电极为正电压的加速器.

（3）衬套. 这是装在钢桶内侧上并与钢桶绝缘的金属套. 衬套与接地钢桶之间电容较大, 而与高压电极之间电容较小. 调节衬套对地的电压时, 便可通过电容的耦合, 使高压电极的电压发生相应的变化. 这种方法反应速度很快, 在 μs 量级, 但不能补偿高压的慢变化.

（4）调节剥离器电压. 在串列加速器中, 高压电极内装有电子剥离器. 如果将剥离器对高压电极绝缘起来, 并施加一可调节的电压, 就能改变粒子的能量, 对高压的变化起补偿作用. 这种方法响应也很快, 但调制电源要装在高压电极内, 调制信号的传送须采用红外通讯, 以解决传送中的耐压问题.

上述各种误差信号拾取装置与稳压调节装置均各有优缺点, 特别是响应速度各不相同. 在实际应用中, 一台加速器的稳压系统往往综合使用各种手段, 使粒子能量的慢变化与快变化均能得到补偿. 这样的稳压系统可以达到好于 0.01% 的稳定度. 图 3.24 所示为慕尼黑大学 MP 串列加速器的稳压系统. 不加控制时, 端电压的波动可达 $9\,\mathrm{kV}$（半高宽, 下同）. 用旋转伏特计误差信号控制电晕针, 高压纹波减小到 $4.8\,\mathrm{kV}$. 用分析器像缝控制电晕针, 纹波可减小到 $1.6\,\mathrm{kV}$. 再加上衬套稳压, 纹波进一步减小到 $260\,\mathrm{V}$.（包括高频纹波与直流慢漂移）

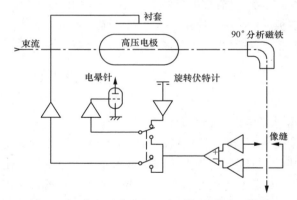

图 3.24 慕尼黑大学 MP 串列加速器稳压系统

4. 均能器

为进一步提高束流的能量稳定度, 可采用均能器（homogenizer）技术. 其基本思想是, 利用主离子束以外的某种较强的伴随束来提供能量误差信号, 经放大后调制主离子束实验靶上所加的偏置电压, 以此补偿端电压波动引起的束能量变化. 图 3.25 所示为纽森（Newson）等在 FN 串列加速器上使用的均能器系统. 其主束为 H^+, 用气体剥离产生的 H^0 中性束作为伴随束. H^0 漂过开关磁铁与主束分离, 将其二次剥离后送入由两个 $90°$ 磁铁组成的高分辨率分析系统. 从第二个 $90°$ 磁铁的像缝上取出误差信号, 经放大后, 一路作为二次剥离膜偏压调整信号

ΔV_F,另一路作为主束靶偏压调整信号 ΔV_T. 可以证明,当 $\Delta V_T = -2\Delta V_F$ 时,端电压的波动可以被消除. 但均能器不能消除离子源能散与注入电压波动引起的能量歧离.

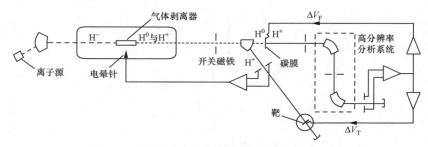

图 3.25 一个用于 FN 串列加速器的均能器系统

二、电子剥离

在串列加速器中,离子源所产生的负离子被加速到高压电极后,要经过电子剥离器转变为正离子,再继续加速. 剥离器有两种:气体剥离器与固体剥离器. 固体剥离器一般使用碳膜. 快速离子穿过剥离介质时,与介质中的原子碰撞,发生电荷交换现象. 由于碰撞过程的统计性,原来具有单一电荷态的离子束,通过剥离介质后分解为多种电荷态成分.

1. 平衡电荷态分布

在介质较薄时,电荷态分布与介质厚度有关. 介质达到一定厚度,离子束在其中经历了足够多的碰撞之后,其电荷态分布即趋于平衡. 对于 1 MeV/u 的离子束,达到平衡时的介质厚度(记为 t)约为 $1 \sim 10\ \mu\mathrm{g/cm^2}$(即每平方厘米约 $10^{16} \sim 10^{17}$ 个原子). 用膜剥离器得到的平均平衡电荷态比用气体剥离时要高(图 3.26),但无论用膜还是用气体,在平衡状态下离子电荷态 q 分布的包络,一般可近似为一个以平均电荷态 $\bar{q}$ 为中心的高斯分布:

$$N(q) = \frac{N_0}{\sqrt{2\pi\sigma^2}}\exp\left[-\frac{(q-\bar{q})^2}{2\sigma^2}\right]. \tag{3.5.4}$$

对于核电荷数 $Z_i \geqslant 10$、速度 $\beta \geqslant 0.015$ 的束,其电荷态分布的宽度 σ 只依赖于 Z_i 而与速度无关.

$$\sigma \approx 0.27\ \sqrt{Z_i}. \tag{3.5.5}$$

由此可推出处于最可几电荷态的离子的相对数为

$$\frac{N_m}{N_0} = \frac{1.478}{\sqrt{Z_i}}. \tag{3.5.6}$$

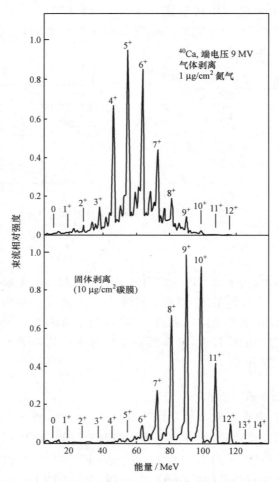

图 3.26　离子经气体与固体剥离的平衡电荷态分布
(^{40}Ca，端电压 9 MV)

这个数可用来衡量剥离器的最大束流利用效率. 上述表达式对于大多数离子束来说，与实验符合得相当好. 但当 $\bar{q}$ 趋于零或趋于核电荷数时，电荷分布呈不对称状，与上式有较大偏离. 表 3.4 给出了一些离子的最大剥离效率.

表 3.4　一些离子的最大剥离效率

离子	N	S	As	I	U
$\dfrac{N_m}{N_0}$	0.55	0.36	0.24	0.19	0.15

平衡态下的平均电荷态 $\bar{q}$ 的值，主要取决于离子的核电荷数 Z_i、速度 v 以及介

质的种类,但与离子的初始电荷态无关.对于 $\bar{q}$ 随 v 的变化关系,在实验上积累了许多数据.对于 $A_i \leqslant 40$ 的离子,从低能一直到 10 MeV/u 都有相当准确的半经验公式.例如,贝茨(Betz)曾提出如下半经验公式

$$\bar{q} = Z_i[1 - C\exp(-Z_i^{-\gamma}v/v_0)], \tag{3.5.7}$$

其中 $v_0 = c/137 = 2.188 \times 10^6$ m/s,称为玻尔速度(Bohr velocity).C 与 γ 为拟合系数,$C \approx 1$,对膜剥离,$\gamma = 0.55$,对气体剥离,$\gamma = 0.65$.

2. 剥离引起的角散与能散

在剥离过程中,离子在介质中发生多次散射,从而引起束流的角发散与能量发散.表 3.5 列举了几种能量为 9 MeV 的离子分别经碳膜($t = 5$ μg/cm²)和氮气($t = 2$ μg/cm²)剥离后的半散角(FWHM).在离子能量较高时,膜剥离引起的能散 δW 可近似地用下式表述:

$$\delta W = 1.05 Z_i \sqrt{t}. \tag{3.5.8}$$

式中能散的单位为 keV.对于低能量的慢离子,能散随离子能量缓慢变化.例如,5 MeV 的 Ar⁺ 离子,经 2 μg/cm² 厚度的 N₂ 气剥离后,$\delta W \approx 9$ keV,经 5 μg/cm² 的 C 膜剥离后,$\delta W \approx 18$ keV.若 Ar⁺ 离子能量提高到 9 MeV,则 N₂ 与 C 膜剥离后的能散分别约为 13 keV 与 22 keV.

表 3.5　几种离子剥离后的半散角(单位:mrad)

离子($W_i = 9$ MeV)	O	Cl	Ni	Mo	I
C($t = 5$ μg/cm²)	0.51	0.93	1.43	2.03	2.28
N₂($t = 2$ μg/cm²)	0.20	0.37	0.59	0.79	0.95

3. 气体剥离器与膜剥离器

由前面的讨论我们看到,气体剥离时束流品质的下降较小.但是剥离气体的引入会引起加速管中真空度的下降,故必须对气体的流量加以限制.为此通常将剥离孔道做得较细(直径 5~6 mm),工作气压也选得较低(1 Pa 左右).这样,为了达到平衡剥离所需厚度,孔道要做得较长(1 m 左右).结果,气体剥离孔道往往成为串列加速器束流接收度的主要限制.采用循环剥离技术可较好地解决此问题.在循环气体剥离器中,剥离孔道较粗,直径可在 10~12 mm.孔道两端设置抽气管道,将逸出气体送回孔道中央.这样就保持了加速管中较好的真空,同时又减少了气体的消耗.

固体膜剥离器的主要优点是可以得到较高的 $\bar{q}$ 值,这意味着离子可以被加速到较高的能量.因此,尽管其角散与能散均比气体剥离器大,目前仍被广泛使用.膜有一个寿命问题,特别是用于重离子剥离时,寿命可短至 10~20 min.限制膜的寿

命的主要因素是辐照损伤. 为了使固体剥离器能有较长的有效工作时间,人们往往将几百片剥离膜装在一个可更换的装置上,在实验中逐一更换. 此外,人们还在探索各种具有长寿命的介质,例如使用裂解高分子材料制成的膜,甚至使用液态的剥离介质.

4. 剥离器的应用

剥离器可改变离子的电荷态,这在许多情况下是十分有用的. 在串列加速器中,用它来改变离子电荷的极性,以实现二次加速. 在正离子的加速过程中插入剥离器,可提高离子的电荷态,从而在同样电场下得到更高的能量. 让离子在适当的能量下通过剥离器,可获得所需荷质比,这对于某些后加速增能器是十分重要的. 此外,由于不同离子经过剥离器后的能量损失不同,剥离器可与分析器组合用于不同种离子的分离,也可与能量灵敏探测器组合用于不同离子的鉴别和测量.

霍尔蒂希(Hortig)曾提出过一种电荷变换加速方法,利用膜剥离与气体剥离平均电荷态的差别来加速重离子. 按他的设想,用此方法可把重离子加速到几个 GeV. 他所设想的加速系统如图 3.27 所示,由一台串列加速器与两端的磁镜组成. 但串列加速器的用法与一般不同,在高压电极内设气体剥离器,而在两端地电位处设膜剥离器. 离子通过膜剥离器,电荷态达到 q_F,然后被高压电场加速到高压电极. 经气体剥离,离子的电荷态降到 q_G,在随后通过的高压电场中被减速. 若高压为 V,则离子通过一次串列加速器的净增能(eV)为

$$\Delta W = (q_F - q_G)V. \tag{3.5.9}$$

将磁镜与输运系统设计成消色差系统,离子可被反复加速,即可达到很高的能量. 由于横向发散引起的束流损失太大,此设想后来未能实现.

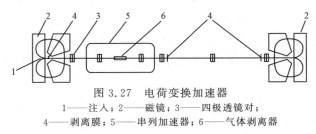

图 3.27　电荷变换加速器
1——注入; 2——磁镜; 3——四极透镜对;
4——剥离膜; 5——串列加速器; 6——气体剥离器

三、束流的输运、聚焦与脉冲化

束流输运系统的作用,是为束流提供一真空通道,使其沿特定路线达到指定位置,并形成适当大小的束斑. 为此要对束流进行必要的聚焦与匹配,以避免束流损失,保持足够高的传输效率. 输运系统还要对束流进行必要的分离与分析,以便为应用提供种类与能量符合需要的粒子.

　　束流输运系统一般由透镜、导向器、分析器、束测装置与漂移管道组成,有时还包括限束光阑、偏转、准直、扫描与脉冲化装置.加速管也可被视为一个束流输运部件.

1. 高压加速器的束流输运

　　高压加速器的种类很多,应用场合也各不相同,因此各束流输运系统相互间的差别也是很大的.图 3.28 给出一个静电加速器的束流输运系统布置及相应的束流包络示意图.一般说来,整个输运系统大致可分为从离子源到加速管入口的低能注入系统、加速管以及从加速管出口到靶的高能输运系统三部分.当然,这里的低能与高能只是相对于加速前后而言.低能注入系统主要解决加速管的入口匹配问题,相应的束流输运部件又称为初聚系统.高能输运系统一般包括磁分析器与四极透镜等束流部件,其设计在很大程度上取决于应用的需要.

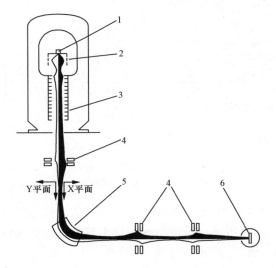

图 3.28　北京大学 4.5 MV 静电加速器的束流系统
1——离子源；2——单透镜；3——加速管；
4——四极透镜；5——磁分析器；6——靶

　　在高压加速器中,粒子的速度较低,可不考虑相对论效应.对于直流束,在横向与纵向运动之间,以及在横向的 x, y 平面之间,不存在耦合效应.一般情况下,也可不考虑残余气体散射等非保守力所引起的相面积扩张.根据刘维尔定理,此时在 (x, p_x) 相平面与 (y, p_y) 相平面中,束流的相面积是守恒的.该相面积对应于归一化发射度.对于非相对论粒子束,单位一般用 mm・mrad・MeV$^{1/2}$. 在加速过程中,(x, x') 平面与 (y, y') 平面中的相面积将发生收缩,但束流的归一化发射度不变.刘维尔定理不能用于串列加速器中的剥离过程,由多次散射所引起的相面积扩张往往是不能忽略的.

2. 注入匹配与总体聚焦

从束流光学的角度看,每个束流输运部件都有双重作用:其一是在相空间中对束流的发射相图进行某种形状变换(假定符合刘维尔定理,相面积不变),其二是在相空间中,对所通过的粒子施加某种由接收度所规定的区域限制.一个束流输运部件的接收度,是指相空间中这样一个区域,该区域中每一点所代表的粒子,均能通过这个束流输运部件.例如,一个气体剥离管道在其中间平面处的接收度是一菱形[图 3.29(b)].显然,管道越长接收度越小.如果束流在该处的发射相图的某些部分落在了接收相图之外,那么这些部分所对应的粒子将在输运中损失掉.所谓匹配,就是选择适当的前导输运部件或部件组合,使变换后的发射相图能够落在随后装置的接收相图之内.例如,使束流成腰在气体剥离管道的中间平面处,见图 3.29(c).

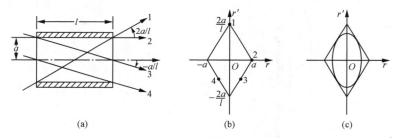

(a)　　　　　　　　　(b)　　　　　　　　　(c)

图 3.29　圆管的接收度与匹配

(a) 圆管与粒子轨迹;(b) 接收度图形;(c) 束的匹配

高压加速器的总体聚焦,是指选择合适的初聚系统,使得当加速器的端电压在工作范围内变动时,总可以通过调节初聚系统实现加速管的入口匹配,保持加速管的像腰稳定在设计位置上.在小型加速器中,加速管一般较短,加速管的像腰一般设计在出口外,例如靶上或分析磁铁的物缝上.对于比较长的小孔径加速管,为充分利用其接收度,经常把加速管的像腰设计在管内.这样在加速管出口处束是发散的,可以在出口外设置透镜把束重新会聚起来.在串列加速器中,则希望在剥离器处成腰.对膜剥离,这可以减小相面积扩张,有利于高能段的传输.对于气体剥离,在孔道中部成腰可以充分利用其接收度,减小束流损失.

由(3.4.2)式可知,加速管的束流光学特性主要取决于它的归一化电位比 $n^2 = V_2/V_1$.因此比较普遍使用的注入方法是保持 n^2 恒定,当要改变粒子能量而调节端电压时,使注入能量也相应改变.这时只要物腰参数不变,像腰参数也不变.

加速管入口透镜的强聚焦特性往往给匹配造成困难,特别是在加速管较长的情况下. 有几种方法可以加大入口透镜的焦距. 例如用预加速提高注入能量、在加速管入口处加栅网, 以及采用变梯度加速管等.

在大型串列静电加速器中, 随着能量的提高, 加速管也越来越长. 在这种情况下, 只从注入端进行匹配已不能满足要求, 还要在高压电极与加速管的死区内设置四极透镜, 以保持束流在长距离的加速中不致因散焦而损失掉.

3. 束流脉冲化技术

在某些应用中要使用脉冲束. 例如中子飞行时间实验, 一般要求脉宽 $1\sim2\,\mathrm{ns}$, 重复频率 $1\sim5\,\mathrm{MHz}$, 平均电流 $10\,\mu\mathrm{A}$ 左右. 在使用直线加速器作为静电加速器的后加速增能器时, 要求静电加速器提供脉冲宽度为 $50\sim100\,\mathrm{ps}$ 的超短脉冲. 束流脉冲化装置可分为两类: 斩束器与聚束器. 最简单的斩束器由一对静电偏转板与一个狭缝组合而成. 偏转板电极之间加有高频扫描电压 $V=V_{\mathrm{a}}\sin\omega t$. 在高频电场作用下, 离子束周期性地扫过狭缝而被切割, 只有一小部分相位在设计区间内的离子可以通过狭缝, 形成脉冲束团. 斩束器不能提高脉冲的峰值流强, 一般与聚束器配合使用, 用来清除聚束脉冲以外的本底.

聚束器可以使束流脉冲的峰值流强比入射直流束高出许多倍. 聚束的基本原理是对直流束加一能量调制, 使相位落后的粒子获得较高的能量, 而相位提前的粒子损失部分能量. 这样经过一段漂移距离以后, 原来散布在很宽相位范围内的粒子就可以聚集在一个窄的相位区间里. 我们从纵向的相位-能量相空间来考察聚束过程. 取能量改变为零的离子为参考粒子, 设其能量为 W_{c}, 相位 $\varphi_{\mathrm{c}}=0$. 我们以离子的相对能量差 $\varepsilon=(W-W_{\mathrm{c}})/W_{\mathrm{c}}$ 作为相空间的能量坐标. 设参考粒子的相对论速度为 β_{c}, 聚束调制射频电场的波长为 λ, 漂移距离为 L, 那么在 $L\gg\beta_{\mathrm{c}}\lambda$, $\varepsilon\ll1$ 的条件下, 理想的聚束调制波形是锯齿波. 此时所有入射能量与 W_{c} 相同的离子均受到能量调制

$$\Delta\varepsilon = \varepsilon_{\mathrm{m}}\left(\frac{\varphi_{\mathrm{b}}}{\pi}\right),\tag{3.5.10}$$

式中 φ_{b} 为离子入射相位, $-\pi\leqslant\varphi_{\mathrm{b}}\leqslant\pi$, ε_{m} 为能量调制幅值. 经过漂移距离 L 后, 离子的相对相位改变为

$$\Delta\varphi = -\frac{\omega L}{v_{\mathrm{c}}}\left(\frac{\Delta v}{v_{\mathrm{c}}}\right) = -\frac{\omega L}{2v_{\mathrm{c}}}\cdot\Delta\varepsilon.\tag{3.5.11}$$

将 (3.5.10) 式代入, 有

$$\Delta\varphi = -\frac{L}{F_z}\cdot\varphi_{\mathrm{b}},\tag{3.5.12}$$

其中 $F_z=\beta_{\mathrm{c}}\lambda/\varepsilon_{\mathrm{m}}$. 当 $L=F_z$ 时, $\Delta\varphi=-\varphi_{\mathrm{b}}$, 入射相位差可被抵消, 所有粒子都聚集在零相位上, 故 F_z 被称为时间焦距.

实际入射束总是存在初始能散 ε_0 的, 这时的聚束过程可用纵向相空间中相图

的变化来说明,如图 3.30 所示. ε_0 引起的相位移动

$$\Delta\varphi_0 = -\frac{L}{F_z}\frac{\pi\varepsilon_0}{\varepsilon_m}. \tag{3.5.13}$$

因此,在 $L=F_z$ 时束流脉冲的宽度应为

$$\tau = \left(\frac{\varepsilon_0}{\varepsilon_m}\right)T, \tag{3.5.14}$$

式中 T 为锯齿波的周期.

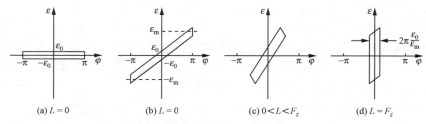

$$\text{(a) } L=0 \qquad \text{(b) } L=0 \qquad \text{(c) } 0<L<F_z \qquad \text{(d) } L=F_z$$

图 3.30 锯齿波聚束过程的相空间表示

注:图中 φ 轴应反向,$-\pi$ 与 π 互换

理想的锯齿波由于所需功率过高实际难以实现. 低能束流的聚束一般使用正弦波聚束器. 粒子在聚束器中间平面处受到能量调制

$$\Delta\varepsilon = \varepsilon_m\sin\varphi_b, \tag{3.5.15}$$

这里 φ_b 为离子通过聚束调制平面时的相位. 正弦波聚束的时间焦距

$$F_z = \frac{\beta_c\lambda}{\pi\varepsilon_m}, \tag{3.5.16}$$

在 $L=F_z$ 时束流脉冲的半高全宽度

$$\tau = \left(\frac{\varepsilon_0}{\varepsilon_m}\right)\frac{T}{\pi}. \tag{3.5.17}$$

正弦波聚束的主要缺点是束流利用率低,一般在 30% 左右. 采用双漂移聚束方法可以将束流利用率提高到 60%～70%.

用加速器入口前的低能聚束器一般可获得 1～2 ns 的束流脉冲. 若想产生 100 ps 左右的超短束流脉冲,则还要借助于安装在加速器出口后面高能束线上的后聚束器. 后聚束器需要较高的调制电压,一般采用高 Q 谐振腔,其工作原理可参见本书第九章.

第六节 典型高压加速器及其应用

一、倍压加速器

一般所说的倍压加速器,是指用串激式倍压线路作为高压电源的加速器,有时

也简称为倍加器.倍压加速器的主要优点是输出电流大、结构简单.目前倍压加速器用于核物理研究的已很少,依其应用主要可分为以下几类:

1. 注入器

许多实验室都用倍压加速器作质子直线加速器或重离子直线加速器的注入器.我国高能所的 35 MeV 质子直线加速器用一台 650 kV 的倍压加速器作注入器,脉冲质子束流强可以达到 200 mA.美国橡树岭实验室的等离子体研究装置 DCX-2 用一台 700 kV 倍压加速器作为氢离子注入器,其直流负载能力达 1 A.

2. 中子发生器

用端电压在 100～600 kV 的倍压加速器,通过氚氘反应 $T(d,n) He^4$ 所产生的 14 MeV 单能中子,是理想的活化分析中子源.中子产额达到 10^{12} n/s 量级的中子发生器被称为强流中子发生器,可以用来进行多种痕量元素的活化分析,在快中子治癌、聚变中子学、中子辐照等方面也有广泛应用.兰州大学原子核研究所建造的 300 kV 强流中子发生器,高压电源为 2.5 kHz、30 kW 可控硅中频逆变器供电的对称型倍压线路,加速管为大气型双间隙高梯度加速管.该器氘束流强 30 mA,中子产额 $3.3×10^{12}$ n/s.

3. 离子注入机

离子注入工艺除了已广泛用于半导体工业之外,还应用于金属、绝缘材料、超导材料等材料改性的生产与研究之中.离子注入机多用倍压加速器,配以质量分析器、扫描装置以及靶室.典型的离子注入机,离子能量可在 10～200 keV 范围内调节,B^+ 流强 0.6 mA,As^+ 流强 1.5 mA,注入 4 in(1 in＝2.54 cm)硅片的非均匀性可控制在 0.75% 以下.20 世纪 80 年代的强流注入机,160 kV 下 As^+ 流强可达 10 mA.金属离子注入机一般用氮离子,不进行质量分析,输出可达 100 kV、100 mA.端电压在 400～600 kV 的倍压加速器也可以用于高能离子注入.如上海冶金研究所的 600 kV 重离子注入机,可注入 30 多种元素的离子,最高离子质量数可至 210,Ar^+ 靶流可达 140 μA.可用于 CMOS 电路制作隔离、GaAs 器件制作埋层以及绝缘材料 $LrNrO_3$ 制作光波导等.

4. 电子倍压加速器

倍压加速器也可以用来加速电子.上海先锋电机厂生产的 500 kV 电子辐照加速器采用全充气结构,高压发生器与加速系统都装在一个体积不大的钢筒中,用 16 大气压的 $N_2＋CO_2$ 气体绝缘.其高压电源为四段对称型倍压线路,用 2.65 kHz 中频发电机组供电,电子束流强可达 48 mA,整体效率 62%.超高压电子显微镜也多采用倍压电源.如一种 4 MV 电子显微镜,其电源为 20 级倍压线路,工作频率为

$10\,kHz$,绝缘气体为 $90\%\,N_2 + 8\%\,CO_2 + 2\%\,SF_6$,输出电流 $5\,mA$,高压稳定度可达 10^{-6}.

二、静电加速器

1. 电子静电加速器

电子静电加速器中高压电极是负极性的,不受临界气压现象的限制,可以使用较高的气压,因此在同样高的端电压下,其高压电极与钢桶的尺寸均比离子静电加速器要小. 因为电子静电加速器的应用对能量稳定度要求不高,所以结构一般比较简单. 20 世纪 50 年代到 60 年代期间,电子静电加速器曾有较大发展,广泛用于辐照加工、探伤、肿瘤治疗,以及 X 射线产生等方面. 但是自 60 年代末以来,其在辐照加工方面的应用已逐步被高功率电子加速器所取代,而在探伤与医疗方面的应用也逐步被电子直线加速器所取代. 近年来,国际上有人将电子静电加速器用于自由电子激光与反质子束的冷却.

2. 单级离子静电加速器

这种加速器在 20 世纪 50 年代发展很快. 到 60 年代以后,串列静电加速器逐步成为静电加速器发展的主流. 但单级静电加速器中没有剥离过程,一般说来束流的强度比串列高,束流品质也比串列好,所以在有些场合下仍被使用,如材料科学的研究与质子微探针分析等. 北京大学的 $4.5\,MV$ 静电加速器(图 3.31)是我国自行设计制作的最大的单级静电加速器. 该加速器高压电极直径 $1.36\,m$,高 $2.3\,m$,钢桶直径 $2.4\,m$,高 $8.3\,m$. 绝缘气体采用 $75\%\,N_2 + 25\%\,CO_2$,无加速管时高压可升至 $6.0\,MV$. 该加速器主要用于中子物理与重离子物理的实验研究.

3. 串列静电加速器

20 世纪 50 年代末到 60 年代,美国 HVEC 先后推出了 EN、FN 与 MP 型串列静电加速器. 其产品的特点是:采用卧式结构、输电带输电、斜场加速管、电阻分压、油扩散泵真空系统、绝缘气体用 $N_2 + CO_3$. 这几种加速器的电场设计比较保守,后来许多实验室对它们进行了改造,在绝缘气体中添加 SF_6 或换成纯 SF_6,更新加速管与输电系统,使端电压得以提高. 例如 MP 型的端电压可从 $10\,MV$ 提高至 13 MV. 80 年代,法国斯特拉斯堡对其 MP 进一步改建,增加了加速管的有效长度并增设了分裂式中间电极,最高运行端电压达到 $18\,MV$.

70 到 80 年代,美国 NEC 先后建造了一系列大型串列静电加速器. 其产品的特点是:采用直立型或折叠型结构、输电链输电、陶瓷-钛电极压力焊加速管、电晕针分压、无有机蒸气可烘烤的超高真空系统、绝缘气体用纯 SF_6. 在美国橡树岭实

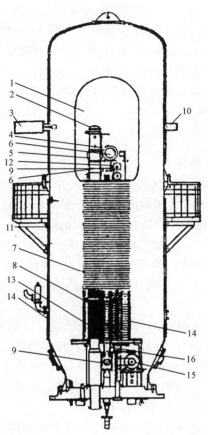

图 3.31　北京大学 4.5 MV 静电加速器

1——高压电极；2——离子源；3——电晕针；4——单透镜；
5——交叉场分析器；6——头部发电机；7——分压环；8——加速管；
9——上转轴；10——旋转伏特计；11——脉冲化装置；12——下转轴；
13——绝缘支柱；14——钢桶；15——主电动机；16——输电带

验室安装的 25 URC 折叠串列加速器,钢桶直径约 10 m,高约 30 m,重达 400 t. 钢桶内充 7.7 大气压的 SF_6 气体重 115 t. 六根输电链的总输电能力为 600 μA. 无加速管时其端电压可超过 30 MV. 1982 年投入运行后,端电压被加速管限制在 20 MV 左右. 后来对加速管加以改造,增加了有效加速长度,1988 年运行电压达到了 25.5 MV.

我国于 20 世纪 70 年代开始研制串列静电加速器,先后建造了兰州近代物理研究所 2 MV 串列加速器与上海原子核研究所 6 MV 串列加速器. 目前我国最大的串列静电加速器是中国原子能科学院的 HI-13,该加速器用输电梯输电,额定端电压 13 MV. 近年来小型串列静电加速器作为一种重要的分析手段也得到了迅速的发展.如北京大学安装的 5 S DH-2 加速器.该加速器为卧式结构,钢桶直径 0.76 m,长 3.1 m,绝缘气体用 56 kg SF_6,额定端电压 1.7 MV.该加速器配有 PIXE、NRA、RBS 以及沟道分析设备,也可进行低能核物理实验及离子注入的研究.

小型串列静电加速器也是 MeV 级离子注入的有力工具.如一种高能离子注入机,其主器为 1 MV 串列静电加速器,用双电荷态离子可加速至 3 MeV.额定流强:硼 10 pμA(粒子微安),磷 15 pμA,砷 5 pμA.注入 100 mm 直径的硅片,剂量的精度、可重复性与均匀性都在±5％以内.

4. 粒子能量的进一步提高

进一步提高粒子能量的努力大体上可归结为四种途径:

(1) 提高串列静电加速器的端电压.这方面最新的努力是 20 世纪 80 年代在法国斯特拉斯堡设计制造的 35 MV 串列静电加速器 Vivitron.一般说来,随着端电压的进一步提高,钢桶、气体以及气体处理设备的成本迅速增加,建造与调试的周期也越来越长,同时,加速器的储能也急剧变大.据估算,50 MV 串列的储能将为 25 MV 串列的 6～10 倍.在这种情况下,打火的后果具有很大的破坏性.因此端电压不可能无限制地提高.

(2) 采用多次剥离.在串列加速器高能加速管中间插入二次剥离膜,可以提高粒子的能量.二次剥离时,离子能量已较一次剥离时为高,因此平均电荷态也更高,这样在以后的加速中可以获得更高的能量.图 3.32 给出了一次与二次剥离时流强与能量的关系的一个例子.由图可知,二次剥离可使离子的能量提高 10 MeV.当然也可以再插入第三剥离器,但能量增益并不大.

(3) 采用多级串列的加速方法.有两种三级串列加速器,如图 3.33 所示.一种是中性粒子-负离子-正离子方案,由两台串列组成.其中第一台串列工作于负高压,而第二台为正高压.离子源引出的正离子经中和管道成为中性粒子,漂至负高压电极中的电子添加孔道,又转变为负离子,然后经二级加速后到正高压电极中剥离,再次转变为正离子,最后经第三级加速到地电位.这种方案的主要缺点是中性束无法聚焦,束流损失很大.第二种是直接的负离子-正离子方案,将负离子源安放在第一台串列(或作为注入器的单级)静电加速器的负高压电极内,直接引出负离子.三级串列加速需要两台静电加速器,能量的提高仍然是有限的.曾有人提出过四级串列加速的方案,但从未付诸实现.

(4) 使用后加速增能器.有两种加速器经常被用作增能器:回旋加速器与直线加速器.进入 20 世纪 80 年代后,随着超导技术的迅速发展,超导等时性回旋加速器、超导分离环腔直线加速器与超导 $\lambda/4$ 腔直线加速器成为静电加速器增能器的主要类型.如美国纽约州立大学石溪分校的串列静电/超导直线组合加速器,前级加速器为 FN,增能器用了 40 个超导分离环腔,总长 18 m.组合运行可将质量数 $A=16\sim$

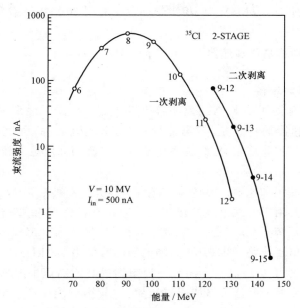

图 3.32　二次剥离与一次剥离的比较
（引自 P. Thieberger，Nucl. Instr. and Meth. 122,291(1974)）

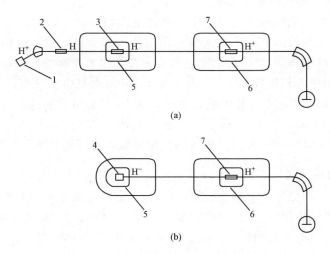

图 3.33　三级串列静电加速器工作原理图

1——正离子源；2——中和管道；3——电子添加管道；4——负离子源；

5——负高压电极；6——正高压电极；7——电子剥离器

100 的离子加速到 5～10 MeV/A,相当于一台端电压 20 MV 的串列静电加速器.

三、几种大功率高压加速器

1. 高频高压加速器

高频高压加速器用高频高压发生器产生高压,亦称为地那米加速器(dyna-mitron).这种加速器的特点是,输出能量高、输出电流大、高压纹波小、束流品质好,而且结构紧凑、工作稳定可靠.其主要缺点是电源的利用效率较低,总效率一般不超过 40％.

辐照用高频高压加速器产品的额定电压从 400 kV 到 4.5 MV,束流功率最高可达 150 kW,主要用于电线电缆的辐照以及生产热收缩膜和管.高频高压加速器也可以用来加速正离子,供核物理实验与分析用.如一台 3 MV 的高频高压加速器,由 64 级并激倍压线路产生高压,高频电源的频率为 120 kHz,$V_a=300$ kV.该加速器的电压稳定度可达 1×10^{-4}.还有一种串列式高频高压加速器,端电压在 1～2.2 MV,主要用于离子束分析与加速器质谱计.我国已能生产 2 MV,20 kW 的高频高压加速器.

2. 绝缘磁芯变压器型加速器

这种加速器以绝缘磁芯变压器作为高压电源,主要用来加速电子,供辐照用.目前这种加速器的最高电压已达 4 MV,但电压超过 2 MV 后工作稳定性变差.与倍压加速器和高频高压加速器相比,它的稳定性与纹波指标都较差,而且重量也比较大,但是它的电源利用效率高,可达 65％～75％,而且价格便宜.一般产品的额定电压从 300 kV 到 3 MV,最大束流功率 90 kW,主要用于辐照电线电缆、生产泡沫塑料及处理污水废气等.我国近年来已先后研制了 0.3 MV,30 mA,0.6 MV,30～50 mA,1.5 MV,10 mA 等几种规格的绝缘磁芯变压器型电子辐照加速器.

3. 电子帘加速器

电子帘加速器也是一种高压型加速器,但是它没有加速管和扫描装置,结构十分简单.它的电子枪阴极是长条形的,装在圆柱形的真空室中,与真空室下部的钛窗平行.工作时在电子枪阴极与真空室之间加 150～300 kV 的负高压,电子被高压电场所加速,形成电子帘,穿过钛窗打到被辐照物上.被辐照物以每分钟几十甚至上千米的速度通过辐照箱,生产效率很高.这种加速器的最大束流功率 150 kW,电子帘宽度可达 2 m,它的电源利用效率可高达 90％,而且结构简单,占地面积小,主要用于表面涂层固化辐照加工,如录音带、录像带、彩色印刷、压敏胶、软包装复合膜等的生产.我国已研制了 200 kV,20 mA 的电子帘加速器.

四、强脉冲加速器

这种加速器的高压电源是强脉冲高压发生器,一般由 Marx 发生器或 LC 发生器加上若干级传输线脉冲成形电路组成.其负载一般为真空放电二极管.在脉冲高电压的作用下,二极管阴极发射出很强的电子束.这种强电子束被脉冲高压所加速,可以用来产生短脉冲 X 射线,对物体进行透射照相.它具有闪光时间短、穿透力大、射线强、聚焦好等优点,是爆炸物理和流体动力学研究的有力工具.故这种加速器亦被称为闪光加速器.强脉冲加速器还可以用来进行核爆模拟,对于抗核加固的研究有重要意义.此外,强流束及其相关技术对高功率激光器、粒子束武器等尖端技术的发展也是十分重要的.如一种被称为 Anrora 的强脉冲加速器电子束能量达12 MeV,流强 1.6 MA,脉宽 100 ns,脉冲功率 1.8×10^{13} W.我国于 20 世纪 70 年代开始研制强脉冲加速器,80 年代初建成闪光-I 加速器,电子束能量 8 MeV,流强100 kA,脉宽 80 ns,已进入世界水平的行列.

参 考 文 献

[1] Herb R G. Handbuch der Physik, Band XLIV, Berlin: Springer-Verlag, 1959.

[2] 叶铭汉,等. 静电加速器 [M]. 北京:科学出版社,1965.

[3] 徐建铭. 加速器原理 [M]. 修订版. 北京:科学出版社,1981.

[4] Bromley D A. Nucl. Instr. and Meth. , 1974,122:1.

[5] Herb R G. Nucl. Instr. and Meth. , 1974,122:267.

[6] Humphries S. Jr. , Principles of charged particle accelerators [M]. New York:Wiley,1986.

[7] Staniforth J A, et al. Nucl. Instr. and Meth. , 1981,188:483.

[8] 陈鉴璞,等. 750kV 大气型高梯度加速管 [J]. 原子能科学技术,1986,20(6):649.

[9] Chatterton P A. Nucl. Instr. and Meth. , 1984,220:73.

[10] Isoya A, et al. Proc. Third Int. Conf. on Electrostatic Accelerator Technology, Oak Ridge (C) 1981, IEEE 81CH1639-4:98.

[11] Newson H W. Nucl. Instr. and Meth. , 1974,122:99.

[12] Delaunay B. Nucl. Instr. and Meth. , 1977,146:101.

[13] Hertig G. IEEE Trant. Nucl. Sci. , 1969,NS-16(3):75.

[14] Larson J D. Nucl. Instr. and Meth. , 1974,122:53.

第四章 带电粒子在恒定磁场中的运动与聚焦

恒定磁场对带电粒子的作用有二:第一,引导和控制粒子在加速过程中的运动方向,形成一定的轨道;第二,利用磁场梯度(常梯度或交变梯度)给运动的带电粒子提供横向(指垂直于粒子前进方向)聚焦力.

直流高压型加速器中,带电粒子的轨道是直线,而环型加速器中带电粒子的轨道将是封闭曲线.因此,要用磁场控制带电粒子的轨道,并实现对带电粒子的聚焦.

本章将分别讨论带电粒子在常梯度和交变梯度磁场中的横向运动方程、横向运动的稳定条件等问题.

第一节 粒子的封闭轨道和运动方程

一、粒子的封闭轨道

"封闭轨道"是一个重要的概念.在某些加速器的磁场中存在着一个中心平面,磁场对该平面是上下对称的,此平面称为磁对称平面.一般磁对称平面就是两个磁极面之间的几何中心平面($z=0$ 的平面).常梯度磁场在磁对称平面上只有磁场轴向分量 B_z,没有径向分量 B_r 及角向分量 B_θ.

粒子的"封闭轨道"是在磁场的作用下具有一定能量的粒子在磁对称平面上形成的封闭轨迹.

带电粒子在加速过程中将围绕着封闭轨道反复地通过加速场,从而多次地积累能量,这就是用低的加速电场使带电粒子获得高能量的多次加速的加速器.

图 4.1 表示带电粒子的几种不同形状的"封闭轨道".

从图 4.1(a)可见,在旋转对称的恒定磁场中粒子封闭轨道的形状是一组同心圆.粒子的能量不同,圆的半径 r_c 也不同.如回旋加速器,它的磁场是恒定的,在加速过程中带电粒子的能量将不断地增加,因此,粒子的封闭轨道从小半径的圆逐渐变到大半径的圆.

图 4.1(b)表示在旋转对称的均匀恒定磁场中,粒子运动的轨道半径随粒子能量的增加而不断加大,但是,由于加速场是在轨道的某一定点,从而形成一系列的相切圆,切点就在加速场所在处.这就是电子回旋加速器中粒子封闭轨道的形状.

图 4.1(c)所示的粒子封闭轨道的加速器磁铁由一组参数相同而相互分隔的扇

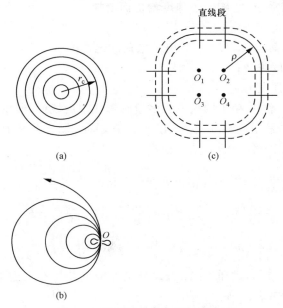

图 4.1　不同形状的粒子封闭轨道

形磁铁组成.我们将无磁铁处(相邻两扇形磁铁的间隔处)的磁感应强度认为零,则粒子的轨道呈直线.扇形磁铁的磁感应强度不是恒定的,而是随带电粒子能量的增加而相应地增强,使粒子的轨道半径保持不变.粒子在这种组合的磁铁中的轨道是由圆弧和直线段组成的环形封闭轨道.这就是同步加速器的情形.

　　应该指出,图 4.1 所示不同磁铁组合情况下的粒子封闭轨道是理想轨道.但是,粒子在注入时刻或在加速过程中由于某些因素的影响总要偏离封闭轨道,所以粒子运动的实际轨道并不是封闭轨道,而是围绕着封闭轨道振荡.这就要求粒子在偏离封闭轨道时受到一个把粒子拉回来的力.什么样的磁场分布才能提供这样的聚焦力呢?下面我们将从带电粒子在电磁场中的运动方程开始,研究粒子横向运动的稳定性问题.

二、带电粒子在恒定电磁场中的运动方程

　　带电粒子在电磁场中运动时,将受到电场力和磁场力的作用.根据牛顿第二定律和相对论,带电粒子在电磁场中的运动方程为

$$\frac{\mathrm{d}}{\mathrm{d}t} m\,\boldsymbol{v} = qe\boldsymbol{E} + qe(\boldsymbol{v} \times \boldsymbol{B}),\tag{4.1.1}$$

或写成

$$\frac{\mathrm{d}}{\mathrm{d}t}\left(m\,\frac{\mathrm{d}\boldsymbol{x}}{\mathrm{d}t}\right) = qe\boldsymbol{E} + qe\left(\frac{\mathrm{d}\boldsymbol{x}}{\mathrm{d}t} \times \boldsymbol{B}\right),$$

式中 m——粒子的质量,它随粒子速度增加而增加;

$\boldsymbol{v}$——粒子的速度矢量;

qe——粒子的荷电量,其中 e 是电子电荷的绝对值;

$\boldsymbol{E}$——电场强度矢量;

$\boldsymbol{B}$——磁感应强度矢量.

在回旋式加速器中,粒子的轨道大多呈圆形或螺旋线形,所以当讨论粒子在加速器中的运动时常采用圆柱坐标系.以 z 代表轴向,以 r 代表径向,θ 代表角向.(4.1.1)式可写成三个分量的运动方程式

$$\frac{\mathrm{d}}{\mathrm{d}t}\left(m\frac{\mathrm{d}r}{\mathrm{d}t}\right) = mr\left(\frac{\mathrm{d}\theta}{\mathrm{d}t}\right)^2 + qeB_z r\frac{\mathrm{d}\theta}{\mathrm{d}t} - qeB_\theta \frac{\mathrm{d}z}{\mathrm{d}t} + qeE_r, \tag{4.1.2}$$

$$\frac{1}{r}\frac{\mathrm{d}}{\mathrm{d}t}\left(mr^2\frac{\mathrm{d}\theta}{\mathrm{d}t}\right) = qeB_r \frac{\mathrm{d}z}{\mathrm{d}t} - qeB_z \frac{\mathrm{d}r}{\mathrm{d}t} + qeE_\theta, \tag{4.1.3}$$

$$\frac{\mathrm{d}}{\mathrm{d}t}\left(m\frac{\mathrm{d}z}{\mathrm{d}t}\right) = qeB_\theta \frac{\mathrm{d}r}{\mathrm{d}t} - qeB_r \frac{\mathrm{d}\theta}{\mathrm{d}t} + qeE_z. \tag{4.1.4}$$

(4.1.2)式、(4.1.3)式和(4.1.4)式分别为带电粒子在恒定电磁场中的径向、角向和轴向的运动方程.

第二节 带电粒子在均匀磁场中的运动方程

令(4.1.2)式、(4.1.3)式、(4.1.4)式中 B_z 为常数,$B_r=0$,$B_\theta=0$,电场为零,即 $E_r=0$,$E_\theta=0$,$E_z=0$,可得到带电粒子在均匀磁场中的运动方程:

径向运动方程

$$\frac{\mathrm{d}}{\mathrm{d}t}\left(m\frac{\mathrm{d}r}{\mathrm{d}t}\right) = mr\left(\frac{\mathrm{d}\theta}{\mathrm{d}t}\right)^2 + qeB_z r\frac{\mathrm{d}\theta}{\mathrm{d}t}; \tag{4.2.1}$$

角向运动方程

$$\frac{\mathrm{d}}{\mathrm{d}t}\left(mr^2\frac{\mathrm{d}\theta}{\mathrm{d}t}\right) = -qeB_z r\frac{\mathrm{d}r}{\mathrm{d}t}; \tag{4.2.2}$$

轴向运动方程

$$\frac{\mathrm{d}}{\mathrm{d}t}\left(m\frac{\mathrm{d}z}{\mathrm{d}t}\right) = 0. \tag{4.2.3}$$

一、拉莫尔定理

众所周知,带电粒子在磁场中运动时将受到一个作用力.力的大小等于 $qevB\sin\theta$(v 为粒子的运动速率;B 为磁感应强度;θ 为 v 与 B 之间的夹角),力的方向垂直于磁场和粒子运动的方向.这个作用力就是洛伦兹力.在洛伦兹力的作用下粒子做曲线运动.如果曲率半径保持不变,从(4.2.1)式 $\mathrm{d}r/\mathrm{d}t=0$ 可求出粒子做圆

周运动的角频率 $\omega_c = \dfrac{qeB_z}{m}$，这与拉莫尔定理（Larmor Theorem）是一致的.

拉莫尔定理告诉我们：当自由的（忽略库仑力）带电粒子在与磁场垂直的平面上运动时，其圆周运动的角频率可直接由向心力 $m\omega^2 r$ 和洛伦兹力 $qevB_z$ 相等这一关系求得，即

$$\omega_c = \frac{qeB_z}{m}, \tag{4.2.4}$$

ω_c 是粒子的回旋角频率，为拉莫尔频率的两倍.

从上式可看出，随着粒子速度的增加其曲率半径也相应地增加，因此，粒子的回旋频率只与磁感应强度和粒子的荷质比有关而与粒子的速度无关.（粒子的能量较小时）这一结论对于回旋加速器的产生有重要的意义.

二、粒子特性参数与磁场参数间的关系

1. 粒子封闭轨道的半径（r_c）

（1）轨道半径与粒子运动速度的关系. 带电粒子在磁场中运动时，要保持其轨道半径 r_c 不变，即 $dr/dt = 0$，由公式（4.2.1）可得到

$$- qeB_z v_\theta = m \frac{v_\theta^2}{r},$$

所以

$$r_c = - \frac{mv_\theta}{qeB_z}. \tag{4.2.5}$$

上式中负号表示粒子回旋运动的方向. 带正电荷的粒子（$q>0$）在磁力线向上的磁场（$B_z>0$）中运动时，粒子回旋运动的方向为顺时针方向（$v_\theta<0$）；在磁力线向下的磁场（$B_z<0$）中运动时，粒子回旋运动的方向为逆时针方向（$v_\theta>0$）. 而带负电荷的粒子其结果相反. 概括地说，$q>0$ 的带电粒子，v_θ 与 B_z 的符号相反，$q<0$ 的带电粒子，v_θ 与 B_z 的符号相同.

如果只计算轨道半径的大小，负号可以不考虑. 理想的均匀磁场只有轴向分量 $B_z = B$，带电粒子的运动方向可以近似地认为是沿着圆的切线方向，即 $v_\theta = v$. 这样（4.2.5）式可写成

$$r_c = \frac{mv}{qeB}. \tag{4.2.6}$$

上式是在恒定的均匀磁场中带电粒子的"封闭轨道"半径与粒子速度之间的关系式.

（2）轨道半径与粒子能量的关系. 粒子在加速器中运动的速度较高，须考虑相对论效应. 由第一章第五节，有

$$p = mv = \frac{1}{c}\sqrt{\varepsilon^2 - \varepsilon_0^2}. \tag{4.2.7}$$

将(4.2.7)式代入(4.2.6)式,得到轨道半径与能量之间的关系式:

$$r_c = \frac{(\varepsilon^2 - \varepsilon_0^2)^{1/2}}{qeBc} = \frac{[W(W + 2\varepsilon_0)]^{1/2}}{qeBc}. \tag{4.2.8}$$

上式中,磁感应强度的单位是 T,轨道半径 r_c 的单位是 m,能量的单位是 J,电荷的单位为 C.

如果能量的单位用 MeV,取 $c = 3 \times 10^8$ m/s 值,则

$$r_c = \frac{[W(W + 2\varepsilon_0)]^{1/2}}{300qB}. \tag{4.2.9}$$

粒子能量很高时,$W \gg \varepsilon_0$,(4.2.9)式可近似地写成

$$r_c = \frac{W}{300qB}; \tag{4.2.10}$$

粒子能量很低时,$W \ll \varepsilon_0$,(4.2.9)式可近似地写成

$$r_c = \frac{(2\varepsilon_0 W)^{1/2}}{300qB}. \tag{4.2.11}$$

在均匀恒定的磁场中,具有一定能量的粒子将在垂直于磁场的平面上做圆周运动,其半径由(4.2.9)式决定.如果带电粒子在运动过程中能量发生变化,轨道半径就会相应地改变.要想使轨道半径保持不变,就要求随能量的变化,磁场也做相应的改变.

表 4.1 列出当磁感应强度为 1 T 时,几种常用粒子在不同能量的情况下的轨道半径.

表 4.1　几种粒子的轨道半径($B = 1$ T)

粒子种类 动能/MeV	轨道半径/m			
	电子	质子	氘核	α粒子
1	0.00474	0.144	0.204	0.144
10	0.035	0.458	0.646	0.455
10^2	0.335	1.48	2.06	1.45
10^3	3.33	5.65	7.25	4.85
10^4	33.3	36.3	39.1	22
10^5	333	336	340	173

2. 磁刚度(G)

将(4.2.8)式的磁感应强度 B 由等式右侧移到左侧,得

$$Br_c = \frac{[W(W + 2\varepsilon_0)]^{1/2}}{qec}. \tag{4.2.12}$$

能量一定、电荷数相同的粒子在磁场中运动时,磁感应强度 B 与粒子封闭轨道半径 r_c 的乘积为一定值,用 G 表示,称为粒子的磁刚度.

$$G = Br_c. \tag{4.2.13}$$

从(4.2.12)式可以看出,在恒定磁场中做圆周运动的粒子,其能量越高,轨道半径越大.要想保持轨道半径不变,粒子的能量越高,则需要的磁场越强.也就是说,粒子的能量越高,在磁场中越不容易被弯曲.

图 4.2 表示四种常用粒子的磁刚度与动能的关系曲线.

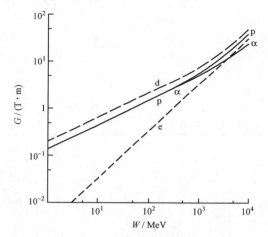

图 4.2 磁刚度与动能的关系曲线

从(4.2.12)式和(4.2.13)式可求出磁刚度与粒子能量的关系式

$$G = Br_c = \frac{\left[W(W + 2\varepsilon_0)\right]^{1/2}}{qec}. \tag{4.2.14}$$

粒子能量、磁感应强度和粒子轨道半径是加速器的三个主要参数.已知其中两个参数就可以用(4.2.12)式估算出余下的一个参数.例如,已知粒子的能量和可达到的磁感应强度,就可以估算出电荷数为 q 的粒子的轨道半径.如果知道一台加速器的磁感应强度、轨道半径和粒子的电荷数 q,就可以估算出这台加速器给出的粒子能量.

3. 粒子的回旋频率(f_c)

粒子的回旋频率 f_c 也是粒子在均匀磁场中做圆周运动时的一个重要参数.

$$f_c = \frac{v}{2\pi r} = \frac{c}{2\pi r}\beta = \frac{c}{2\pi r}\left[1 - \left(\frac{\varepsilon_0}{\varepsilon_0 + W}\right)^2\right]^{1/2}. \tag{4.2.15}$$

如果半径 r 用 m 做单位,回旋频率 f_c 以 MHz 表示,则上式可改写为:

$$f_c = \frac{300}{2\pi r}\beta = \frac{47.8}{r}\beta = \frac{47.8}{r}\left[1 - \left(\frac{\varepsilon_0}{\varepsilon_0 + W}\right)^2\right]^{1/2}. \tag{4.2.16}$$

　　表 4.2 中列出了电子和质子的动能 W 与相对速度 β 的关系. 图 4.3 是粒子的相对速度 β 随粒子动能 W 变化的曲线.

表 4.2　电子和质子的动能与相对速度的关系

电子			质子		
W/MeV	m/m_0	β	W/MeV	m/m_0	β
0.001	1.002	0.062	0.1	1.000	0.015
0.005	1.010	0.139	0.5	1.000	0.033
0.010	1.019	0.195	1.0	1.001	0.046
0.050	1.098	0.413	5.0	1.005	0.102
0.100	1.196	0.548	10.0	1.010	0.144
0.500	1.978	0.863	50.0	1.053	0.314
1.000	2.957	0.941	100.0	1.107	0.428
5.000	10.81	0.952	500.0	1.533	0.758
10.000	20.57	0.998	1 000.0	2.075	0.875
50.000	98.84	0.999	5 000.0	6.332	0.987

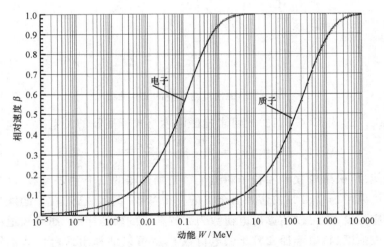

图 4.3　电子、质子相对速度随动能 W 变化曲线

　　(4.2.16)式是粒子的回旋频率与能量及轨道半径的关系式. 将(4.2.6)式代入(4.2.15)式可得到粒子的回旋频率与能量及磁感应强度的关系:

$$f_{c} = \frac{qeB}{2\pi m} = \frac{qec^{2}}{2\pi\varepsilon}B. \tag{4.2.17}$$

　　如果回旋频率 f_c、粒子总能量 ε、磁感应强度 B 的单位分别是 MHz, MeV, T, 则(4.2.17)式可写成

$$f_c = \frac{9 \times 10^{16}}{2\pi \times 10^6 \times 10^6} \frac{qB}{\varepsilon} = 1.43 \times 10^4 \frac{qB}{\varepsilon}. \tag{4.2.18}$$

粒子回旋的角频率

$$\omega_c = 2\pi f_c = \frac{qeB}{m} = \frac{qec^2}{\varepsilon}B. \tag{4.2.19}$$

如果能量以 eV 为单位,则上式可写成

$$\omega_c = \frac{qc^2}{\varepsilon}B. \tag{4.2.20}$$

粒子的回旋周期为

$$T_c = 1/f_c = 2\pi/\omega_c = \frac{2\pi\varepsilon}{qc^2B}. \tag{4.2.21}$$

第三节 带电粒子在常梯度磁场中的运动
——磁场的弱聚焦作用

在带电粒子加速器中,人们往往采用常梯度的磁场,因为参数合适的梯度磁场不但能控制粒子的轨道,还能使粒子聚焦. 图 4.4 表示典型的常梯度磁场磁力线的分布情况.

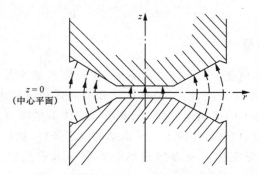

图 4.4 常梯度磁场磁力线的分布形状

理想的常梯度磁场分布有以下特点:第一,磁场对于 z 轴是旋转对称的. 其数学关系式可写成 $B_\theta = 0$, $B_z = B_z(r, z)$, $B_r = B_r(r, z)$. 第二,磁场对于中心平面 $z = 0$ 是上下对称的,此中心平面称为磁对称平面. 在此平面上只有 B_z, 所以 $B = B_z$, $B_r = B_\theta = 0$. 在此平面外磁场除 B_z 分量外还有 B_r 分量. 用数学关系式表示可以写成 $B_r(r, -z) = -B_r(r, z)$, $B_r(r, 0) = 0$, $B_z(r, z) = B_z(r, -z)$. 第三,磁场轴向分量 B_z 随半径 r 而变化. 磁场降落指数 n 是表示磁场 B_z 随半径 r 变化的重要参数. 其数学表达式为

$$B_z = \frac{C}{r^n}, \tag{4.3.1}$$

式中 C 为常数. 由(4.3.1)式可得

$$-n = \frac{\partial \ln B}{\partial \ln r}, \tag{4.3.2}$$

所以,磁场降落指数 n 又称为磁场的对数梯度.(4.3.2)式还可写成

$$n = -\frac{r}{B}\frac{\partial B}{\partial r}. \tag{4.3.3}$$

利用带电粒子在电磁场中的运动方程(4.1.2)式、(4.1.3)式和(4.1.4)式,考虑上述条件 $B_z \neq 0, B_r \neq 0, E_z = E_r = E_\theta = 0$,就可写出带电粒子在恒定常梯度磁场中的运动方程:

径向运动方程

$$\frac{\mathrm{d}}{\mathrm{d}t}\left(m\frac{\mathrm{d}r}{\mathrm{d}t}\right) = mr\left(\frac{\mathrm{d}\theta}{\mathrm{d}t}\right)^2 + qeB_z r\frac{\mathrm{d}\theta}{\mathrm{d}t}; \tag{4.3.4}$$

角向运动方程

$$\frac{1}{r}\frac{\mathrm{d}}{\mathrm{d}t}\left(mr^2\frac{\mathrm{d}\theta}{\mathrm{d}t}\right) = qeB_r\frac{\mathrm{d}z}{\mathrm{d}t} - qeB_z\frac{\mathrm{d}r}{\mathrm{d}t}; \tag{4.3.5}$$

轴向运动方程

$$\frac{\mathrm{d}}{\mathrm{d}t}\left(m\frac{\mathrm{d}z}{\mathrm{d}t}\right) = -qeB_r r\frac{\mathrm{d}\theta}{\mathrm{d}t}. \tag{4.3.6}$$

一、横向运动方程

横向是指该方向垂直于粒子前进的方向.在回旋式加速器中,径向(r)和轴向(z)都垂直于粒子前进的方向,所以径向运动和轴向运动统称为横向运动.研究带电粒子在常梯度磁场中的横向运动时,先求出一定能量的带电粒子在理想的恒定梯度磁场中的横向运动方程,并找出粒子运动的稳定条件,然后再讨论粒子的能量不同、磁场随时间缓慢变化以及理想磁场的畸变等因素给粒子横向运动带来的影响.

1. 轴向运动方程

$$\frac{\mathrm{d}}{\mathrm{d}t}\left(m\frac{\mathrm{d}z}{\mathrm{d}t}\right) = -qeB_r r\frac{\mathrm{d}\theta}{\mathrm{d}t}.$$

设在中心面($z=0$)上粒子的封闭轨道半径为 r_c. 如果带电粒子所处的轴向和径向坐标分别是 z 和 r,则带电粒子对封闭轨道的轴向偏离值就等于 z,径向偏离值用 $x=r-r_c$ 表示.

为了进一步分析轴向运动方程,下面先求出磁场的径向分量 B_r 与轴向偏离值 z 之间的关系.假设粒子轴向偏离中心平面很小,将 B_r 作泰勒级数展开:

$$B_r = B_r(r_c, 0) + \left(\frac{\partial B_r}{\partial z}\right) \cdot z + \left(\frac{\partial^2 B_r}{\partial z^2}\right)\frac{z^2}{2} + \cdots. \tag{4.3.7}$$

上式中 $B_r(r_c, 0) = 0$，忽略二次以上高次项，则

$$B_r \approx \left(\frac{\partial B_r}{\partial z}\right)_c \cdot z, \tag{4.3.8}$$

下标 c 表示在封闭轨道上的数值.

根据麦克斯韦方程，忽略束流本身电荷，$\mathrm{rot}\boldsymbol{B} = 0$，由此可得

$$\frac{\partial B_r}{\partial z} \approx \frac{\partial B_z}{\partial r}. \tag{4.3.9}$$

将（4.3.9）式代入（4.3.8）式，求得 $B_r \approx \left(\dfrac{\partial B_z}{\partial r}\right)_c \cdot z$，再代入（4.3.6）式，即得

$$\frac{\mathrm{d}}{\mathrm{d}t}\left(m\frac{\mathrm{d}z}{\mathrm{d}t}\right) = -qe\left(\frac{\partial B_z}{\partial r}\right)_c z r_c \frac{\mathrm{d}\theta}{\mathrm{d}t}. \tag{4.3.10}$$

因为粒子轴向和径向偏离封闭轨道的值 z 和 x 都很小，所以粒子速度 v 和 v_θ 之差可以忽略不计. 粒子回旋角频率 $\omega_c = -\dfrac{qeB_z}{m}$，代入上式后

$$\frac{\mathrm{d}}{\mathrm{d}t}\left(m\frac{\mathrm{d}z}{\mathrm{d}t}\right) = m\omega^2 \frac{r_c}{B_c}\left(\frac{\partial B_z}{\partial r}\right)_c z. \tag{4.3.11}$$

将（4.3.3）式磁场降落指数 n 的表达式代入上式，即可得到

$$\frac{\mathrm{d}}{\mathrm{d}t}\left(m\frac{\mathrm{d}z}{\mathrm{d}t}\right) = -m\omega^2 n z. \tag{4.3.12}$$

上式即振荡形式的轴向运动方程，或称轴向振荡方程.

2. 径向运动方程

$$\frac{\mathrm{d}}{\mathrm{d}t}\left(m\frac{\mathrm{d}r}{\mathrm{d}t}\right) = mr\left(\frac{\mathrm{d}\theta}{\mathrm{d}t}\right)^2 + qeB_z r \frac{\mathrm{d}\theta}{\mathrm{d}t}.$$

假设粒子偏离封闭轨道很小，可近似地认为 $v \approx v_\theta = r\dfrac{\mathrm{d}\theta}{\mathrm{d}t}$，则上式可写成

$$\frac{\mathrm{d}}{\mathrm{d}t}\left(m\frac{\mathrm{d}r}{\mathrm{d}t}\right) = \frac{mv^2}{r} + qeB_z v, \tag{4.3.13}$$

式中 r 是粒子的轨道半径. 粒子径向偏离"封闭轨道"半径 r_c 的值为 $x = r - r_c$，所以

$$r = r_c + x, \tag{4.3.14}$$

式中 $x \ll r_c$. 可将（4.3.13）式右边的第一项做如下的演变：

$$m\frac{v^2}{r} = m\frac{v^2}{r_c + x} = m\frac{v^2}{r_c(1 + x/r_c)} \approx m\frac{v^2}{r_c}(1 - x/r_c). \tag{4.3.15}$$

在封闭轨道附近,粒子在 r 处的轴向磁场可写成

$$B_z(r) = B_c + \left(\frac{\partial B_z}{\partial r}\right)_c x + \cdots, \tag{4.3.16}$$

式中 B_c 是封闭轨道 r_c 处的磁场轴向分量. $\left(\frac{\partial B_z}{\partial r}\right)_c x$ 是粒子轨道偏离 r_c 值为 x 处的磁场轴向分量的变化量.(4.3.16)式可写成

$$B_z(r) = B_c\left[1 + \frac{1}{B_c}\left(\frac{\partial B_z}{\partial r}\right)_c x\right] = B_c\left[1 + \frac{r_c}{B_c}\left(\frac{\partial B_z}{\partial r}\right)_c \frac{x}{r_c}\right]$$

$$= B_c\left[1 - n\frac{x}{r_c}\right]. \tag{4.3.17}$$

将(4.3.15)式和(4.3.17)式代入粒子径向运动方程(4.3.13)式,得

$$\frac{\mathrm{d}}{\mathrm{d}t}\left(m\frac{\mathrm{d}x}{\mathrm{d}t}\right) = \frac{mv^2}{r_c}\left(1 - \frac{x}{r_c}\right) + qeB_c\left(1 - n\frac{x}{r_c}\right)v. \tag{4.3.18}$$

将(4.2.5)式 $B_c = -\dfrac{mv}{qer_c}$ 代入上式,则

$$\frac{\mathrm{d}}{\mathrm{d}t}\left(m\frac{\mathrm{d}x}{\mathrm{d}t}\right) = -m\omega^2(1-n)x. \tag{4.3.19}$$

这就是振荡形式的径向运动方程,或称径向振荡方程.

二、横向运动的稳定条件

前面已经讲过,粒子在注入和加速过程中总是要偏离封闭轨道的.当粒子偏离封闭轨道时,如果能产生一个把粒子拉回来的磁场力,则粒子的运动是稳定的.反之,则不稳定.

1. 从横向振荡方程来分析粒子横向运动的稳定条件

在(4.3.12)式中,m,ω^2 永远是正值,因此轴向运动的稳定条件是 $n>0$. 只有满足 $n>0$ 的条件时,轴向力 F_z 的方向才与粒子偏离封闭轨道的方向 z 相反,所以运动是稳定的.同理,由(4.3.19)式可知,径向运动的稳定条件应为 $(1-n)>0$. 即 $n<1$,所以,横向运动的稳定条件是 $0<n<1$.

2. 通过磁场的分布和粒子的受力情况来分析粒子横向运动的稳定性问题

(1) 轴向运动的稳定条件.由磁场降落指数 n 的数学表达式(4.3.1)可知,轴向稳定条件 $n>0$ 是指磁场的轴向分量 B_z 随半径 r 的加大而减小.这种梯度磁场的磁极面形状和磁力线分布情况见图 4.5.

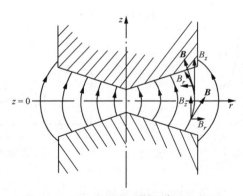

图 4.5　$n>0$ 的梯度磁场的磁力线分布

在图 4.4 所示的梯度磁场中,带正电荷的粒子受洛伦兹力 $v_\theta \times B_z$ 的作用,将沿顺时针方向运动,而电子则沿逆时针方向运动.如果粒子的轨道在轴向没有偏离,即 $B_r=0$、轴向力 $v_\theta \times B_r=0$,粒子将在磁中心面($z=0$)上沿封闭轨道运动.一旦粒子偏离中心平面,就出现磁场的径向分量 B_r,它给粒子一个轴向力 $F_z=qev_\theta \times B_r$.在粒子向上偏离中心平面时,$B_r<0$,轴向力 F_z 向下,使粒子返回中心平面,所以 F_z 为聚焦力.而当粒子向下偏离中心平面时,$B_r>0$,轴向力向上,F_z 也是聚焦力.粒子偏离中心平面越远,磁场的径向分量 B_r 就越大,所以粒子受到的聚焦力也就越大.

这种满足 $n>0$ 条件的梯度磁场,它的磁力线向外弯曲(见图 4.5),人们形象地称之为桶形场或鼓形场.在这种梯度磁场中,正负带电粒子的轴向运动都是稳定的.相反,如果磁场轴向分量 B_z 随半径加大而增加,即 $n<0$,则磁场的磁力线形状向内弯曲,B_r 和 F_z 的方向都与上述的桶形场相反,轴向力 F_z 是散焦力.带电粒子在这种磁场中的运动将是不稳定的.

(2) 径向运动的稳定条件.由径向运动方程(4.3.13)式可知,只有当磁场提供的洛伦兹力($F_L=qevB_z$)等于粒子做圆周运动所需要的向心力 $\left(F_c=m\dfrac{v^2}{r}\right)$ 时,粒子才能在磁场中沿半径为 r_c 的封闭轨道做圆周运动.如果洛伦兹力小于所需的向心力,曲率半径 r 将加大,即轨道扩张.反之,r 将减小,粒子轨道收缩.

假定 m,v 均为常数,则向心力与轨道半径的关系曲线为双曲线,$F_c \propto \dfrac{1}{r}$.由于梯度磁场 $B_z=\dfrac{C}{r^n}$,所以洛伦兹力 $F_L \propto \dfrac{1}{r^n}$.图 4.6 给出了在 $n>1$ 和 $n<1$ 的两种情况下,向心力和洛伦兹力与轨道半径的关系曲线.当粒子在轨道半径 r_c 上运动时,$F_L=F_c$.如果径向偏离了 r_c,在磁场降落指数 n 不同的梯度磁场中,粒子运动的图像也不同.

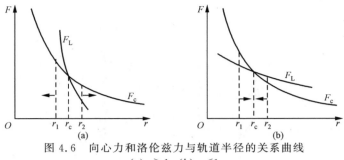

图 4.6　向心力和洛伦兹力与轨道半径的关系曲线

(a) $n>1$；(b) $n<1$

下面分别叙述 $n<1$ 和 $n>1$ 的两种不同情况：

① $n<1$. 当粒子轨道 $r_1<r_c$ 时，在轨道半径 r_1 处洛伦兹力小于粒子做圆周运动所要求的向心力，r_1 将增大而向 r_c 靠拢（图 4.6），而当粒子轨道 $r_2>r_c$ 时，在轨道半径 r_2 处洛伦兹力大于粒子做圆周运动所要求的向心力，r_2 将减小而向 r_c 靠拢. 因此，在 $n<1$ 的情况下，径向运动是稳定的.

② $n>1$. 当粒子轨道 $r_1<r_c$ 时，在轨道半径 r_1 处，$F_L>F_c$，轨道收缩，粒子会继续远离封闭轨道半径 r_c. 而当粒子轨道 $r_2>r_c$ 时，在轨道半径 r_2 处，$F_L<F_c$，轨道扩张，粒子也将继续远离封闭轨道半径 r_c. 所以在，$n>1$ 的情况下，径向运动是不稳定的.

上面讨论的结果说明，粒子横向运动的稳定条件是 $0<n<1$，与前面从运动方程中分析出来的结果完全一致.

综上所述，要想使梯度磁场既能控制粒子的运动轨道又能对粒子聚焦，关键问题是选择合适的磁场降落指数 n，也就是在设计磁铁时要精确地计算磁极面的形状.

图 4.7 表示了五种不同 n 值的梯度磁场及粒子径向和轴向的受力情况.

图 4.7(a) 是均匀磁场，$n=0$. 带电粒子在均匀磁场中运动时，会受到较强的径向聚焦力. 当粒子径向偏离封闭轨道处于 r_1 时，$r_1<r_c$，洛伦兹力 F_L 小于要求的向心力 F_c，轨道扩张，粒子向 r_c 靠拢. 而当粒子处于 r_2 时，洛伦兹力 F_L 大于要求的向心力 F_c，轨道收缩，粒子也向 r_c 靠拢. 但是，在均匀磁场中磁场径向分量 B_r 为零，所以粒子轴向受力为零（$F_z=0$），既没有轴向聚焦力，也没有轴向散焦力. 粒子在轴向一旦偏离封闭轨道，将偏离中心平面打在真空盒的上、下壁上而丢失.

图 4.7(b) 是磁场的轴向分量 B_z 随半径加大而增加的梯度磁场，$n<0$. 带电粒子在这种磁场中运动时，会受到较强的径向聚焦力，但轴向将受到散焦力.

图 4.7(c) 是磁场轴向分量随半径加大而减小的梯度磁场，$n>1$. 带电粒子在这种磁场中运动时，径向受到散焦力，而轴向受到较强的聚焦力.

图 4.7(d) 磁场的分布与图 4.7(c) 的相似，但磁场梯度要小，$n=1$. 带电粒子在这种磁场中运动时，轴向将受到聚焦力，但比图 4.7(c) 的轴向聚焦力弱，径向则处

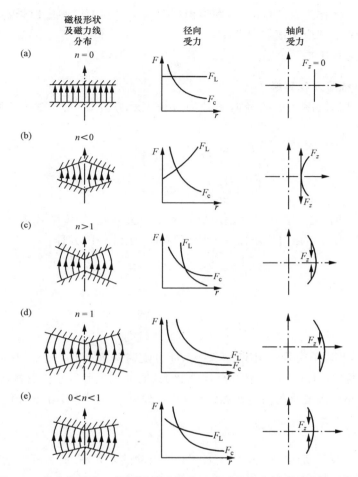

图 4.7　带电粒子在 n 值不同的磁场中运动时径向和轴向受力的示意图

于随遇平衡状态,这是因为洛伦兹力与向心力随半径 r 的变化规律一样,在任何 r 处都没有交点.

图 4.7(e)中,$0<n<1$,这种梯度磁场在前面已较详细的讨论过.带电粒子在这种磁场中运动时,轴向和径向都受到聚焦力,因此粒子的横向运动是稳定的.

三、自由振荡的频率与振幅

把带电粒子送入轨道的过程称为注入.粒子源每秒钟要将大量粒子注入加速器中,其中绝大多数粒子不能注入封闭轨道上,它们的运动方向也并不沿着"封闭轨道"的切线方向.这些粒子注入后,在 $0<n<1$ 的常梯度磁场中受轴向和径向聚焦力的作用而围绕封闭轨道振荡.这种没有外力作用,仅由于初始偏离封闭轨道而

引起的横向振荡称为自由振荡. 又因自由振荡最早是在电子感应加速器上研究的，所以又称为电子感应加速器振荡.

下面求解自由振荡方程，并确定振荡的频率和振幅.

1. 自由振荡方程的解

粒子在常梯度磁场中的径向和轴向自由振荡方程是(4.3.19)式和(4.3.12)式，即

$$\frac{\mathrm{d}}{\mathrm{d}t}\left(m\,\frac{\mathrm{d}x}{\mathrm{d}t}\right)=-m\omega^2(1-n)x,$$

$$\frac{\mathrm{d}}{\mathrm{d}t}\left(m\,\frac{\mathrm{d}z}{\mathrm{d}t}\right)=-m\omega^2 nz.$$

为简便起见，用 y 表示径向偏离值 x 和轴向偏离值 z，用 K 代表 $1-n=K_r$ 和 $n=K_z$. 这样，轴向和径向自由振荡方程可写成一个统一的方程：

$$\frac{\mathrm{d}}{\mathrm{d}t}\left(m\,\frac{\mathrm{d}y}{\mathrm{d}t}\right)=-m\omega^2 Ky, \tag{4.3.20}$$

其中，

$$K=\begin{cases} n, & \text{轴向,} \\ 1-n, & \text{径向.} \end{cases}$$

在加速过程中，粒子质量 m 不断增大，K,ω 也随时间而变化. 但是，它们在粒子的一个回旋周期内变化极小，在解方程(4.3.20)式时我们先假定它们是常数，以后再考虑它们随时间缓慢变化时对自由振荡的影响. 如果 m 为常数，(4.3.20)式可写成

$$\frac{\mathrm{d}^2 y}{\mathrm{d}t^2}=-\omega^2 Ky. \tag{4.3.21}$$

(4.3.21)式为简谐振动方程，$\sqrt{K}\cdot\omega$ 是振动的角频率. 此方程有两个独立解：

$$y=\mathrm{e}^{iK^{1/2}\omega t},$$
$$y=\mathrm{e}^{-iK^{1/2}\omega t}.$$

解的普遍形式是

$$y=A\mathrm{e}^{iK^{1/2}\omega t}+A^*\,\mathrm{e}^{-iK^{1/2}\omega t}, \tag{4.3.22a}$$

或写成

$$y=A\mathrm{e}^{iK^{1/2}\omega t}+\mathrm{K.\,C.}, \tag{4.3.22b}$$

式中 A^* 是 A 的共轭值，K. C. 是 Kin. Conjugation 的缩写，意思是同类共轭值.

由(4.3.22)式可以看出：如果 $n<0$，则 $\sqrt{K_z}$ 为虚数，轴向偏离值 z 将按指数增长，轴向运动不稳定. 如果 $n>1$，则 $\sqrt{K_r}=\sqrt{1-n}$ 为虚数，径向偏离值 x 将按指数增长，径向运动不稳定. 只有满足条件 $0<n<1$ 时，轴向和径向运动才都是稳定的. 当 $0<n<1$ 时，$\sqrt{K_r}=\sqrt{1-n}$ 及 $\sqrt{K_z}=\sqrt{n}$ 都是实数，则横向运动方程(4.3.22)式可

写成振荡形式的解

$$y = 2|A|\cos(\sqrt{K}\omega t + \alpha), \tag{4.3.23}$$

式中 $2|A|$ 是振荡振幅，$\sqrt{K}\omega$ 是振荡角频率，α 是初始相角.

2. 自由振荡的频率

轴向自由振荡角频率

$$\omega_z = \sqrt{K_z}\omega = \sqrt{n}\omega, \tag{4.3.24a}$$

径向自由振荡角频率

$$\omega_r = \sqrt{K_r}\omega = \sqrt{1-n}\omega, \tag{4.3.24b}$$

式中 ω 是粒子回旋的角频率.

用 v 表示自由振荡角频率与粒子回旋角频率的比值，即粒子沿封闭轨道转一圈时自由振荡的次数.

轴向：

$$v_z = \frac{\omega_z}{\omega} = K_z^{1/2} = \sqrt{n}. \tag{4.3.25a}$$

径向：

$$v_r = \frac{\omega_r}{\omega} = K_r^{1/2} = \sqrt{1-n}. \tag{4.3.25b}$$

在常梯度磁场中，因为 $0<n<1$，所以粒子沿"封闭轨道"转一圈，自由振荡还不到一次.图 4.8 是粒子围绕封闭轨道径向自由振荡的示意图.图中 A_x 表示径向振荡的振幅.

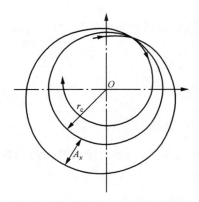

图 4.8　粒子径向自由振荡示意图

轴向自由振荡频率

$$f_z = \frac{\omega_z}{2\pi} = \frac{\sqrt{n}}{2\pi}\omega = \sqrt{n}f_c; \tag{4.3.26a}$$

径向自由振荡频率

$$f_r = \frac{\omega_r}{2\pi} = \frac{\sqrt{1-n}}{2\pi}\omega = \sqrt{1-n}f_c, \tag{4.3.26b}$$

式中 f_c 是粒子沿封闭轨道的回旋频率.

3. 自由振荡的振幅

自由振荡的振幅由初始条件决定.初始条件有二:

(1) 注入粒子的位置偏离"封闭轨道",即当 $t=0$ 时,

$$y = y_i,$$

讨论径向运动时 $y_i = x_i$,x_i 为初始时径向偏离值;对于轴向运动 $y_i = z_i$,z_i 为初始时轴向偏离值.

(2) 注入时粒子的运动方向偏离封闭轨道的切线方向,即 $t=0$ 时,

$$\left(\frac{\mathrm{d}y}{\mathrm{d}t}\right)_i = \left(\frac{\mathrm{d}y}{\mathrm{d}s}\right)_i \left(\frac{\mathrm{d}s}{\mathrm{d}t}\right)_i = \gamma_i v_i. \tag{4.3.27}$$

γ_i 为初始时粒子运动方向对封闭轨道切线的偏角;v_i 为粒子沿封闭轨道运动的初始速度.

将初始条件代入(4.3.23)式得到

$$y_i = 2|A|\cos\alpha, \tag{4.3.28}$$

$$\gamma_i v_i = -2|A|K^{1/2}\omega\sin\alpha. \tag{4.3.29}$$

解联立方程,得

$$2|A| = \sqrt{y_i^2 + \frac{(\gamma_i v_i)^2}{K\omega^2}}. \tag{4.3.30}$$

因为 $\dfrac{v_i}{\omega} = r_{ci}$($r_{ci}$ 为封闭轨道的初始半径),所以(4.3.30)式可写成

$$2|A| = \sqrt{y_i^2 + \frac{(\gamma_i r_{ci})^2}{K}}, \tag{4.3.31}$$

于是初始时径向自由振荡振幅

$$x_{mi} = \sqrt{x_i^2 + \frac{(\gamma_{xi} r_{ci})^2}{1-n}}, \tag{4.3.32a}$$

式中 γ_{xi} 为初始时粒子的径向偏角;初始时轴向自由振荡振幅为

$$z_{mi} = \sqrt{z_i^2 + \frac{(\gamma_{zi} r_{ci})^2}{n}}, \tag{4.3.32b}$$

式中 γ_{zi} 为初始时粒子的轴向偏角.

从自由振荡振幅的表达式可知

(1) 自由振荡振幅与粒子初始偏离封闭轨道的值有关.如果初始时,粒子沿封闭轨道的切线方向运动($\gamma_i = 0$),则初始自由振荡振幅就等于初始时粒子对"封闭

轨道"的偏离值. 即

$$x_{mi} = x_i,$$ (4.3.33a)

$$z_{mi} = z_i.$$ (4.3.33b)

（2）自由振荡振幅与粒子初始时的运动方向有关. 如果粒子初始位置就在封闭轨道上（$y_i = 0$），则

$$x_{mi} = \frac{\gamma_{xi}}{\sqrt{1-n}} r_{ci},$$ (4.3.34a)

$$z_{mi} = \frac{\gamma_{zi}}{\sqrt{n}} r_{ci},$$ (4.3.34b)

由初始方向偏角引起的自由振荡振幅不仅正比于起始偏角 γ_i，而且还与初始"封闭轨道"半径 r_{ci} 成正比.

（3）自由振荡振幅与磁场降落指数 n 值有关. n 值大，轴向振荡振幅减小，径向振荡振幅增大. 若 n 值小，则径向振荡振幅减小，轴向振荡振幅增大. 只有当 $0 < n < 1$ 时，自由振荡振幅是实数，振荡才是稳定的. 在 0 与 1 之间如何选择 n 值，要看轴向和径向的振幅比.

4. 轴向和径向振荡的振幅比

振荡时位能和动能都在变化，从位能最大点积分到位能最小点就是完成一次振荡的振荡能.

$$U = \int_{y_m}^{0} F_y \, dy = -\int_{y_m}^{0} m\omega^2 K y \, dy.$$ (4.3.35)

完成一次振荡的时间很短，可将 m, K, ω 视为常数. 从（4.3.35）式可得

$$U = -m\omega^2 K \int_{y_m}^{0} y \, dy = \frac{1}{2} m\omega^2 K y_m^2.$$

因此，轴向振荡能为

$$U_z = \frac{1}{2} m\omega^2 n z_m^2;$$ (4.3.36a)

径向振荡能为

$$U_x = \frac{1}{2} m\omega^2 (1-n) x_m^2.$$ (4.3.36b)

振荡过程中粒子互相交换能量. 从统计观点来看，轴向、径向振荡能应相等，即 $U_x = U_z$. 由此，从（4.3.36）式可得

$$\frac{z_m}{x_m} = \frac{\sqrt{1-n}}{\sqrt{n}}.$$ (4.3.37)

在设计加速器磁铁时，为了节省励磁功率，要求上下磁极间隙尽量的缩小. 要使 $z_m < x_m$，必须选 n 大于 0.5，同时，为了保证径向运动的稳定性，n 应小于 1，即

$0.5<n<1$. 这样, 磁铁的磁极面宽度就要大于磁极间隙. 所以, 环型加速器的真空盒截面常是扁圆形.

四、自由振荡振幅的衰减

前面在求解自由振荡方程时, 曾假设 m, K, ω 都是常数. 但实际上, 在加速过程中带电粒子的质量是随时间缓慢变化的. 在环型轨道的加速器中, 为了保持轨道半径不变, 磁场也是随时间而变化的. 也就是说, 粒子的质量 m、角频率 ω, 以及磁场 B 和磁场降落指数 n 都随时间而变化, 可记为 $m(t), \omega(t), B(t), K(t)$. 这些量随时间变化的结果将引起自由振荡振幅的衰减. 为了说明这个问题, 请看自由振荡方程 (4.3.20), 即

$$\frac{\mathrm{d}}{\mathrm{d}t}\left(m\,\frac{\mathrm{d}y}{\mathrm{d}t}\right)=-m\omega^2 Ky.$$

因为 m 随时间而变化, 所以有

$$\frac{\mathrm{d}^2 y}{\mathrm{d}t^2}+\frac{1}{m}\frac{\mathrm{d}m}{\mathrm{d}t}\frac{\mathrm{d}y}{\mathrm{d}t}+\omega^2 Ky=0. \tag{4.3.38}$$

此式与方程 (4.3.21) 相比, 多了阻尼项 $\dfrac{1}{m}\dfrac{\mathrm{d}m}{\mathrm{d}t}\dfrac{\mathrm{d}y}{\mathrm{d}t}$. 方程 (4.3.38) 是阻尼振荡方程.

因为 ω 与 K 也都随时而变化, 所以 (4.3.38) 的解应写成以下形式:

$$y = A\mathrm{e}^{\mathrm{i}\int\sqrt{K}\omega\,\mathrm{d}t}+A^{*}\,\mathrm{e}^{-\mathrm{i}\int\sqrt{K}\omega\,\mathrm{d}t}, \tag{4.3.39}$$

即

$$y = A\mathrm{e}^{\mathrm{i}\int\sqrt{K}\omega\,\mathrm{d}t}+\mathrm{K.C.},$$

或写成

$$y = 2\,|A|\cos\left(\int\sqrt{K}\omega\,\mathrm{d}t+\alpha\right), \tag{4.3.40}$$

这里 A 和 A^{*} 都不再是常数, 它们是随时间缓慢变化的函数. 将 (4.3.39) 式对时间微分, 得出 $\dfrac{\mathrm{d}y}{\mathrm{d}t}$, 再微分一次, 则得出 $\dfrac{\mathrm{d}^2 y}{\mathrm{d}t^2}$. 将 $y, \dfrac{\mathrm{d}y}{\mathrm{d}t}, \dfrac{\mathrm{d}^2 y}{\mathrm{d}t^2}$ 的表达式代入 (4.3.38) 式, 并忽略二次以上的小量 $\left(\dfrac{\mathrm{d}^2 A}{\mathrm{d}t^2}, \dfrac{\mathrm{d}^2 A^{*}}{\mathrm{d}t^2}, \dfrac{\mathrm{d}m}{\mathrm{d}t}\dfrac{\mathrm{d}A}{\mathrm{d}t}\right.$ 和 $\left.\dfrac{\mathrm{d}m}{\mathrm{d}t}\dfrac{\mathrm{d}A^{*}}{\mathrm{d}t}\right)$, 化简后积分, 便得出

$$A = \frac{C}{\left(\sqrt{K}\omega\right)^{1/2}m^{1/2}}, \tag{4.3.41a}$$

$$A^{*} = \frac{C^{*}}{\left(\sqrt{K}\omega\right)^{1/2}m^{1/2}}. \tag{4.3.41b}$$

上式中, 积分常数 C 和 C^{*} 由初始条件决定. 如果用下标 "i" 表示初始值, 则

$$C = A_{\mathrm{i}}\left(\sqrt{K}\omega\right)_{\mathrm{i}}^{1/2}m_{\mathrm{i}}^{1/2}=A\left(\sqrt{K}\omega\right)^{1/2}m^{1/2}=\text{常数}.$$

所以

$$A = A_i \left[\frac{(\sqrt{K}\omega)_i m_i}{(\sqrt{K}\omega) m} \right]^{\frac{1}{2}}, \tag{4.3.42a}$$

$$A^* = A_i^* \left[\frac{(\sqrt{K}\omega)_i m_i}{(\sqrt{K}\omega) m} \right]^{\frac{1}{2}}. \tag{4.3.42b}$$

上式是某一时刻的自由振荡振幅与初始时自由振荡振幅的关系. 如果磁场降落指数 n 为常数, 则 K 也为常数. 当粒子运动速度 v 接近光速时, ω 也是常数. (4.3.42) 式可写成

$$A = A_i \left[\frac{m_i}{m} \right]^{\frac{1}{2}}, \tag{4.3.43a}$$

$$A^* = A_i^* \left[\frac{m_i}{m} \right]^{\frac{1}{2}}. \tag{4.3.43b}$$

可见, 在加速过程中随着粒子质量 m 的增加, 自由振荡振幅按 $m^{1/2}$ 规律衰减. 从 (4.3.42) 式还可以求出自由振荡振幅与磁场降落指数 n 和磁感应强度 B 的明显关系.

轴向自由振荡振幅:

$$A_z = \frac{C}{(m\omega)^{\frac{1}{2}} n^{\frac{1}{4}}}; \tag{4.3.44a}$$

径向自由振荡振幅:

$$A_x = \frac{C}{(m\omega)^{\frac{1}{2}} (1-n)^{\frac{1}{4}}}. \tag{4.3.44b}$$

从 (4.2.4) 式 $m\omega = qeB$, 则

$$A_z \propto B^{-\frac{1}{2}} n^{-\frac{1}{4}}, \tag{4.3.45a}$$

$$A_x \propto B^{-\frac{1}{2}} (1-n)^{-\frac{1}{4}}. \tag{4.3.45b}$$

由上式可知, 在加速过程中, 随着轨道磁场的增加, 轴向和径向振荡振幅都按 $B^{1/2}$ 的规律衰减. 随着磁场降落指数 n 的增加, 粒子轴向振荡振幅按 $n^{1/4}$ 的规律衰减, 而径向振荡振幅按 $(1-n)^{\frac{1}{4}}$ 的规律增大. 如果磁场降落指数 n 减小, 则粒子轴向振荡振幅将按 $n^{1/4}$ 规律增大, 而径向振荡振幅按 $(1-n)^{1/4}$ 规律衰减.

将轴向、径向振荡振幅与磁场梯度和磁感应强度的关系式分别代入 (4.3.40) 式, 得到轴向和径向振荡方程的解分别为

$$z = z_{mi} \frac{n_i^{\frac{1}{4}} B_i^{\frac{1}{2}}}{n^{\frac{1}{4}} B^{\frac{1}{2}}} \cos\left(\int n^{\frac{1}{2}} \omega \, dt + \alpha_z \right), \tag{4.3.46a}$$

$$x = x_{mi} \frac{(1-n_i)^{\frac{1}{4}} B_i^{\frac{1}{2}}}{(1-n)^{\frac{1}{4}} B^{\frac{1}{2}}} \cos\left(\int (1-n)^{\frac{1}{2}} \omega \, dt + \alpha_x \right). \tag{4.3.46b}$$

五、粒子动量分散与轨道分散

在前面的讨论中,我们认为所有注入加速器中的粒子的能量都是相同的,实际上,粒子的能量是有差异的,因此粒子的动量也不相同.它们在磁场中沿着曲率半径不同的封闭轨道运动.同时,在旋转对称的常梯度磁场中,不同的封闭轨道处磁感应强度不同,再一次引起粒子封闭轨道的变化.所以粒子的动量分散将导致封闭轨道的径向分散.这个因素在设计真空盒尺寸时应予以考虑.

假设在旋转对称的常梯度磁场中,粒子的动量为 p_s,其封闭轨道半径为 r_s,r_s 处的磁感应强度为 B_s,设动量为 p 的粒子,其封闭轨道半径为 r_c,r_c 处的磁感应强度为 B_c,可以写出下面的关系式:

$$p = p_s + \Delta p, \tag{4.3.47a}$$

$$r_c = r_s + x, \tag{4.3.47b}$$

$$B_c = B_s + \left(\frac{\partial B}{\partial r}\right)_s x, \tag{4.3.47c}$$

式中 Δp 为粒子的动量差,x 为封闭轨道的径向分散,$\left(\frac{\partial B}{\partial r}\right)_s x$ 为封闭轨道径向差值为 x 时磁感应强度间的差值.

(4.3.47)式可写成

$$p = p_s\left(1 + \frac{\Delta p}{p_s}\right), \tag{4.3.48a}$$

$$r_c = r_s\left(1 + \frac{x}{r_s}\right), \tag{4.3.48b}$$

$$B_c = B_s\left[1 + \frac{1}{B_s}\left(\frac{\partial B}{\partial r}\right)_s x\right]. \tag{4.3.48c}$$

由(4.2.6)式,$r_c = \dfrac{mv}{qeB}$.动量为 p 的粒子在磁场中做圆周运动时,磁场力必须等于向心力,即

$$p = qeB_c r_c, \tag{4.3.49}$$

同理

$$p_s = qeB_s r_s. \tag{4.3.50}$$

将(4.3.48)式代入(4.3.49)式,得

$$p_s\left(1 + \frac{\Delta p}{p_s}\right) = qeB_s r_s\left(1 + \frac{x}{r_s}\right)\left[1 + \frac{1}{B_s}\left(\frac{\partial B}{\partial r}\right)_s x\right].$$

由(4.3.50)式得

$$1 + \frac{\Delta p}{p_s} \approx 1 + \frac{x}{r_s} + \frac{1}{B_s}\left(\frac{\partial B}{\partial r}\right)_s x,$$

$$\frac{\Delta p}{p_s} \approx (1-n)\,\frac{x}{r_s},$$

$$x \approx \frac{r_s}{1-n}\,\frac{\Delta p}{p_s}. \tag{4.3.51}$$

从上式可以看出：

（1）粒子封闭轨道的分散 x 与动量分散 $\dfrac{\Delta p}{p_s}$ 成正比. 随着加速过程，粒子的动量 p_s 不断增大，而 Δp 增加很小，所以粒子封闭轨道的分散将不断减小.

（2）粒子封闭轨道的分散 x 与 r_c 成正比. 粒子封闭轨道 r_c 越大，由动量发散引起的封闭轨道的分散也越大.

（3）当 $n \to 1$ 时，粒子动量发散引起封闭轨道的分散趋于 ∞. 这是因为 $n=1$ 时，粒子径向运动处于随遇平衡状态，径向运动不稳定.

（4）$\dfrac{1}{1-n}$ 是在旋转对称的磁场中与磁场分布情况有关的因子. 这个因子常用 α_r 表示. 即

$$\alpha_r = \frac{1}{1-n}. \tag{4.3.52}$$

在其他的磁铁系里，因子 α_r 将是另外一种形式. 将（4.3.52）式代入（4.3.51）式，则可得出

$$\frac{x}{r_s} \approx \alpha_r\,\frac{\Delta p}{p_s}. \tag{4.3.53}$$

总之，动量为 $p_s+\Delta p$ 的粒子，其封闭轨道半径为 $r_c = r_s + x$，其中 x 由上式决定. 粒子的横向振荡将围绕着 $r_s + x$ 的封闭轨道进行. 并且，x 随粒子的加速过程将不断地减小.

六、磁场畸变与强迫振荡

前面我们已经讨论了粒子在理想磁场中的运动. 因为没有附加的外力，只是由于粒子初始偏离了封闭轨道而引起了粒子的横向振荡，这种横向振荡是自由振荡.

现在我们讨论磁场的畸变对粒子横向运动的影响. 粒子在非理想磁场中运动时，将受到一个附加的外力，这种由外力引起的粒子横向振荡是强迫振荡，它会使横向振荡振幅加大，当符合一定条件时，还将引起共振，使粒子丢失. 在设计加速器选择参数时，只能注意避开引起共振的条件，而强迫振荡是避免不了的，因为理想磁场实际上并不存在，我们只能尽量减少强迫振荡给粒子横向运动带来的影响. 因此，在设计加速器真空盒的尺寸时，要留出一定的空间.

非理想磁场中，磁感应强度的径向和轴向分量可分别写成

$$B_r \approx 0 + \left(\frac{\partial B_z}{\partial r}\right)_c z + b_r(r,z,\theta), \tag{4.3.54a}$$

$$B_z \approx B_c + \left(\frac{\partial B_z}{\partial r}\right)_c x + b_z(r, z, \theta). \tag{4.3.54b}$$

在(4.3.54)式中，x 和 z 分别是粒子轨道对"封闭轨道"在径向和轴向的偏离值，等式右侧的前两项代表理想磁场，第三项 b_r，b_z 分别是非理想磁场径向和轴向的畸变量.

如果忽略磁场在 r 和 z 方向的畸变，即磁场只在 θ 方向有畸变，则(4.3.54)式可写成

$$B_r \approx 0 + \left(\frac{\partial B_z}{\partial r}\right)_c z + b_r(\theta), \tag{4.3.55a}$$

$$B_z \approx B_c + \left(\frac{\partial B_z}{\partial r}\right)_c x + b_z(\theta), \tag{4.3.55b}$$

将 $b_r(\theta)$ 和 $b_z(\theta)$ 按傅里叶级数展开，可得

$$B_r \approx 0 + \left(\frac{\partial B_z}{\partial r}\right)_c z + \sum_{k=0}^{\infty} b_{rk} \cos(k\theta + \beta_{rk}), \tag{4.3.56a}$$

$$B_z \approx B_c + \left(\frac{\partial B_z}{\partial r}\right)_c x + \sum_{k=0}^{\infty} b_{zk} \cos(k\theta + \beta_{zk}), \tag{4.3.56b}$$

式中，$k=1,2,3,\cdots$，是谐波次数，b_{rk} 和 b_{zk} 分别为径向和轴向磁场畸变量 k 次谐波的幅值，β_{rk} 和 β_{zk} 分别是径向和轴向磁场畸变量 k 次谐波幅值所在的相角.

将 B_r 和 B_z 的表达式(4.3.56)分别代入粒子的轴向和径向运动方程(4.3.6)式和(4.3.4)式，并转换成振荡方程，得

$$\frac{\mathrm{d}}{\mathrm{d}t}\left(m\frac{\mathrm{d}z}{\mathrm{d}t}\right) + m\omega^2 nz = \frac{mv^2}{r_c B_c} \sum_{k=0}^{\infty} b_{rk} \cos(k\theta + \beta_{rk}), \tag{4.3.57a}$$

$$\frac{\mathrm{d}}{\mathrm{d}t}\left(m\frac{\mathrm{d}x}{\mathrm{d}t}\right) + m\omega^2 (1-n)x = -\frac{mv^2}{r_c B_c} \sum_{k=0}^{\infty} b_{zk} \cos(k\theta + \beta_{zk}). \tag{4.3.57b}$$

上两式中，等号左侧第二项是在理想磁场中横向振荡的聚焦力（当 $0<n<1$ 时），等号右侧是畸变的非理想磁场对运动的带电粒子产生的附加力，前者是自由振荡部分，后者是强迫振荡部分.

如果改用 θ 作自变量，忽略 m, n, ω 随时间的缓慢变化，并将等式两边各除以 $m\omega^2$，可得

$$\frac{\mathrm{d}^2 z}{\mathrm{d}\theta^2} + nz = \frac{r_c}{B_c} \sum_{k=0}^{\infty} b_{rk} \cos(k\theta + \beta_{rk}), \tag{4.3.58a}$$

$$\frac{\mathrm{d}^2 x}{\mathrm{d}\theta^2} + (1-n)x = -\frac{r_c}{B_c} \sum_{k=0}^{\infty} b_{zk} \cos(k\theta + \beta_{zk}). \tag{4.3.58b}$$

上面方程的解可写成下面形式：

$$z(\theta) = 2|A_z| \cos\left(\sqrt{n}\theta + \alpha_z\right) + \sum_{k=0}^{\infty} A_{zk} \cos(k\theta + \beta_{rk}), \tag{4.3.59a}$$

$$x(\theta) = 2|A_x| \cos\left(\sqrt{1-n}\theta + \alpha_x\right) + \sum_{k=0}^{\infty} A_{rk} \cos(k\theta + \beta_{zk}). \tag{4.3.59b}$$

上式中,第一项是粒子在理想磁场中围绕封闭轨道振荡的自由振荡解,其中幅值 A 和相角 α 都由初始条件决定.第二项是粒子在非理想磁场中由外力引起的强迫振荡解.

将(4.3.59)式对 θ 进行两次微分后,代入(4.3.58)式,并考虑初始条件,即可求出 k 次谐波的幅值

$$A_{zk} = r_c \frac{b_{rk}}{B_c} \left(\frac{1}{n - k^2} \right),\qquad(4.3.60a)$$

$$A_{rk} = r_c \frac{b_{zk}}{B_c} \left[\frac{1}{k^2 - (1 - n)} \right].\qquad(4.3.60b)$$

将(4.3.60)式代入(4.3.59)式,得

$$z_c = 0 + r_c \sum_{k=0}^{\infty} \frac{b_{rk}}{B_c} \left(\frac{1}{n - k^2} \right) \cos(k\theta + \beta_{rk}),\qquad(4.3.61a)$$

$$R_c = r_c + r_c \sum_{k=0}^{\infty} \frac{b_{zk}}{B_c} \left[\frac{1}{k^2 - (1 - n)} \right] \cos(k\theta + \beta_{zk}).\qquad(4.3.61b)$$

上式等号右侧的第一项代表在理想磁场中 $z=0$ 中心平面上粒子运动的封闭轨道 $(z=0, r=r_c)$.第二项是附加的轨道畸变项.这是因为在非理想磁场中,由于磁场畸变,引起了封闭轨道的畸变.图 4.9 所示为封闭轨道畸变的图像.

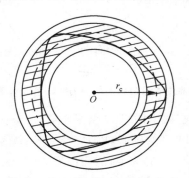

图 4.9　夸大了的封闭轨道畸变,它使真空盒的有效面积减小

从图可见,由于磁场沿 θ 的畸变,引起了封闭轨道的畸变,它使粒子的横向振荡振幅加大.因此,我们必须设法尽量减小强迫振荡的振幅.

从(4.3.61)式可看出强迫振荡有以下特点:

(1) 强迫振荡的振幅 A_{zk} 和 A_{rk} 分别与磁场的相对畸变量 $\frac{b_{rk}}{B_c}$ 和 $\frac{b_{zk}}{B_c}$ 成正比,所以必须尽量减小磁场的相对畸变量.此外,强迫振荡的振幅还与封闭轨道半径 r_c 成正比.

(2) 因为 $0 < n < 1$,所以谐波次数 k 越低,强迫振荡振幅就越大.可见,磁场畸

变的低次谐波引起的强迫振荡危害最大.随着谐波级数的增加,强迫振荡的危害迅速减弱.在安装调整加速器磁铁时,对磁场的一、二次谐波必须进行补偿,使强迫振荡的振幅减小到最低值.

（3）强迫振荡的频率由磁场畸变引起的外力决定,而与自由振荡的频率无关.

（4）谐波次数 $k=n^{1/2}$ 时,强迫振荡的轴向振幅迅速增大,而 $k=(1-n)^{1/2}$ 时,强迫振荡的径向振荡迅速增大.这就是共振现象.

图 4.10 形象地描述了回旋加速器中磁场角向不均匀的一次谐波对带电粒子轨道的影响.

磁场畸变的一次谐波,使图 4.10 中上半部（$\theta=0°\sim180°$）的磁感应强度 $B=B_s(1+\Delta)$,而下半部（$\theta=180°\sim360°$）的磁感应强度 $B=B_s(1-\Delta)$.

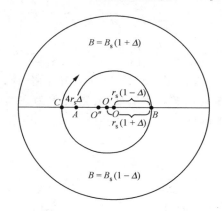

图 4.10　回旋加速器中磁场角向不均匀的一次谐波对带电粒子轨道的影响

从 A 点出发的粒子,在前半圈以 O 点为圆心,$r=r_s(1-\Delta)$ 为半径到达 B 点,在后半圈从 B 点出发,将以 O' 为圆心,以 $r'=r_s(1+\Delta)$ 为半径到达 C 点.粒子从 C 点继续运动时,又以 $r=r_s(1-\Delta)$ 为半径,而以 O' 为圆心.可见,当粒子在均匀磁场中运动时,由于磁场畸变一次谐波的存在,粒子转一圈后（从 A 点到 C 点）,轨道向左移动了 $4r_s\Delta$ 的距离.如此继续下去,粒子轨道将不断左移而丢失.

共振现象的详细论述参见文献[6].

第四节　带电粒子在交变梯度磁场中的运动
——磁场的强聚焦作用

一、强聚焦原理的提出与光学模型

前面已经对带电粒子在常梯度磁场中的运动规律进行了讨论,阐述了带电粒

子在具有常梯度磁场中横向运动的稳定条件$(0<n<1)$和横向运动方程表达式
(4.3.23),即

$$y = 2|A|\cos(\sqrt{K}\omega t + \alpha),$$

其中$2|A|$是横向运动的振幅,它由(4.3.30)式给出:

$$2|A| = \sqrt{y_i^2 + \frac{\gamma_i^2 v_i^2}{K\omega^2}}.$$

运动方程式(4.3.23)是以时间t为变量的横向运动方程式,在研究粒子在加速器中的横向运动时,我们关心的是粒子绕封闭轨道的横向运动,因此选封闭轨道长度s为变量来研究其横向运动最为方便.为此,下面讨论粒子的横向运动时改用轨道长度s为变量.考虑到粒子横向运动速度分量v_x,v_y,以及在加速过程中粒子在磁场中速度的变化同粒子速度本身相比都是高级小量,可以忽略不计,我们可以利用$t = \frac{s}{v}, \frac{d}{dt} = \frac{d}{ds}\frac{ds}{dt} = v\frac{d}{ds}, \frac{d^2}{dt^2} = v^2\frac{d^2}{ds^2}$,并考虑到粒子在磁场中质量变化很小,将(4.3.12),(4.3.19)两式改写成

$$\frac{d^2 x}{ds^2} + (1-n)\frac{x}{\rho^2} = 0, \tag{4.4.1a}$$

$$\frac{d^2 z}{ds^2} + n\frac{z}{\rho^2} = 0. \tag{4.4.1b}$$

(4.4.1a)式和(4.4.1b)式是粒子在加速器中横向运动轨道方程,其解同(4.3.22)方程一样具有类似的形式,分别为

$$x = \sqrt{x_i^2 + \frac{\gamma_{xi}^2 \rho_i^2}{1-n}}\cos\left(\frac{\sqrt{1-n}}{\rho}s + \varphi_x\right) + x_c, \tag{4.4.2a}$$

$$z = \sqrt{z_i^2 + \frac{\gamma_{zi}^2 \rho_i^2}{n}}\cos\left(\frac{\sqrt{n}}{\rho}s + \varphi_z\right), \tag{4.4.2b}$$

其中$x_i, \gamma_{xi}, z_i, \gamma_{zi}, \rho_i$分别是带电粒子进入加速器中的初始位置、初始入射角和初始轨道曲率半径,x_c是由于带电粒子具有动量分散Δp所引起的轨道分散,它由(4.3.51)式给出,即

$$x_c \approx \frac{\rho}{1-n}\frac{\Delta p}{p}.$$

在(4.4.1)式和(4.4.2)式中,粒子的轨道曲率半径和初始相位分别用ρ和φ表示,其意义与(4.3.51)和(4.3.22)两式中的r和α一样.

带电粒子在磁场中运动时的轨道曲率半径ρ由下式给出:

$$\rho = \frac{\sqrt{W(W + 2\varepsilon_0)}}{300qB}. \tag{4.4.3}$$

由上式可知,当粒子能量很高时,粒子运动的曲率半径ρ很大,这将导致

(4.4.2a)和(4.4.2b)两式中的振幅很大,加之动量分散项使横向运动振幅更大,可见要把高能量的粒子约束在有限空间(真空室)内运动而不丢失是困难的.为使带电粒子不丢失,就必须加大真空室的尺寸,这必然要求增加磁铁的极间高度和宽度,而加速器的造价近似地正比于磁铁的尺寸的三次方.因此,建造高能加速器便受到经济上的限制.如苏联杜布纳 10 GeV 质子同步加速器的真空室内部尺寸为 150 cm 宽和 36 cm 高,磁铁总重量达 36 000 t,磁铁储能为 148 MJ.显然,建造这样的加速器是很不经济的.

为了提高加速器的能量,迫使人们设法降低建造加速器的造价.自然,这就必须减小粒子在加速器中运动的横向尺寸.从(4.4.2)式可以发现,将磁场降落指数 n 值加大,即增加轴向聚焦力就可以使轴向运动振幅变小,然而增加 n 值后将破坏径向运动稳定性条件.另一方面若使 n 取负值,则径向聚焦力增强,但轴向运动的稳定性将被破坏.如果在粒子运动的轨道上让 n 值的符号不断变化,其结果将如何呢?

人们从光学透镜系统中得知,尽管凸凹镜分别对光束起着聚焦和散焦作用,但它们适当排列组合会组成一个较好的聚焦系统(如图 4.11 所示).例如一对薄透镜,它们的焦距分别是 f_1 和 f_2,透镜之间的距离是 l,则该透镜组的焦距 F 由下式给定:

$$\frac{1}{F} = \frac{1}{f_1} + \frac{1}{f_2} - \frac{l}{f_1 f_2}. \tag{4.4.4}$$

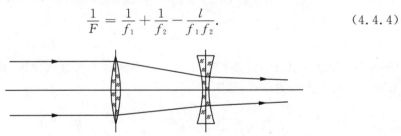

图 4.11　凸凹透镜组成聚焦系统示意图

如果 $f_1 = -f_2 = f$,则

$$F = \frac{|f|^2}{l}.$$

由此可知,组合透镜是聚焦的.一般说来只要满足 $(l - f_1 - f_2) \geqslant 0$,组合透镜就总是聚焦的.

人们从上述的光学透镜系统中得到启发,若将磁场降落指数 n 加大,并且将具有正负 n 值的磁铁适当地交替排列在粒子轨道上,这样聚焦磁铁和散焦磁铁就分别等效于光学中的凸凹透镜,只要排列恰当,其结果也一定会达到聚焦作用.美国库兰特(E. D. Courant)等根据这一思想将 n 值交替取为 0.2 和 -1.0,经过计算,发现横向运动稳定性得到改善.随后,他又将 n 值取为 $|n| = 10$,计算结果表明,横向运动振幅大大地减小,并且找到了更大 n 值的稳定性条件[8].这一结果为交变梯度强聚焦同步加速器的诞生奠定了理论基础,也为直线加速器的聚焦系统以及束

流输运等系统的设计提供了理论依据.随后,人们相继建造了更高能量的强聚焦同步加速器.

二、强聚焦四极透镜系统及其离子光学特性

1. 磁四极透镜及场的分布

在了解粒子在交变梯度强聚焦磁铁中的运动稳定性之前,我们来考察一下强聚焦元件的场型特点是有益的.到目前为止,在同步加速器、储存环、直线加速器以及束流输运系统上采用的强聚焦元件都是四极磁铁[如图 4.12(a)所示].另外有的同步加速器中还采用极面具有双曲面形的 C 形二极磁铁[如图 4.12(b)所示]和具有边缘聚焦作用的二极磁铁作为强聚焦元件.如果将四极透镜的中心轴放在带电粒子运动的理想轨道上(如安放在本章第一节中所描述的封闭轨道上),磁极面在与此轨道垂直的平面上呈双曲线形状,则磁力线与该理想轨道垂直并且在与轨道垂直的 xz 平面内.[参看图 4.12(a)]在这样的四极磁铁(磁四极透镜)中,沿 x 方向的 z 向磁场分量和沿 z 方向的 x 向磁场分量具有梯度特性[如图 4.12(c)所示],而且在一定范围内其梯度为常数,即梯度场满足以下关系式:

$$\frac{\partial B_x}{\partial z} = k, \tag{4.4.5}$$

$$\frac{\partial B_z}{\partial x} = k, \tag{4.4.6}$$

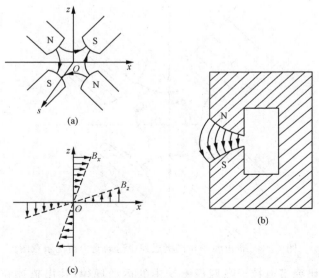

图 4.12　强聚焦元件示意图

或者说，$B_x = kz$，$B_z = kx$. 其中，k 被称为四极磁铁的磁场梯度.

2. 带电粒子在四极透镜系统中的运动

知道了四极磁铁中场型分布，我们就可以着手讨论带电粒子在其中的运动规律. 当带电粒子沿平衡轨道从四极磁铁中心轴穿过时，由于轴线上的磁场为零，因此粒子不会发生偏转，仍沿原有轨道通过四极磁铁. 然而，若通过四极磁铁的粒子偏离中心轴，则因该处存在着垂直于轨道的磁场，它将使带电粒子发生偏转，或使带电粒子向着中心轴线运动，起到了聚焦的作用，或者反之起着散焦作用. 由于四极磁铁梯度场的场强与偏离中心轨道的距离成正比，故粒子偏离中心越远，则受到的磁偏转力 $qevB_x(qevB_z)$ 也越大，因此它对带电粒子具有很强的聚（散）焦力. 正因为此，人们称四极磁铁为强聚焦元件或叫强聚焦磁四极透镜.

四极磁铁的聚焦作用在两个方向是不兼容的，即若径向聚焦，则在轴向就散焦，反之亦然. 我们可以从四极场的分布图得知这一结论. 图 4.12 是带电粒子在四极磁铁中运动的受力图. 带电粒子沿 s 轴方向运动，若带正电荷的粒子进入四极磁铁时处在与轴线距离为 x 的 A 点，它将受到一个指向中心轴线的作用力 $F_x = -qevB_z$，即受到聚焦作用. 若粒子在 z 方向偏离中心位置，则受到一个偏离轴线的散焦力 $F_z = qevB_x$. （参看图 4.13）由此可知，四极磁铁对带电粒子的聚焦作用在径向、轴向是不同的. 为了使带电粒子在两个方向上都能得到聚焦，可根据前述的组合透镜的作用，成对地采用分别对 x 和 z 向聚焦的四极磁铁. 人们把这种组合称为双元透镜对（doublet）.

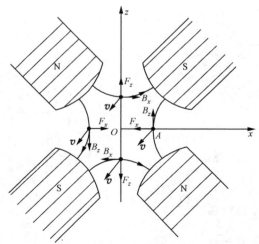

图 4.13　带电粒子在四极磁铁中运动受力情况示意图

为进一步研究带电粒子在四极磁铁中的运动规律，找出描述粒子横向运动的轨道方程，取粒子平衡轨道与坐标纵轴 s 一致，而 x 和 z 轴与粒子平衡轨道垂直.

（自然坐标系）这时其横向运动方程为

$$\frac{\mathrm{d}}{\mathrm{d}t}\left(m\frac{\mathrm{d}x}{\mathrm{d}t}\right)=qe\frac{\mathrm{d}z}{\mathrm{d}t}B_s-qe\frac{\mathrm{d}s}{\mathrm{d}t}B_z=-qe\frac{\mathrm{d}s}{\mathrm{d}t}B_z, \tag{4.4.7a}$$

$$\frac{\mathrm{d}}{\mathrm{d}t}\left(m\frac{\mathrm{d}z}{\mathrm{d}t}\right)=qe\frac{\mathrm{d}s}{\mathrm{d}t}B_x-qe\frac{\mathrm{d}x}{\mathrm{d}t}B_s=qe\frac{\mathrm{d}s}{\mathrm{d}t}B_x. \tag{4.4.7b}$$

四极磁铁中无加速电场，因此粒子的动能不变，即粒子的质量 $m=m_0(1-\beta^2)^{-\frac{1}{2}}=$ 常数. 粒子横向运动速度很小时还可认为 $\frac{\mathrm{d}s}{\mathrm{d}t}=v=$ 常数，因此方程式 (4.4.7)可以化成如下的轨道方程：

$$mv^2\frac{\mathrm{d}^2x}{\mathrm{d}s^2}=-qekvx,$$

$$mv^2\frac{\mathrm{d}^2z}{\mathrm{d}s^2}=qekvz.$$

令 $\frac{qek}{mv}=K$，k 为四极磁铁的磁场梯度，则由上式得

$$\frac{\mathrm{d}^2x}{\mathrm{d}s^2}+Kx=0, \tag{4.4.8a}$$

$$\frac{\mathrm{d}^2z}{\mathrm{d}s^2}-Kz=0, \tag{4.4.8b}$$

其中 K 被称为聚焦常数，它具有 L^{-2} 的量纲. (4.4.8)式的解为

$$x=A\cos\sqrt{K}s+B\sin\sqrt{K}s,$$

$$z=A'\,\mathrm{ch}\,\sqrt{K}s+B'\,\mathrm{sh}\,\sqrt{K}s,$$

A，B，A'，B' 是由初始条件确定的常数. 以初始条件，即 $s=0$ 时的 $x=x_0$，$\left(\dfrac{\mathrm{d}x}{\mathrm{d}s}\right)_0=x_0'$，$z=z_0$，$\left(\dfrac{\mathrm{d}z}{\mathrm{d}s}\right)_0=z_0'$ 代入得

$$x=x_0\cos\sqrt{K}s+\frac{x_0'}{\sqrt{K}}\sin\sqrt{K}s, \tag{4.4.9a}$$

$$z=z_0\,\mathrm{ch}\,\sqrt{K}s+\frac{z_0'}{\sqrt{K}}\,\mathrm{sh}\,\sqrt{K}s. \tag{4.4.9b}$$

(4.4.9)式便是带电粒子在四极磁铁中横向运动的表达式. 由此不难看到，当聚焦常数 $K>0$ 时，粒子在水平方向（即 x 方向）的运动类似于简谐振动，运动振幅是有限的，因此运动是稳定的，亦即透镜对带电粒子是聚焦的. 但在垂直方向（即 z 方向）的运动振幅是发散的，即磁铁对粒子是散焦的，因而粒子运动是不稳定的. 这与前面的定性分析相一致.

3. 磁四极透镜的离子光学特性

我们称四极磁铁为四极透镜,是因为它具有类似光学透镜的特性.下面我们来寻求四极磁铁的透镜参数焦距和主平面的表达式.

对上述带电粒子在四极磁铁中的轨道方程式(4.4.9a)求导,得

$$\frac{\mathrm{d}x}{\mathrm{d}s} = -x_0\sqrt{K}\sin\sqrt{K}s + x_0'\cos\sqrt{K}s. \tag{4.4.9c}$$

由(4.4.9a)式和(4.4.9c)式,可以把 $x, x'\left(即\dfrac{\mathrm{d}x}{\mathrm{d}s}\right)$直接表达成转换矩阵形式:

$$\begin{bmatrix} x \\ x' \end{bmatrix} = \begin{bmatrix} \cos\sqrt{K}s & \dfrac{1}{\sqrt{K}}\sin\sqrt{K}s \\ -\sqrt{K}\sin\sqrt{K}s & \cos\sqrt{K}s \end{bmatrix} \begin{bmatrix} x_0 \\ x_0' \end{bmatrix}. \tag{4.4.10}$$

采用类似的方法可以得到,粒子在自由空间的转换矩阵为

$$\begin{bmatrix} x \\ x' \end{bmatrix} = \begin{bmatrix} 1 & s \\ 0 & 1 \end{bmatrix} \begin{bmatrix} x_0 \\ x_0' \end{bmatrix}. \tag{4.4.11}$$

图 4.14 是四极磁铁作为透镜时的示意图.根据光学透镜性质,在物空间(这里是自由空间)所有平行于光轴(这里是 s 轴)的光线(这里是带电粒子)入射到透镜后,将在像空间 $s=s_0$ 处会聚,那么 $s=s_0$ 的点就是焦点.据此可以由(4.4.10)式,(4.4.11)式找到有关的透镜参数.

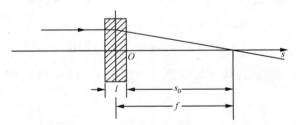

图 4.14　四极磁铁光学特性示意图

令在物空间,粒子入射到四极磁铁的边界的横向运动参数是 x_0, x_0',那么粒子在四极磁铁中的运动由转换矩阵表达式(4.4.10)给出.在出射自四极磁铁边界时的横向运动参数 x_l, x_l' 由下式给出:

$$\begin{bmatrix} x_l \\ x_l' \end{bmatrix} = \begin{bmatrix} \cos\sqrt{K}l & \dfrac{1}{\sqrt{K}}\sin\sqrt{K}l \\ -\sqrt{K}\sin\sqrt{K}l & \cos\sqrt{K}l \end{bmatrix} \begin{bmatrix} x_0 \\ x_0' \end{bmatrix}.$$

粒子进入像空间的横向运动由下式确定:

$$\begin{bmatrix} x(s) \\ x'(s) \end{bmatrix} = \begin{bmatrix} 1 & s \\ 0 & 1 \end{bmatrix} \begin{bmatrix} x_l \\ x_l' \end{bmatrix} = \begin{bmatrix} 1 & s \\ 0 & 1 \end{bmatrix} \begin{bmatrix} \cos\sqrt{K}l & \dfrac{1}{\sqrt{K}}\sin\sqrt{K}l \\ -\sqrt{K}\sin\sqrt{K}l & \cos\sqrt{K}l \end{bmatrix} \begin{bmatrix} x_0 \\ x_0' \end{bmatrix}.$$

根据焦点的定义,在平行入射,即 $x_0' = 0$ 时,在焦点 s_0 处,$x(s_0) = 0$. 因此可得

$$x(s_0) = (\cos \sqrt{K}l - \sqrt{K}s_0 \sin \sqrt{K}l)x_0 = 0, \qquad (4.4.12a)$$

$$x'(s_0) = -\sqrt{K}x_0 \sin \sqrt{K}l. \qquad (4.4.12b)$$

由(4.4.12a)式得

$$s_0 = \frac{1}{\sqrt{K}}\cot \sqrt{K}l. \qquad (4.4.13)$$

上式便是焦点的位置,但焦距是从主平面到焦点的距离,因此焦距 f 为

$$f = \left| \frac{x_0}{x_l'} \right| = \frac{1}{\sqrt{K}\sin \sqrt{K}l}, \qquad (4.4.14)$$

式中 x_l' 是粒子离开四极磁铁时的斜率,它与 $x'(s_0)$ 是相等的. 由焦距 f, s_0,不难求出主平面的位置 s_H,

$$s_H = s_0 - f = \frac{\cos \sqrt{K}l - 1}{\sqrt{K}\sin \sqrt{K}l}.$$

由此可知主平面是在透镜边界 $s = 0$ 处的负方向,即主平面在透镜内部.

三、带电粒子在不同磁场元件中的运动及其转换矩阵

前面我们以四极磁铁为例,得到带电粒子在其中的运动方程及其作为离子光学系统中的透镜时的光学参数. 这些结果将有利于理解四极磁铁的强聚焦作用原理,但作为强聚焦元件它并不是唯一的. 正如图 4.12(b)所示,具有双曲面形的 C 形二极磁铁也是强聚焦元件. 此外,带电粒子在加速器中还会遇到各种式样的磁铁元件. 为此,我们对这些磁铁元件对带电粒子的作用逐一加以研究.

1. 带电粒子在四极磁铁中的转换矩阵

从(4.4.10)式中所表达的带电粒子径向运动中,不难得到转换矩阵为

$$M_x = \begin{bmatrix} \cos \sqrt{K}s & \dfrac{1}{\sqrt{K}}\sin \sqrt{K}s \\ -\sqrt{K}\sin \sqrt{K}s & \cos \sqrt{K}s \end{bmatrix}. \qquad (4.4.15)$$

同理可以得到轴向运动的转换矩阵为

$$M_z = \begin{bmatrix} \mathrm{ch}\, \sqrt{K}s & \dfrac{1}{\sqrt{K}}\mathrm{sh}\, \sqrt{K}s \\ \sqrt{K}\,\mathrm{sh}\, \sqrt{K}s & \mathrm{ch}\, \sqrt{K}s \end{bmatrix}. \qquad (4.4.16)$$

由(4.4.15)和(4.4.16)两式,可以得到带电粒子径向、轴向运动的表达式为

$$\begin{bmatrix} x(s) \\ x'(s) \end{bmatrix} = M_x \begin{bmatrix} x_0 \\ x_0' \end{bmatrix}, \qquad (4.4.17a)$$

$$\begin{bmatrix} z(s) \\ z'(s) \end{bmatrix} = M_z \begin{bmatrix} z_0 \\ z_0' \end{bmatrix}, \tag{4.4.17b}$$

其中 x_0, x_0' 和 z_0, z_0' 分别表示带电粒子在四极磁铁中处于初始点 $s_0 = 0$ 处的横向坐标和轨道斜率,$x(s), x'(s)$ 和 $z(s), z'(s)$ 分别为带电粒子在四极磁铁中的 s 点处的轨道坐标和斜率.M_x, M_z 分别由(4.4.15)式和(4.4.16)式给出.

2. 带电粒子在自由空间中的转换矩阵

任何磁铁元件都有一定的尺寸并占有一定的空间,它们被安放在粒子轨道上时,元件之间必然留有一定的无场空间,我们称这些空间为自由空间或漂移空间.带电粒子在自由空间不受任何场的作用,因此其轨迹是一条直线.此时,若已知粒子在其中某一点 $s_0 = 0$ 处的横向坐标 x_0 和轨道斜率 x_0' 或者 (z_0, z_0'),则在 s 处的横向坐标 x 和轨道斜率 x' 或者 (z, z') 将为

$$x(s) = x_0 + x_0' \cdot s, \tag{4.4.18a}$$

$$x'(s) = x_0'. \tag{4.4.18b}$$

由(4.4.18)式可得,由转换矩阵表达的自由空间的横向运动表达式为

$$\begin{bmatrix} x(s) \\ x'(s) \end{bmatrix} = \begin{bmatrix} 1 & s \\ 0 & 1 \end{bmatrix} \begin{bmatrix} x_0 \\ x_0' \end{bmatrix}, \tag{4.4.19}$$

$$\begin{bmatrix} z \\ z' \end{bmatrix} = \begin{bmatrix} 1 & s \\ 0 & 1 \end{bmatrix} \begin{bmatrix} z_0 \\ z_0' \end{bmatrix}. \tag{4.4.20}$$

由(4.4.19)和(4.4.20)两式得,自由空间的转换矩阵为

$$M_0 = \begin{bmatrix} 1 & s \\ 0 & 1 \end{bmatrix}. \tag{4.4.21}$$

3. 带电粒子在弯转磁铁中的转换矩阵

有关带电粒子在弯转磁铁中的运动,前面已经作了较详细的分析,并给出了带电粒子在具有磁场降落指数 n 的磁场中的轨道运动方程:

$$\frac{\mathrm{d}^2 x}{\mathrm{d}s^2} + \frac{1-n}{\rho^2} x = 0, \tag{4.4.22a}$$

$$\frac{\mathrm{d}^2 z}{\mathrm{d}s^2} + \frac{n}{\rho^2} z = 0. \tag{4.4.22b}$$

方程式(4.4.22a)的解可以表示成

$$x = A\cos \frac{\sqrt{1-n}}{\rho} s + B\sin \frac{\sqrt{1-n}}{\rho} s,$$

$$\frac{\mathrm{d}x}{\mathrm{d}s} = -A \frac{\sqrt{1-n}}{\rho} \sin \frac{\sqrt{1-n}}{\rho} s + B \frac{\sqrt{1-n}}{\rho} \cos \frac{\sqrt{1-n}}{\rho} s,$$

A，B 是由初始条件所确定的常数. 令 $s=0$ 时的 $x=x_0$，$x'=\dfrac{\mathrm{d}x}{\mathrm{d}s}\Big|_0=x_0'$ 代入上两式，得

$$x = x_0\cos\frac{\sqrt{1-n}}{\rho}s + \frac{x_0'\rho}{\sqrt{1-n}}\sin\frac{\sqrt{1-n}}{\rho}s, \tag{4.4.23a}$$

$$x' = -x_0\frac{\sqrt{1-n}}{\rho}\sin\frac{\sqrt{1-n}}{\rho}s + x_0'\cos\frac{\sqrt{1-n}}{\rho}s. \tag{4.4.23b}$$

不难看出，它们可以写成如下的矩阵表达形式：

$$\begin{bmatrix} x \\ x' \end{bmatrix} = \begin{bmatrix} \cos\dfrac{\sqrt{1-n}}{\rho}s & \dfrac{\rho}{\sqrt{1-n}}\sin\dfrac{\sqrt{1-n}}{\rho}s \\[2ex] -\dfrac{\sqrt{1-n}}{\rho}\sin\dfrac{\sqrt{1-n}}{\rho}s & \cos\dfrac{\sqrt{1-n}}{\rho}s \end{bmatrix} \begin{bmatrix} x_0 \\ x_0' \end{bmatrix}. \tag{4.4.24}$$

同理可得，轴向，即 z 方向的轨道方程解的矩阵表达式为

$$\begin{bmatrix} z \\ z' \end{bmatrix} = \begin{bmatrix} \cos\dfrac{\sqrt{n}}{\rho}s & \dfrac{\rho}{\sqrt{n}}\sin\dfrac{\sqrt{n}}{\rho}s \\[2ex] -\dfrac{\sqrt{n}}{\rho}\sin\dfrac{\sqrt{n}}{\rho}s & \cos\dfrac{\sqrt{n}}{\rho}s \end{bmatrix} \begin{bmatrix} z_0 \\ z_0' \end{bmatrix}. \tag{4.4.25}$$

从以上两式得弯转磁铁的转换矩阵为

$$M_x = \begin{bmatrix} \cos\dfrac{\sqrt{1-n}}{\rho}s & \dfrac{\rho}{\sqrt{1-n}}\sin\dfrac{\sqrt{1-n}}{\rho}s \\[2ex] -\dfrac{\sqrt{1-n}}{\rho}\sin\dfrac{\sqrt{1-n}}{\rho}s & \cos\dfrac{\sqrt{1-n}}{\rho}s \end{bmatrix}, \tag{4.4.26}$$

$$M_z = \begin{bmatrix} \cos\dfrac{\sqrt{n}}{\rho}s & \dfrac{\rho}{\sqrt{n}}\sin\dfrac{\sqrt{n}}{\rho}s \\[2ex] -\dfrac{\sqrt{n}}{\rho}\sin\dfrac{\sqrt{n}}{\rho}s & \cos\dfrac{\sqrt{n}}{\rho}s \end{bmatrix}. \tag{4.4.27}$$

4. 带电粒子在通过二极磁铁边缘时的转换矩阵

这里讲的边缘磁场是指带电粒子进入二极磁铁磁场边界时与其边缘不垂直，如图 4.15(a) 所示. 而前面所导出的粒子在弯转磁铁中的轨道方程的解是指粒子进入、离开磁铁时其轨道都垂直于磁铁边界，如图 4.15(b) 所示.

在弯铁中，有时选粒子的回旋角度 θ 为变量更为方便，此时运动方程为

$$\frac{\mathrm{d}^2 x}{\mathrm{d}\theta^2} + (1-n)x = \rho\frac{\Delta p}{p},$$

$$\frac{\mathrm{d}^2 z}{\mathrm{d}\theta^2} + nz = 0.$$

图 4.15　具有边缘效应的二极磁铁和扇形的磁铁

（a）具有边缘效应的二极磁铁；（b）扇形磁铁

利用初始条件,得 $\Delta p=0$ 时的解为

$$x =x_0\cos\sqrt{1-n}\,\theta+\frac{x_0'}{\sqrt{1-n}}\sin\sqrt{1-n}\,\theta,$$

$$x' =-x_0\sqrt{1-n}\sin\sqrt{1-n}\,\theta+x_0'\cos\sqrt{1-n}\,\theta.$$

它们可用矩阵表示成

$$\begin{bmatrix} x \\ x' \end{bmatrix}=\begin{bmatrix} \cos\sqrt{1-n}\,\theta & \dfrac{1}{\sqrt{1-n}}\sin\sqrt{1-n}\,\theta \\ -\sqrt{1-n}\sin\sqrt{1-n}\,\theta & \cos\sqrt{1-n}\,\theta \end{bmatrix}\begin{bmatrix} x_0 \\ x_0' \end{bmatrix},$$

$$\begin{bmatrix} z \\ z' \end{bmatrix}=\begin{bmatrix} \cos\sqrt{n}\,\theta & \dfrac{1}{\sqrt{n}}\sin\sqrt{n}\,\theta \\ -\sqrt{n}\sin\sqrt{n}\,\theta & \cos\sqrt{n}\,\theta \end{bmatrix}\begin{bmatrix} z_0 \\ z_0' \end{bmatrix}.$$

　　下面将直接从轨道的解析式获得在入射、出射磁铁时与磁铁边界有一个夹角的带电粒子在磁场边缘处的运动表达式及其转换矩阵.

　　图 4.16 是场边界外法线 N 与轨道成一个 β 夹角的示意图,其中虚线是等效扇形边界.在粒子通过 A 点时为平衡轨道,显然它与虚线是垂直的.不难看出,过 B 点的轨道比平衡轨道要多经受场的作用,即轨道 BB' 比平衡轨道多偏转一点角度.相反,过 C' 的粒子要少偏转一点角度.其结果,该边界起着会聚,即聚焦的作用.该作用自然可以用一个矩阵来表示.

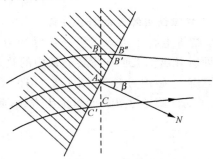

图 4.16　场边界外法线与轨道的示意图

令过 A 点的平衡轨道在磁场中曲率半径为 ρ，过 B' 点的轨道的曲率半径为 r_B，离平衡轨道距离为 x，在 $x \ll \rho$ 时，轨道 $\overset{\frown}{BB'}$ 可以近似于线段 $\overline{BB''}$（见图 4.17），设 $\overset{\frown}{BB'}$ 对应的角度为 $\Delta\theta$，且 $\Delta\theta \ll 1$，则

$$\overset{\frown}{BB'} = r_B \cdot |\Delta\theta| \approx r_B \cdot \tan|\Delta\theta| = \overline{BB''} = x_0 |\tan\beta|.$$

由此得
$$|\Delta\theta| = \frac{x_0 |\tan\beta|}{r_B}. \tag{4.4.28}$$

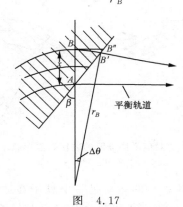

图　4.17

在 B 点的磁场 $B_B = B_A + \dfrac{\partial B}{\partial x}x + \cdots \approx B_0\left(1 - n\dfrac{x}{\rho}\right)$，其中 $B_0 = B_A$. 将上式代入 (4.4.3) 式描述的曲率半径表达式，得

$$r_B = \frac{\sqrt{W(W + 2\varepsilon_0)}}{300qB_B} \approx \frac{\rho}{1 - n\dfrac{x}{\rho}}.$$

将上式代入 (4.4.28) 式得

$$|\Delta\theta| = \frac{x_0 |\tan\beta|}{r_B}\left(1 - n\frac{x}{\rho}\right) \approx \frac{x \cdot |\tan\beta|}{\rho}. \tag{4.4.29}$$

$\Delta\theta$ 恰恰是粒子轨道方向的变化量，因此粒子在边缘处的横向运动可以表示成

$$x = x_0,$$

$$x' = x_0' - \Delta\theta = x_0' + x_0 \frac{\tan\beta}{\rho}.$$

用转换矩阵表示的横向运动为

$$\begin{bmatrix} x \\ x' \end{bmatrix} = \begin{bmatrix} 1 & 0 \\ \tan\beta/\rho & 1 \end{bmatrix}\begin{bmatrix} x_0 \\ x_0' \end{bmatrix}. \tag{4.4.30}$$

此处转换矩阵 $M_{\beta, x}$ 为

$$M_{\beta, x} = \begin{bmatrix} 1 & 0 \\ \tan\beta/\rho & 1 \end{bmatrix}, \tag{4.4.31}$$

这里应指出,β 角的正负是很重要的,须根据物理图像来定义.若 β 为正时,则运动是发散的,其边缘作用是散焦的.因此规定 β 的正负必须同边缘的聚焦、散焦对应起来.据此我们规定粒子轨道圆心和磁铁边界外法线分别在轨道两侧时 β 为正,反之 β 为负.图 4.18 即为根据这个规定给出的 $\beta>0$ 和 $\beta<0$ 的磁铁截面形状示意图.根据这一规定所算出的散焦或聚焦结果与粒子通过二极磁铁边缘场时所受的聚焦或散焦作用相符.

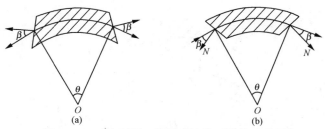

图 4.18　对应不同 β 值的磁铁截面形状示意图
(a) $\beta>0$；(b) $\beta<0$

上面所求转换矩阵及其表示的运动是带电粒子在通过边缘场时的径向,即 x 方向的转换矩阵和运动.下面我们来求轴向运动及其转换矩阵.图 4.19 是磁铁边缘处的磁力线示意图,粒子偏离中心平面($z=0$)的距离为 z 而离开边界附近到达 A 点.让我们来研究此时粒子在 A 点所受的力.过 A 点的磁力线在过 A 点而垂直于 z 轴的平面内的投影为 B_N,显然 B_N 的投影方向与磁铁边界是垂直的,因此 B_N 对带电粒子的作用力为 $qevB_N\sin\beta$,即

$$F_N = qe \cdot v \cdot B_N \cdot \sin\beta,$$

$$\frac{\mathrm{d}p_z}{\mathrm{d}t} = F_z = qevB_N\sin\beta. \qquad (4.4.32)$$

上式中 B_N 随粒子的位置而变化,直接求解太复杂,因此我们用另一种方法来求解.

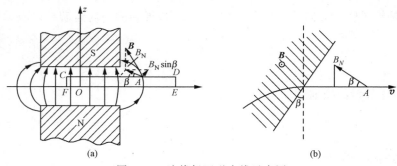

图 4.19　边缘场区磁力线示意图

沿粒子轨道 CD 和中心平面上两点 EF 作一积分环路 $CDEF$[见图 4.19(a)],其

中 D 点选在远离磁铁边界的地方,此时 D 点处的磁场为零. C 点选在磁铁内部的场均匀区,此时 C 点处的 $B_N=0$(因均匀区只有轴向磁场). 同样,在 EF 线上的各点都有 $B_N=0$. 带电粒子从点 C 运动到点 D,其轴向方向的动量增量为 Δp_z,并由下式给出:

$$\Delta p_z = \int_{t_C}^{t_D} \frac{\mathrm{d}p_z}{\mathrm{d}t} \mathrm{d}t.$$

将(4.4.32)式代入上式,得

$$\Delta p_z = qe \int_{t_C}^{t_D} vB_N \sin\beta \mathrm{d}t = qe \int_{s_C}^{s_D} B_N \sin\beta \mathrm{d}s. \qquad (4.4.33)$$

而沿环路 $CDEF$ 积分有 $\oint_{CDEF} \boldsymbol{B} \cdot \mathrm{d}\boldsymbol{l} = \mu_0 \sum I_i = 0$, 即

$$\oint_{CDEF} \boldsymbol{B} \cdot \mathrm{d}\boldsymbol{l} = -\int_C^D B_N \cos\beta \mathrm{d}s + \int_D^E B_z \mathrm{d}z + \int_E^F B \mathrm{d}s + \int_F^C B_z \mathrm{d}z$$

$$= -\cos\beta \int_C^D B_N \mathrm{d}s + B_z z = 0,$$

可得

$$\int_C^D B_N \mathrm{d}s = \frac{B_z}{\cos\beta} \cdot z.$$

将上式代入(4.4.33)式,得

$$\Delta p_z = qeB_z \cdot z \cdot \tan\beta,$$

由此得

$$\frac{\mathrm{d}z}{\mathrm{d}s} = z',$$

$$z' - z_0' = \frac{\Delta p_z}{p} = \frac{qeB_z z}{mv} \tan\beta = -\frac{z}{\rho} \tan\beta,$$

从而得到粒子在边缘场处的轴向运动为

$$z = z_0,$$

$$z' = z_0' - \frac{z_0}{\rho} \tan\beta, \qquad (4.4.34)$$

其转换矩阵的表达式为

$$\begin{bmatrix} z \\ z' \end{bmatrix} = \begin{bmatrix} 1 & 0 \\ -\dfrac{\tan\beta}{\rho} & 1 \end{bmatrix} \begin{bmatrix} z_0 \\ z_0' \end{bmatrix}. \qquad (4.4.35)$$

综上所述,磁铁边缘场的转换矩阵为

$$M_{\beta,z} = \begin{bmatrix} 1 & 0 \\ -\dfrac{\tan\beta}{\rho} & 1 \end{bmatrix},$$

$$M_{\beta,x} = \begin{bmatrix} 1 & 0 \\ \dfrac{\tan\beta}{\rho} & 1 \end{bmatrix}. \qquad (4.4.36)$$

5. 在由不同磁场元件组成的系统中带电粒子的运动及其转换矩阵

带电粒子在加速器中运动时,要通过各种各样的磁元件,因而其运动规律也将复杂化. 而借助于前面已经得到的各种磁场元件的转换矩阵来研究粒子的运动,则可使之大大简化. 例如,带电粒子通过一个由自由空间、四极磁铁和具有边缘聚焦作用的二极磁铁组成的系统,如图 4.20 所示. 其中 Q_1,Q_2 为四极磁铁,其聚焦常数分别为 K_1,K_2. B 为具有边缘聚焦的二极磁铁,它的边缘同扇形边界夹角为 β,磁场降落指数为 n. 当已知粒子在 Q_1 的边界 $s_0 = 0$ 处的初始条件为 x_0,x_0' 时,求在 s_5 处的粒子运动坐标 (x_5, x_5').

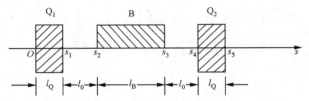

图 4.20　由二极磁铁、四极磁铁组成的系统示意图

根据前面导出的用矩阵表示的横向运动表达式得

$$\begin{bmatrix} x_1 \\ x_1' \end{bmatrix} = M_1 \begin{bmatrix} x_0 \\ x_0' \end{bmatrix},$$

$$\begin{bmatrix} x_2 \\ x_2' \end{bmatrix} = M_0 \begin{bmatrix} x_1 \\ x_1' \end{bmatrix},$$

$$\begin{bmatrix} x_3 \\ x_3' \end{bmatrix} = M_\beta M_B M_\beta \begin{bmatrix} x_2 \\ x_2' \end{bmatrix}.$$

以此类推,最后得到

$$\begin{bmatrix} x_5 \\ x_5' \end{bmatrix} = M_2 \cdot M_0 \cdot M_\beta \cdot M_B \cdot M_\beta \cdot M_0 \cdot M_1 \begin{bmatrix} x_0 \\ x_0' \end{bmatrix} = M \begin{bmatrix} x_0 \\ x_0' \end{bmatrix}, \quad (4.4.37)$$

其中 M_0,M_1,M_2,M_β 和 M_B 分别是自由空间、四极磁铁 Q_1,Q_2,二极磁铁边缘和二极磁铁的转换矩阵,矩阵 M 是所有这些矩阵的乘积. 由此可见,一旦知道了系统的转换矩阵,就很容易由 (4.4.37) 式得到带电粒子在该系统中的运动. 因此用转换矩阵来描述带电粒子的运动是极为方便的.

四、带电粒子在周期交变梯度磁场聚焦结构中的运动

前面我们对各种磁场元件,特别是强聚焦元件的转换矩阵进行了讨论,并且得到了几种不同磁场元件组合而成的系统的转换矩阵. 实际上,带电粒子在圆形加速器中要经过无数的磁场聚焦元件,而且是反复无数次走过同一聚焦元件. 如在合肥同步辐射装置的储存环中,电子每秒转 450 多万圈,一小时所走过的路程长达 10^8 km. 在这样漫长的行程中,若采用(4.4.37)式的方法求出转换矩阵,进而得到电子的轨道方程的解,显然是很困难的. 又如质子在直线加速器中的运动,由于在加速的路径上周期性地安放着一些四极磁铁,对其运动进行聚焦,带电粒子在该系统的两个方向上的运动轨迹如图 4.21 所示,其中 Q_F,Q_D 分别表示对质子产生聚焦、散焦的四极磁铁. 从图中可以定性地看到带电粒子的横向运动是稳定的,但若按(4.4.37)式给出的关系式求带电粒子的运动也是极为困难的. 然而在这些系统中,所有磁聚焦元件对带电粒子来说都是周期性排列的,因此,研究粒子在周期磁聚焦结构中轨道方程的解对粒子横向运动稳定性等是极为重要的.

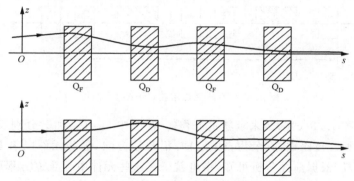

图 4.21　质子在周期排列的四极磁铁系统中的运动示意图

1. 带电粒子在周期聚焦结构中的轨道方程的形式

在同步加速器(如图 4.22 所示)、质子直线加速器以及分离扇回旋加速器等加速器中,不管是强聚焦还是弱聚焦,它们都有不同的聚焦元件周期地排列在加速器的平衡轨道上. 若以平衡轨道为坐标轴(自然坐标系),聚焦元件的布局可如图 4.23 所示.

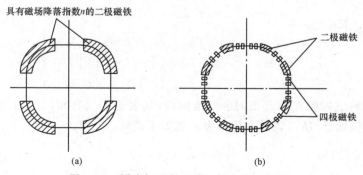

图 4.22　同步加速器磁铁元件布局示意图

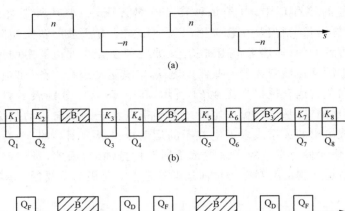

图 4.23　不同聚焦结构(lattice)示意图

下面以图 4.23(c)为例来求轨道方程的解. 图中 Q_F, Q_D 和 B 分别表示聚焦、散焦四极磁铁和二极磁铁, 其余为自由空间. 沿轨道方向, 这些元件以 L 长度为单元周期性地配置. 根据前面分析可知, 带电粒子在这些元件中的轨道方程可表示成如下形式:

$$\frac{\mathrm{d}^2 x}{\mathrm{d}s^2} + K(s)x = 0.$$

在图 4.23(c)的布局中, $K(s)$ 可以表示成

$$K(s) = \begin{cases} K, & s_0 \leqslant s \leqslant s_1, s_0 + L \leqslant s \leqslant s_1 + L, \cdots, \\ 0, & s_1 \leqslant s \leqslant s_2, s_1 + L \leqslant s \leqslant s_2 + L, \cdots, \\ \dfrac{1-n}{r^2}, & s_2 \leqslant s \leqslant s_3, s_2 + L \leqslant s \leqslant s_3 + L, \cdots, \\ 0, & s_3 \leqslant s \leqslant s_4, s_3 + L \leqslant s \leqslant s_4 + L, \cdots, \\ -K, & s_4 \leqslant s \leqslant s_5, s_4 + L \leqslant s \leqslant s_5 + L, \cdots, \\ 0, & s_5 \leqslant s \leqslant s_6, s_5 + L \leqslant s \leqslant s_6 + L, \cdots. \end{cases}$$

由此可知, 轨道方程在以 L 为周期的范围内, 其表达式具有相同的形式, 不同的只是 $K(s)$ 的值而已. 所以轨道方程可表示成如下通式:

$$\frac{\mathrm{d}^2 y}{\mathrm{d}s^2} + K(s)y = 0,$$

$$K(s + L) = K(s). \tag{4.4.38}$$

方程(4.4.38)的系数 $K(s)$ 是以 L 为周期的周期函数. 这个方程是所谓马蒂厄方程

(Mathieu equation)的特殊形式,人们称它为希尔方程(Hill equation).人们对马蒂厄方程的研究已很详尽,这里不讨论其如何求解,只将一些主要结果加以陈述和利用.

2. 带电粒子在周期聚焦结构中轨道方程的解——希尔方程的两个弗洛凯解的确定

方程(4.4.38)的解由弗洛凯(Floquet)理论所阐述,即具有周期函数系数的二阶微分方程的解由两个线性无关的解 y_1, y_2 的线性组合而得.线性无关的充分必要条件是朗斯基(Wronskian)行列式不为零,即

$$\begin{vmatrix} y_1 & y_2 \\ y_1' & y_2' \end{vmatrix} = y_1 y_2' - y_2 y_1' \neq 0. \tag{4.4.39}$$

根据数学上已经证明了的弗洛凯定理,希尔方程的解将由两个基本解 y_1, y_2 线性组合而成, y_1, y_2 被称为弗洛凯解.它们分别具有如下的形式:

$$y_1(s) = \omega_1(s) e^{i\psi(s)}, \tag{4.4.40}$$

$$y_2(s) = \omega_2(s) e^{-i\psi(s)}, \tag{4.4.41}$$

所以方程的通解为

$$y(s) = A y_1(s) + B y_2(s) = A\omega_1(s) e^{i\psi(s)} + B\omega_2(s) e^{-i\psi(s)}, \tag{4.4.42}$$

其中 $\omega_1(s)$, $\omega_2(s)$ 同样是以 L 为周期的周期函数,即

$$\omega_1(s+L) = \omega_1(s), \quad \omega_2(s+L) = \omega_2(s). \tag{4.4.43}$$

根据这一特性可以寻求出解的具体表达形式.由(4.4.40)式得

$$\frac{\mathrm{d}y_1}{\mathrm{d}s} = e^{i\psi(s)}\left(\frac{\mathrm{d}\omega_1(s)}{\mathrm{d}s} + i\frac{\mathrm{d}\psi(s)}{\mathrm{d}s}\omega_1(s)\right), \tag{4.4.44}$$

$$\frac{\mathrm{d}^2 y_1}{\mathrm{d}s^2} = e^{i\psi(s)}\left(\frac{\mathrm{d}^2\omega_1(s)}{\mathrm{d}s^2} + 2i\frac{\mathrm{d}\psi(s)}{\mathrm{d}s}\frac{\mathrm{d}\omega_1(s)}{\mathrm{d}s} + i\frac{\mathrm{d}^2\psi(s)}{\mathrm{d}s^2}\omega_1(s) - \left(\frac{\mathrm{d}\psi(s)}{\mathrm{d}s}\right)^2\omega_1(s)\right).$$

将它们代入希尔方程(4.4.38),得

$$e^{i\psi(s)}\left[\frac{\mathrm{d}^2\omega_1(s)}{\mathrm{d}s^2} - \left(\frac{\mathrm{d}\psi(s)}{\mathrm{d}s}\right)^2\omega_1(s) + K(s)\omega_1(s)\right.$$
$$\left. + i\left(2\frac{\mathrm{d}\psi(s)}{\mathrm{d}s}\frac{\mathrm{d}\omega_1(s)}{\mathrm{d}s} + \frac{\mathrm{d}^2\psi(s)}{\mathrm{d}s^2}\omega_1(s)\right)\right] = 0.$$

由此可得

$$\frac{\mathrm{d}^2\omega_1(s)}{\mathrm{d}s^2} - \left(\frac{\mathrm{d}\psi(s)}{\mathrm{d}s}\right)^2\omega_1(s) + K(s)\omega_1(s) = 0, \tag{4.4.45}$$

$$2\frac{\mathrm{d}\psi(s)}{\mathrm{d}s}\frac{\mathrm{d}\omega_1(s)}{\mathrm{d}s} + \frac{\mathrm{d}^2\psi(s)}{\mathrm{d}s^2}\omega_1(s) = \frac{1}{\omega_1(s)}\frac{\mathrm{d}}{\mathrm{d}s}\left(\omega_1^2\frac{\mathrm{d}\psi(s)}{\mathrm{d}s}\right) = 0. \tag{4.4.46}$$

由(4.4.46)式得

$$\frac{\mathrm{d}\psi(s)}{\mathrm{d}s} = \frac{C}{\omega_1^2(s)}, \tag{4.4.47}$$

其中 C 为常数,数学上可以证明 $C=1$.

另一方面,一个周期内的转换矩阵可以根据(4.4.36)式求出,因此可用矩阵法表示 y_1, y_1' 为

$$\begin{bmatrix} y_1(s+L) \\ y_1'(s+L) \end{bmatrix} = \begin{bmatrix} m_{11} & m_{12} \\ m_{21} & m_{22} \end{bmatrix} \begin{bmatrix} y_1(s) \\ y_1'(s) \end{bmatrix} = M \begin{bmatrix} y_1(s) \\ y_1'(s) \end{bmatrix}, \tag{4.4.48}$$

其中 m_{11}, m_{12}, m_{21}, m_{22} 是 s 到 $s+L$ 的转换矩阵 M 的矩阵元.利用(4.4.40)式和(4.4.44)式,可以将(4.4.48)式改写成

$$\begin{bmatrix} \omega_1(s+L)e^{i\psi(s+L)} \\ (\omega_1'(s+L)+i\psi'(s+L)\omega_1(s+L))e^{i\psi(s+L)} \end{bmatrix} = M \begin{bmatrix} \omega_1(s)e^{i\psi(s)} \\ (\omega_1'(s)+i\psi'(s)\omega_1(s))e^{i\psi(s)} \end{bmatrix}.$$

将上式展开,并作数学上的处理,得

$$\begin{bmatrix} m_{11} \\ m_{12} \\ m_{21} \\ m_{22} \end{bmatrix} = \begin{bmatrix} \dfrac{1}{\omega_1(s)} & -\dfrac{\omega_1'(s)}{C} & 0 & 0 \\ 0 & \dfrac{\omega_1(s)}{C} & 0 & 0 \\ 0 & 0 & \dfrac{1}{\omega_1(s)} & -\dfrac{\omega_1'(s)}{C} \\ 0 & 0 & 0 & \dfrac{\omega_1(s)}{C} \end{bmatrix}$$

$$\cdot \begin{bmatrix} \omega_1(s+L)\cos\mu \\ \omega_1(s+L)\sin\mu \\ \omega_1'(s+L)\cos\mu - \dfrac{C}{\omega_1(s+L)}\sin\mu \\ \omega_1'(s+L)\sin\mu + \dfrac{C}{\omega_1(s+L)}\cos\mu \end{bmatrix},$$

其中

$$\mu = \psi(s+L) - \psi(s).$$

利用 $\omega_1(s+L)=\omega_1(s)$,得

$$\begin{bmatrix} m_{11} \\ m_{12} \\ m_{21} \\ m_{22} \end{bmatrix} = \begin{bmatrix} \cos\mu - \dfrac{\omega_1\omega_1'}{C}\sin\mu \\ \dfrac{1}{C}\omega_1^2\sin\mu \\ -\left(\dfrac{C}{\omega_1^2}+\dfrac{\omega_1'^2}{C}\right)\sin\mu \\ \cos\mu + \dfrac{\omega_1\omega_1'}{C}\sin\mu \end{bmatrix}. \tag{4.4.49}$$

由于 $C=1$,矩阵 M 可以表示成

$$M = \begin{bmatrix} m_{11} & m_{12} \\ m_{21} & m_{22} \end{bmatrix} = \begin{bmatrix} 1 & 0 \\ 0 & 1 \end{bmatrix}\cos\mu + \begin{bmatrix} -\omega_1\omega_1' & \omega_1^2 \\ -\left(\dfrac{1}{\omega_1^2} + \omega_1'^2\right) & \omega_1\omega_1' \end{bmatrix}\sin\mu.$$

$$(4.4.50)$$

引入单位矩阵 I 和由所谓 Twiss 参数 (α, β, γ) 组成的 J 矩阵,

$$I = \begin{bmatrix} 1 & 0 \\ 0 & 1 \end{bmatrix}, \quad J = \begin{bmatrix} \alpha & \beta \\ -\gamma & -\alpha \end{bmatrix},$$

其中

$$\begin{cases} \alpha = -\omega_1(s)\omega_1'(s), \\ \beta = \omega_1^2(s), \\ \gamma = \dfrac{1}{\omega_1^2(s)} + \omega_1'^2(s), \end{cases} \tag{4.4.51}$$

则(4.4.50)式可以写成如下形式:

$$M = I\cos\mu + J\sin\mu. \tag{4.4.52}$$

由(4.4.49)式、(4.4.50)式和(4.4.51)式得到,Twiss 参数与转换矩阵元之间的关系为

$$\cos\mu = \frac{m_{11} + m_{22}}{2},$$

$$\beta = \frac{m_{12}}{\sin\mu},$$

$$\alpha = \frac{m_{11}}{\sin\mu} - \frac{\cos\mu}{\sin\mu}, \tag{4.4.53}$$

$$\gamma = -\frac{m_{21}}{\sin\mu}.$$

由此可见,只要知道一个周期内的转换矩阵,便可以知道 α, β, γ 以及 μ,而这些参数恰恰就是我们在设计某些加速器,特别是强聚焦同步加速器、储存环时所要寻找的量.值得注意的是,这些量是变量 s 的函数,而矩阵元是从 $s \rightarrow s+L$ 的矩阵元,因此不同的 s 所得的矩阵元是不同的.下面让我们来看看这些参数间的关系.

(1) 转换矩阵行列式的值.

由(4.4.50)和(4.4.52)式可知 $\det M = 1$. 因为

$$M = I\cos\mu + J\sin\mu = \begin{bmatrix} \cos\mu - \omega_1\omega_1'\sin\mu & \omega_1^2\sin\mu \\ -\left(\dfrac{1}{\omega_1^2} + \omega_1'^2\right)\sin\mu & \cos\mu + \omega_1\omega'\sin\mu_1 \end{bmatrix},$$

所以

$$\det M = 1. \tag{4.4.54}$$

（2）α,β,γ 之间的关系.

由（4.4.51）式可得,

$$\det J = \begin{vmatrix} \alpha & \beta \\ -\gamma & -\alpha \end{vmatrix} = \begin{vmatrix} -\omega_1\omega_1' & \omega_1^2 \\ -\left(\dfrac{1}{\omega_1^2}+\omega_1'^2\right) & \omega_1\omega_1' \end{vmatrix} = 1,$$

所以

$$-\alpha^2 + \beta\gamma = 1,$$
$$\beta\gamma = 1 + \alpha^2. \tag{4.4.55}$$

而

$$\beta = \omega_1^2(s), \quad \alpha = -\omega_1(s)\omega_1'(s),$$

所以

$$\frac{\mathrm{d}\beta}{\mathrm{d}s} = 2\omega_1(s)\omega_1'(s) = -2\alpha,$$

$$\frac{\mathrm{d}\alpha}{\mathrm{d}s} = -\omega_1'^2 - \omega_1\omega_1'' = -\omega_1'^2 - \omega_1[\psi'^2\omega_1 - K\omega_1] = K\beta - \left[\frac{1}{\omega_1^2}+\omega_1'^2\right]$$

$$= K\beta - \gamma. \tag{4.4.56}$$

由（4.4.55）式,得

$$\frac{\mathrm{d}}{\mathrm{d}s}(\beta\gamma - \alpha^2) = 0,$$

从而有

$$\frac{\mathrm{d}\gamma}{\mathrm{d}s} = 2\alpha K. \tag{4.4.57}$$

（3）横向运动解的表达式.

由（4.4.47）式可知,

$$\frac{\mathrm{d}\psi(s)}{\mathrm{d}s} = \frac{1}{\omega_1^2(s)},$$

则

$$\psi = \int \frac{1}{\omega_1^2(s)}\mathrm{d}s + C = \int \frac{1}{\beta}\mathrm{d}s + C,$$

$$\mu = \psi(s+L) - \psi(s) = \int_s^{s+L}\frac{1}{\beta}\mathrm{d}s. \tag{4.4.58}$$

而方程的弗洛凯解已由式（4.4.40）和（4.4.41）给出:

$$y_1(s) = \omega_1(s)\mathrm{e}^{\mathrm{i}\psi(s)} = \sqrt{\beta}\,\mathrm{e}^{\mathrm{i}\psi(s)},$$

$$y_2(s) = \omega_2(s)\mathrm{e}^{-\mathrm{i}\psi(s)} = \sqrt{\beta}\,\mathrm{e}^{-\mathrm{i}\psi(s)},$$

所以轨道方程的通解为

$$y(s) = Ay_1(s) + By_2(s) = A\sqrt{\beta}\cos\left(\int \frac{1}{\beta}\mathrm{d}s + \delta\right), \qquad (4.4.59)$$

其中 $\beta = \dfrac{m_{12}}{\sin\mu}$，$\cos\mu = \dfrac{m_{11}+m_{22}}{2}$，$\mu = \psi(s+L) - \psi(s) = \displaystyle\int_s^{s+L} \frac{1}{\beta}\mathrm{d}s$. 常数 A, δ 将由初始条件确定.

(4.4.59)式即为带电粒子在周期结构中运动时的轨道方程的解.

3. 束流包络线

前面已经得到粒子在具有周期聚焦结构的加速器中运动的解为

$$y(s) = A\sqrt{\beta}\cos\left(\int \frac{1}{\beta}\mathrm{d}s + \delta\right),$$

其中常数 A, δ 由初始条件 (y_0, y_0') 确定. 不难看出 $A\sqrt{\beta}$ 是粒子横向运动的振幅, 因此称 β 是横向运动的振幅函数或自由振荡的振幅函数, 有时简称为 β 函数. 它由加速器磁铁聚焦结构(lattice)决定, 是同步加速器设计中极为重要的物理参数. 它实际上代表粒子在加速器中运动的振幅包络. 一旦 β 函数已知, 初始条件 A 已确定, 那么 $A\sqrt{\beta}$ 便是粒子运动的最大位移, 如图 4.24 所示. β 函数的起伏大小取决于加速器的聚焦力的大小, 聚焦力越大的加速器其 β 函数沿轨道变化越大, 即 $\beta_{\max}/\beta_{\min}$ 的值越大.

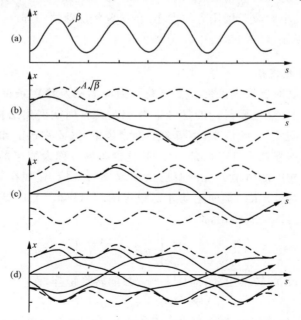

图 4.24 β 函数物理意义示意图

(a) β 函数; (b) 在 $s=0$ 处 $\delta=0$ 时的粒子轨迹; (c) 在 $s=0$ 处 $\delta=\dfrac{\pi}{2}$ 时的粒子轨道; (d) 同一粒子在相继不同圈时的粒子轨道

从解的表达式(4.4.59)可知,自由振荡的相角为

$$\int_{s_0}^{s} \frac{1}{\beta} \mathrm{d}s + \delta,$$

其中 δ 是由初始条件确定的常数. 因此, $\int_{s_0}^{s} \frac{1}{\beta} \mathrm{d}s$ 是粒子从 s_0 运动到 s 处的相位的增加,即相位增加量 $\Delta\psi$.

$$\Delta\psi = \int_{s_0}^{s} \frac{1}{\beta} \mathrm{d}s. \tag{4.4.60}$$

现令 $\Delta\psi$ 为加速器聚焦结构的一个周期的相移量,则有

$$\Delta\psi = \int_{s}^{s+L} \frac{1}{\beta} \mathrm{d}s = \mu. \tag{4.4.61}$$

若加速器是由 N 个周期组成,则一圈内的相移量为

$$N\mu = N \int_{s}^{s+L} \frac{1}{\beta} \mathrm{d}s. \tag{4.4.62}$$

由上式可以得到,粒子转一圈时的振荡次数 ν 为

$$\nu = \frac{N}{2\pi} \int_{s_0}^{s+L} \frac{1}{\beta} \mathrm{d}s. \tag{4.4.63}$$

我们习惯上称粒子一圈内的振荡次数 $\nu_x(\nu_z)$ 为自由振荡频率,它是一个非常重要的量,它的大小对应于聚焦力的大小. 在弱聚焦加速器中, $\nu_x = \sqrt{1-n}, \nu_z = \sqrt{n}$,所以比 1 小,但在强聚焦加速器中, ν 值都大于 1.

4. 横向运动稳定性

在前面我们已对弱聚焦条件下带电粒子横向运动及稳定条件进行了讨论,那是比较简单的情况. 这里要讨论的是带电粒子在具有周期聚焦结构的加速器中的横向运动稳定性问题. 一般说来,由很多周期聚焦单元(或称 cell)组成的加速器中,这些相同的单元内聚焦元件布局是一样的,这种布局被称为加速器的聚焦结构. 带电粒子在这种结构中的轨道方程的解已由(4.4.59)式给出. 现在要研究的问题是选择什么样的结构(lattice)横向运动才是稳定的. 如已知单元的结构,则粒子轨道的横向坐标由(4.4.48)式给出,即

$$\begin{bmatrix} y(s+L) \\ y'(s+L) \end{bmatrix} = M \begin{bmatrix} y(s) \\ y'(s) \end{bmatrix},$$

其中 M 是一个 cell 的转换矩阵,即从 $s \to s+L$ 的转换矩阵,而

$$M = I\cos\mu + J\sin\mu.$$

显然,带电粒子在加速器中经过 N 个 cell,即 N 个周期后其解为

$$\begin{bmatrix} y(s+NL) \\ y'(s+NL) \end{bmatrix} = M^N \begin{bmatrix} y(s) \\ y'(s) \end{bmatrix}. \tag{4.4.64}$$

经过数学推导,可得

$$M^N = I\cos N\mu + J\sin N\mu. \tag{4.4.65}$$

由上式可知,若 M^N 随 N 增加而不断增加,则 $y(s+NL)$ 将随之越来越大,粒子偏离理想轨道的位置越来越大,直至其碰撞真空室壁而丢失,这意味着横向运动不稳定.为使横向运动稳定,只有当 μ 为实数,即

$$|\cos N\mu| \leqslant 1$$

时运动才是一个有限数,即是稳定的.因此横向运动的稳定条件是必须满足

$$|\cos\mu| = \left|\frac{m_{11} + m_{22}}{2}\right| \leqslant 1, \tag{4.4.66}$$

即

$$-1 \leqslant \frac{m_{11} + m_{22}}{2} \leqslant 1. \tag{4.4.67}$$

m_{11}, m_{22} 是加速器中一个周期内转换矩阵的对角矩阵元,因此选择适当的结构布局和物理参数,总可以找到满足横向运动稳定条件(4.4.66)式的方案.

下面是几个较为简单的例子.

(1) 带电粒子在常梯度回旋加速器中横向运动的稳定性.

在回旋加速器中,磁铁聚焦结构就是具有磁场降落指数 n 的二极磁铁.根据(4.4.25)式和(4.4.26)式分别得其转换矩阵为

$$M_x = \begin{bmatrix} m_{11,x} & m_{12,x} \\ m_{21,x} & m_{22,x} \end{bmatrix} = \begin{bmatrix} \cos\dfrac{\sqrt{1-n}}{\rho}s & \dfrac{\rho}{\sqrt{1-n}}\sin\dfrac{\sqrt{1-n}}{\rho}s \\ -\dfrac{\sqrt{1-n}}{\rho}\sin\dfrac{\sqrt{1-n}}{\rho}s & \cos\dfrac{\sqrt{1-n}}{\rho}s \end{bmatrix}, \tag{4.4.68}$$

$$M_z = \begin{bmatrix} m_{11,z} & m_{12,z} \\ m_{21,z} & m_{22,z} \end{bmatrix} = \begin{bmatrix} \cos\dfrac{\sqrt{n}}{\rho}s & \dfrac{\rho}{\sqrt{n}}\sin\dfrac{\sqrt{n}}{\rho}s \\ -\dfrac{\sqrt{n}}{\rho}\sin\dfrac{\sqrt{n}}{\rho}s & \cos\dfrac{\sqrt{n}}{\rho}s \end{bmatrix}. \tag{4.4.69}$$

将 M_x, M_z 对角矩阵元代入(4.4.66)式,得到径向和轴向稳定条件分别为

径向:$-1 \leqslant \cos\dfrac{\sqrt{1-n}}{\rho}s \leqslant 1$;

轴向:$-1 \leqslant \cos\dfrac{\sqrt{n}}{\rho}s \leqslant 1.$

从而得到满足横向运动稳定条件的 n 值分别为

径向:$\sqrt{1-n} > 0$,即 $n < 1$;

轴向:$\sqrt{n} > 0$,即 $n > 0.$

综上所述，n 满足关系式 $0<n<1$ 是横向运动稳定的条件. 这与第三节中得到的横向运动稳定条件相同.

（2）由具有边缘聚焦作用的磁铁组成的零梯度同步加速器.

图 4.25 为零梯度同步加速器的示意图. 它的磁场聚焦结构单元是由具有边缘聚焦的弯转磁铁和一个直线节（自由空间）组成的，因此其一个周期的转换矩阵为

$$M_x = M_{\beta,x} \cdot M_{B,x} \cdot M_{\beta,x} \cdot M_0,$$

$$M_z = M_{\beta,z} \cdot M_{B,z} \cdot M_{\beta,z} \cdot M_0.$$

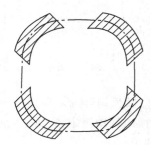

图 4.25　零梯度同步加速器示意图

将 M_β, M_B, M_0 的矩阵表达式代入上两式，得

$$M_x = \begin{bmatrix} 1 & 0 \\ \dfrac{\tan\beta}{\rho} & 1 \end{bmatrix} \begin{bmatrix} \cos\dfrac{\sqrt{1-n}}{\rho}l_B & \dfrac{\rho}{\sqrt{1-n}}\sin\dfrac{\sqrt{1-n}}{\rho}l_B \\ -\dfrac{\sqrt{1-n}}{\rho}\sin\dfrac{\sqrt{1-n}}{\rho}l_B & \cos\dfrac{\sqrt{1-n}}{\rho}l_B \end{bmatrix}$$

$$\cdot \begin{bmatrix} 1 & 0 \\ \dfrac{\tan\beta}{\rho} & 1 \end{bmatrix} \begin{bmatrix} 1 & l_0 \\ 0 & 1 \end{bmatrix},$$

$$M_z = \begin{bmatrix} 1 & 0 \\ -\dfrac{\tan\beta}{\rho} & 1 \end{bmatrix} \begin{bmatrix} \cos\dfrac{\sqrt{n}}{\rho}l_B & \dfrac{\rho}{\sqrt{n}}\sin\dfrac{\sqrt{n}}{\rho}l_B \\ -\dfrac{\sqrt{n}}{\rho}\sin\dfrac{\sqrt{n}}{\rho}l_B & \cos\dfrac{\sqrt{n}}{\rho}l_B \end{bmatrix} \begin{bmatrix} 1 & 0 \\ -\dfrac{\tan\beta}{\rho} & 1 \end{bmatrix} \begin{bmatrix} 1 & l_0 \\ 0 & 1 \end{bmatrix}.$$

对零梯度加速器 $n=0$，再有 $l_B/\rho=\pi/2$，将它们代入上两式，得

$$m_{11,x} = \tan\beta,$$

$$m_{22,x} = \dfrac{\tan\beta}{\rho}(\rho + l_0\tan\beta) - \dfrac{l_0}{\rho},$$

$$m_{11,z} = 1 - \dfrac{\pi}{2}\tan\beta,$$

$$m_{22,z} = 1 - \left(\dfrac{\pi}{2} + \dfrac{2l_0}{\rho}\right)\tan\beta + \dfrac{l_0}{2\rho}\pi\tan^2\beta. \tag{4.4.70}$$

由此得,横向运动稳定性条件为

$$\left| \cos\mu_x \right| = \left| \frac{m_{11,x} + m_{22,x}}{2} \right| = \left| \tan\beta - \frac{l_0}{2\rho}(1 - \tan^2\beta) \right| \leqslant 1,$$

$$\left| \cos\mu_z \right| = \left| \frac{m_{11,z} + m_{22,z}}{2} \right| = \left| 1 - \left(\frac{\pi}{2} + \frac{l_0}{\rho} \right)\tan\beta + \frac{l_0}{4\rho}\pi\tan^2\beta \right| \leqslant 1.$$

$$(4.4.71)$$

根据上式可以找到满足稳定条件的 l_0 和 β 值.

求解粒子横向运动稳定性的其他例子参见本章附录.

5. 横向运动的相图和容纳度

（1）相图.

所谓相图,是指在加速器中带电粒子群在相空间的图形. 在不考虑粒子运动的非线性效应及耦合项时,粒子在不同方向上的运动彼此独立,因而相空间可以按不同坐标独立来处理,即横向运动的相空间可按 (x,x') 和 (z,z') 独立来处理. 为求得粒子横向运动的相空间,我们用 y 来表示横向运动在两个方向的通解,即

$$y(s) = A\sqrt{\beta}\cos\left(\int \frac{1}{\beta}\mathrm{d}s + \delta \right),$$

$$y' = \frac{\mathrm{d}y}{\mathrm{d}s} = -\frac{A\alpha}{\sqrt{\beta}}\cos\left(\int \frac{\mathrm{d}s}{\beta} + \delta \right) - \frac{A}{\sqrt{\beta}}\sin\left(\int \frac{\mathrm{d}s}{\beta} + \delta \right). \quad (4.4.72)$$

由上两式得

$$\frac{1}{\beta}y^2 + \alpha^2\left(\frac{\sqrt{\beta}}{\alpha}y' + \frac{1}{\sqrt{\beta}}y \right)^2 = A^2.$$

利用 $\beta\gamma - \alpha^2 = 1$,得

$$\gamma y^2 + 2\alpha yy' + \beta y'^2 = A^2, \quad (4.4.73)$$

式中 α,β,γ 是 Twiss 参数. 显然上式是以 y,y' 为变量的椭圆方程,这说明带电粒子在加速器的相空间的运动是被约束在相椭圆面积内的.

（2）容纳度

所谓容纳度（接受度）是指加速器能接受粒子的程度,它是用相空间大小来度量的. 只要粒子的坐标 (y,y') 处在接受度内,则该粒子被加速器所接受,或者说被容纳,否则粒子将丢失. 下面将分析接受度与哪些量有关.

根据相椭圆方程(4.4.73),在 (y,y') 平面内作出相图,如图 4.26 所示. 从方程可知,若常数 A 已知,则椭圆面积被确定. 从图 4.26 得到相椭圆面积 S 为

$$S = \int y'\mathrm{d}y. \quad (4.4.74)$$

由(4.4.73)式得

$$y' = -\frac{\alpha}{\beta}y \pm \frac{1}{\beta}\sqrt{\beta A^2 - y^2}$$

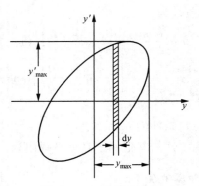

图 4.26   相椭圆示意图

或

$$y = -\frac{\alpha}{\gamma}y' \pm \frac{1}{\gamma}\sqrt{\gamma A^2 - y'^2}.$$

积分限为

$$y_{\max} = \frac{\alpha^2}{\gamma\sqrt{\beta}}A + \frac{1}{\gamma}\sqrt{\gamma A^2 - \frac{\alpha^2}{\beta}A^2} = \sqrt{\beta}A$$

或

$$y'_{\max} = \sqrt{\gamma}A.$$

将有关式代入相面积表达式,得

$$S = \int_{-y_{\max}}^{y_{\max}}(y'_1 - y'_2)\mathrm{d}y = 2\int_{-y_{\max}}^{y_{\max}}\frac{\sqrt{\beta A^2 - y^2}}{\beta}\mathrm{d}y = \pi A^2. \quad (4.4.75)$$

由此可见,相椭圆面积为 πA^2.

假定真空室尺寸为 R(半宽度),显然要求 $y_{\max} \leqslant R$,否则带电粒子会因碰壁而丢失,于是

$$y_{\max} = \sqrt{\beta}A = R. \quad (4.4.76)$$

从运动方程(4.4.59)可知,$y_{\max}$ 对应于 $y_{\max}$ 处,有

$$A = \frac{R}{\sqrt{\beta_{\max}}},$$

所以

$$S = \pi\frac{R^2}{\beta_{\max}}. \quad (4.4.77)$$

这时,相椭圆方程可化为

$$\gamma y^2 + 2\alpha yy' + \beta y'^2 = \frac{R^2}{\beta_{\max}}. \quad (4.4.78)$$

令

$$D = \frac{S}{\pi} = A^2,$$

则

$$D = \frac{R^2}{\beta_{max}}. \qquad (4.4.79)$$

(4.4.79)式所给定的归一化相椭圆面积被定义为加速器的容纳度. 这时 $y = R \frac{\sqrt{\beta}}{\sqrt{\beta_{max}}} \cos\left(\int \frac{1}{\beta} ds + \delta\right)$ 为其轨道方程的边界值. 粒子的运动在径向的最大位移为 R, 最小位移为

$$\left[R \frac{\sqrt{\beta_{min}}}{\sqrt{\beta_{max}}} \cos\left(\int \frac{1}{\beta} ds + \delta\right) \right]_{min}.$$

根据以上诸式可以确定, 加速器中任何一处的相椭圆参数为

$$y_{max} = R \frac{\sqrt{\beta(s)}}{\sqrt{\beta_{max}}},$$

$$y'_{max} = R \frac{\sqrt{\gamma(s)}}{\sqrt{\beta_{max}}}.$$

相椭图上各点的参数如图 4.27 所示.

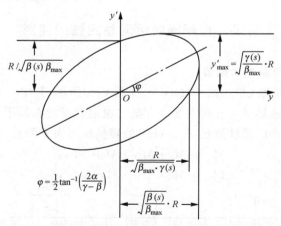

图 4.27 加速器束流管道内 s 处的相椭圆参数示意图

6. 共振现象

我们在求解带电粒子在周期结构中的轨道方程时, 是从理想的条件出发的, 但实际上由于各种因素所致, 这个理想条件并不能满足, 因此解的形式并非像(4.4.59)式所描述的那么简单. 例如, 若考虑到二极磁铁磁场的偏差、粒子本身具有动量分

散 $\Delta p \neq 0$ 等,则粒子的横向运动类似于机械振动的受迫振动,在某些自由振荡频率下,粒子运动的振幅会发生共振,致使粒子丢失.若在求解带电粒子的轨道方程时将上述两因素考虑在内,则其解将由下式描述:

$$x(s) = x_\beta + x_c + x_p, \qquad (4.4.80)$$

其中,x_β 是粒子的横向自由振荡,由(4.4.59)式所描述,x_c 是由于主导磁场存在 ΔB 时,引起的带电粒子的封闭轨道的畸变量,x_p 是由于粒子具有动量分散 $\dfrac{\Delta p}{p}$ 时,封闭轨道的畸变量.它们分别由下式给出

$$\begin{cases} x_\beta = A\sqrt{\beta}\cos\left(\displaystyle\int \frac{1}{\beta}\mathrm{d}s + \delta\right), \\[2mm] x_c = \dfrac{\sqrt{\beta \cdot \beta(s)} \cdot \Delta x'}{2\sin\pi\nu_x}\cos\left(\displaystyle\int \frac{1}{\beta}\mathrm{d}s + \delta\right), \\[2mm] x_p = \dfrac{1}{4\sin^2\pi\nu_x}(m_{13} + m_{12}m_{23} - m_{22}m_{13})\dfrac{\Delta p}{p}, \end{cases} \qquad (4.4.81)$$

其中 $m_{12}, m_{13}, m_{22}, m_{23}$ 是带电粒子具有 Δp 时加速器的三阶转换矩阵的矩阵元,$\Delta x'$ 是在主导磁场偏差 ΔB 存在时造成的轨道斜率变化量.从(4.4.81)式可知,当 ν_x 为整数时,其中 x_c, x_p 都趋向无穷大,即发生共振.这表明 ν_x, ν_z 不能取整数.在第八章中将进一步讨论共振问题.

附录　粒子横向运动稳定性的实例

1. 交变梯度强聚焦加速器

若某加速器的磁铁聚焦结构(lattice)如图 4-A 所示.其中 n_1, n_2 为二极磁铁磁场降落指数,该加速器是由 n 值交替变化的二极磁铁配置在粒子轨道上,二级磁铁间是自由空间.这样的磁铁聚焦单元(cell)的转换矩阵由下两式给出:

$$M_x = M_0 \cdot M_{x2} \cdot M_0 \cdot M_{x1},$$
$$M_z = M_0 \cdot M_{z2} \cdot M_0 \cdot M_{z1}, \qquad (1)$$

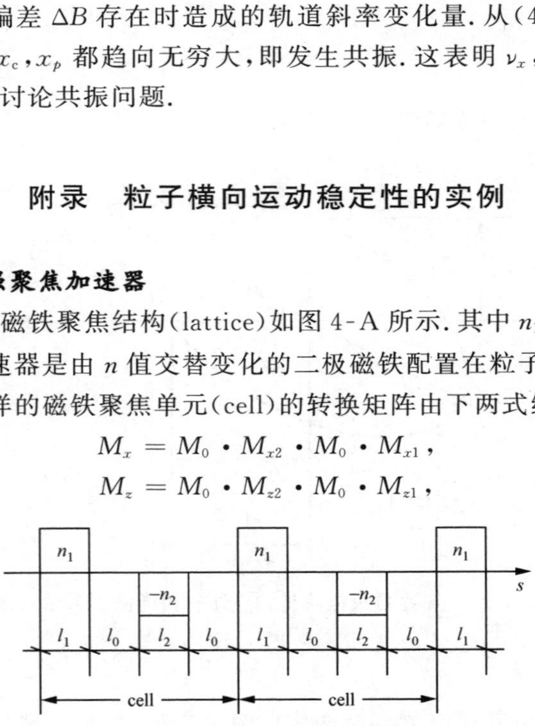

图 4-A　磁铁聚焦结构示意图

其中 M_0, M_{xi}, M_{zi} 分别为自由空间,磁场降落指数为 n_i 的二极磁铁在 x, z 方向上

的转换矩阵. 为分析问题清晰起见, 对图中的参数作如下的简化: $n_1 \neq n_2$, $|n_1| \gg 1$, $|n_2| \gg 1$, 则有 $n_1 - 1 \approx n_1$ 和 $n_2 + 1 \approx n_2$, 并令 $l_0 = 0, l_1 = l_2 = l, l = \dfrac{2\pi\rho}{2N} = \dfrac{\pi\rho}{N}$. 从而由 (4.4.72)式, 得

$$\cos\mu_x = \frac{m_{11,x} + m_{22,x}}{2}$$

$$= \cos\frac{\sqrt{n_2}}{N}\pi \mathrm{ch}\frac{\sqrt{n_1}}{N}\pi + \frac{1}{2}\left(\sqrt{\frac{n_1}{n_2}} - \sqrt{\frac{n_2}{n_1}}\right)\sin\frac{\sqrt{n_2}}{N}\pi \mathrm{sh}\frac{\sqrt{n_1}}{N}\pi. \qquad (2)$$

同理得

$$\cos\mu_z = \frac{m_{11,z} + m_{22,z}}{2}$$

$$= \cos\frac{\sqrt{n_1}}{N}\pi \mathrm{ch}\frac{\sqrt{n_2}}{N}\pi + \frac{1}{2}\left(\sqrt{\frac{n_2}{n_1}} - \sqrt{\frac{n_1}{n_2}}\right)\sin\frac{\sqrt{n_1}}{N}\pi \mathrm{sh}\frac{\sqrt{n_2}}{N}\pi. \qquad (3)$$

根据横向运动稳定条件 $|\cos\mu| \leqslant 1$, 并选 $-\dfrac{n_2}{N^2}, \dfrac{n_1}{N^2}$ 为坐标轴, 可得到所谓的横向运动稳定区图, 如图 4-B 所示.

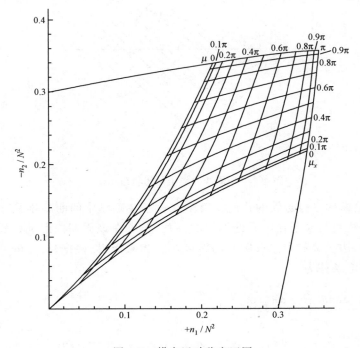

图 4-B 横向运动稳定区图

　　从图中可以看出满足稳定条件的区域像一条领带,在该区域之外将是不稳定的.在实际加速器物理设计时,不能作任何假定,而且参数之多,计算之复杂,难以用解析式表述,只能借助于计算机据实进行计算,选出较佳参数.这里还要指出的是,上面所考虑的横向运动稳定性仅仅是一个因素,还有其他因素,如共振、注入等须综合考虑.

2. 带电粒子在由扇形磁铁组成的加速器中的运动稳定性

　　图 4-C 是由四块扇形磁铁组成的等时性回旋加速器的示意图.扇形磁铁的磁场随半径方向逐渐增加,所以其磁场降落指数 $n<0$.带电粒子轨道与磁场边缘有一夹角 β,因此扇形磁铁具有边缘聚焦作用.带电粒子在这样的磁铁聚焦结构中横向运动是否稳定必然与磁铁的几何参数有关.这样的磁铁聚焦结构是一个周期结构,每一个周期是以四分之一象限为单元,其封闭轨道是由四个直线轨道和四个圆弧轨道组成.为此,只须研究一个周期的转换矩阵就可以得到横向运动稳定条件的表达式.

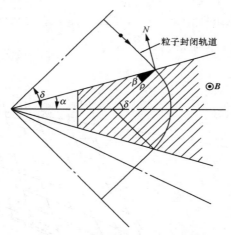

图 4-C　一周期内粒子封闭轨道示意图

　　设 2α 是扇形二极磁铁的几何张角,ρ 是粒子在磁场中的曲率半径,β 是磁铁几何边界的外法线与粒子在边界处轨道的夹角.粒子在该周期内运动的转换矩阵将由自由空间、边缘聚焦和二极磁铁的转换矩阵相乘而得.根据(4.4.66)式,该磁聚焦系统的稳定条件为

$$\left| \begin{array}{l} \left[1+2\tan a\delta \left(\dfrac{\pi}{4}-\alpha \right) \right] \cos \dfrac{\sqrt{1-n}}{2}\pi \\[3mm] +\left\{ \dfrac{\tan \left(\dfrac{\pi}{4}-\alpha \right)}{\sqrt{1-n}} \left[1+a\delta \tan \left(\dfrac{\pi}{4}-\alpha \right) \right] -a\delta \sqrt{1-n} \right\} \sin \dfrac{\sqrt{1-n}}{2}\pi \end{array} \right| \leqslant 1,$$

$$\left| \begin{array}{l} \left[1+2\tan a\delta\left(\dfrac{\pi}{4}-\alpha\right)\right]\mathrm{ch}\dfrac{\sqrt{|n|}}{2}\pi \\ -\left\{\dfrac{\tan\left(\dfrac{\pi}{4}-\alpha\right)}{\sqrt{|n|}}\left[1-a\delta\tan\left(\dfrac{\pi}{4}-\alpha\right)\right]-a\delta\sqrt{|n|}\right\}\mathrm{sh}\dfrac{\sqrt{|n|}}{2}\pi \end{array}\right| \leqslant 1,$$

其中

$$a=\frac{\sin\delta\cdot\sin(\delta-\alpha)}{\delta\cdot\sin\alpha}. \tag{4}$$

根据上式可找到使横向运动稳定的参数. 如兰州近代物理所得到, 2α 在 $43°\sim47°,52°\sim56°$时横向运动是稳定的.

参 考 文 献

[1] 徐建铭. 加速器原理 [M]. 修订版. 北京：科学出版社，1981.

[2] Hill M G. Encyclopedia of Science and Technology，1977，7：545.

[3] Лебедев，Шальнов. Основы Фичики и Техники Ускорителей Том，1981，1.

[4] 刘迺泉，等. 加速器理论 [M]. 北京：原子能出版社，1990.

[5] Courant E D，Snyder H S. Annals of physics，1958，3：1—48.

[6] 班福德 A P. 带电粒子束的输运 [M]. 刘经之，等译. 北京：原子能出版社，1984.

[7] 王竹溪，郭敦仁. 特殊函数概论 [M]. 北京：科学出版社，1965.

第五章　感应型加速器

感应型加速器(magnetic induction accelerator)的基本原理是利用随时间变化的磁通量产生的涡旋电场来加速带电粒子.本章前三节讲述回旋式感应加速器.由于这种加速器只用于加速电子(β粒子),因而称"betatron",又称电子感应加速器.早在 20 世纪 30 年代就开始了用磁感应电场加速电子的初步探讨和实验.1940 年,克斯特(D. W. Kerst)建成了第一台电子感应加速器,如图 5.1 所示,把电子加速到了 2.3 MeV.1945 年,在这种加速器上已能得到能量为 100 MeV 的电子.在电子感应加速器的研制过程中,提出了电子的振荡理论,并解决了带电粒子在加速过程中的稳定性问题.这个理论适用于各种类型常梯度磁场聚焦的加速器(详见第四章).因此在加速器的发展史上,电子感应加速器起了重要的作用.本章第四节讲述从 20 世纪 60 年代发展起来的直线感应加速器.这类加速器不但能加速电子,还能加速离子,近些年来发展很快.目前,它已能提供能量为几十 MeV、脉冲电流为数 kA 的电子束流,在很多新的科研领域中得到了应用.

图 5.1　D. W. Kerst 发明的第一台电子感应加速器

第一节　电子感应加速器工作原理

一、感应涡旋电场与电子的加速

由电磁感应定律可知,如果磁感应强度随时间变化,就会感生出涡旋电场.涡旋电场的分布和大小分别由磁感应强度的空间分布及其随时间变化的速率决定.

$$\nabla \times \boldsymbol{E} = -\frac{\partial \boldsymbol{B}}{\partial t}. \tag{5.1.1}$$

在电子感应加速器中,磁场的分布是轴对称的,所以涡旋电场的形状是封闭圆.根据楞次定律(Lenz law),电场的方向应与磁感应强度增长方向的右手螺旋方向相反.图 5.2 表示涡旋电场及电子加速运动的方向.

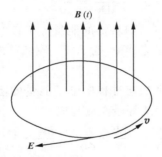

图 5.2　涡旋电场和电子加速运动方向示意图

符合一定条件的电子,被涡旋电场连续地加速,经过多次的积累能得到较高的能量.如果在整个加速过程中,电子能围绕涡旋电场的封闭圆运动达百万圈,那么即使电子每转一圈只获得数十 eV 的能量,其最终能量也能达到数十 MeV.

设计加速器时,为了保证电子能加速到预定的能量,必须对加速磁通的变化量提出一定的要求.下面我们来推导加速磁通的变化量与电子能量的增加量之间的关系式.

设电子轨道上的感应电场强度为 $\boldsymbol{E}$,则电子沿轨道走一小段路程 $\mathrm{d}\boldsymbol{L}$ 获得的能量是

$$\mathrm{d}W = -e\boldsymbol{E} \cdot \mathrm{d}\boldsymbol{L}, \tag{5.1.2}$$

式中 e 是电子电荷的绝对值, $\boldsymbol{E}$ 和 $\mathrm{d}\boldsymbol{L}$ 都是矢量,负号表示只有当电子的运动方向与电场方向相反时,电子的能量才是增加的.(见图 5.2)

如果电子的理想轨道是封闭的,则电子转一圈获得的能量是

$$\frac{\mathrm{d}W}{\mathrm{d}N} = -\oint e\boldsymbol{E} \cdot \mathrm{d}\boldsymbol{L}. \tag{5.1.3}$$

对(5.1.1)式进行面积分：

$$\int_A \left(\nabla \times \boldsymbol{E} \right) \cdot \mathrm{d}\boldsymbol{A} = -\int \frac{\partial \boldsymbol{B}}{\partial t} \cdot \mathrm{d}\boldsymbol{A} = -\frac{\partial \Phi}{\partial t}. \tag{5.1.4}$$

上式的面积分是在电子封闭轨道所围的曲面 A 上进行的，Φ 是封闭轨道包围的总磁通.

由斯托克斯定理(Stokes theorem)

$$\oint \boldsymbol{E} \cdot \mathrm{d}\boldsymbol{L} = \int_A \left(\nabla \times \boldsymbol{E} \right) \cdot \mathrm{d}\boldsymbol{A} \tag{5.1.5}$$

得到

$$\frac{\mathrm{d}W}{\mathrm{d}N} = -e \frac{\mathrm{d}\Phi}{\mathrm{d}t}.$$

如果 Φ 的单位是 Wb，W 的单位用 eV，则上式可写成

$$\frac{\mathrm{d}W}{\mathrm{d}N} = \frac{\mathrm{d}\Phi}{\mathrm{d}t}. \tag{5.1.6}$$

可见，电子围绕"封闭轨道"转一圈获得的能量等于该"封闭轨道"包围的总磁通随时间的变化量.在电子感应加速器中，电子转一圈获得的能量一般为数十 eV，最多数百 eV.

从(5.1.6)式可求得整个加速过程中电子能量的增加量与加速磁通变化量之间的关系式，为此，将(5.1.6)式等号左侧写成

$$\frac{\mathrm{d}W}{\mathrm{d}N} = \frac{\mathrm{d}W}{\mathrm{d}t} \cdot \frac{\mathrm{d}t}{\mathrm{d}N} = \frac{\mathrm{d}W}{\mathrm{d}t} \cdot \frac{2\pi r}{v}, \tag{5.1.7}$$

式中 $\frac{\mathrm{d}t}{\mathrm{d}N}$ 是电子转一圈所需的时间.此处假定电子的封闭轨道是圆，r 是封闭轨道半径，v 是电子转一圈的平均速度.

积分(5.1.6)式得到

$$\int_{W_i}^{W_f} \frac{\mathrm{d}W}{\mathrm{d}t} \cdot \frac{2\pi r}{v} \cdot \mathrm{d}t = \Phi_f - \Phi_i = \Delta\Phi, \tag{5.1.8}$$

式中下标 i(initial)表示初始值，下标 f(final)表示最终值.电子能量为数 MeV 时，可以近似地认为 $v \to c$(光速)，则(5.1.8)式可近似地写成

$$\Delta\Phi = \frac{2\pi r}{c} \cdot \Delta W = 2\pi r \cdot \Delta p. \tag{5.1.9}$$

上式即电子能量的增加量与加速磁通变化量之间的关系式，式中 Δp 是电子动量的增加量.由(5.1.9)式可知：

（1）当轨道半径 r 一定时，电子能量的增加量与磁通变化量成正比.从加速开始到终了磁通的变化量越大，电子获得的能量就越高.

（2）当电子的能量增加量一定时，磁通变化量与"封闭轨道"半径 r 成正比.由此可见，大型电子感应加速器由于电子的能量高，轨道半径大，在电子能量增加值

相同的情况下,磁通变化量要比小型加速器高.所以用电子感应加速器加速电子最合理的能量一般为数十 MeV.

（3）磁通变化量与电子的速度成反比.也就是说,要使电子获得一定的能量,电子的速度越低,要求的磁通变化量越大.

综上所述,显然不能用电子感应加速器加速质子,更不能加速重离子.因为当轨道磁场和粒子的能量一定时,质子的轨道半径 r_p 要比电子的轨道半径 r_e 大得多,而质子的速度 v_p 又比电子的速度 v_e 低得多.因此,质子对磁通变化量的利用效率太低,故不能用电子感应加速器加速质子.

二、电子感应加速器的平衡轨道

电子感应加速器中轨道磁场是旋转对称的.电子的"封闭轨道"是封闭圆.轨道半径 r_c 由下式决定（见第四章,第二节）：

$$r_\mathrm{c} = \frac{p}{qeB}.$$

由于在加速过程中电子动量 p 不断增加,因此,要使电子的"封闭轨道"半径 r_c 保持不变,轨道上磁感应强度的轴向分量 B 也必须不断增大,并保持 $\dfrac{p(t)}{B(t)}$ 为一恒定值.满足上述条件的"封闭轨道"称为平衡轨道.如果在开始加速时,电子的"封闭轨道"就与平衡轨道重合,则在整个加速过程中轨道不再改变.反之,如果开始加速时,电子的"封闭轨道"就偏离平衡轨道,则在加速过程中"封闭轨道"将逐渐地向平衡轨道靠拢.平衡轨道是感应加速器的一个十分重要的参数.在设计、调整加速器时,环形真空室的中心轴要与平衡轨道的中心轴重合.

为了保证 $\dfrac{p(t)}{B(t)}$ 为恒定值,磁场的分布必须满足下列条件：

（1）轨道上的磁感应强度必须随时间增大.同时,为了在轨道上感生加速电子的涡旋电场,要求轨道所包围的中心磁通也必须随时间增强.这样,中心磁通和轨道磁场可以合并成由一块磁极产生,并由共同的绕组激励.

（2）中心磁通的平均磁感应强度和轨道上的磁感应强度必须满足 2∶1 条件.证明如下：

设在平衡轨道 r_s 上磁感应强度为 $B_\mathrm{s}(t)$,电子的动量为 $p_\mathrm{s}(t)$.

由（4.2.6）式可得

$$\frac{p_\mathrm{s}(t)}{B_\mathrm{s}(t)} = -er_\mathrm{s}. \tag{5.1.10}$$

将上式对时间微分,得

$$\frac{\mathrm{d}p_\mathrm{s}(t)}{\mathrm{d}t} = -er_\mathrm{s}\frac{\mathrm{d}B_\mathrm{s}(t)}{\mathrm{d}t}. \tag{5.1.11}$$

根据牛顿第二定律有

$$\frac{\mathrm{d}p_s(t)}{\mathrm{d}t} = eE_s, \tag{5.1.12}$$

式中 E_s 是平衡轨道上的涡旋电场强度.

从(5.1.4)式和(5.1.5)式可得到

$$\oint \boldsymbol{E} \cdot \mathrm{d}\boldsymbol{L} = -\frac{\partial \Phi}{\partial t}, \tag{5.1.13}$$

所以,平衡轨道上的涡旋电场强度 E_s 的表达式为

$$E_s = -\frac{1}{2\pi r_s} \frac{\partial \Phi_s}{\partial t}, \tag{5.1.14}$$

式中 Φ_s 是平衡轨道包围面积内的中心磁通. 如果用 $\bar{B}_s(t)$ 表示平衡轨道 r_s 包围面积内的平均磁感应强度,则

$$\Phi_s(t) = \pi r_s^2 \bar{B}_s(t). \tag{5.1.15}$$

将(5.1.15)式代入(5.1.14)式后,再代入(5.1.12)式得到

$$\frac{\mathrm{d}p_s(t)}{\mathrm{d}t} = -\frac{er_s}{2} \frac{\partial \bar{B}_s(t)}{\partial t}. \tag{5.1.16}$$

比较(5.1.16)式和(5.1.11)式,有

$$\frac{\mathrm{d}B_s(t)}{\mathrm{d}t} = \frac{1}{2} \frac{\mathrm{d}\bar{B}_s(t)}{\mathrm{d}t}. \tag{5.1.17}$$

上式的含义是:平衡轨道上的磁感应强度随时间的增长率,应等于该轨道所包围的面积内平均磁感应强度增长率的一半.

积分(5.1.17)式,得

$$\int_0^t \frac{\mathrm{d}B_s(t)}{\mathrm{d}t}\mathrm{d}t = \int_0^t \frac{1}{2} \frac{\mathrm{d}\bar{B}_s(t)}{\mathrm{d}t}\mathrm{d}t,$$

$$B_s(t) - B_s(0) = \frac{1}{2}[\bar{B}_s(t) - \bar{B}_s(0)]. \tag{5.1.18}$$

代入初始条件,当 $t=0$ 时,$B_s(0)=\bar{B}_s(0)=0$,所以

$$B_s(t) = \frac{1}{2}\bar{B}_s(t). \tag{5.1.19}$$

这就是通常所说的 2∶1 条件. 此条件是回旋式感应加速器加速电子的必要条件. 只有满足这个条件,才能保证电子在加速过程中的"封闭轨道"是不随时间变化的. 因为感生涡旋电场的中心磁通和轨道上的磁感应强度是由同一磁极产生,并由同一绕组激励,所以,如果在某一时刻满足 2∶1 条件,其他时刻也就自然满足. 这样,就去掉了时间的因素,只要求磁场的空间分布满足 2∶1 条件即可.

如果测出磁感应强度 B 随半径 r 的分布曲线 $B(r)$,并算出 r 所包围的面积内的平均磁感应强度 $\bar{B}(r)$ 的一半随半径 r 的分布曲线 $\bar{B}(r)/2$,则 $B(r)$ 与 $\bar{B}(r)/2$

两条曲线的交点对应的半径 r 即为满足 $2:1$ 条件的平衡轨道 r_s. 显然,只有当轨道上的磁感应强度小于中心的平均磁感应强度时(即轨道磁场必须随半径 r 的增加而下降时),曲线 $B(r)$ 与 $\bar{B}(r)/2$ 才能有交点. 图 5.3 表示电子感应加速器的磁极形状、磁场随半径 r 的分布曲线,以及满足 $2:1$ 条件的平衡轨道半径 r_s.

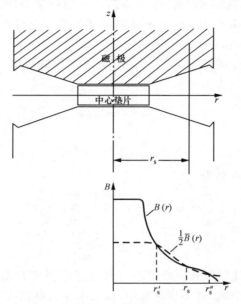

图 5.3 电子感应加速器磁极面形状及磁场分布示意图

由图 5.3 可见,有三个相应的半径 r_s',r_s'' 和 r_s 都满足 $2:1$ 条件. 其中 r_s' 和 r_s'' 处磁场降落指数 $n>1$,不满足径向运动的稳定条件. 只有 r_s 既满足 $2:1$ 条件,又满足径向运动的稳定条件,所以 r_s 是稳定的平衡轨道. 在平衡轨道 r_s 上,$\dfrac{p(t)}{B(t)}$ 的比值为恒定值,在整个加速过程中,电子将围绕平衡轨道 r_s 运动近百万圈.

三、电子感应加速器中电子的横向运动

综上可知,电子感应加速器的轨道磁场是随时间变化的、旋转对称的常梯度磁场. 在第四章中已详细地讨论过粒子在这种磁场中的横向运动方程及稳定条件. 下面对电子感应加速器中电子的横向运动及稳定条件作扼要的说明.

(1)首先讨论电子围绕平衡轨道转一圈的情况. 在这样短的时间里,电子质量 m 和磁感应强度 B 随时间的变化都可以忽略,电子的横向运动方程为

$$F_z = \frac{\mathrm{d}}{\mathrm{d}t}\left(m\frac{\mathrm{d}z}{\mathrm{d}t}\right) = -m\omega^2 nz,$$

$$F_r = \frac{\mathrm{d}}{\mathrm{d}t}\left(m\,\frac{\mathrm{d}x}{\mathrm{d}t}\right) = -\,m\omega^2(1-n)x,$$

式中 z 和 x 分别表示电子对平衡轨道的轴向和径向偏离值.

从电子的横向运动方程可以看出,电子轴向运动的稳定条件是 $n>0$,这与 $2:1$ 条件对轨道磁场的要求是一致的.电子径向运动的稳定条件是 $n<1$,它限定了轨道磁场随半径下降的速率.所以,电子横向运动的稳定条件是 $0<n<1$.在电子感应加速器中一般取 $n=0.6\sim 0.7$.

电子横向振荡的角频率 ω_z 和 ω_r 都小于电子的回旋角频率 ω.横向振荡角频率与电子回旋角频率的比值为

$$\nu_z = \frac{\omega_z}{\omega} = \sqrt{n},$$

$$\nu_r = \frac{\omega_r}{\omega} = \sqrt{1-n}.$$

电子的横向振荡振幅为

$$x_{\mathrm{mi}} = \sqrt{x_i^2 + \frac{\gamma_{xi}^2 r_{ci}^2}{1-n}},$$

$$z_{\mathrm{mi}} = \sqrt{z_i^2 + \frac{\gamma_{zi}^2 r_{ci}^2}{n}}.$$

（2）在整个加速过程中电子的质量 m 和磁感应强度 B 都随时间而变化,这将引起横向振荡振幅的衰减.在加速过程中,横向振荡振幅将按下列的关系衰减:

$$A_z \propto B^{-\frac{1}{2}} n^{-\frac{1}{4}},$$

$$A_x \propto B^{-\frac{1}{2}} (1-n)^{-\frac{1}{4}}.$$

（3）如果轨道磁场沿角向有畸变,即轨道磁场沿角向分布不均匀,将产生引起强迫振荡的外力,使横向振荡振幅加大.当出现共振时,横向振荡振幅将迅速增大,导致电子的丢失.磁场畸变的低次谐波危害最大,所以在电子感应加速器的安装、调试过程中,除了测量和调整平衡轨道 r_s 外,还必须测量磁场角向分布的不均匀性.求出磁场角向畸变一、二次谐波的幅值及其所在相角,并进行补偿,使低次谐波的幅值减到最小.

四、电子的注入、俘获与偏移、引出

1. 电子感应加速器的工作状态

电子感应加速器磁铁的励磁绕组由交流电源供电.磁场随时间是交变的.另一方面,要使电子能围绕平衡轨道多次稳定地加速,要求产生加速电场的中心磁通和控制轨道的轨道磁场都随时间增大,所以电子感应加速器的整个加速过程只能在磁场上升的 1/4 周期内完成. 图 5.4 是中心加速磁通和轨道磁场随时间的变化曲线, 并标明电子的注入、加速和引出时刻. 其中, $\tau = t_2 - t_1$ 是俘获时间间隔, 一般为几个 μs.

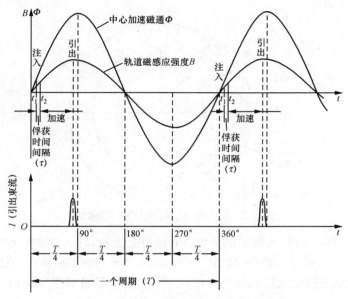

图 5.4　感应加速器的工作状态示意图

在交变磁场的第一个 1/4 周期开始后, 就把电子注入加速轨道. 被俘获的电子随磁场的上升而加速, 磁场相位上升到 80°左右时将电子引出. 引出束流的脉冲宽度与引出方法有关, 一般为 1 μs. 可见, 从电子感应加速器中引出的电子束流是脉冲的. 脉冲重复频率就是励磁绕组供电电源的频率, 一般为每秒 50 次.

如果利用交变磁场的第三个 1/4 周期加速电子, 电子的注入、加速和引出都在第三个 1/4 周期内完成. 由于轨道磁场为负, 因此在整个加速过程中电子的运动方向将与前面所讲的情况相反.

2. 电子的注入与俘获

从电子枪向加速真空室中发射电子的过程称为注入过程. 由于初始条件不同, 注入的电子只有一部分被加速. 进入加速过程的电子称为被俘获的电子.

(1) 电子的入射过程. 电子感应加速器中被加速的电子总是围绕着平衡轨道运动的. 所以发射电子的电子枪不能放在平衡轨道上, 一般放在平衡轨道的外侧. (见图 5.5)电子的发射口与平衡轨道的距离为 x_{ci}. 通常入射电子的初始动量 p_i 为一定值. 它由电子枪的阳极高压决定, 一般为数十 kV. 如果用 B_i 表示电子出口处轨道磁感应强度, 则电子的初始"封闭轨道"半径 r_{ci} 为

$$r_{ci} = \frac{p_i}{qeB_i}.$$

因为 B_i 随时间上升,而 p_i 值不变,则 r_{ci} 随时间减小.图 5.5 绘出四种不同时刻注入的电子初始轨道.

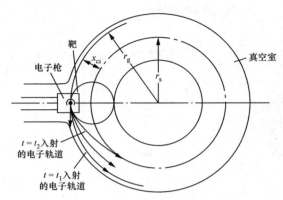

图 5.5　注入时刻不同的电子初始轨道

① $t_i = 0$, $B_i = 0$ 时,入射的电子将沿直线轨道运动,打到真空室外侧壁上.

② $0 < t_i < t_1$ 时,初始"封闭轨道"半径随 B_i 的上升而不断减小,直到 $t_i = t_1$ 时,$r_{ci} = r_g$(r_g 为电子枪引出口所处的半径),此时入射电子沿着通过引出口的"封闭轨道"运动.

③ $t_1 < t_i < t_2$ 时,随着 B_i 继续上升,r_{ci} 位于枪的出口半径与平衡轨道半径之间,即 $r_g > r_{ci} > r_s$.入射电子将围绕 r_{ci} 做径向振荡.入射愈晚的电子 r_{ci} 愈小,因而入射电子的起始径向振幅愈大.

④ $t_i = t_2$ 时 $r_{ci} = r_s$,即入射电子将围绕平衡轨道运动.由于平衡轨道一般处在真空加速室有效宽度的中心线上,故此时入射电子的径向初始振幅将等于或大于半个真空室有效宽度.此后 $t_i > t_2$,$r_{ci} < r_s$,入射的电子将在径向振荡中打在内侧壁上而丢失.

显然,$\tau = t_2 - t_1$ 是电子的有效入射或俘获时间,一般为几个 μs 至几十 μs.

综上可见,只有在 $t = t_2$ 时刻入射电子的初始封闭轨道才与平衡轨道重合.这些电子称为平衡电子,它们在以后的加速过程中将围绕着平衡轨道做衰减振荡.在 $t_1 < t < t_2$ 时刻入射的电子,其初始封闭轨道半径 r_{ci} 都大于平衡轨道半径 r_s.这些电子称为非平衡电子,它们将围绕着与入射时刻相应的"封闭轨道"做衰减振荡,并且,随着加速过程,"封闭轨道"将逐渐地向平衡轨道靠拢.

(2) 非平衡电子封闭轨道的变化.已知注入时刻粒子的动量发散将引起轨道分散.在第四章中也曾推出粒子径向轨道分散值 x 与动量发散 Δp 之间的关系 (4.3.51)式

$$x \approx \frac{r_s}{1-n}\frac{\Delta p}{p_s}.$$

在加速过程中,平衡电子的动量 p_s 逐渐增大,因而 x 逐渐减小.

在电子感应加速器的注入时刻,入射电子与平衡电子的动量差也引起轨道分散,使封闭轨道偏离平衡轨道. 在加速过程中轨道磁感应强度逐渐增大,电子的封闭轨道与平衡轨道的偏离值 x_c 将逐渐减小,即"封闭轨道"逐渐地向平衡轨道靠拢, x_c 的相对减小可写为

$$\frac{\mathrm{d}x_c}{x_c} = -\frac{\mathrm{d}p}{p_s} = -\frac{\mathrm{d}B_s}{B_s}. \tag{5.1.20}$$

(3) 三种典型时刻注入电子的径向运动轨道. 三种不同注入时刻电子轨道振荡情况如图 5.6 所示.

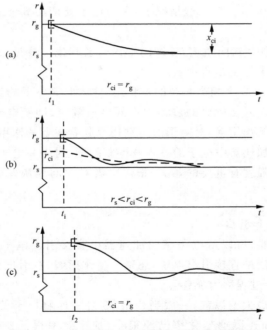

图 5.6　三种不同注入时刻的电子轨道振荡情况

① 注入时刻 $t_i = t_1$ 时,入射的动量为 p_i 的电子,在轨道磁场 B_{i1} 的作用下,其封闭轨道半径为 $r_{ci} = r_g = r_s + x_{ci}$. 电子的初始位置就在封闭轨道上,因此,沿切线方向入射的电子将没有径向振荡,而只是随着加速过程,电子的封闭轨道逐渐向平衡轨道靠拢.[图 5.6(a)]

② 在 $t_1 < t_i < t_2$ 时间间隔内入射的动量为 p_i 的电子,在轨道磁场 $B_i (B_{i1} < B_i < B_{i2})$ 的作用下,其封闭轨道半径 r_{ci} 在 r_g 与 r_s 之间. 电子的初始位置与封闭轨道有

偏离,因此,沿切线方向入射的电子将围绕封闭轨道作衰减振荡.同时封闭轨道逐渐向平衡轨道靠拢.[图 5.6(b)]

③ 注入时刻 $t_i = t_2$ 时,入射的动量为 p_i 的电子,在轨道磁场 B_{i2} 的作用下,其封闭轨道半径为 $r_{ci} = r_s$,电子的封闭轨道就是平衡轨道,此时电子的初始位置偏离封闭轨道最大(x_{ci}),沿切线方向入射的电子将围绕着平衡轨道作衰减振荡.[图 5.6 (c)]

入射时间早于 t_1 和晚于 t_2 的电子都将分别打在真空室内的外侧壁和内侧壁上而丢失.

(4) 关于电子绕过电子枪的问题.如果入射的电子严格地沿初始封闭轨道运动而没有其他因素的影响,则电子转一圈后应该打在电子枪的背面而丢失.实际上,存在着一些能帮助入射电子绕过电子枪而继续加速的有利因素:

① 电子的实际轨道是围绕着"封闭轨道"振荡的,其径向和轴向振荡分别是回旋频率的 $(1-n)^{1/2}$ 和 $n^{1/2}$ 倍.一般情况下,入射电子要回旋 5～10 圈以后才出现在电子枪附近.

② 在加速过程中"封闭轨道"逐渐向平衡轨道靠拢.[参见公式(5.1.20)]这个因素对电子绕过电子枪也是有利的.

③ 注入与俘获是一个相当复杂的过程.在注入时刻电子的流强为数百 mA,且动能较低,因此,在注入与俘获的过程中空间电荷效应、回旋电子流效应以及真空室内壁上积累电荷的作用等,对电子的运动也都起着重要的作用.

研究电子感应加速器中电子的注入及俘获问题,对提高电子的俘获效率,从而增加引出电子流的强度有重要的意义.很多学者对此问题从理论到实验都做过大量的研究工作.

3. 电子的偏移和引出

根据不同的需要,可以从电子感应加速器中直接引出电子,也可以使电子打靶,产生 γ 射线.无论是直接引出电子,还是产生 γ 射线,在引出前都必须先使电子偏离平衡轨道,这个过程称为偏移.

在磁场上升到最大值以前,一般当相角 80°左右时将电子偏离平衡轨道.因为在 80°和 90°之间,加速磁通变化率已经很小,加速效率很低.一旦磁场相角超过 90°,磁场开始下降,电子将受到减速.(见图 5.4)

下面介绍使电子偏离平衡轨道的方法及引出电子的装置.

(1) 偏移.偏移的方法很多,可归纳成两类:一类是破坏磁场的 2:1 条件,引起平衡轨道的收缩或扩张,从而使电子进入引出装置或打靶;另一类是使轨道磁场畸变,进而引起电子"封闭轨道"的畸变,"封闭轨道"畸变最大的地方设有电子引出装置或内靶.

第一类偏移方法,早期常采用加速磁通饱和的办法,使中心加速磁通上升到一定值时达到饱和,电子的能量就不再增加.但是轨道磁场并不饱和,仍在不断地上升,这将导致平衡轨道收缩.这种偏移方法虽然简单,但有如下缺点:

① 由于中心加速磁通达到饱和的时间是一定的,因此,不便于调节电子或 γ 射线的能量.

② 因为平衡轨道是收缩的,所以电子的引出装置只能放在平衡轨道内侧,这样引出电子很不方便.

现在常采用的偏移方法是围绕加速器中心垫片绕几匝导线,并通以不同方向的脉冲电流,使中心加速磁通突然地增大或减小,而轨道磁场仍按常规上升,这将导致平衡轨道收缩或扩张,使电子进入引出装置或打内靶.这种偏移方法的优点是:

① 调节脉冲电流的时间,就可以改变电子偏离平衡轨道的时刻,因而改变引出电子或 γ 射线的能量.

② 选择脉冲电流的方向,使中心加速磁通突然地增大,引起平衡轨道扩张.这样,可以把引出电子的装置或内靶放在平衡轨道的外侧以便于电子的引出.

③ 调节脉冲电流的大小,可以改变电子的偏移速度.如配上合适的引出装置,可使引出电子束的脉宽延长到 $300\,\mu s$.

另一类偏移方法是使电子轨道畸变.可在磁极面上加绕组,并通以脉冲电流,使一半平衡轨道收缩,而另一半扩张,把平衡轨道推向设有电子引出装置的一边.

(2) 引出装置.图 5.7 所示为产生 γ 射线的内靶及电子的引出装置.产生 γ 射线的方法很简单,使偏离平衡轨道的高能电子束打在用钼或钨制成的、安放在电子枪背面的内靶上,从而产生 γ 射线.射线穿透真空室壁向正前方射出.

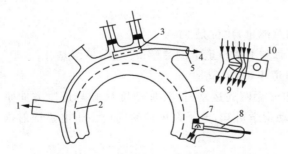

图 5.7　真空室中引出装置及内靶的示意图

1——抽气口；2——平衡轨道；3——电子引出装置；4——电子束；5——铝窗；
6——真空室；7——内靶；8——电子枪；9——磁力线；10——引出装置的横截面

将电子引出真空室的装置很多,大体上可归纳为三种:

① 用薄钢片做成磁屏蔽罩将轨道磁场屏蔽.电子在磁屏蔽区内几乎走直线,经过薄铝窗引出,见图 5.7.

② 在引出电子处放置引出绕组,并通以脉冲电流,使绕组产生的磁场抵消轨道磁场.这样,在绕组区电子的轨道近于直线,并穿过薄铝窗引出真空室.

③ 先使偏离平衡轨道的电子通过 $2\sim3\ \mu\mathrm{m}$ 厚的铝箔.电子经薄铝箔散射后,散角大的电子进入由静电偏转板产生的静电场区,使电子轨道的曲率半径加大,穿过铝窗从真空室引出.散角小的电子将继续加速,下一次经过铝箔时再散射.如此反复多次引出效率可达 70%.

五、辐射对电子运动的影响

带电粒子作加速运动时,会辐射电磁波,因而损失能量.这种能量损失称为辐射损失.近一二十年来,人们对速度接近光速的带电粒子辐射电磁波的特性从理论到实验都进行了大量的研究.因为研究工作首先是在同步加速器上进行的,所以这种辐射又称同步辐射,它与 X 光相比有非常突出的特点,近年来得到了广泛的应用.从 20 世纪 70 年代起,很多国家都先后建立了产生同步辐射的加速器,我们称之为同步辐射光源.目前全球建成和在建的同步辐射光源装置已有 60 余座.我国也先后建成北京第一代同步辐射光源、合肥第二代同步辐射光源,上海第三代同步辐射光源也于 2010 年 1 月通过国家验收.这里,我们只讨论同步辐射损失对电子加速运动的影响,关于同步辐射光源以及同步辐射的特性和用途等,将在后面的有关章节中详细叙述.

电子感应加速器中电子围绕半径为 r_s 的平衡轨道做圆周运动,并不断地得到加速.当电子能量达到 $2\sim3\ \mathrm{MeV}$ 时,其速度接近光速.电子的总能量可用相对论近似公式求得,即

$$\varepsilon \approx 300 B_{sM} r_s, \tag{5.1.21}$$

式中 ε ——电子的总能量,单位是 MeV;

B_{sM} ——偏移时刻平衡轨道上的磁感应强度,单位是 T;

r_s ——平衡轨道半径,单位是 m.

接近光速的电子做圆周运动时,其加速度只有与速度方向垂直的向心加速度 $\boldsymbol{a}$,即 $\boldsymbol{a} \perp \boldsymbol{v}$,从电动力学可知,电子在单位时间内由于电磁辐射损失的能量为

$$\frac{\mathrm{d}W}{\mathrm{d}t} = \frac{1}{6\pi\varepsilon_0} \frac{e^2 a^2}{c^3} \gamma^4. \tag{5.1.22}$$

其中 $\varepsilon_0 = \dfrac{1}{4\pi \times 9 \times 10^9}$ 为真空介电常数,单位为 F/m;a 为加速度,因为 $v \to c$,所以 $a = v^2/r_s \approx c^2/r_s$;$\gamma = \dfrac{\varepsilon}{\varepsilon_0}$,为相对论因子.所以(5.1.22)式可改写为

$$\frac{\mathrm{d}W}{\mathrm{d}t} = 6 \times 10^9 \frac{e^2 c}{r_s^2} \left(\frac{\varepsilon}{\varepsilon_0}\right)^4. \tag{5.1.23}$$

因为电子转一圈所需的时间为

$$T = \frac{2\pi r_s}{c}, \tag{5.1.24}$$

所以电子转一圈由于辐射损失的能量为

$$(\Delta W)_1 = T\frac{\mathrm{d}W}{\mathrm{d}t} = 2\pi \times 6 \times 10^9 \frac{e^2}{r_s}\left(\frac{\varepsilon}{\varepsilon_0}\right)^4. \tag{5.1.25}$$

上式中能量的单位是 J,如果能量单位用 eV,电子的静止能量 $\varepsilon_0 = 0.511$ MeV,$e = 1.6 \times 10^{-19}$ C,则电子转一圈由于辐射损失的能量为

$$(\Delta W)_1 = 8.85 \times 10^{-8} \frac{\varepsilon^4}{r_s}, \tag{5.1.26}$$

式中 ε 的单位是 MeV,r_s 的单位是 m.

从(5.1.26)式可以看出:

(1) 电子每转一圈由于电磁辐射而损失的能量与电子总能量的四次方成正比,与平衡轨道半径成反比. 可见,随着电子能量的提高,电磁辐射给电子带来的能量损失将迅速增大. 例如,一台能量为 25 MeV 的电子感应加速器,平衡轨道上的磁感应强度为 0.43 T,平衡轨道半径为 0.19 m,用(5.1.26)式可算出电子每转一圈能量的辐射损失为 0.18 eV. 而一台能量为 320 MeV 的电子感应加速器,平衡轨道半径为 1.2 m,平衡轨道上的磁感应强度为 0.9 T,用(5.1.26)式可算出电子每转一圈能量的辐射损失高达 773 eV. 显然,如果电子转一圈获得的能量与辐射损失的能量相等,则电子感应加速器中电子的能量就达到了极限值. 但是从加速效率的角度考虑,电子感应加速器加速电子的最高能量以数十 MeV 为最合理.

(2) 粒子每转一圈由于电磁辐射而损失的能量与静止能量的四次方成反比. 因为质子的静止能量比电子大得多,所以在中低能环形质子加速器中不须要考虑质子能量的辐射损失.

(3) 由于电子能量的辐射损失,使电子在加速过程中实际获得的能量小于设计值. 但轨道上磁感应强度仍按设计值增长,这将导致平衡轨道半径 r_s 在加速过程中逐渐收缩. 因此,电子的引出时刻必须选在电子未碰真空室内侧壁以前.

第二节　电子感应加速器的结构

由于在电子感应加速器中,产生涡旋电场的中心加速磁通与控制轨道的轨道磁场共用一块磁极,并由同一绕组激励,没有建立加速电场用的、庞大的微波系统,所以,与其他类型的加速器相比,电子感应加速器具有结构简单、造价便宜等优点.

电子感应加速器的主要部件有电磁铁、真空室、电子枪,以及控制电子注入和引出时刻的同步线路等. 图 5.8 是电子感应加速器的结构示意图.

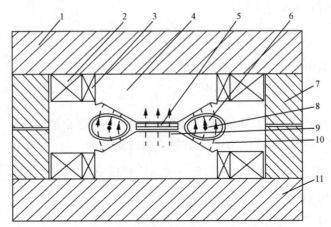

图 5.8　电子感应加速器剖面示意图

1——上磁轭；2——二次绕组；3——一次绕组；4——磁极；
5——中心垫片；6——真空室；7——侧磁轭；8——平衡轨道；
9——中心加速磁通；10——轨道磁场；11——下磁轭

一、电磁铁

1. 对磁场的要求

（1）为了保证电子在加速过程中能围绕恒定的平衡轨道运动,磁场的绝对值必须随时间上升,同时,中心加速磁通与轨道磁场之间要满足 2：1 条件.磁场的正、负取向决定着电子的运动方向. 图 5.9 标明磁通方向不同的情况下,涡旋电场 E 及电子运动速度 v_e 的方向.

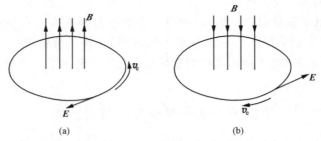

图 5.9　磁通、涡旋电场及电子运动方向示意图

（2）磁场角向不均匀会引起强迫振荡. 因此,要求磁场旋转对称,即 $B(\theta)=$ 常数.

（3）为了保证电子横向运动的稳定性,要求轨道磁场随半径下降,即 $n>0$,同时其下降的速率应满足 $n<1$.

2. 结构

图 5.8 是电磁铁的结构图.电子感应加速器的电磁铁为山形结构.磁轭和磁极以中心平面为界,上、下各一半,安装真空室时将上一半磁铁吊起.

轨道磁铁宽度由真空室横截面的径向尺寸决定.平衡轨道半径的设计值应与真空室的中心轴线重合.

磁轭、磁极和中心垫片均用厚度为 $0.035\sim0.05\,cm$ 的矽钢片叠制而成.为了保证磁场旋转对称,中心垫片和磁极的矽钢叠制方法如图 5.10 所示.例如,清华大学于 1955 年自制的一台能量为 5 MeV 的电子感应加速器的磁极共有 125 个扇形组,每个扇形组由 15 片逐渐缩短的矽钢片叠成.电磁铁的励磁绕组用交流电源供电,电源频率为 50 Hz. 表 5.1 列出了机电部自动化所于 20 世纪 70 年代设计制造的能量为 25 MeV,以及清华大学于 20 世纪 50 年代设计制造的能量为 5 MeV 的电子感应加速器电磁铁的主要参数.

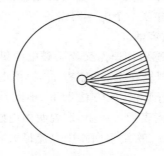

图 5.10　中心垫片和磁极矽钢片的叠制方法示意图

表 5.1　国产电子感应加速器电磁铁主要参数

主要参数	单位	电子能量 5 MeV	电子能量 25 MeV	
			探伤用	医疗用
磁铁中磁通密度	T	1.2	1.6	1.6
平衡轨道半径	cm	8.2	18.5	20
平衡轨道处轴向气隙	cm	6.0	8.0	11.8
平衡轨道处径向气隙(真空室宽度)	cm	8.0	11.5	16
磁极外径	cm	25.4	49	57
磁场降落指数 n		2/3	0.73	0.67
平衡轨道上磁通密度	T	0.23	0.468	0.416 1

（续表）

主要参数	单位	电子能量 5 MeV	电子能量 25 MeV	
			探伤用	医疗用
二次绕组电流	A	25	220	243
二次绕组电压	V	2 500	5 900	6 100
补偿电容器电容量	μF	29.4	119	131
电磁铁总长	cm	69	142	138
电磁铁宽	cm	66	103	101
电磁铁高	cm	40	96	103
铁重	kg	221	2 423	3 032
铜重	kg	127	344	315

3. 电磁铁励磁绕组的供电

电子感应加速器多采用简单的交流励磁电源,有时也采用交流励磁加直流偏磁.无论采用哪一种励磁电源,电磁铁的绕组都是感性负载.为了减少供电电源的无功损耗,必须与励磁绕组并联一个电容器组.一台能量较高的电子感应加速器往往需要一个房间放置这些电容器.

图 5.11 是 5 MeV 电子感应加速器交流励磁电源供电线路图.一次绕组和二次绕组各分上、下两部分,分别绕在上、下磁极上.补偿电容器组的电容量要选择合适.为此,必须对电磁铁进行调谐.其方法如下:不断地改变并联电容器组的电容量,使一次绕组回路中的电流表指示最小,这说明由电感负载引起的无功功率损耗已被电容器全部补偿,此时,二次绕组回路中电流最大.调谐后,电磁铁才能正常地投入使用.

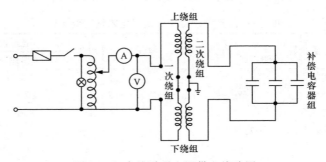

图 5.11　交流励磁电源供电线路图

电磁铁是电子感应加速器的关键部件.当电磁铁加工、安装完毕后,必须对其主要参数(如平衡轨道、磁场角向不均匀等)进行测量与调整.

二、真空室

真空室放在上、下磁极之间的空隙处.(见图 5.8)在整个加速过程中,电子在真空室内转上百万圈.为了减少残余气体分子与电子间的散射作用,真空室里的真空度一般维持在 2.7×10^{-4} Pa 左右.所以,较大型电子感应加速器的真空室都接有真空泵机组,而小型便携式电子感应加速器的真空室常为密闭式,将真空室抽至要求的真空度后,封闭抽气口,内放小钛泵,这样,在加速器运行期间就不须要再接真空泵机组,大大简化了装置.

图 5.7 是真空室的剖面图.真空室一般为环形,截面呈扁圆形.环形真空室外侧有若干开口,供放置电子枪、连接真空抽气机组,以及引出电子等用.

真空室应由真空性能好并具有一定机械强度的材料制成.由于真空室处于交变磁场中,如果用一般的金属材料,磁场将被屏蔽,不能进入真空室,使用不导磁的金属材料,也会产生涡流,因此,真空室通常用优质玻璃或陶瓷制成.因为两者都是绝缘体,在注入和加速过程中打到真空室内壁丢失的电子将逐渐积累起来,其电场会影响电子的回旋运动,所以要在真空室内壁涂上一层很薄的导体膜,并使其接地.这样,丢失的电子将不会造成电荷积累.但导体膜过厚也会形成涡流.在较大型的电子感应加速器中,真空室由若干块粘接而成,导体膜分隔成若干块,即上下分成两半,并沿辐角分段,每一块分别接地.这样,既避免了沿导体膜形成涡流,又可以使打在导体膜上的电子接地,避免造成电荷的积累.

三、电子枪

电子感应加速器中通常采用克斯特型三电极电子枪.电子枪经过软管插入真空室的支管,插入的深度及角度可用软管上的顶丝调节.图 5.12 是电子枪的结构原理图.

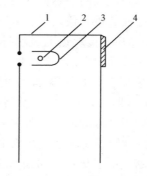

图 5.12　电子枪的结构原理图
1——阳极;2——阴极;3——聚焦极;4——靶

　　三电极电子枪由阳极、阴极、聚焦极及管座组成. 阳极用厚 0.15～0.25 mm 的钽片(或钼片)制成,形状为无底的方盒,相对的两个侧面焊有插孔,插在阳极支架上,支架引线与地相接. 阴极是由直径为 0.15～0.25 mm 的钨丝绕成的螺线管,螺线管的两端焊在阴极支架上,并通以灯丝电流. 当把脉冲负高压加到阴极上时,阴极发射电子,阳极将电子吸出经阳极口进入真空室. 聚焦极的材料与阳极相同,它由支杆支撑,可以上下移动调节位置使聚焦性能处于最佳状态. 电子枪的管座由硬玻璃或陶瓷等绝缘材料制成.

　　产生 γ 射线的靶采用重金属材料,放在电子枪阳极的背后. 加速终了时,偏移平衡轨道的电子将打在靶上而产生 γ 射线,穿过真空室壁射向正前方.

四、同步线路

　　电子的注入和引出时刻用同步线路控制.

　　图 5.13 为 5 MeV 电子感应加速器的同步线路框图.

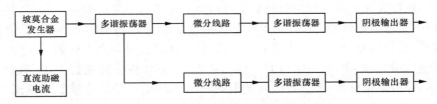

图 5.13　电子感应加速器同步线路框图

　　电子感应加速器的能量不同,最佳注入时刻 t_i 也不同. 例如,25 MeV 的加速器最佳注入时刻 t_i 为 20～30 μs,而 5 MeV 加速器 t_i 则为 120～160 μs.

　　在真空室的外侧,上、下磁极之间放置着一个用坡莫合金为芯的线圈,称坡莫合金发生器. 由于坡莫合金具有较高的磁导系数、很小的矫顽力和较低的饱和磁通密度,所以,当沿轴向加交变磁场时,线圈中感应的电势具有尖锐的脉冲形状. 如果忽略坡莫合金的磁滞效应,则脉冲的最大值发生在外磁场通过零点的时刻. 可见坡莫合金发生器给出脉冲的时刻要比平衡轨道处磁场过零点的时刻晚 Δt. 在能量较高的加速器中,最佳注入时刻 t_i 很小,所以用给坡莫合金发生器加助磁电流的方法来调节 Δt,使 Δt 永远小于 t_i. 坡莫合金发生器产生的脉冲经多谐振荡器分别给到触发注入和偏移线路的阴极输出器上,改变多谐振荡器中 RC 时间常数就可以调节注入和偏移脉冲出现的时刻. 用注入脉冲去触发注入线路,通过脉冲变压器给电子枪阴极一个数十 kV 的负高压,处于地电位的阳极会将电子吸入真空室. 用偏移脉冲去触发偏移线路,给绕在磁铁中心垫片外的偏移线圈一个脉冲电流,改变中心磁通,从而破坏 2∶1 条件,能使电子偏移离开平衡轨道.

第三节　电子束的性能及电子感应加速器的应用

一、电子束的性能

电子感应加速器引出的电子束主要性能如下:

1. 电子的能量

(1) 能量范围. 电子感应加速器的极限能量理论上应受电子能量辐射损失的限制. 当电子每转一圈获得的能量等于辐射损失的能量时,电子的能量就不再增高,这个能量的上限约为 500 MeV. 但实际上,电子感应加速器的最高能量远达不到这个数值. 目前世界上能量最高的一台是 320 MeV,但这台加速器造价昂贵,经济上很不合算. 因为电子感应加速器的能量越高,平衡轨道半径越大,磁通的利用效率就越低,所以电子感应加速器的最佳能量范围是 15～35 MeV. 能量为几 MeV 的小型轻便电子感应加速器目前也已批量生产.

(2) 能量的调节范围. 电子感应加速器给出的电子能量是连续可调的. 不同时刻偏离平衡轨道引出的电子,因为它们的加速时间长短不同,其能量也不同. 调节偏移线路的偏移脉冲时刻,就能改变引出电子的能量.

(3) 稳定度. 电子束能量的稳定度是指不同加速周期引出的脉冲电子束之间的能量差. 它主要决定于磁铁励磁电源的稳定度和束流引出时刻的精确度. 能量稳定度一般可达到千分之几.

2. 流强

电子感应加速器可以给出电子束,也可以用电子束打靶产生 γ 射线.

(1) 电子束. 电子感应加速器给出的高能电子束是脉冲的. 脉冲重复频率与磁场励磁电源的频率相同,一般为 50～200 Hz,脉冲宽度决定于加在偏移线圈上脉冲电流的形状. 引出的速度越快,束流脉冲宽度越窄,电子束的能量均匀度也越好. 为了满足一些特殊实验的要求也可以把引出的束流脉冲展宽. 电子束的脉冲流强约为几十 μA,平均流强为 μA 量级.

(2) γ 射线. 用高能电子束轰击重金属靶可得到 γ 射线. 电子感应加速器又可作为韧致辐射源,能量为 20～30 MeV 的电子感应加速器,在距靶 1 m 处一般可得到 2.58×10^{-4} C/(kg·s)的照射量率.

γ 射线的分布主要集中在电子束打靶正前方的一个小立体角内. 电子的能量越高,射线的张角越小. 对于 25 MeV 的电子束,正前方 γ 射线的张角小于 10°,而反方向的射线强度仅为正前方强度的 0.1%.

γ射线的能谱是连续的,能量的最大值等于轰击靶子的电子能量.

二、电子感应加速器的应用

除用电子感应加速器产生的 γ 射线做光核反应等方面的研究外,它还广泛应用于工业和医疗方面:如无损探伤、工业辐照以及放射治疗等.与其他类型的加速器相比,能量在数十 MeV 以下的电子感应加速器具有结构简单、单位能量造价较低、调整使用方便,以及便于防护等优点,所以它是发展最早的加速器之一.由于电子感应加速器的流强较低,目前有被直线加速器取代的趋势,但至今为止,已有的电子感应加速器仍用于上述各个应用领域中.近年来已成批生产小型、轻便型的电子感应加速器.此外,用电磁感应原理制成的直线感应加速器近二十年来发展很快,它能给出强流的粒子束.

第四节　直线感应加速器

这类加速器的加速电场是由电磁感应产生的.很多个加速组元感生的加速电场排成直线,粒子在加速过程中沿直线运动,所以称直线感应加速器(linear induction accelerator).

20 世纪 60 年代以来,直线感应加速器技术有很大的发展.例如美国 LLNL (lawrence livermore national laboratory)1963 年建成了第一台直线感应加速器 Astron-I,它能给出能量为 3.7 MeV,脉冲流强为 350 A 的电子束.1968 年研制了束能量为 6 MeV、脉冲流强为 800 A 的 Astron-II.在这台加速器的基础上,1979 年电子束能量为 4.5 MeV,脉冲流强为 10 kA 的 ETA 实验性加速器调试成功.1982 年用于闪光照相的 FXR 问世,这台加速器的束能量为 18 MeV,脉冲流强 3 kA. 1983 年还为研究射束武器问题建造了束能量为 50 MeV,脉冲流强 10 kA 的 ATA 直线感应加速器.我国研制直线感应加速器的计划始于 1983 年.1988 年建成了束能量为 1.5 MeV,脉冲流强为 2.7~3 kA 的第一台直线感应加速器,它用作在 1991 年建成的束能量为 10 MeV,脉冲流强为 2~3 kA 的直线感应加速器的注入器.

表 5.2 列出了我国建造的 10 MeV,20 MeV 直线感应加速器与美国 FXR 的技术参数比较.

表 5.2　10 MeV LIA 的设计技术指标

参数名称		10 MeV LIA 设计指标	20 MeV LIA 设计指标	FXR(1983 年) 设计指标
束能量/MeV		10	18～20	18.3
束流(靶上)/kA		2～3	2	2.6
脉冲宽度(半高宽)/ns		60	60	70
焦斑直径/mm		4～6	4～6	3～5
辐射剂量(1 m 处)/ $(2.58×10^{-4}$ C·kg$^{-1})$		≈90	500	550
高压组件数	注入器	6	6	6
	加速段	28	48～52	48
组件电压	注入器/kV	250	250	250
	加速段/kV	300～350	350	350～400

一、原理

直线感应加速器由很多个加速组元所组成,每个组元可看成一个用磁感应原理制成的特殊变压器,用由变压器原理产生的加速电场来加速粒子,可以得到功率很大的粒子束流.图 5.14 是单个感应加速组元的工作原理图.该加速器每个感应

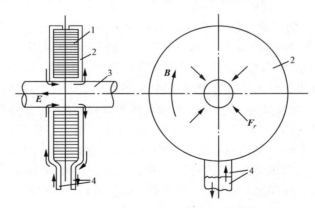

图 5.14　直线感应加速器加速组元工作原理示意图
1——磁芯；2——初级绕组回路；3——加速管；4——接励磁电源的引出端

加速组元的磁芯由良好的导磁材料制成.围绕着磁芯是由铜板制成的初级绕组.铜板与磁芯之间是绝缘的.当给初级绕组通入脉冲电流时,(电流方向如图 5.14 中箭头所示)就在磁芯中感生出脉冲的环流磁场,并产生了轴向的感应电场.电场与磁通变化量之间的关系式由(5.1.4)式和(5.1.5)式得到,即

$$\oint \boldsymbol{E} \cdot \mathrm{d}\boldsymbol{L} = -\int \frac{\partial \boldsymbol{B}}{\partial t} \mathrm{d}\boldsymbol{A}. \tag{5.4.1}$$

　　沿轴线运动的粒子流相当于变压器的次级绕组,这些电子将受到轴向感应电场的加速.每个感应加速组元感生的平均电场强度约为数 kV/cm,能使电子能量提高数十 keV.一台直线感应加速器由 N 个加速组元组成,因此粒子得到的总能量为数十 keV×N.由绝缘体制成的加速管放在感应加速组元中心轴的空心处,并保持一定的真空度.感应加速组元之间有短螺旋线,用磁场约束电子,使电子在加速过程中不因发散而丢失,并有导向器控制电子的运动方向.

　　直线感应加速器的种类很多,加速间隙处电场的形态也不相同.文献[7]介绍了美国 LBL 研制的用于加速重离子的 MBE-4 直线感应加速器.文献[5]中还介绍了没有磁芯的直线感应加速器.

二、结构

　　我国工程物理研究院于 1988 年建成了一台电子束能量为 1.5 MeV 的直线感应加速器.它由主体部分、脉冲电源系统、束流输运系统、监测控制系统,以及真空、油、水、气辅助系统构成.

1. 加速器主体

　　图 5.15 是这台加速器主体结构示意图,它由 6 个加速组元、1 个二极管,以及测试区组成.加速组元的磁芯都采用国产的环形铁氧体.每个组元感生的脉冲电压为 250 kV.前 4 个组元由一根直径为 94 mm 的中空不锈钢阴极杆贯穿,构成二极管的阴极,为二极管提供 1 MV 的脉冲电压,另外两个组元用作后加速,它们之间为过渡区.在两个后加速组元内径处装有聚焦线圈.

　　二极管是冷阴极平面场发射型.阴极装在阴极杆上,阳极与加速器外壳直接相连.阴极中心是一块直径为 60 mm 的圆形天鹅绒布发射体,四周是聚焦电极.阳极头由不锈钢制成,中心有直径为 70 mm 的圆孔,此孔用中心部分刻成网的钨膜遮蔽,钨网直径为 40 mm.紧贴钨网后面的是一个孔径为 40 mm 的铝准直器.轴向移动阴极杆可调节阴阳极间隙.二极管产生的电子束在长约 70 cm 的过渡区内经轴向磁场调制后送到后加速部分加速,加速器出口后面是束参数测试区.

2. 脉冲电源系统

　　该系统的作用是定时地给每个加速组元提供高功率高压脉冲.为此,必须将220 V,50 Hz 的市电变成高功率、高压脉冲系列,并按要求的时间,给到每个加速组元上去.脉冲电源系统包括脉冲调制和触发两部分.脉冲调制部分由高压直流电源、主 Marx 发生器、脉冲形成线和它的主开关组成.触发部分的作用是将触发指令脉冲放大成符合要求的触发脉冲,按预定时间将它们分送到主 Marx 发生器和主开关,实现高精度定时输出.主 Marx 发生器输出分六路经脉冲形成线送到六个

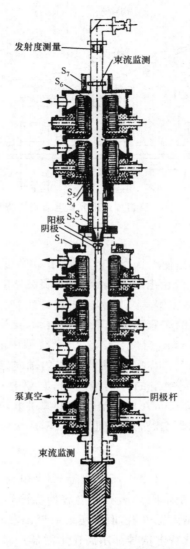

发射度测量

束流监测

S_7
S_6

S_5
S_4
$S_2 S_3$
阳极
阴极
S_1

泵真空

阴极杆

束流监测

图 5.15　加速器主体结构示意图

加速组元.

　　图 5.16 是给三个加速组元供电的简要原理图. 一个大型的直线感应加速器的实例是美国的 ATA 加速器, 其长度为 85 m, 共有 190 个加速组元, 能把电子加速到 50 MeV. 为每个加速组元提供脉冲电压的时间必须与电子束的位置同步, 换言之, 只有当电子束通过某个加速组元时, 才对这个加速组元提供脉冲电压. 一旦失去同步, 电子的能量就会大大降低.

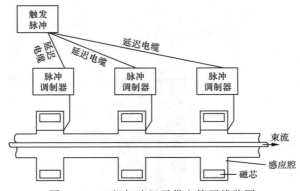

图 5.16　三组加速组元供电简要线路图

3. 束流输运系统

束流输运系统的作用是使二极管产生的电子束保质保量地到达加速器出口.
1.5 MeV LIA 束流输运系统由七个螺线管线圈(阴极外围的反向线圈、过渡区三个
螺线管、两个加速组元内的主聚焦线圈和输出段螺线管)、线圈电源以及束流管道
构成. 由图 5.15 可见线圈的布置和束流管道的结构,束流管道内径由阳极入口处
的 40 mm 逐步过渡到 146 mm,全长 2 m 多. 七个线圈中的 S_2 可轴向移动,束流管
道轴上的轴向磁场可达 0.1 T 以上,旁轴 3 cm 以内轴向磁场是均匀的,阴极表面轴
向磁场接近于零. 线圈都用中空的方铜线绕制,必要时可通水冷却. 线圈由六台
8 kW,300 A 和一台 14 kW,500 A 的直流稳流电源供电,其电流稳定度和纹波都小
于 0.1%. 单次工作时,线圈每次通电时间为 5 s,不加水冷线圈亦无明显温升.

4. 束流监测系统

1.5 MeV LIA 全机装有 32 个电压探测器,2 个电流和束流探测器. 电压探测
器采用严格标定过的硫酸铜水阻分压器和电容性探测器. 发射电流用无感电阻测
量. 束流监测器实质上也是无感电阻,但要考虑束流偏轴时探测器内电流分布不均
匀造成的波形畸变. 所有脉冲电信号都用高速示波器记录. 脉冲电压到达各加速组
元的时间间隔用一台 32 路高精度时间间隔测量仪测量. 在阴极杆尾部和加速器电
子束出口处装有电阻杯,分别测量阴极发射电流和输出束流. 电子束出口距螺线管
端部 25 cm 处装有束流发射度测量器. 电子束打靶的 X 射线斑用 X 射线小孔照相
测量. X 射线照射量用氟化锂(LiF)热释光剂量片测量.

采用两台 450 L/s 和一台 1 500 L/s 涡轮分子泵使加速器工作真空度保持在
$(2\sim4)\times10^{-3}$ Pa.

三、特点和应用

直线感应加速器不仅能加速电子,还能加速轻离子或重离子.我国1.5 MeV直线感应加速器已达到下列性能指标:

电子束能量:1.5～1.6 MeV

脉冲流强:2.7～3 kA

束流脉宽:90 ns

束斑半径:≤2 mm

束发射度:70 cm·mrad

表 5.3 是美国 LLNL 的 ATA 直线感应加速器的主要参数.表 5.4 列出了国际典型的直线感应加速器的主要参数.

表 5.3　LLNL 的 ATA 直线感应加速器的主要参数

主要参数	单位	数值
加速器长度	m	85
平均电场强度	MV/m	0.59
注入电压	MV	2.5
阴极直径	m	0.25
主加速器能量增益	MeV	47.5
每个加速单元电压	MV	0.25
加速单元数		190
脉冲重复频率	Hz	5
电子能量	MeV	50
脉冲流强	kA	10
脉冲宽度	ns	70

表 5.4　国际典型的直线感应加速器的主要参数

名称	能量/MeV	流强/kA	脉宽/ns	重复率/(次/s)
Astron II(LLNL)	6	0.8	300	50
Dubna(俄罗斯)	30	0.25	500	50
ETA (LLNL)	4	10	30	2
RADLAC(Sandia)	9	25	15	单次
NRL	4	50	10	
ATA (LLNL)	50	10	50	5
LIU10(USSR)	13.5	50	20～40	

直线感应加速器给出的束流功率很大,脉冲流强可达数 kA,甚至 50 kA,而且束流品质好,多用于粒子束聚变、射束武器、闪光 X 射线照相、自由电子激光和辐照

效应等研究领域.

因为感应电场强度 E 与 $\dfrac{\partial \Phi}{\partial t}$ 成正比,即 E 与 $D^2 \dfrac{\partial B}{\partial t}$ 成正比(D 为磁芯外径),所以,当磁感应强度变化量 ΔB 确定后,提高加速电场 E 的办法只有加大磁芯外径 D 或缩短磁感应强度的变化时间 Δt. 但加大 D 会使加速器重量增加(磁芯重量正比于 D^2),而缩短 Δt,需要性能更好的磁芯材料和改善脉冲形成装置. 目前,电磁感应法产生的加速电场场强较低,仅为数 kV/cm,加速器较长,造价较高,所以只在实验室中使用,还未能形成工业产品.

参 考 文 献

[1] 徐建铭. 加速器原理 [M]. 修订版. 北京:科学出版社,1981.

[2] Skaggs L S, et al. Phys. Rev. , 1946, 70: 95.

[3] Быстров Ю А and Иванов С А. Ускорительная Техника И Рентгеноовские Приборы Изд Высщая щкола, 1983.

[4] 夏宇正,等. 粒子加速器及其应用 [M]. 重庆:科学技术文献出版社重庆分社,1980.

[5] Humphries S. Jr. Principles of charged particle accelerators [M]. New York: Wiley, 1986.

[6] Warwick A I, et al. EAPC, 1988, 1: 118—120.

[7] 丁伯南. 强激光与粒子束, 1989, 1(1): 92—93.

第六章　回旋加速器

第一节　前　言

　　早期的加速器中,带电粒子只在高压电场中加速一次,所能达到的能量受到高压技术的限制.面对这种情况,一些加速器的先驱者,如维德罗埃(R. Wideröe)等,早在 20 世纪 20 年代就悉心探索利用同一电压多次加速带电粒子的途径,试图用低的电压获得高能量的粒子.他曾成功地演示了用同一高频电压使钠和钾离子加速二次的直线装置,并指出重复地利用这种方式,原则上可加速离子至任意高的能量.可惜限于当时的高频技术条件,这样的装置未免太大、太贵,又不适用于加速对当时原子核研究有重要意义的轻离子,如质子、氘核等,结果未能得到发展.为了克服这些困难,劳伦斯(E. O. Lawrence)于 1930 年提出了回旋加速器的建议.他设想用磁场使带电粒子沿圆弧形轨道旋转,多次反复地通过高频加速电场,直至达到高能量.翌年,他和他的研究生利文斯顿(M. S. Livingston)一起制成了世界上第一台回旋加速器.他们用直径 10 cm 的磁极,2 kV 的电压,使氘离子加速到 80 keV,令人信服地证实了他们所提出的原理.几年之后,劳伦斯的回旋加速器所达到的能量已超过天然放射性和当时其他加速器的能量.回旋加速器的光辉成就不仅在于它创造了当时人工加速带电粒子的能量纪录,更重要的是它所展示的回旋共振加速方式奠定了人们日后发展各种高能粒子加速器的基础.

　　20 世纪 30 年代以来,回旋加速器的发展经历了两个重要的阶段.前 20 年,人们按照劳伦斯的原理建造了一批所谓经典型的回旋加速器,其中最大的几台可产生44 MeV的 α 粒子或 22 MeV 的质子.然而由于相对论效应所引起的矛盾和限制,经典回旋加速器的能量难以超过每核子二十几 MeV 的范围.后来人们基于 1938 年托马斯(L. H. Thomas)提出的建议,发展了新型的所谓等时性的扇型聚焦回旋加速器(sector focused isochronous cyclotron).这类加速器的能量上限可接近 GeV 的水平,于是 60 年代中又掀起了世界范围的兴建等时性回旋加速器的高潮.自此以来建造了一大批能加速相对论性粒子的回旋加速器,其中最大的两台是能产生 500 MeV 质子的"介子工厂",它们的建成使回旋加速器的能量跨入中能领域.新型加速器性能的另一个重大发展是改变了过去一台加速器只能加速少量粒子至固定能量的状况,建造了许多能加速多种粒子的可变能量回旋加速器.特别是 70 年代以来,为了适应重离子物理研究的需要,研制出了能加速周期表上全部元素的离子、可变能量的等时性加速器,使每台加速器的使用效益大幅度地提高. 此外,近年来还发展了利用超导磁体的等时性加速器,超导技术在减小加速器的尺寸,降低运行费用和扩展能量范围等方面为回旋加速器的发展开辟了新的道路.

下面我们将分别就回旋加速器的基本加速原理、离子束的聚焦、加速器的能量极限以及加速器的基本构件,包括磁体、高频加速系统和引出系统等进行阐述和讨论.

第二节   经典回旋加速器

一、工作原理

在早期的回旋加速器中,离子在恒定的均匀磁场的导引下沿着螺旋形轨道旋转. 当年劳伦斯认为离子的这种回旋运动的最令人兴奋的特点是:它的旋转频率可以是一个常数而与离子的速度或轨道半径无关. 这意味着可以简单地用一个恒定频率的高频电场从头至尾地加速处于不同能量的离子. 实际上,一个带电量为 qe,速度为 v 的离子在磁场 B 中的回旋频率为

$$f_c = \frac{v}{2\pi r} = \frac{qeB}{2\pi m},\qquad(6.2.1a)$$

其中 q 是离子的电荷态数,e 是电子的电荷,m 是离子的质量. 可见只要磁感应强度和离子质量之比 B/m 为常数,上述论断就是正确的. 当离子运动的相对论效应可以忽略时,(6.2.1a)式还可简化为

$$f_c = 15.2\frac{q}{A}\cdot B,\qquad(6.2.1b)$$

其中 A 是离子的质量数,f_c 和 B 的单位分别是 MHz 和 T. 据此,他们将一个形状如"D"字的金属空心盒做成一个高频电极并以此与另一个接地的电极构成一个张角为 $180°$ 的狭缝状加速电隙.(图 6.1)D 形电极上加有频率为 f_D,幅值为 V_a 的高频电压 $V_D = V_a\cos(2\pi f_D t)$. 当磁感应强度 B 满足共振条件,即 $f_c = f_D$ 时,离子的回旋运动完全与电场的周期变化同步,在加速的相位下注入电隙的离子,每穿越一次电场都得到一次加速,我们称这样的方式为共振加速. 在这种状态下,离子每转一圈加速二次,直至达到终能量为止. 因此经回旋 n 圈之后,离子得到的总动能 W 为

$$W = \sum_{j=1}^{n}\Delta W_j = 2nqeV_a\cos\varphi_i,\qquad(6.2.2)$$

其中 φ_i 是离子进入电场的初始相位,$\varphi_i = 2\pi f_D t_i$.

（a）

（b）

图 6.1　劳伦斯发明的第一个回旋加速器

（a）加速器外观；（b）其上的 D 形电极

在加速过程中,随着能量的增高,离子的轨道半径不断扩展. 在非相对论性的情况下,轨道半径 r 与动能 W 的关系为

$$r = \frac{0.1444}{qB} \sqrt{AW},\qquad(6.2.3)$$

其中 r, B, W 的单位分别是 m, T, MeV. 上式可以给出离子达到终能量 W 时的轨道半径 r,并由此估计磁极的大小. 上式也可以改写成每核子动能 W/A 的表

· 达式：

$$\frac{W}{A} = K \left(\frac{q}{A} \right)^2,$$ (6.2.4)

其中 K 称作回旋加速器的能量常数，$K = 48.0\,(B_f r_f)^2$. 它用来表征一个加速器的最高能量. W/A 的单位是 MeV/u.

回旋加速器技术的一个难题是如何保证绝大部分离子束无损失地由加速器中心加速至终能量. 早期的加速器专家们曾在这方面下了很大工夫. 例如劳伦斯等就曾在电极上加装栅网，试图以此来增加电聚焦力，防止离子打到 D 形盒壁上去. 他们曾以为这是保证离子在第一个回旋加速器中成功地旋转 40 余圈的一项重要措施. 然而使他们感到吃惊的是，在取走栅网之后离子不仅仍能加速到终能量，而且束流更强了. 另一件同样使他们不解的事是，为了增加束流强度，不得不在磁极上加装垫片，破坏场的均匀性，使它偏离共振值. 后来人们逐渐认识到这些都与离子束的聚焦以及高频相位的滑动有关. 对此本节要做专门的讨论.

根据上面的讨论我们看到，为了保证回旋加速器顺利地加速离子并将达到终能量的离子引到外靶上来，它应具有六个基本组成部分：首先是一个产生直流磁场的磁体和一个包括 D 形盒的高频电压发生器，加速器要依靠这二者产生一个共振加速的环境并为加速离子提供必要的电磁聚焦；其次要有一个产生离子的离子源或离子注入系统和一个将加速完毕的离子引到外靶的偏转引出系统；最后还应包括一个真空系统和一个供电与控制系统.

二、电磁场的聚焦

1. 轴向电聚焦

离子穿越加速电隙时，不仅获得能量，还受到射频电场轴向成分的作用而形成聚焦或散焦的状态. 试观察图 6.2 上两个高频电极间的电场分布，射频电场的轴向分量 E_z 在电极间隙的一侧指向中央平面，具有聚焦作用，而在另一侧则背离中央平面，具有散焦作用. 因此在加速的相位下通过电隙的离子将先受到轴向聚焦力的作用，继而又受到散焦力的作用，处于减速相位下的离子则先散焦后聚焦. 离子在这两种指向相反的力的作用下，最后究竟处于会聚还是发散的状态，要由它的相位和速度来定. 实际上这里存在两种基本的机制，一种称作"变速聚焦"，另一种称为"相位聚焦". 如果不计离子通过电隙时相位发生的变化，那么情况就和直流透镜时的一样，不论是加速的或是减速的离子，总的效应都是聚焦的，聚焦的强度则决定于离子速度的相对变化. 我们称这样的机制为"变速聚焦". 另一方面，如果只考虑离子穿过电场时的相位变化，那么不难看出，在电场处于随时间下降的状态下（余弦波的 0°～180°）通过电隙的那些离子，不论是处于加速状态或是减速状态，它们所受到的聚焦力都大于散焦力,因此总的作用都是聚焦的.反之,对于那些在电场上升状态下通过的离子($-180°\sim0°$),总的作用都是散焦的.(见图 6.3)这样的机制称作"相位聚焦",其强度与离子的相位有关.显然这样的聚焦是交变电场所特有的.

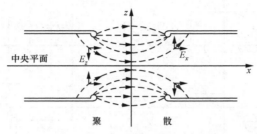

图 6.2　加速电隙上的电场分布

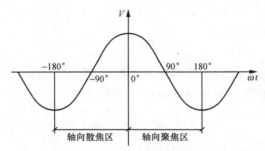

图 6.3　散焦与聚焦相区

　　离子的能量低时,变速聚焦的聚焦强度通常大于相位聚焦,不过随离子能量的升高,前者按平方反比规律迅速衰减,而后者衰减稍慢.因此除了头上几圈之外,在大部分过程中起主要作用的电聚焦是相位聚焦.不过离子加速到较高能量时,它的作用也变得相当微弱.下面我们将做一些半定量的分析以进一步说明这两种机制的作用和规律.

　　我们所讨论的是一个极间电压为 $V_a\cos\varphi$ 的 D 电极系统,极间的电场分布如图 6.4 所示.为了把轴向电场 E_z 与加速电压联系起来,我们先把水平方向电场的实际分布等效为一个具有矩形边界的均匀电场 $\bar{E}_x=\dfrac{V_a\cos\varphi}{d}$,然后在电极间隙中线的一侧,沿图上 $ABCD$ 作高斯面.考虑到 $E_y=0$,且 E_x,E_z 不随 y 而变,由高斯定理我们有

$$\int_{AB}E_z\cdot\mathrm{d}x+\int_{BC}E_x\cdot\mathrm{d}z=0.$$

(注意:CD 上 $E_z=0$,且 CD 足够长使 DA 上 $E_x=0$)在中央平面附近,E_z 沿高度 z

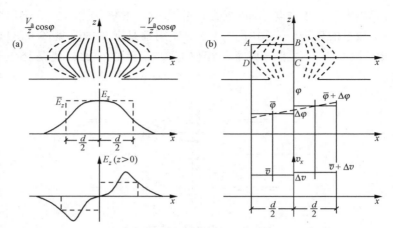

图 6.4　极间电场分布示意图

的变化很小,故

$$\int_{BC} E_x \cdot \mathrm{d}z \approx \overline{E}_x \cdot z = \frac{V_a}{d}\cos\overline{\varphi} \cdot z, \tag{6.2.5}$$

其中 V_a 是 D 极间电压幅值,$\overline{\varphi}$ 是离子在电场中的平均相位. 由此一个在中央平面上方,高度为 z 的离子,它所见到的轴向平均电场为

$$\int E_z \mathrm{d}x \approx -\frac{V_a}{d}\cos\overline{\varphi} \cdot z, \tag{6.2.6}$$

于是离子在加速间隙前半侧的动量变化

$$\Delta p_{z1} = \int F_z \mathrm{d}t \approx -\frac{qeV_a}{\overline{v}d}\cos\overline{\varphi} \cdot z, \tag{6.2.7}$$

$\overline{v}$ 是离子穿过前半电隙时 x 方向的平均速度,qe 是离子的电荷. 通常 $\Delta p_z/p_z \ll 1$,因此 d 足够小时(薄透镜近似),z 在电极间隙中的变化可以忽略. 对于电极间隙中线的另一侧,我们根据同样的道理,可以写出

$$\Delta p_{z2} = \frac{qeV_a}{\mathrm{d}(\overline{v}+\Delta\overline{v})}\cos(\overline{\varphi}+\Delta\varphi) \cdot z, \tag{6.2.8}$$

其中 $\Delta\varphi = \omega d/\overline{v} = d/\overline{r}$($\overline{r}$ 为轨道平均半径),$\Delta\overline{v} = \left(\dfrac{1}{2}\dfrac{\Delta W}{W}\right) \cdot \overline{v} = \overline{v}qeV_a\cos\overline{\varphi}/2W$ $\left(\text{离子动能 } W = \dfrac{1}{2}m\overline{v}^2\right)$. 在忽略二级小量的条件下,离子轴向动量的总变化可写为

$$\sum \Delta p_z = \Delta p_{z1} + \Delta p_{z2} = \frac{qeV_a}{d} \cdot \left[\frac{\cos(\overline{\varphi}+\Delta\varphi)}{(\overline{v}+\Delta\overline{v})} - \frac{\cos\overline{\varphi}}{\overline{v}}\right] \cdot z$$

$$= -\frac{qeV_a}{d} \cdot z \cdot \left[\frac{\sin(\overline{\varphi} \cdot \Delta\varphi)}{\overline{v}} + \frac{\cos\overline{\varphi}}{\overline{v}^2} \cdot \Delta\overline{v}\right],$$

因而离子对中央平面倾角的变化为

$$\delta\alpha_z = \frac{\sum \Delta p_z}{p_z} = -z\left[\frac{qeV_a\sin\overline{\varphi}}{2W\overline{r}} + \left(\frac{qeV_a\cos\overline{\varphi}}{2W}\right)^2 \cdot \frac{1}{d}\right]. \qquad (6.2.9)$$

根据定义,透镜的聚焦本领 $\dfrac{1}{F_z} = -\dfrac{\delta\alpha_z}{z}$,由此,得

$$\frac{1}{F_z} = \frac{qeV_a\sin\overline{\varphi}}{2W\overline{r}} + \left(\frac{qeV_a\cos\overline{\varphi}}{2W}\right)^2 \cdot g, \qquad (6.2.10)$$

其中 $g = \dfrac{1}{d}$,系几何因子,它是 D 极间隙、D 极高度等几何形状的函数.

　　上式第一项即通常所谓相位聚焦项,第二项是变速聚焦项.除了上述二种机制之外,实际上还有两种效应要考虑,即"组合透镜效应"和"准直效应".前者指的是离子在聚焦区中的轴向位移 z_1 与散焦区中的位移 z_2 不等时发生的效应.如 $z_1 > z_2$ 时,即便散焦透镜的强度等于聚焦透镜的强度,总的效果还是聚焦的.准直效应是指随着离子在加速过程中线速度的增加,即使不存在聚焦透镜,离子对中央平面的倾角也会随之减小.为了包括上面所论及的四种机制,附录一对加速电隙构成的高频电透镜作了进一步的更为深入的分析.结果表明,一个高频电隙的聚焦作用可以用一个三元透镜组来表述,这个透镜组由一个入口薄透镜、一个体现变速聚焦和相位聚焦的厚透镜以及一个出口薄透镜所组成.

　　在回旋加速器中离子许多次地穿越加速间隙.这样在一系列电透镜的作用下,离子的轴向位移和对中央平面的倾角都将做周期性的振动.振动的方程可以由上述结果近似地推得.实际上离子每次穿越电隙时倾角的变化量与轴向焦距的关系可以写为

$$\frac{d\alpha}{dn} = -z/F_z.$$

考虑到离子每圈穿越电隙两次,

$$\frac{d^2z}{dt^2} = \frac{dn}{dt}\frac{d}{dn}\left(\frac{dz}{dx}\frac{dx}{dt}\right) \approx -\frac{2v}{TF_z}z, \qquad (6.2.11)$$

其中离子的旋转周期 $T = 2\pi/\omega$,而角频率 $\omega = v/r$,于是

$$\frac{d^2z}{dt^2} + \omega^2\frac{r}{\pi F_z}z = 0. \qquad (6.2.12)$$

可见离子在轴向作简谐振动,其角频率 $\omega_z^2 = \omega^2\dfrac{r}{\pi F_z}$.据此,如果只考虑变速和相位聚焦,则由(6.2.10)式和(6.2.12)式,离子每旋转一圈沿轴向的振动次数 ν_z 为

$$\nu_z^2 = \left(\frac{\omega_z}{\omega}\right)^2 \approx \frac{qeV_a\sin\varphi}{2\pi W} + \frac{r}{\pi}g\left(\frac{qeV_a\cos\varphi}{2W}\right)^2. \qquad (6.2.13)$$

值得注意的是,随着离子能量的增高,由轴向电聚焦作用导致的 ν_z^2 单调下降.

2. 磁场的聚焦

经典回旋加速器最初用均匀磁场来引导离子以满足共振加速的条件. 然而我们由第四章第三节的讨论中知道, 磁场的轴向聚焦力 F_z 为

$$F_z = -m\omega^2 nz, \tag{6.2.14}$$

其中 $n = -\dfrac{r}{B}\dfrac{\mathrm{d}B}{\mathrm{d}r}$. 可见均匀磁场 ($n=0$) 对离子的轴向运动无任何约束作用. 在这样的导引场中, 加速的离子只在中心区从电场得到较强的轴向聚焦, 此后, 随着电聚焦沿半径迅速衰减, 不可避免地会因聚焦的不足而引起束流的散失. 当年劳伦斯所感到不解的现象, 即磁场均匀度提高之后离子的束流强度反而弱了, 其原因就在于此. 为了避免离子的损失, 必须利用铁片来垫补磁铁的气隙以调整磁场的分布, 使它沿半径方向缓慢下降 (即 $n>0$). 通常下降的磁场梯度约为 $(3\sim5)\times10^{-4}\,\mathrm{T/cm}$. 不过到了磁极的边缘部分, 因"漏磁"效应的影响, 磁场将急剧下降. 图 6.5 上画出了用垫铁调整前后的典型磁场分布. 离子在磁场降落指数 $n>0$ 的场中将同时受到电和磁的轴向聚焦. 图 6.6 上画出了两种聚焦力沿半径的分布. 由图上可以看到, 在加速器中心, 磁场梯度为零, 轴向聚焦完全由电场提供, 随着轨道半径的增大, 磁聚焦力也相应增加, 并逐渐起到主要的作用. 值得注意的是中间某些部分, 那里电聚焦已减低到相当弱的程度, 而磁聚焦还不够大, 使两种轴向聚焦的合力处于低谷, 结果离子轴向自由振荡的振幅相应地在这一区域达到极大值 (图 6.7), 并因而造成束流的损失.

根据第四章第三节的讨论, 离子径向运动的磁聚焦力为

$$F_r = -m\omega^2(1-n)x. \tag{6.2.15}$$

这说明只有在适当的场梯度下 ($n<1$), 磁场才具有径向的聚焦作用, 而过高的梯度 ($n>1$) 则会引起径向运动的不稳定. 实际上, 回旋加速器边缘部分 (例如束流引

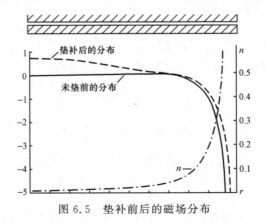

图 6.5　垫补前后的磁场分布

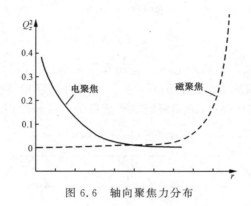

图 6.6　轴向聚焦力分布

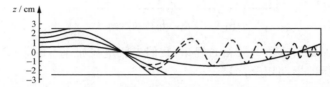

图 6.7　回旋加速器中离子的轴向振动,虚线反映了磁聚焦的作用

出区)的磁场降落指数 n 往往过高,会引起束流在径向的强烈散焦和轴向的过聚焦. 为此,通常在束流的引出区内安装能调节磁场局部分布的"负梯度磁通道"等装置,用以降低轴向聚焦并补偿径向的散焦效应,使引出束的性能符合高效率输运的要求.

三、相位滑移与加速器的能量上限

1. 离子高频相位的滑移

劳伦斯所发明的常频共振加速原理实际上并未在他所创制的回旋加速器中得到真正的实施. 事实上,有两个基本因素使离子不断地偏离共振加速. 一是离子的回旋周期因相对论效应而随能量不断地增长,

$$T = \frac{2\pi m}{qeB} = \frac{2\pi \gamma m_0}{qeB}, \tag{6.2.16}$$

其中,m_0 系静止质量,$\gamma = \left(1 + \frac{W}{m_0 c^2}\right)$. 二是离子轴向聚焦的条件要求磁场随能量下降,$B \propto \frac{1}{r^n}(n > 0)$. 这两者使离子的回旋运动与高频电场的周期变化失去同步并使离子的加速相位朝着滞后的方向滑移,即所谓"滑相". 这种效应最终限制了离子的加速能量.

实际上,离子与电场失步时,每圈的滑相应为

$$\frac{\mathrm{d}\varphi}{\mathrm{d}N} = \omega_{\mathrm{D}}(T - T_{\mathrm{D}}), \tag{6.2.17}$$

下标 D 表示加在 D 极上的高频电压的周期和角频率. 由式可见,$T > T_{\mathrm{D}}$ 时加速相位向(图 6.8)右方(滞后方向)滑动,反之,$T < T_{\mathrm{D}}$ 时加速相位左滑. 两种滑动都会使离子最后进入减速相位区,从而限制离子能量的进一步增高.

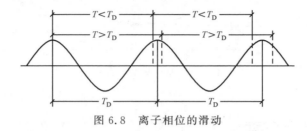

图 6.8　离子相位的滑动

为了研究回旋加速器中滑相的规律,我们先假定在加速器的中心,离子的旋转周期与高频电压的周期相等,即

$$T_{\mathrm{D}} = \frac{2\pi m_0}{qeB_0}, \tag{6.2.18}$$

其中 B_0 是中心部分的磁感应强度. 于是在半径为 r 的轨道上,离子每圈的相移

$$\frac{\mathrm{d}\varphi}{\mathrm{d}N} = 2\pi \left(\frac{T}{T_{\mathrm{D}}} - 1 \right) = 2\pi \left[\frac{\gamma B_0}{B(r)} - 1 \right], \tag{6.2.19}$$

其中 $\gamma = 1 + \dfrac{W}{m_0 c^2}$.

随半径增加而下降的磁场 $B(r)$ 可写为

$$B(r) = B_0 [1 - b(r)], \quad b(r) \ll 1, \tag{6.2.20}$$

则

$$\frac{\mathrm{d}\varphi}{\mathrm{d}N} \approx 2\pi \left[b(r) + \frac{W}{m_0 c^2} \right], \tag{6.2.21}$$

式中括号内的二项分别代表了磁场降落和相对论效应对滑相的贡献. 由此可见,磁场下降 1% 时,离子每转一圈就滑相 3.6°;另一方面,20 MeV 的质子,相对论效应可产生每圈 7.7° 的滑相.

2. 加速器的能量极限与阈电压

为了把滑相和加速器能量联系起来,我们将上式改写成单位能量增长引起的滑相

$$\frac{\mathrm{d}\varphi}{\mathrm{d}W} = \frac{\mathrm{d}\varphi}{\mathrm{d}N} \cdot \frac{\mathrm{d}N}{\mathrm{d}W} = \frac{\pi}{qeV_{\mathrm{a}}\cos\varphi} \left[b(r) + \frac{W}{m_0 c^2} \right], \tag{6.2.22}$$

于是

$$\frac{qeV_a}{\pi}\int_{\varphi_i}^{\varphi_f}\cos\varphi\,\mathrm{d}\varphi = \int_0^{W_m}\left[b(r)+\frac{W}{m_0c^2}\right]\mathrm{d}W. \qquad (6.2.23)$$

如果我们只有兴趣于相对论效应对离子加速能量的限制,不妨先令 $b(r)=0$,于是,最终能量 W_m 应为

$$W_m = \left[\frac{2qeV_am_0c^2}{\pi}(\sin\varphi_f-\sin\varphi_i)\right]^{\frac{1}{2}}. \qquad (6.2.24)$$

考虑到回旋加速器中央存在的所谓"相聚效应"[见(6.4.8)式],可以假定离子的初始相位 $\varphi_i=0$,而进入减速之前,φ_f 的极值为 $\varphi_f=\frac{\pi}{2}$。由此,有

$$W_m = \left(\frac{2qeV_am_0c^2}{\pi}\right)^{\frac{1}{2}}. \qquad (6.2.25)$$

一般情况下加速电压的幅值在 200 kV 左右,此时上式给出的质子的最高能量 W_m 仅 11 MeV 左右。如果再考虑磁场降落的因素,W_m 就更低了。上式也可倒过来写成达到某种能量所需的阈电压 V_{Th},即

$$V_{Th} = \frac{\pi}{2qe}\frac{W_m^2}{m_0c^2}. \qquad (6.2.26)$$

对质子来说,如 $W_m=20$ MeV,就要求两个 D 极间加有 670 kV 的电压,每圈增益 1.34 MeV。这在技术上将遇到真空击穿、过高的功率损耗等一系列的困难。

提高离子能量上限 W_m 的另两个途径是延长离子滑相的"路程",以增加离子穿越加速电场的次数。如在上例中,让初始相位由 $\varphi_i=0$ 移前至 $\varphi_i\geqslant-\frac{\pi}{2}$,使滑相路程由 $\frac{\pi}{2}$ 增至 π。那么,由(6.2.24)式,能量上限将比上例增加 40%。

为了进一步使滑相路程增至 2π,可以将整个磁场抬高一小量 $B_0\cdot\Delta$,即令

$$B(r) = B_0[1+\Delta-b(r)], \qquad (6.2.27)$$

于是

$$\frac{\mathrm{d}\varphi}{\mathrm{d}N} \approx 2\pi\left[\frac{W}{m_0c^2}+b(r)-\Delta\right]. \qquad (6.2.28)$$

在这样的条件下,当离子由中心向外加速时,只要 $\frac{W}{m_0c^2}<\Delta-b(r)$ 成立,加速相位就总是向 $-\frac{\pi}{2}$ 方向滑动(相位左滑),直到离子能量增至某个值 W_t 时为止。这里 $W_t=[\Delta-b(r)]\cdot m_0c^2$。适当地选择 Δ 和初始相位显然可以让离子在这一过程中由 $\varphi_i\leqslant\frac{\pi}{2}$ 左滑至 $\varphi_f\geqslant-\frac{\pi}{2}$。此后,随着离子能量的增高,便有 $\frac{W}{m_0c^2}>\Delta-b(r)$,因而离子的相位将反向由 $\varphi\geqslant-\frac{\pi}{2}$ 再滑至 $\varphi_f\leqslant\frac{\pi}{2}$。总的滑相路程接近 2π,如图 6.9 所

示. 在第一阶段 $\left(\varphi \text{ 由 } \dfrac{\pi}{2} \text{ 至 } -\dfrac{\pi}{2}\right)$ 中, 离子的能量应满足下式:

$$\int_0^{W_t} \left[\frac{W}{m_0 c^2} + b(r) - \Delta \right] \mathrm{d}W = \frac{qeV_a}{\pi} \int_{\frac{\pi}{2}}^{-\frac{\pi}{2}} \cos\varphi \, \mathrm{d}\varphi. \tag{6.2.29}$$

如果我们只对相对论的效应感兴趣, 可令 $b(r) = 0$, 由此 $\dfrac{W_t}{m_0 c^2} = \Delta$. 为了方便起见, 再令 $W_1 = W - W_t$, 于是

$$\int_{-W_t}^0 \frac{W_1}{m_0 c^2} \mathrm{d}W_1 = \frac{qeV_a}{\pi} \left[\sin\left(-\frac{\pi}{2}\right) - \sin\left(\frac{\pi}{2}\right) \right],$$

所以有

$$W_t = 2\sqrt{\frac{qeV_a m_0 c^2}{\pi}}. \tag{6.2.30}$$

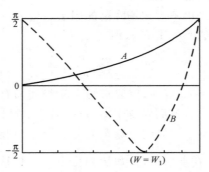

图 6.9　离子相移的路程

A: 由 0 至 $\dfrac{\pi}{2}$; B: 由 $\dfrac{\pi}{2}$ 至 $-\dfrac{\pi}{2}$ 再至 $\dfrac{\pi}{2}$

同样, 对于 φ 由 $-\dfrac{\pi}{2}$ 至 $\dfrac{\pi}{2}$ 的过程, 我们有

$$\int_{W_t}^{W_m} \left[\frac{W}{m_0 c^2} - \Delta \right] \mathrm{d}W = \frac{qeV_a}{\pi} \int_{-\frac{\pi}{2}}^{\frac{\pi}{2}} \cos\varphi \, \mathrm{d}\varphi.$$

以 W_1 为变量时,

$$\int_0^{W_m - W_t} \left[\frac{W_1}{m_0 c^2} \right] \mathrm{d}W_1 = \frac{2qeV_a}{\pi},$$

因此,

$$W_m - W_t = 2\sqrt{\frac{qeV_a m_0 c^2}{\pi}}. \tag{6.2.31}$$

由此, 整个过程所能达到的能量上限为

$$W_m = 4\sqrt{\frac{qeV_a m_0 c^2}{\pi}}. \tag{6.2.32}$$

可见,在 200 kV 的加速电压下,质子加速的能量至多不超过 31 MeV. 如果进一步计及磁场降落的效应,质子的最高能量约在 20 MeV 左右.

第三节 等时性回旋加速器原理

一、等时性磁场

由上面的讨论可以看到,限制回旋加速器能量提高的主要障碍来自离子的滑相. 为了打破这个障碍,人们曾考虑过多种消除滑相的途径,其中一种比较直接的做法是采用具有弯曲边界的高频电极(图 6.10). 它能缩短和调整离子在相邻二次加速之间的路程,抵消因相对论效应或磁场降落引起的滑相,因而有可能用来提高离子的能量. 不过,这样的办法有相当大的局限性. 因为随着离子能量的增高,电极边界的曲率要不断增大,结果电隙中电场的加速成分,即方位角向的电场迅速衰减,而不能用来加速离子的径向电场却越来越大,最后电场全部转为径向,离子的加速完全终止. 可见这样的方法并不能加速离子至更高能量.

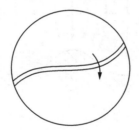

图 6.10 等时性加速电极形状示意图

在克服滑相上,比较成功的途径是让离子在所谓等时性的磁场中加速. 这种磁场的强度沿半径方向与离子的能量同步增长,使离子的旋转周期在加速过程中始终保持恒定,不随能量而变. 实际上,如令(6.2.20)式的 $b(r) = -\dfrac{W}{m_0 c^2}$,即

$$B(r) = B_0\left[1 + \frac{W(r)}{m_0 c^2}\right] = \gamma(r)B_0, \tag{6.3.1}$$

我们便有

$$T = \frac{2\pi m}{qeB} = \frac{2\pi\gamma m_0}{qe\gamma B_0} \equiv T_D,$$

因而 $\dfrac{\mathrm{d}\varphi}{\mathrm{d}N} \equiv 0$. 这说明等时性场的确能保证离子实现没有滑相的、真正的共振加速. 然而前面已经指出,这样的场在轴向是散焦的. 因此,问题的关键便是用什么样的方法使在等时性场中加速的离子获得足够的轴向聚焦. 1938 年,托马斯提出了用沿

方位角调变的磁场来提供轴向聚焦的方案.他所建议的场由两部分组成,并且具有以下形式:

$$B(r,\theta) = B_0\gamma(r)[1 + f\cos N\theta], \quad N \geqslant 3, \tag{6.3.2}$$

其中,沿方位角的平均磁场 $\overline{B}(r,\theta) = B_0\gamma(r)$ 用以满足等时性要求,而叠加在其上的方位角周期变化成分则产生轴向聚焦.实际上在托马斯场中,离子径迹的曲率半径周期性地变化着,形成一种围绕参考圆振动的、具有多重顶点的旋转对称轨道.轨道离轴心的最远距离位于磁场峰区的中线上,而最近距离在谷区中线上.这样在中央平面之上由谷区进入峰区的离子将具有一向外的径向速度 $v_r(\theta)$,它与磁场的方位角分量 B_θ 形成的洛伦兹力 $F_z = qev_r(\theta)B_\theta$ 是指向中央平面的,即是轴向的聚焦力.(图 6.11)反之当离子离开峰区进入谷区时,$v_r(\theta)$ 为负,但此时 B_θ 也反向,结果 F_z 还是聚焦的.现在人们把这样的轴向聚焦力称为托马斯力,以纪念他的发现和贡献.

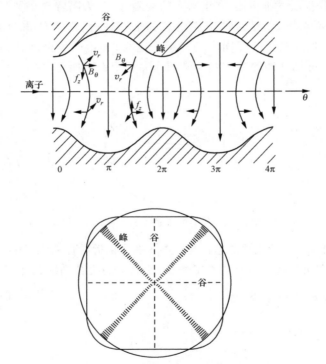

图 6.11　托马斯建议的沿方位角调变的等时性磁场

托马斯最初建议的磁场具有四重对称性($N=4$),这个建议被搁置了十多年未能付诸实施,部分原因是由于当时有关周期场中粒子动力学的理论还不成熟,加上产生托马斯场的磁极形状过于复杂,难于加工.结果依照 1944 年发现的自动稳相原理建造的同步回旋加速器反而先于托马斯加速器问世.到了 20 世纪 50 年代,强聚焦原理的发现、计算机及粒子轨道动力学的进展使人们对托马斯加速器的实施有了新的认识和动力. 正是在这样的基础上, 人们成功地发展了用磁极上的各种平面扇形叶片提供聚焦力的扇形聚焦回旋加速器(sector focusing cyclotron), 包括直边扇形(radial sector)和卷边的螺旋扇形(spiral sector)加速器等, 以及由若干独立的扇形构成的分离扇(split sector)加速器. (图 6.12)它们的磁极形状简单、易于加工, 而且聚焦性能也比托马斯加速器更为优异. 于是 60 年代中期掀起了一个兴建扇形聚焦回旋加速器的世界性的高潮. 扇形聚焦加速器不仅开拓了中能区等新领域, 而且在低能区完全取代了经典型的回旋加速器. 本章第六节将列出我国和国际上几台典型的扇形聚焦回旋加速器的性能.

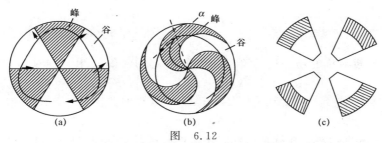

图　6.12

(a) 直边扇形磁极; (b) 螺旋扇形磁极; (c) 分离扇形磁极

二、扇形磁场中离子的运动

1. 离子在理想场中的运动

扇形聚焦回旋加速器借助于装在磁极面上的若干块扇形叶片形成多重旋转对称的方位角调变磁场. 扇形叶片的几何参量包括叶片高度、角宽度和边界的曲率等, 这些参量随半径的变化规律都要按照等时性和横向聚焦的要求来确定. 为了了解扇形块参量与离子轨道运动特性之间的联系, 下面我们先研究理想状况下离子在 N 重对称的磁场中运动的规律.

(1) 闭合平衡轨道的几何性质. 假定理想状况下扇形块产生的磁场沿着半径为 r_0 的参考圆的分布是一个具有硬边界的方波, 其峰场为 B_H, 谷场为 B_V. (图 6.13)在这样的场中, 离子的平衡轨道将是一个在参考圆附近的, 由曲率半径分别为 ρ_H 和 ρ_V 的 N 对圆弧所组成的闭合曲线. (图 6.14)其中

$$\rho_H = \frac{1}{qeB_H}\sqrt{2mW} = \frac{0.1444}{B_H q}\sqrt{AW}, \tag{6.3.3}$$

$$\rho_V = \frac{B_H}{B_V}\rho_H, \tag{6.3.4}$$

式中 q, A 分别是加速粒子的电荷数和质量数.

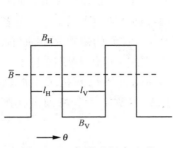

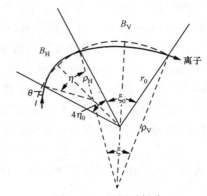

图 6.13　扇形磁极产生的
理想磁场分布

图 6.14　理想磁场中
离子平衡轨道的几何形状

对于 N 重对称的场,峰场区和谷场区对中心的张角 η_0 和 ξ_0 应满足

$$N(\xi_0 + \eta_0) = 2\pi. \tag{6.3.5}$$

在这样的场中,离子的闭合轨道同样应具有 N 重对称性,因而

$$N(\xi + \eta) = 2\pi, \tag{6.3.6}$$

其中 η 和 ξ 分别为离子在峰场区和谷场区的径迹段对其曲率中心的张角.

考虑到离子径迹在峰、谷交界处的连续性及轨道的几何形状,我们有

$$\rho_H \sin \frac{\eta}{2} = r_0 \sin \frac{\eta_0}{2},$$

$$\rho_V \sin \frac{\xi}{2} = r_0 \sin \frac{\xi_0}{2}. \tag{6.3.7}$$

于是 η_0 可通过下式和 η 相联系:

$$\cot \frac{\eta}{2} = K \cot \frac{\eta_0}{2} + (1-K) \cot \frac{\pi}{N}, \tag{6.3.8}$$

其中 $K = \dfrac{\rho_H}{\rho_V} = \dfrac{B_V}{B_H}$. 通常 K 为常数,$K=0$ 的扇形加速器便是分离扇加速器. 此外,按照图 6.14 上轨道的几何形状,不难证明轨道顶点至磁场中心的距离为

$$R_m = \rho_H \left[1 + \frac{\sin \frac{1}{2}(\eta - \eta_0)}{\sin \frac{1}{2} \eta_0} \right]. \tag{6.3.9}$$

它表示平衡轨道偏离圆形的程度.

（2）等时性条件. 不同能量的离子在等时性磁场中沿各自的平衡轨道运行时,它们的回旋周期都应与高频电场的周期相等,即

$$T = \frac{\oint ds}{v} \equiv T_D, \tag{6.3.10}$$

式中 T_D 是 D 极电压的周期，$T_D = \dfrac{2\pi m_0}{qeB_0}$，$B_0$ 是中心平均磁场，v 是离子的速度.

离子平衡轨道的周长 L_s 可以表述为

$$L_s = \oint \mathrm{d}s = N\left[\rho_H \eta + \rho_v \xi\right] = N\left[\rho_H \eta + \rho_v \left(\frac{2\pi}{N} - \eta\right)\right]. \quad (6.3.11)$$

已知离子在峰场中，

$$v = \frac{qe\rho_H B_H}{\gamma m_0} B_0, \quad (6.3.12)$$

于是由 (6.3.10) 式和 (6.3.11) 式，得

$$N\left[\rho_H \eta + \rho_v \left(\frac{2\pi}{N} - \eta\right)\right] = \frac{2\pi \rho_H B_H}{\gamma B_0}, \quad (6.3.13)$$

因而

$$\eta(\beta) = \frac{2\pi}{N} \frac{1 - \dfrac{KB_H}{\gamma B_0}}{1 - K}. \quad (6.3.14)$$

可见为了满足等时性的要求，在加速过程中离子在峰场中的轨道张角 η 应随其能量的增长而增大，它的增长率可以写为

$$\frac{\partial \eta}{\partial \beta} = \frac{2\pi}{N}\left(\frac{K}{1-K}\right)\frac{B_H}{B_0} \cdot \beta\gamma, \quad (6.3.15)$$

$\beta = v/c$ 是离子的相对论速度.

在设计扇形聚焦回旋加速器时，有现实意义的是扇形块对中心张角 η_0 随参考圆半径 r 的增长. 为此引入扇形块的扩张角 μ_0（图 6.15），

$$\tan\mu_0 = \frac{r}{2}\frac{\partial \eta_0}{\partial r} = \frac{\beta}{2}\frac{\partial \eta_0}{\partial \eta} \cdot \frac{\partial \eta}{\partial \beta}. \quad (6.3.16)$$

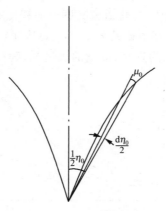

图 6.15 扇形块的扩张角 μ_0

由(6.3.7),(6.3.8)式知

$$\frac{\partial \eta_0}{\partial \eta} = \sin^2 \frac{\eta_0}{2} / K \sin^2 \frac{\eta}{2} = \rho_{\mathrm{H}}^2 / K r_0^2 = \overline{B(r_0)}^2 / K B_{\mathrm{H}}^2, \qquad (6.3.17)$$

其中$\overline{B(r_0)}$为参考圆$2\pi r_0$上的平均磁场. 考虑到

$$\overline{B(r_0)} \approx B_0 \gamma(r_0),$$

于是

$$\tan\mu_0 \approx \frac{\pi}{N} \frac{\beta^2}{1-\beta^2} \frac{B_0 \gamma}{B_{\mathrm{H}} - B_{\mathrm{V}}}. \qquad (6.3.18)$$

以上结果只是近似的,下面我们将看到,在小半径上往往只有当$\overline{B(r_0)} < \gamma B_0$时,等时性的条件才能满足. 这是因为在磁场的中心区,峰区轨道张角η较小,闭合平衡轨道的长度L_{s}明显小于参考圆的周长$2\pi r_0$,也就是说离子实际上围绕着一个半径小于r_0的圆形平均轨道运动,它所对应的等时性场应小于$B_0\gamma$. 事实上,平衡轨道周长与参考圆周长之比为

$$\frac{L_{\mathrm{s}}}{2\pi r_0} = \left[1 - \frac{N\eta}{2\pi}(1-K)\right] \frac{\sin\left(\frac{\eta_0}{2}\right)}{\sin\left(\frac{\eta}{2}\right)} \cdot \frac{1}{K}. \qquad (6.3.19)$$

当$\eta \leqslant \frac{\pi}{N}$时,$\frac{L_{\mathrm{s}}}{2\pi r_0} \leqslant 1$. 另一方面,磁刚度

$$G = \frac{1}{q}(r_0 \cdot \overline{B(r_0)}) \approx \frac{1}{q}\gamma B_0 \frac{L_{\mathrm{s}}}{2\pi}, \quad \text{因而} \quad \frac{\overline{B(r_0)}}{\gamma B_0} \approx \frac{L_{\mathrm{s}}}{2\pi r_0}, \qquad (6.3.20)$$

所以参考圆上的平均场与γB_0的相对差应为

$$\frac{\Delta B}{\gamma B_0} \approx \frac{L_{\mathrm{s}}}{2\pi r_0} - 1, \qquad (6.3.21)$$

其值应为千分之几或更大一些,与轨道偏离圆形的程度有关. 图 6.16 给出了按上式校正后的等时性磁场随参考圆半径的分布. 对于实际的非方形波场,史密斯(Smith)和盖伦(Garren)等曾给出更为现实、准确的表述式,我们将在附录中加以阐述.

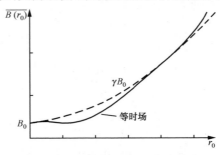

图 6.16　沿参考圆平均的等时性场

（3）轴向聚焦. 扇形聚焦的等时性回旋加速器依靠扇形叶块产生的边缘场提供轴向聚焦. 这样的聚焦实际上包含着三种机制，即分别由托马斯力、拉斯雷特（Laslett）力和交变聚焦力产生的聚焦作用，它们的大小分别与扇形叶块的厚度、张角及边界的曲率等密切相关. 下面我们对这三种聚焦机制作一些定量的分析.

① 径向扇形的边缘聚焦与托马斯力. 这里所谓的径向扇形（radial sector）指的是它的中心线沿着半径方向没有卷角的扇形块. 为了方便起见我们先研究一个直边界的径向扇形块的边缘聚焦（图 6.17）. 在这样的条件下磁场的水平分量 B_N 将沿着方位角的方向，它与离子速度的径向分量相作用形成的洛伦兹力为

$$F_z = -qev\sin\theta \cdot B_N, \tag{6.3.22}$$

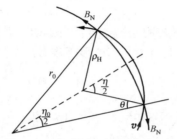

图 6.17 扇形磁场对离子的聚焦

其中 θ 是离子闭合轨道在扇形边界上与参考圆的夹角. 由此引起的离子轴向动量变化 Δp_z 为

$$\Delta p_z = F_z \cdot \Delta t = -qeB_N \cdot \Delta N \cdot \tan\theta, \tag{6.3.23}$$

ΔN 是边界法线方向的长度单元. 考虑到在中央平面附近，

$$B_N \approx -\frac{\Delta B}{\Delta N} \cdot z,$$

我们有

$$\Delta p_z = -qe(B_H - B_V) \cdot \tan\theta \cdot z. \tag{6.3.24}$$

不难证明，扇形块另一侧的边缘场引起相同的轴向动量变化. 由此，一个周期中的平均轴向聚焦力

$$\overline{F}_z = -\frac{2N}{T_D} qe(B_H - B_V) \cdot \tan\theta \cdot z. \tag{6.3.25}$$

考虑到 $\overline{F}_z = -m\omega_z^2 z$，因而轴向自由振动的频率为

$$\nu_z^2 = \frac{\omega_z^2}{\omega^2} = \frac{N}{\pi} \frac{B_H - B_V}{B} \tan\theta. \tag{6.3.26}$$

对于直边界的径向扇形，$\theta = \frac{1}{2}(\eta - \eta_0)$，如果 $\frac{1}{2}\eta$ 和 $\frac{1}{2}\eta_0$ 都不大，$\sin\frac{1}{2}\eta \approx \frac{1}{2}\eta$，$\sin\frac{1}{2}\eta_0 \approx \frac{1}{2}\eta_0$，那么由（6.3.7）式、（6.3.14）式可知，

$$\tan\theta \approx \frac{\pi}{N}\left(1-\frac{B_{\mathrm{V}}}{B}\right)\cdot\frac{B_{\mathrm{H}}}{B_{\mathrm{H}}-B_{\mathrm{V}}}\cdot\left(1-\frac{\varrho_{\mathrm{H}}}{r_0}\right)\approx\frac{\pi}{N}\cdot\frac{\overline{B}-B_{\mathrm{V}}}{\overline{B}}\cdot\frac{B_{\mathrm{H}}-\overline{B}}{B_{\mathrm{H}}-B_{\mathrm{V}}},$$

$$(6.3.27)$$

代入(6.3.26)式,得

$$\nu_z^2=\frac{(B_{\mathrm{H}}-\overline{B})(\overline{B}-B_{\mathrm{V}})}{\overline{B}^2}=F^2.$$

$$(6.3.28)$$

F 称扇形磁场的调变度,其大小除了与扇形块的厚度有关外,还与磁场随方位角的变化形式有关.上式只适用于理想的方波(硬边界)场.对于正弦波的场分布,如果 B_{H} 和 B_{V} 分别为场的极大值和极小值,那么 $\nu_z^2=\dfrac{F^2}{2}$.梯形场分布下,ν_z^2 的大小介于方波与正弦波之间.

　　上面的讨论中并未包括等时性的条件.下面我们再来考虑一下边界向外以 μ_0 角扩展的托马斯场的情况.此时由几何图形不难看出

$$\theta=\frac{1}{2}(\eta-\eta_0)-\mu_0.$$

$$(6.3.29)$$

当 $\mu_0\ll1$ 且 $\frac{1}{2}\eta$ 和 $\frac{1}{2}\eta_0$ 不大时,$\tan\mu_0\cdot\tan\frac{1}{2}(\eta-\eta_0)\ll1$,

$$\tan\theta\approx\tan\frac{1}{2}(\eta-\eta_0)-\tan\mu_0.$$

$$(6.3.30)$$

由(6.3.18)式知 $\tan\mu_0=\dfrac{\pi}{N}\dfrac{\beta^2}{1-\beta^2}\dfrac{\overline{B}}{B_{\mathrm{H}}-B_{\mathrm{V}}}$,于是将上式代入(6.3.25)式后便可得等时性扇形聚焦场的轴向自由振动数

$$\nu_z^2=-\frac{\beta^2}{1-\beta^2}+F^2.$$

$$(6.3.31)$$

上式右边第一项系等时性场的平均梯度.因为

$$n=-\frac{r}{B}\frac{\partial\overline{B}}{\partial r}=-\frac{\beta^2}{1-\beta^2},$$

$$(6.3.32)$$

所以有

$$\nu_z^2=n+F^2.$$

可见,只要 F^2 足够大就可以克服等时性场的负梯度产生的散焦,使 $\nu_z^2>0$,这就是托马斯的概念.上述聚焦称为托马斯聚焦,与之相应的聚焦力称为托马斯力.

　　② 螺旋扇形的边缘聚焦.现代的等时性加速器大都用边界卷曲的螺旋形扇块来增加轴向聚焦力.实际上如果让扇形块的两边同时顺着离子运动的方向,按中心线的螺旋角 $\varepsilon(r)$ 向一侧弯曲时(图6.18),离子在入口一侧的轴向聚焦将因螺旋角而加强,在另一侧将减弱甚至变成散焦.换句话说,螺旋角的作用在一侧是聚焦的而在另一侧则是散焦的.然而由于下面将阐述的两种效应,总的作用还是聚焦的.它们叠加在托马斯聚焦之上,使扇形块产生的轴向聚焦力大为增加.

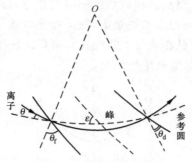

图 6.18 螺旋角的效应

我们先来考察一下图 6.18. 图上离子轨道与螺旋形边界法线的交角分别为 θ_f（聚焦侧）和 θ_d（散焦侧），

$$\theta_f = \frac{1}{2}(\eta - \eta_0) - \mu_0 + \varepsilon,$$

$$\theta_d = \frac{1}{2}(\eta - \eta_0) - \mu_0 - \varepsilon. \tag{6.3.33}$$

此处显然 $\theta_f > \theta_d$，因而离子穿越聚焦侧的时间 $\Delta t_f = \dfrac{\Delta N}{v\cos\theta_f}$ 长于在散焦侧的时间

$\Delta t_d = \dfrac{\Delta N}{v\cos\theta_d}$，即 $\Delta t_f > \Delta t_d$. 由于这个原因，聚焦的效应将胜过散焦的效应. 拉斯雷特首先指出这一机制将增强扇形磁场的聚焦能力，因此人们将它称之为拉斯雷特聚焦. 下面对此做一些定量的估计.

为了简单起见，我们暂令 $\mu_0 = 0$，即忽略等时性条件，只看螺旋角对于边缘聚焦的增强效应. 为此我们将 θ_f 与 θ_d 分别代入上节轴向自由振动的表述式 (6.3.26) 中并得到

$$\nu_z^2 = \frac{N}{2\pi} \frac{B_H - B_V}{\bar{B}} (\tan\theta_f + \tan\theta_d), \tag{6.3.34}$$

括号中，$\tan\theta_f + \tan\theta_d = 2\tan\theta(1 + \tan^2\varepsilon)/(1 - \tan^2\theta \cdot \tan^2\varepsilon)$. 考虑到

$$\theta = \frac{1}{2}(\eta - \eta_0) \ll 1,$$

$$\nu_z^2 \approx \frac{N}{\pi} \frac{B_H - B_V}{\bar{B}} \tan\theta(1 + \tan^2\varepsilon), \tag{6.3.35}$$

于是由 (6.3.27) 式，我们有

$$\nu_z^2 = F^2(1 + \tan^2\varepsilon). \tag{6.3.36}$$

我们看到，ε 接近 $45°$ 时，ν_z^2 将增大一倍.

在上面关于螺旋角的作用的讨论中，我们还忽略了一种效应，即交变聚焦效

应.实际上,即使离子经过聚焦区和散焦区的时间相等,总的效应也还是聚焦的.这是因为根据强聚焦原理,在稳定的轨道上,离子在聚焦透镜处偏离中央平面的平均距离 $\bar{z}_f$ 将大于散焦透镜处的距离 $\bar{z}_d$(图 6.19),结果正比于 $\bar{z}_f$ 的聚焦力必然大于与 $\bar{z}_d$ 成正比的散焦力,因此总的作用仍是聚焦的.

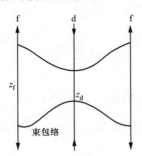

图 6.19　强聚焦系统中聚焦和散焦透镜处离子对中央平面的平均偏离

实际上如果只考虑卷角的交变聚焦效应,那么扇形块两侧薄透镜的聚焦本领分别可以近似为

$$\frac{1}{f} \approx \pm \frac{1}{r} \frac{B_H - B_V}{\bar{B}} \cdot \tan\varepsilon,$$

于是按照强聚焦原理,不难求得每周期中自由振动的相移

$$\cos\mu = 1 - \frac{1}{2} \frac{l_H l_V}{f^2}, \tag{6.3.37}$$

其中 $l_H = \rho_H \eta$,$l_V = \rho_V \xi$.μ 较小时,$\cos\mu \approx 1 - \frac{1}{2}\mu^2$,因此

$$\mu^2 \approx \frac{l_H l_V}{f^2}. \tag{6.3.38}$$

于是

$$\nu_z^2 = \left(\frac{N\mu}{2\pi}\right)^2 = \left(\frac{N}{2\pi}\right)^2 \left(\frac{B_H - B_V}{\bar{B}}\right)^2 \tan^2\varepsilon \cdot \frac{l_H l_V}{r^2}. \tag{6.3.39}$$

由定义 $\bar{B} = \dfrac{B_H l_H + B_V l_V}{l_H + l_V}$,得

$$\frac{l_H}{l_V} = \frac{\bar{B} - B_V}{B_H - \bar{B}}. \tag{6.3.40}$$

此外,$2\pi r = N(l_H + l_V)$,于是不难证明

$$\frac{l_H l_V}{r^2} = \frac{(B_H - \bar{B})(\bar{B} - B_V)}{(B_H - B_V)^2} \cdot \left(\frac{2\pi}{N}\right)^2. \tag{6.3.41}$$

由此求得

$$\nu_z^2 = F^2 \tan^2\varepsilon. \tag{6.3.42}$$

这就是交变聚焦效应对轴向聚焦的贡献.它是由克斯特首先指出的,因此也叫克斯特聚焦.

综合拉斯雷特和克斯特效应,螺旋角对轴向聚焦的总的增强效应可以写作

$$\nu_z^2 = F^2(1 + 2\tan^2\varepsilon). \tag{6.3.43}$$

如再加上等时性条件,离子在螺旋扇形聚焦下的轴向自由振动为

$$\nu_z^2 = n + F^2(1 + 2\tan^2\varepsilon). \tag{6.3.44}$$

2. 离子在非理想场中的运动

前面所讨论的是离子在理想的具有"硬边界"的方波场中运动的情况,然而实际的磁场具有一系列偏离理想值的谐波成分和梯度误差,这就向我们提出一个问题:离子在实际的非理想的扇形磁场中的运动应如何加以分析,与在理想条件下的运动相比,它有些什么特点?为了回答这个问题,下面我们将简要介绍离子在实际磁场中运动的平衡轨道、围绕平衡轨道的自由振动以及各种共振引起的离子运动的不稳定性.

(1) 平衡轨道.一般情况下,半径 r_0 处的实际磁场沿着方位角的分布可以写为

$$\begin{aligned}
B(r,\theta) = \overline{B(r_0,\theta)} \cdot \Big[&1 + \mu'x + \frac{1}{2}\mu''x^2 + \frac{1}{6}\mu'''x^3 \\
&+ \cdots + \sum_{n=1}^{\infty}(a_n\cos n\theta + b_n\sin n\theta) + x\sum(a_n'\cos n\theta + b_n'\sin n\theta) \\
&+ \frac{1}{2}x^2\sum_{n=1}^{\infty}(a_n''\cos n\theta + b_n''\sin n\theta) + \cdots \Big],
\end{aligned} \tag{6.3.45}$$

其中 $r = r_0(1+x)$,"$'$"表示 $\dfrac{\mathrm{d}}{\mathrm{d}r}$,$\mu' = \dfrac{r_0}{B}\dfrac{\mathrm{d}\overline{B}}{\mathrm{d}r}$,$\mu'' = \dfrac{r_0^2}{B}\dfrac{\mathrm{d}^2\overline{B}}{\mathrm{d}r^2}$,$\mu''' = \dfrac{r_0^3}{B}\dfrac{\mathrm{d}^3\overline{B}}{\mathrm{d}r^3}$.上式各次方位角谐波中,谐波数 n 等于扇形数 N 或其整数倍 kN 的成分是扇形磁铁所固有的,称"固有谐波"场,其他的成分是由偏离理想条件的各种因素引起的,其幅度相对较小,称之为"误差谐波".离子在这样的场中运动的平衡轨道应通过径向运动方程

$$m\frac{\mathrm{d}^2r}{\mathrm{d}t^2} = mr\left(\frac{\mathrm{d}\theta}{\mathrm{d}t}\right)^2 + qer\left(\frac{\mathrm{d}\theta}{\mathrm{d}t}\right)B(r,\theta)$$

求得.当扇形磁场的调变度不大,平衡轨道偏离圆形的程度较小时$\Big($即 $x \ll 1$,$\dfrac{\mathrm{d}x}{\mathrm{d}\theta} \ll 1$ 时$\Big)$,平衡轨道的半径 $r_s(\theta)$ 可通过近似求解径向运动方程写成如下形式(参考附录二):

$$\begin{aligned}
r_s(\theta) = r_0\Big\{ &1 - \frac{1}{4(1+\mu')}\sum_{n=1}^{\infty}\Big[\frac{(a_n^2+b_n^2)'}{n^2-(1+\mu')} + \frac{(a_n^2+b_n^2)(3n^2-2+\mu'')}{(n^2-(1+\mu'))^2}\Big] \\
&+ \sum_{n=1}^{\infty}\frac{a_n\cos n\theta + b_n\sin n\theta}{n^2-(1+\mu')}\Big\}.
\end{aligned} \tag{6.3.46}$$

上式大括号中前两项表示平衡轨道的平均半径$\overline{r_s(\theta)}$,第三项表示平衡轨道围绕平均轨道振荡的情况.值得注意的是,由于平衡轨道的平均半径不等于参考圆的半径r_0,因此沿参考圆的平均磁场与γB_0的关系必须满足下式,才能使之符合等时性的要求,即

$$\overline{B(r_0,\theta)} = \gamma B_0 \left\{ 1 - \frac{1}{4(1+\mu')} \cdot \sum_{n=1}^{\infty} \left[\frac{n^2(2-\mu')-2+\mu''}{(n^2-(1+\mu'))^2}(a_n^2+b_n^2) \right.\right.$$

$$\left.\left. + \frac{(a_n^2+b_n^2)'}{n^2-(1+\mu')} \right] \right\}. \tag{6.3.47}$$

(证明见附录二)通常在加速器中心区,场的调变度随半径迅速上升,$(a_n^2+b_n^2)'>0$,因此有$\dfrac{\overline{B(r_0,\theta)}}{\gamma B_0}<1$,也就是说沿参考圆的平均磁场应低于$\gamma B_0$才符合等时性的要求.反之,在束流引出区$(a_n^2+b_n^2)'<0$,因此要求$\overline{B(r_0,\theta)}>\gamma B_0$.

(2) 径向自由振动.离子在实际扇形场中的自由振动须要通过求解它的径向运动方程获得.如以$x=\dfrac{r-r_s}{r_s}$表示离子对平衡轨道的偏离,那么在某一个谐波场的作用下,离子的自由振动方程在一级近似下有如下形式(参见附录二):

$$\frac{\mathrm{d}^2 x}{\mathrm{d}\theta^2} + [1+\mu'+2A_N\cos N(\theta+\delta)]x = 0, \tag{6.3.48}$$

其中$A_N=(a_N^2+b_N^2)^{\frac{1}{2}}$,$\tan n\delta = -\dfrac{b_N}{a_N}$.

与常见的方位角向均匀的轴对称磁场中离子自由振动的方程相比,这里多了一个周期系数项$2A_N\cos N(\theta+\delta)$.这种具有周期系数的方程即前面讲过的马蒂厄方程.按照弗洛凯定理,方程的解可写成下面的形式:

$$x = c\left[\mathrm{e}^{\mathrm{i}\nu\theta}p(\theta) + \mathrm{e}^{-\mathrm{i}\nu\theta}p(-\theta) \right], \tag{6.3.49}$$

其中$p(\theta)$是以$\dfrac{2\pi}{N}$为周期的函数,ν是方程的特征指数,表示离子自由振动的频率.可以证明,

$$\cos\left(\frac{2\pi\nu}{N}\right) \approx \cos\left(\frac{2\pi}{N}\sqrt{1+\mu'}\right) - \frac{4\pi^2}{N^2}\left[\frac{A_N^2}{N^2-4(1+\mu')} \right] \frac{\sin\left(\dfrac{2\pi}{N}\sqrt{1+\mu'}\right)}{\dfrac{2\pi}{N}\sqrt{1+\mu'}},$$

$$\tag{6.3.50}$$

显然只有当ν是实数时,即$\left|\cos\left(\dfrac{2\pi\nu}{N}\right)\right|<1$时,自由振动才是稳定的.第一个不稳定区的边界位于$\dfrac{2\pi\nu}{N}=\pi$,即$\nu=\dfrac{N}{2}$处.下面可以看到,自由振动的稳定边界将规定加速离子能量的上限.

当远离稳定边界时,

$$\cos\left(\frac{2\pi\nu}{N}\right) \approx 1 - \frac{1}{2}\left(\frac{2\pi\nu}{N}\right)^2, \quad \sin\left(\frac{2\pi}{N}\sqrt{1+\mu'}\right) \approx \frac{2\pi}{N}\sqrt{1+\mu'},$$

因此径向自由振动的频率近似地为

$$\nu_r^2 \approx 1 + \mu' + \frac{2A_N^2}{N^2 - 4(1+\mu')}. \tag{6.3.51}$$

如果考虑固有谐波场的其他成分的贡献,那么

$$\nu_r^2 \approx 1 + \mu' + 2\sum_{n=1}^{\infty} \frac{a_m^2 + b_m^2}{m^2 - 4(1+\mu')}, \tag{6.3.52}$$

其中 $m = nN$.

对于等时性场,$\gamma^2 \approx 1 + \mu'$[参见式(6.3.32)].因此如果 $N \gg 1$,我们有

$$\nu_r^2 = \gamma^2. \tag{6.3.53}$$

由此可求得径向自由振动稳定边界对扇形聚焦加速器能量的限制,即

$$\nu_r = \gamma \leqslant \frac{N}{2} \ \text{或} \ W \leqslant m_0 c^2 \left(\frac{N}{2} - 1\right). \tag{6.3.54}$$

扇形聚焦磁场中,离子径向自由振动的另一个特点是它的振幅受到方位角向场的周期性调制.附录二中给出了 $n = N$ 时,自由振动的近似解:

$$x = a_0 \ (1 + \Delta A \cos N\theta) \cos\nu_r\theta, \tag{6.3.55}$$

其中 a_0 是初始振幅,$\Delta A = \dfrac{2A_N}{N^2}$ 表示振幅的调制深度.

对于张角为 $180°$ 的 D 形电极系统,三扇形磁场($N=3$)所产生的振幅调制,会在加速器的中心区产生一种称之为"越隙共振"(gap crossing resonance)的现象,它使离子的轨道向着某个方向连续滑动,引起自由振动振幅逐圈增加,破坏了离子的束流品质.

(3)轴向自由振动.这里我们讨论径向沿着平衡轨道运动的离子,在固有谐波场作用下的轴向自由振动.如果离子偏离磁场中央对称平面的距离为 z,它的轴向运动应由下述运动方程所决定:

$$\frac{\mathrm{d}}{\mathrm{d}t}\left(m\frac{\mathrm{d}z}{\mathrm{d}t}\right) = qe\left(\frac{\mathrm{d}r}{\mathrm{d}t}B_\theta - r\frac{\mathrm{d}\theta}{\mathrm{d}t}B_r\right). \tag{6.3.56}$$

为了方便起见,令式中 $\dfrac{\mathrm{d}}{\mathrm{d}t} = \dfrac{\mathrm{d}\theta}{\mathrm{d}t}\dfrac{\mathrm{d}}{\mathrm{d}\theta}$,将变量转为 θ.如果 $\dfrac{z}{r} \ll 1$ 及 $\dfrac{1}{r}\dfrac{\mathrm{d}z}{\mathrm{d}\theta} \ll 1$,并且在一级近似下有如下关系式:

$$B_r \approx \frac{\partial B_r}{\partial z} \cdot z = \frac{\partial B_z}{\partial r} \cdot z,$$

$$B_\theta \approx \frac{\partial B_\theta}{\partial z} \cdot z = \frac{\partial B_z}{r\partial\theta} \cdot z, \tag{6.3.57}$$

运动方程便可写为

$$\frac{d^2 z}{d\theta^2} + \frac{1}{B \cdot r}\left(\frac{\partial r}{\partial \theta} \cdot \frac{\partial B}{\partial \theta} - r^2 \frac{\partial B}{\partial r}\right) \cdot z = 0. \tag{6.3.58}$$

式中所有 r 的函数都对应于平衡轨道半径上的值. 我们仍然先讨论谐波 $n = N$ 时离子的轴向运动. 近似地取

$$B = \bar{B}(1 + A_N \cos N(\theta + \delta) + \cdots),$$

$$r = \bar{r}\left(1 + \frac{A_N}{m}\cos N(\theta + \delta(r)) + \cdots\right), \tag{6.3.59}$$

其中扇形场的螺旋角 $\tan\varepsilon = \bar{r}\dfrac{d\delta}{dr}$, $m = N^2 - (1 + \mu')$, 并注意到在平衡轨道上运动的离子所看到的磁场梯度 $\dfrac{dB}{dr} = \dfrac{dB}{d\bar{r}}\dfrac{d\bar{r}}{dr}$, 因而

$$\frac{1}{B \cdot r}\frac{\partial B(r,\theta)}{\partial r} \approx \frac{1}{\bar{r}}\mu'\{1 + A_N \cos N[\theta + \delta(r)] - NA_N \tan\varepsilon \sin N[\theta$$

$$+ \delta(r)] + \cdots\} \cdot \left\{1 + \frac{\bar{r}NA_N}{m}\sin N[\theta + \delta(r)]\frac{d\delta}{dr}\right.$$

$$\left. - \frac{A_N}{m}\cos N[\theta + \delta(r)]\right\}. \tag{6.3.60}$$

将上面各式代入方程, 并取 $\overline{\sin^2 N(\theta+\delta)} = \overline{\cos^2 N(\theta+\delta)} = \dfrac{1}{2}$, 忽略高级小量后, 可得到一级近似下轴向自由振动方程

$$\frac{d^2 z}{d\theta^2} + \left[-\mu' + \frac{N^2 A_N^2}{2m}(1 + \tan^2\varepsilon) + NA_N \tan\varepsilon \cdot \sin N(\theta + \delta)\right]z = 0. \tag{6.3.61}$$

这还是一个马蒂厄方程, 根据上节的讨论, 轴向自由振动的频率由下式规定:

$$\cos\left(\frac{2\pi\nu_z}{N}\right) = \cos\left(\frac{2\pi}{N}\sqrt{P}\right) - \frac{4\pi^2}{N^2}\frac{(NA_N \tan\varepsilon)^2}{N^2 - 4P}\sin\frac{\frac{2\pi}{N}\sqrt{P}}{\frac{2\pi}{N}\sqrt{P}}, \tag{6.3.62}$$

其中 $P = -\mu' + \dfrac{N^2 A_N^2}{2m}(1 + \tan^2\varepsilon)$. 当 ν_z 较低, $\dfrac{2\pi\nu_z}{N} \ll 1$ 时, 同样可以近似为

$$\nu_z^2 = -\mu' + \frac{N^2 A_N^2}{2m}(1 + \tan^2\varepsilon) + \frac{1}{2}\frac{(NA_N \tan\varepsilon)^2}{(N^2 - 4P)}. \tag{6.3.63}$$

如 $N^2 \gg 1$, 对于固有谐波场,

$$\nu_z^2 = -\mu' + \frac{1}{2}\sum_{n=1}^{\infty}(a_n^2 + b_n^2)(1 + 2\tan^2\varepsilon_n). \tag{6.3.64}$$

史密斯等给出了更高精度下 ν_z^2 的表述式:

$$\nu_z^2 = -\mu' + \frac{1}{2}\sum_{n=1}^{\infty}(a_n^2 + b_n^2)(1 + 2\tan^2\varepsilon_n) + \frac{1}{2}\sum_{n=1}^{\infty}\frac{A_N^2\tan^2\varepsilon_n}{n^2}$$

$$+ \sum_{n=1}^{\infty}\left(\frac{1}{n^2} + \frac{1}{2n^4}\right)A_N'^2 + \frac{1}{4}\left[2 - \frac{\mathrm{d}}{\mathrm{d}x} - \frac{\mathrm{d}^2}{\mathrm{d}x^2}\right]\sum_{n=1}^{\infty}\frac{A_N^2}{n^2}. \tag{6.3.65}$$

这里不作证明,具体证明过程参见[12].

(4) 固有共振和误差共振.

有关离子在圆形加速器磁场中运动的共振现象和一般规律已在本书第四章第三节中讨论过.在扇形聚焦磁场中,存在着若干重要的非线性共振,其中有些甚至可以在没有误差的理想场中发生,它们是由扇形叶片的固有谐波驱动激发的,这些共振称之为“固有共振”.其他一些电场的不均匀性或梯度误差等激发起来的共振则称之为“误差共振”.为了对各种共振进行定性的讨论和分析,我们近似地以(6.3.52)式和(6.3.64)式所给出的 ν 值作为自由振动的频率的平均值写在振动方程的左侧,同时将运动方程中其他各次非线性项都作为微扰驱动项写在振动方程右侧.这样径向和轴向的振动方程就可以写成下述形式:

$$\frac{\mathrm{d}^2 y}{\mathrm{d}\theta^2} + \nu^2 y = h\sum \mathrm{e}^{\mathrm{i}n\theta} \cdot y^{m-1}, \tag{6.3.66}$$

式中 y 代表 x 或者 z,ν^2 代表 ν_r^2 或者 ν_z^2.$h=0$ 时,方程的解显然是 $\mathrm{e}^{\mathrm{i}\theta}$ 和 $\mathrm{e}^{-\mathrm{i}\theta}$ 的线性组合.如果 $h\neq0$,而等号右侧又较小时,我们可以按微扰项的处理方法,将解 $y=\mathrm{e}^{\mathrm{i}\theta}$ 代入右侧,这样就可逐项研究各级非线性驱动项产生的效应.由此,上式等号右侧将出现下述形式的项,即

$$h\cos n\theta\cos(m-1)\nu\theta = \frac{h}{2}\left[\cos(n-(m-1)\nu)\theta + \cos(n+(m-1)\nu)\theta\right].$$

$$\tag{6.3.67}$$

当其中某一驱动项的频率,如 $n-(m-1)\nu$,与自由振动频率 ν 等时,显然将发生共振.这就是说当条件

$$n = m\nu \tag{6.3.68}$$

满足时,振动的振幅将随 θ 连续增长.其中 n 是驱动的谐波数.当 $n=kN(k=1,2,3,\cdots)$,即 $\nu=\dfrac{kN}{m}$ 时发生的共振即固有共振.$(m-1)$ 是驱动项 y 的幂次,故称为非线性共振的级别.如 $m=1$ 时,有零级共振或线性共振 $\nu=n$.与 $m=2$ 相应的是一级非线性共振,$\nu=\dfrac{N}{2}$(非整数共振).通常驱动项中 y 的幂次愈高,其量愈小,因此非线性共振的级别愈高,其危害程度愈低.表6.1中给出了一些重要的非线性共振的频率、级别以及它们的有害程度.

表 6.1　重要的非线性共振

固有共振

级别	频率	$N=3$	$N=4$	
一	$\nu=\dfrac{N}{2}$	$\nu_r=\dfrac{3}{2}$	$\nu_r=2$	电子模型证明不能穿越,但可用于引出过程
二	$\nu=\dfrac{N}{3}$	$\nu_r=\dfrac{3}{3}$	$\nu_r=\dfrac{4}{3}$	小振幅下可能通过,可用于引出
三	$\nu=\dfrac{N}{4}$	$\nu_r=\dfrac{3}{4}$	$\nu_r=\dfrac{4}{4}$	可以通过
二	$\nu_r-2\nu_z=0$	$\nu_r=2\nu_z$	$\nu_r=2\nu_z$	较难通过,要求离子有较小振幅
三	$2\nu_r+2\nu_z=0$	$\nu_r+\nu_z=3/2$	$\nu_r+\nu_z=2$	电子模型中顺利通过

误差共振

级别	频率	驱动谐波线性	
线性	$\nu_r=1$	$n=1$	要求一次谐波振幅$<5\times10^{-4}$ T
线性	$\nu_z=1/2$	$n=1$	在加速边缘场发生,但不如 $\nu_r=2\nu_z$ 重要
一	$\nu_r-\nu_z=1$	$n=1$	观察到束流损失,但易于校正
一	$\nu_r+\nu_z=2$	$n=2$	电子模型中观察到小量束流损失

除了上述共振之外,还有一些重要的非线性耦合共振,它们分别是由径向和轴向运动方程中的洛伦兹力 $\boldsymbol{v}\times\boldsymbol{B}$ 所含的 $x^{m-1}z^j$ 项和 $x^m z^{j-1}$ 项的驱动所产生. 与此相应的振动方程分别可写成下述形式:

$$\frac{\mathrm{d}^2 x}{\mathrm{d}\theta^2}+\nu_r^2 x = hx^{m-1}z^j \mathrm{e}^{in\theta},$$

$$\frac{\mathrm{d}^2 z}{\mathrm{d}\theta^2}+\nu_z^2 z = hx^m z^{j-1}\mathrm{e}^{in\theta}. \tag{6.3.69}$$

根据与上面相同的道理,耦合共振的条件是

$$m\nu_r \pm j\nu_z = n.$$

这里比较重要的二级非线性共振是 $2\nu_z-\nu_r=0$. 这是回旋加速器可能遇到的第一个非线性耦合共振,有时也以它的发现人的名字来称呼它为沃金肖(Walkin-shaw)共振.

第四节　离子在中心区和引出区的运动

一、中心区

这一节中我们感兴趣的是离子自源进入高频电场后,前几个周期的运动. 离子在这一阶段的状态决定着此后离子束的横向品质、能散度和引出效率等,因此对加速器的性能水平有重要的影响. 另一方面,很难对离子在这一区域的运动做一般的分析,因为这里电场对离子运动的影响较大,而电场的分布又与离子源、D 形盒的结构和几何条件等密切相关. 因此, 这里只能讨论理想条件下离子的运动, 并通过这样的讨论定性地了解源或注入器的位置以及中心区电、磁场的分布对束流性能的影响.

1. 窄电隙条件下的运动

假定电场只存在于高频电隙之中, 而电隙的宽度 d 又非常小, 离子穿越电隙的相角 $\Delta\varphi_t \ll 1$. 如果离子的初速为零, 在电场的作用下沿 x 轴进入电隙, $y_0 = 0$, 那么, 前 n 圈加速中, 离子轨道曲率中心的位置依次如表 6.2 所示.

表 6.2　轨道曲率中心与加速圈数

序号 n	1	2	3	⋯	n
y_c	r_1	$r_1 - (r_2 - r_1)$	$r_1 - (r_2 - r_1) + (r_3 - r_2)$	⋯	$r_1 - \sum\limits_{i=2}^{n} (-1)^i (r_i - r_{i-1})$

其中

$$r_1 = \frac{0.144A}{qB} \sqrt{\frac{W_1}{A}}, \qquad (6.4.1)$$

而 $W_1 = qeV_a\cos\varphi_0$. 当离子的回旋运动满足共振条件时, 有

$$r_2 = \sqrt{2}r_1, \quad r_3 = \sqrt{3}r_1, \quad \cdots, \quad r_n = \sqrt{n}r_1.$$

于是, 经过 n 次加速之后, 有(如图 6.20 所示)

$$y_{cn} = r_1 \left[1 - \sum_{i=2}^{n} (-1)^i \left(\sqrt{i} - \sqrt{i-1} \right) \right] = \frac{3}{4} r_1. \qquad (6.4.2)$$

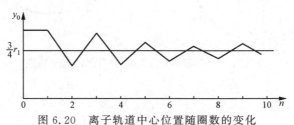

图 6.20　离子轨道中心位置随圈数的变化

实际上, 离子束的初始相位 φ_0 分布在 $-\frac{\pi}{2}$ 至 $\frac{\pi}{2}$ 之间, 因此整个束的轨道曲率中心分布在 $y_{cn} = 0 \left(\varphi_0 = \pm\frac{\pi}{2} \right)$ 至 $y_{cn} = \frac{3}{4} r_{1m}$ (r_{1m} 是 $\varphi_0 = 0$ 时的轨道半径)之间, 不难看到, 为了使束流轨道中心分布的"重心"与加速器的中心重合, 以减少束流对于初始平衡轨道的平均偏离, 须使离子源的位置偏离磁场中心约 $0.7r_{1m}$. 源的实际最佳偏置位置可通过调束试验来确定.

2. 均匀电场中的运动

假定电隙的宽度 d 足够大, 使离子在前若干圈中都处于均匀分布的高频电场

之中.此时离子的运动方程为(参见图 6.21)

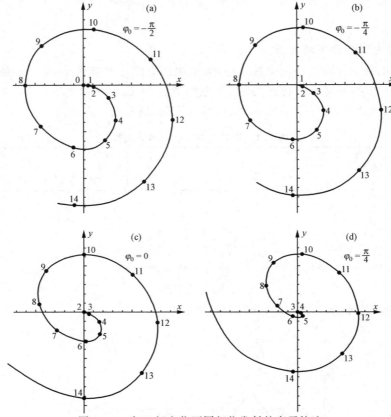

图 6.21　在 D 极电位不同相位发射的离子轨迹

$$\frac{\mathrm{d}^2 x}{\mathrm{d}t^2} = \lambda\omega_{\mathrm{D}}^2\cos(\varphi + \varphi_0) - \omega_0\,\frac{\mathrm{d}y}{\mathrm{d}t}, \tag{6.4.3}$$

$$\frac{\mathrm{d}^2 y}{\mathrm{d}t^2} = \omega_0\,\frac{\mathrm{d}x}{\mathrm{d}t}, \tag{6.4.4}$$

其中 $\lambda = \dfrac{qeE}{m\omega_{\mathrm{D}}^2}$，$E$ 是高频电场振幅，$\varphi = \omega_{\mathrm{D}}t$ 是高频电场的相位，$\omega_0 = -\dfrac{qe\overline{B}}{m}$ 是离子的回旋角频率.积分(6.4.4)式,得

$$\frac{\mathrm{d}y}{\mathrm{d}t} - \frac{\mathrm{d}y}{\mathrm{d}t}\bigg|_0 = \omega_0(x - x_0).$$

以此代入(6.4.3)式求解,当 $\omega_0 = \omega_{\mathrm{D}}, y_0 = 0, \dfrac{\mathrm{d}y}{\mathrm{d}t}\bigg|_0 = 0$ 时解得

$$\begin{cases} x = \dfrac{\lambda}{2} \left[\varphi\sin(\varphi + \varphi_0) - \sin\varphi\sin\varphi_0 \right] + \dfrac{\sin\varphi}{\omega_0} \dfrac{dx}{dt}\Big|_0, \\ y = \dfrac{\lambda}{2} \left[\varphi\cos(\varphi + \varphi_0) + 2\sin\varphi_0(1 - \cos\varphi) - \cos\varphi_0\sin\varphi \right] - \dfrac{1 - \cos\varphi}{\omega_0} \dfrac{dx}{dt}\Big|_0. \end{cases}$$

(6.4.5)

如我们以 $\varphi_0 = 0$ 的离子为标准,当它进入高频电场后第 n 个周期时,即 $\varphi + \varphi_0 = n\pi$ 时,有

$$\frac{x}{d} = \frac{\lambda}{2d}(-1)^n \sin^2\varphi_0 - \frac{(-1)^n}{\omega_0 d}\sin\varphi_0 \frac{dx}{dt}\Big|_0, \tag{6.4.6}$$

$$\frac{y}{d} = \frac{\lambda}{2d}(-1)^n \left[\varphi + (-1)^n 2\sin\varphi_0 - \frac{1}{2}\sin2\varphi_0 \right]$$
$$- \frac{1}{\omega_0 d}\left[1 - (-1)^n\cos\varphi_0 \right] \frac{dx}{dt}\Big|_0. \tag{6.4.7}$$

现在我们可利用上式来讨论前若干周期中离子在电隙中心线附近的分布. 如果离子对 y 轴的夹角为 θ (图 6.20),且 $\dfrac{dx}{dt}\Big|_0 = 0$,那么有

$$\tan\theta = \frac{x}{y} = \frac{\sin^2\varphi_0}{(n\pi - \varphi_0) + (-1)^n 2\sin\varphi_0 - \frac{1}{2}\sin2\varphi_0}. \tag{6.4.8}$$

因此,对于 $\varphi_0 = 0$ 和 $\varphi_0 = \pm\dfrac{\pi}{2}$ 的离子,它们在中心线附近沿方位角的分布如表 6.3 所示.

表 6.3 离子沿方位角的分布与初始相位

φ_0	2	4	6	8	10
$\varphi_0 = 0$	0°	0°	0°	0°	0°
$\varphi_0 = -\dfrac{\pi}{2}$	9.7°	4.7°	3.1°	2.3°	1.9°
$\varphi_0 = +\dfrac{\pi}{2}$	8.5°	4.4°	2.98°	2.2°	1.8°

由表 6.3 我们可以看到,五个周期以后,离子就紧密地聚在中心线附近张角为 2° 的范围之内. 这种现象我们称为"相聚"现象. 产生相聚现象的物理原因在于离子在均匀电场中的瞬时角频率是与相位有关的,即

$$\Omega = \frac{qe\bar{B}}{m} - \frac{qeE_{\text{N}}\cos\varphi}{mv}, \tag{6.4.9}$$

式中 E_{N} 是沿着轨道法线方向的电场成分. 对于 $\varphi_0 < 0$ 的离子,电场的作用趋向于使其相对平均角频率 $\bar{\Omega}$ (相对于 $\varphi_0 = 0$ 的离子而言)降低,而对 $\varphi_0 > 0$ 的离子,电场使其相对角频率增加,结果 $\varphi_0 = \pm\dfrac{\pi}{2}$ 范围内的离子都聚焦于 $\varphi_0 = 0$ 的离子附近.

相聚效应的一个直接后果是使离子束负载周期明显降低,这对于核物理中的某些符合实验是不利的.此外,离子束的轨道中心散布和能散度往往伴随着相位的聚合而增大.因此,这是一个不受欢迎的效应.限制相聚效应的根本途径在于减少离子在高频电场中运行的轨道长度,包括减小电场空间分布的有效宽度或增大初始轨道的曲率半径 r_1.对于前者,人们采取在离子源附近加装"触须"电极(feeler)或吸极(puller)系统(图 6.22)等措施.这样的办法不仅减小了有效电隙而且增加了离子源的有效输出.也有人在 D 盒的出入口上加装栅网以限制电场的延伸.为了增加 r_1,有人采用高的射频电压 V_D,有人则干脆用直流高压提高离子进入射频电场时的初始能量.其中一种比较成功的做法是用束流光学系统将经过聚焦和预加速的离子束由加速器外注入加速器室中.注入的方法有两种:一种是水平地沿着中央平面入射,称作径向注入,另一种是在轭铁上打一孔道,让离子穿过孔道沿对称轴注入加速室中,称为轴向注入(图 6.23).不论是径向或轴向注入,离子源都在加速器之外,其尺寸不受加速室空间的限制,这就为采用设备较为庞杂的极化离子源、负离子源,或能产生高电荷态离子的重离子源创造了条件.

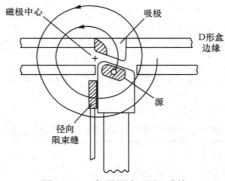

图 6.22　离子源与吸极系统

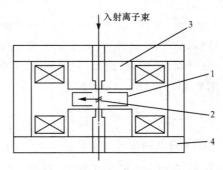

图 6.23　离子束的轴向注入

1——D 形盒;2——水平偏转;3,4——轭铁

采用了上面的措施之后,离子穿越高频电隙所需的时间将只占高频电场周期的一小部分,而它从电场中获得的能量也将与渡越电隙的时间有关.

假定电隙中电场均匀分布,电场 $E=\dfrac{V_D\cos\varphi}{d}$,离子到达电隙中心线时的相位为 φ_c,那么离子的能量增益可写为

$$\Delta W = \frac{qeV_a}{d}\int_{-\frac{d}{2}}^{\frac{d}{2}}\cos(\varphi_c+\frac{x}{v}\omega_D)\mathrm{d}x. \tag{6.4.10}$$

已知 $v=r\omega_0$ 且 $\omega_0=\omega_D$,并近似地认为 r 为常数,上式便为

$$\Delta W = qeV_a\cdot\tau_f\cdot\cos\varphi_c, \tag{6.4.11}$$

其中 τ_f 称为"越隙因子",$\tau_f=\dfrac{\sin\left(\dfrac{d}{2r}\right)}{\left(\dfrac{d}{2r}\right)}$,当 $\dfrac{d}{2r}\to0$ 时 $\tau_f\to1$. 可见,对于窄电隙的情况,或能量高、曲率半径足够大的离子,其轨道中心的变化规律将与(6.4.1)式、(6.4.2)式所表述的理想情况下的规律一致.

3. 相位规划

鉴于中心区电场对离子运动所起的重要作用,人们常常通过规划离子相位运动的历程来使离子束有良好的品质并保证最终具有最佳的引出效率. 这样的规划一般包含三方面的内容:

(1) 按照加速器的相位接收度(宽约 $60°\sim90°$)在中心区设置径向或轴向的狭缝,选择加速离子的初始相位,以消除那些最后不能通过引出系统的离子. 这样的做法不仅可以减少高频功耗,而且还有助于优化束流的运行状态,达到最佳引出效率,并可降低引出区的残存放射性的水平.

(2) 逆着离子运动的方向,偏转离子源和吸极系统,使之与电隙的中心线成 $10°\sim20°$ 的夹角.(图 6.22)这样,由吸极引出的离子转至加速缝隙时,其有效平均相位 $\overline{\varphi_0}\approx10°$,即处于聚焦的相区之中,从而可增强中心区的电聚焦. 由于中心区内磁场的调变度很小($B_V=B_H$),磁聚焦很弱,这一措施可明显地改善轴向聚焦,增强束流强度.

(3) 在中心区加装锥形铁垫,局部地提高磁场强度 $\overline{B(r)}$,使之略高于等时性场,以使离子的相位逐渐地由 $\overline{\varphi_0}\approx10°$ 向负相位区方向移动,达到与最高能量增益相应的相位. 此后因磁场的调变度已经提高,轴向聚焦可依靠扇形聚焦来保证.

加速器运行的实际经验表明,束流规划对于提高加速能量和引出效率、改善束流品质等方面起着重要的作用.

二、离子束的引出

使用回旋加速器的大多数物理实验或其他应用都要把离子束引出加速器外，并通过输运系统送至靶室. 不过束流引出是一个相当复杂的问题，可以说几十年来它一直是限制回旋加速器性能进一步提高的一大难题. 早期建立的静电偏转引出装置引出效率不高，但仍然比较普遍地使用着. 后来发展起来的共振引出和负离子引出技术在提高引出效率方面有较大改善，但仍然存在着各自的局限性. 对于这三种引出技术，本节只限于介绍其基本原理.

1. 静电偏转引出器

多数非相对论性回旋加速器使用早期发展起来的静电偏转器引出离子束. 它由一对弧形金属电极构成，位于内侧的电极是接地的，称为切割板，另一块外侧的电极加有直流高压 V_e，称为偏转板.（图 6.24）两电极之间的电场指向朝外，用以给离子一个附加的离心力使其轨道曲率半径增大. 假定离子的终能量为 W_f，相应的速度为 v，静电偏转器入口处的平均磁感应强度为 $\bar{B}$，轨道半径为 ρ，那么离子在进入偏转电场之前和在电场中的运动分别满足下述关系式：

$$\frac{mv^2}{\rho} = qev\bar{B} \tag{6.4.12}$$

和

$$\frac{mv^2}{\rho + \Delta\rho} = qe(v\bar{B} - E), \tag{6.4.13}$$

式中 E 是偏转电场，$E = \dfrac{V_e}{d}$，其中 d 是电极间距. 如果离子动能 $W_f \approx \dfrac{1}{2}mv^2$，且 $\dfrac{\Delta\rho}{\rho} \ll 1$，则通过合并上二式可得离子径迹曲率半径的增量 $\Delta\rho$ 为

$$\Delta\rho = \rho^2 \frac{qeV_e}{2W_f d}. \tag{6.4.14}$$

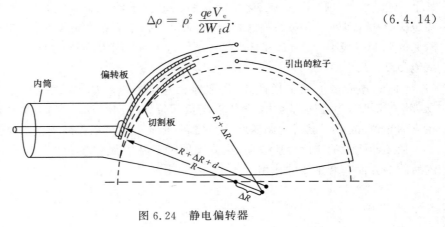

图 6.24　静电偏转器

曲率半径增大了的离子便离开原来的平衡轨道,进入磁场迅速减弱的边缘区域,最后被引出真空加速室之外.原则上也可以通过降低局部磁场的方法来引出离子,但与一般磁屏蔽通道相比,静电偏转引出的优点在于电场的径向分布有明确的范围,其边界可以控制到 0.1 mm 的精度.

引出过程中,离子在磁场边缘区可能遇到 $\nu_r = N/N$,$2\nu_z = \nu_r$ 等共振.为了尽可能地减小各种共振对离子束流品质的伤害,通常要求离子以最短的路程尽快地穿越边缘区引出器外.为此,必须尽可能地增大离子在静电偏转场中的曲率半径增量 $\Delta\rho$.按照(6.4.14)式,这首先意味着引出电压 V_e 要尽可能的高.不过,V_e 受到真空电击穿的限制,通常这可由击穿常数 $(V \cdot E) = 1.5 \times 10^4 \, (\mathrm{kV})^2/\mathrm{cm}$ 来估计.典型的引出电压在 $80 \sim 100 \, \mathrm{kV}$ 上下.为使偏转系统能安全地承受这样的高压,应选用击穿阈比较高的不锈钢材料来制作偏转电极,还要用钨等耐高温的材料来做切割电极.另一方面,相同的电压下,引出的起始半径越大,离子引出得越快.但因受到等时性加速条件等的限制,引出半径一般不超过磁极极面半径的 90%.静电偏转器的效能最后还与额定加速能量 W_f 有关,能量愈高,引出愈困难.能量较高的回旋加速器不宜单独使用静电偏转器来引出离子.

束流引出效率的定义为引出的外束流强与内束流强之比.它与最终几圈轨道之间的间距以及静电偏转器的几何形状有关.轨道间距小的加速器势必有较多的离子撞在切割板上损失掉,引出效率就比较低,可能只有 $10\% \sim 30\%$.要想达到高的引出效率必须使轨道的间距明显地大于切割板的厚度.这就要求有高的加速电压和适当的加速相位,因为引出半径上的平衡轨道之间的间距 $\dfrac{\Delta\rho}{\rho_f} = \dfrac{qeV_a\cos\varphi}{2W_f(1-n)}$.实际上,要让一圈圈的离子束分得足够开,还须优化中心区的参数,使束流径向的宽度达到极小.在所谓分圈式等时性加速器(separated turn isochronous cyclotron)中,最后几圈束流的间距明显地大于切割板的厚度,引出效率可接近 100%.

束流的引出效率还取决于偏转引出系统自身的束流接受度.为此,人们往往将偏转电极的剖面构形设计成具有较强的径向聚焦力的形状,防止束流在引出过程中因径向发散而损失.另一方面,还必须使引出电极的电场空间分布的形状与离子轨道的形状相匹配,防止离子撞到电极壁上,造成束流损失.对多电荷、可变能量的回旋加速器来说,离子在引出区的轨道形状随荷质比和能量而异,因此人们常常将引出电极做成二至三段,每段入口、出口的径向位置以及电极的间隙都做成可调的,以最大的灵活性来适应各种不同形状的引出轨道.(图 6.23)

2. 共振引出

美国伯克利实验室的 2.24 m(88 in)回旋加速器观察到一个非常有趣的现象. 当他们在引出区的磁场上加上一个 0.001 T 磁通密度(主磁场的 0.2%)的一次谐波时,竟有 70% 的离子自动滑出真空室外,其他 30% 则撞在 D 形盒壁上损失掉了. 实际上,这是一种"非线性共振引出"的机制在起作用. 原来在一次谐波场的作用下,束流轨道中心的集合作为一个整体将离开磁场中心,产生明显的径向偏移,即发生所谓大幅度的径向相干性振动,而在边缘磁场区中,大的径向振幅又会引发 ν_r =3/3 的非线性共振,使离子的径向振幅按指数增长,直至完全逸出磁场. 在上述过程中,处于不同高频相位的离子在边缘场中转的圈数不同,轨道中心偏移的距离也不相等,结果导致束流的发散,造成部分离子束的损失.

上面的实验和分析表明,有害共振在一定条件下可以有效地用来引出离子. 由此我们可以设想这样一种引出方法:在引出半径上用一次谐波场激发大的相干性振幅,以此诱发 ν_r = N/N 的非线性共振,在径向相干性振幅增长到适当大,而束流品质尚未明显变坏的时候,用静电偏转器或磁屏蔽通道将离子迅速引至器外. 这就是非线性共振引出的基本点.

半整数共振和整数共振同样可以用于离子束的引出. 一些加速器上安装的所谓"再生引出"装置,实质上就是利用半整数共振引出离子的. 这种装置是 20 世纪 50 年代邓昌黎等人发明的. 它包括一个使局部磁场减弱的引发器和一个使局部磁场增强的再生器,两者在方位角上相间约 60°～120°. 这样的系统包含着一次谐波和强的二次谐波成分. 小量偏离磁场中心的轨道,在 2/2 半整数共振的作用下,其中心将沿着某个固定的方向连续移动,使轨道的径向相干性振幅随离子的旋转圈数指数增加,最后以较高的效率经由磁通道或静电偏转器引出加速器外.

整数共振引出亦称进动引出. 这是在引出区 ν_r =1 的附近,外加一弱的,(1～2)×10^{-4} T 的一次谐波,利用整数共振使束流轨道中心产生相干性的偏离. 离子在通过共振进入边缘场区时,ν_r 迅速降至 1 以下,即 ν_r <1. 这时偏离磁场中心的轨道中心以 1-ν_r 的角速度进动着,只要适当调整一次谐波波峰的方位角位置,便可在引出器的入口处造成足够大的圈间距,使离子束高效率地为静电偏转器引出. 进动引出法是等时性回旋加速器中最普遍使用的方法.

总的说来共振引出的效率比较高,要注意的是引出束的品质问题. 前面曾指出,离子相位的散布是造成引出束空间发散的重要原因. 为此,如果设法在中心区限制离子的初始相位,使之集中在很小的 3°～6° 的区间之内,就有可能使所有引出的离子都经历基本相同的旋转圈数并在一圈之内全部引出,这样的引出叫"单圈引出"(single turn extraction). 其突出的优点是束流的能散度小,可达到 10^{-4} 的量级,束流的发射度也可比多圈引出小一个量级左右. 缺点是束流负载因子较小.

3. 负离子束的引出

加速负离子束的回旋加速器的引出问题可以大大简化.实际上,只要在引出半径上设置一个电子剥离膜,当负离子穿过薄膜时即因电子剥离而转变成正离子,结果,随着轨道曲率的反转,正离子便自动射出器外.(图 6.25)此种引出方法的效率较高,可接近 100%.此外,只要移动剥离膜的位置,便可在不改变加速器其他参数的条件下,改变引出束的能量.图 6.25 上画出了美国 UCLA 加速器上 25～47 MeV 的负离子经剥离膜后沿不同轨道进入汇流磁铁,最后经同一束流管线运送至靶室的情况.

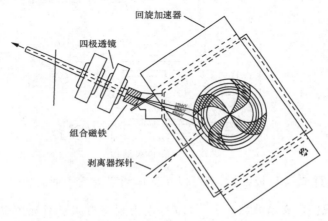

图 6.25　　UCLA 回旋加速器 25～47 MeV 质子束的引出

第五节　　高频与磁铁系统

一、高频系统

回旋加速器的高频系统一般由高频加速电极、高频共振线(谐振腔)和高频功率源等三部分构成.它的任务在于为离子提供回旋加速所必需的高频电压,这是回旋加速器中最基本的组成部分之一,其工作状况对于加速器的性能有很大的影响.一个好的高频系统应在工作频率可调,且工作负载等条件变化的情况下具有高度的稳定性,包括高达 10^{-6} 量级的频率稳定度和 10^{-3} 以上的电压稳定度.下面我们将分别就各有关部分的基本物理问题进行讨论.

1. 加速电极及谐波加速

早期的回旋加速器要求离子每圈有较高的能量增益,因此常常采用两个张角为 180° 的 D 形盒做加速电极,每个 D 盒上加有振幅 $V_a = 100 \sim 250\,\mathrm{kV}$ 的高频电压,二者之间的相位差为 π,离子穿越电隙时的能量增益为 $\Delta W = 2qeV_a\cos\varphi$.

　　等时性加速技术的发展大大降低了对加速电压的要求,于是相当一部分加速器就采用所谓单 D 极结构,即让离子在一个 D 形电极和另一个接地的所谓"假 D 极"之间加速.(图 6.26)尽管这样的条件下离子的能量增益只有双 D 极的一半,但在等时性的磁场中,它已足以将离子加速到相对论性的能量.单 D 极结构的好处不仅在于节省了高频系统的固定投资,更重要的是为离子源及中央区束流限缝等构件的位置调整提供了方便的条件,也为束流探测靶及位置和形状可变的引出电极提供了宝贵的空间.这一切都非常有助于改善回旋加速器束流品质和性能,因此为广大加速器设计者所乐于采用.

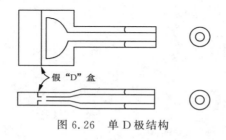

图 6.26　单 D 极结构

　　无论是单 D 或双 D 极结构,都可以在工作频率为离子回旋频率奇数倍的条件下运行.如果我们定义谐波数 $h = \dfrac{\omega_\mathrm{D}}{\omega_0}$,即 D 电极频率与离子回旋频率之比,那么不难证明,在理想的条件(电隙宽度趋于零)下,离子在基波($h=1$)或 3 次、5 次 …… $(2n+1)$ 次谐波(即 $h=3,5,\cdots,2n+1$)下加速的能量都是相等的.采用谐波加速的好处是可以在不改变高频系统的频率的条件下扩展加速离子的种类或能量范围.例如,在基波条件下用来加速质子的高频电压同样可以用来进行 $^3\mathrm{He}^+$ 离子的三次谐波加速或 $^{14}\mathrm{N}^{2+}$ 的七次谐波加速.另一方面,也可以将磁场降为原来的 $1/3$,用上述高频电压对质子进行三次谐波加速,使其终能量为原来的 $1/9$.此外,加速器高频系统的可调频率范围有限,通常高、低限之间只差三倍左右 $\left(f_{\min} \approx \dfrac{f_{\max}}{3}\right)$,因此常常利用谐波加速技术大范围地扩展加速器能量和离子种类的调节范围.图 6.27 上画出了多种荷质比的离子,在谐波加速条件下能量变化范围与相应的磁场、高频电场频率之间的关系.须注意的是高次谐波加速时,相同的失谐条件所引起的滑相要比基波加速大 h 倍,也就是说,谐波加速的允许误差应比基波加速小 h 倍.

　　随着扇形聚焦加速器的发展,人们研制了一些适合谐波加速的,张角小于 180° 的加速电极.这些电极的共同优点是对地的电容小、储能较低,而且有些还适合于放入扇形磁铁的谷隙之中.这就可以降低磁铁的平均间隙,从而大大节省磁铁的投

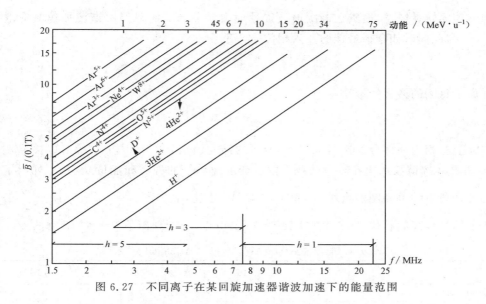

图 6.27　不同离子在某回旋加速器谐波加速下的能量范围

资和功率消耗.下面我们来探讨一下加速电极的张角与适宜选用的谐波数之间的关系.事实上,对于两个张角为 θ 的加速电极(参考图 6.28),离子每圈的能量增益为

$$\Delta W = qeV_a \left[\cos\varphi_0 - \cos(\varphi_0 + h\theta)\right]\left[1 + \cos(h\pi + \psi)\right]$$

$$= 2qeV_a \sin\frac{h\theta}{2}\left[1 + \cos(h\pi + \psi)\right]\sin\left(\varphi_0 + \frac{h\theta}{2}\right). \tag{6.5.1}$$

上式中 φ_0 是离子进入电极时的相位,ψ 是两个高频电极的相位差,$\psi = 0$ 时两电极的相位相同("推-推"模式),$\psi = \pi$ 时两电极的相位差 π("推-挽"模式).为了得

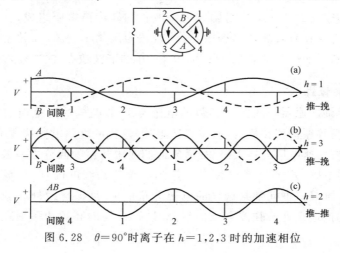

图 6.28　$\theta = 90°$ 时离子在 $h = 1,2,3$ 时的加速相位

到最佳的能量增益,显然在奇次谐波加速时要求 $\psi=\pi$,而在偶次谐波加速时应取 $\psi=0$,与此同时如选择最佳的注入相位 φ_0,使

$$\varphi_0 = \frac{2n+1}{2}\pi - \frac{h\theta}{2}, \quad n=0,1,2,\cdots, \tag{6.5.2}$$

则离子每圈的最大能量增益为

$$\Delta W_m = 4qeV_a \left|\sin\frac{h\theta}{2}\right|. \tag{6.5.3}$$

实际上有相当一部分加速器采用 $\theta<180°$ 的结构(包括 $30°,90°,110°$ 等),以便通过 $h=1,2,3$ 次谐波加速在较大的范围内改变加速离子的种类和能量. 表 6.4 列出了几种张角下的最高圈能量增益 ΔW_m 与 $4qeV_a$ 之比,表中的 $\varphi_0 = \left(n+\frac{1}{2}\right)\pi - \frac{h\theta}{2}$ 是离子的最佳高频相位. 图 6.27 对于 $\theta=90°$ 的电极,分别画出了 $h=1,2,3$ 时的 φ_0.

表 6.4　能量增益 $(G=\Delta W_m/4qeV_a)$ 与张角 θ 的关系

θ		$0°$	$30°$	$45°$	$90°$	$110°$	$180°$
$h=1$	φ_0		$75°$	$67.5°$	$45°$	$35°$	$0°$
$\psi=\pi$	G		0.259	0.383	0.707	0.819	1.0
$h=2$	φ_0		$60°$	$45°$	$0°$	$-20°$	$-90°$
$\psi=0$	G		0.5	0.707	1	0.94	0
$h=3$	φ_0		$45°$	$22.5°$	$-45°$	$-75°$	$0°$
$\psi=\pi$	G		0.707	0.924	0.707	0.259	1
$h=4$	φ_0		$30°$	$0°$	$-90°$	$50°$	$-270°$
$\psi=0$	G		0.866	1	0	0.643	0
$h=5$	φ_0		$15°$	$-22.5°$	$45°$	$-5°$	$0°$
$\psi=\pi$	G		0.966	0.924	0.707	0.996	1

分离扇加速器的加速结构由四分之一波长的扇形谐振腔组成,它们独立于磁隙之外,不仅自身具有较高的高频效率,同时还为采用小气隙、高效率的磁铁系统创造了条件. 扇形谐振腔的张角 θ 约为 $30°$,工作的谐波数 h 在 $2\sim10$ 之间.

2. 高频共振线

早期的回旋加速器利用集中参数的电感与 D 形电极的对地电容构成谐振回路,并以此与高频振荡回路耦合,获得高频电压. 这样的电路欧姆损耗高,品质因数 Q 低,成为提高加速电压的一大障碍. 后来人们改用共振的四分之一波长传输线取代集中参数的电感,并将 D 形电极直接连到高频传输线的内杆上,成为它的一部分. 图 6.29 上画着一种同轴共振线的电压分布情况. D 形电极处于驻波电压的波腹处而短路的接地点处于驻波电压的节点. 这种结构的高频功率损耗可以由下式表达:

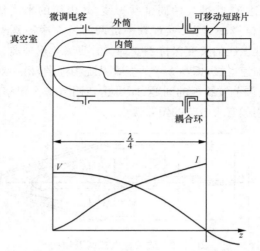

图 6.29 $\lambda/4$ 共振线及电压、电流分布示意图

$$P = \frac{\omega U}{Q} = \frac{\omega}{2Q}CV_a^2, \qquad (6.5.4)$$

式中 ω 是高频角频率，C 是 D 形电极的对地电容，四分之一共振线的 Q 值可高达 $5\,000\sim10\,000$，比集中参数的电路高出半至一个量级，因而高频的结构损耗可大大降低. 此外，理想的四分之一波长共振线的输入阻抗为

$$Z_i = Z_0^2/Z_L, \qquad (6.5.5)$$

式中 Z_0 是传输线的特性阻抗，$Z_0 = \dfrac{1}{\omega C}$，$Z_L$ 是传输线的负载阻抗. 可见当 D 电极对地打火，即 $Z_L \to 0$ 时，Z_i 将升至无穷大，使电源的输出电流趋于零，不会出现过载，这也是共振线的一个优点. 不过要注意 Z_i 增大时所引起的入射功率反射，并采用相应的保护措施.

四分之一波长共振线通常由两个铜-钢复合板制成的同轴圆筒构成. 结构上最困难之点在于如何处理短路端高达 $10^3\sim10^4$ A 的短路电流. 对于固定频率的共振线来说，可以在内筒和外筒之间焊接一环状短路板，问题不算大. 然而对于可变频率的共振线来说困难就相当大了，因为这不仅要求有一系列可平滑移动的短路接点，而且还要求它们具有非常小的接触电阻，以保证在大的短路电流下不会因其上的欧姆损耗而导致接点过热或损坏. 尽管保证接点在高真空中具有良好的电接触是可能的，但却十分困难. 为了避免这方面的困难，有人便在共振线内、外筒之间加装真空绝缘密封，使短路端暴露在大气之中. 尽管大气中的电接触要比真空中好得多，气封的出现却不仅增加了高频介质损耗、限制了频率的调节范围，而且不时会遇到介质击穿的麻烦. 为了保证短路接点的稳定工作，通常要求接点处的最大线电流密度 $j \leqslant 40$ A/cm^2. 由此,一个短路电流高达 3~15 kA 的同轴共振线,其内筒的半径估计在 10~60 cm 之间,外筒直径约在 0.5~2 m 之间.实现频率可调的另一途径是改变共振线系统的电感或对地电容而使共振线的长度保持不变.例如,我国兰州分离扇重离子加速器的加速腔中就有一个与加速电极,即与 λ/4 共振线系统相连的,由一对平动波纹板组成的电容.(图 6.30)通过调节波纹板的间距,即可达到调节工作频率的目的.这种结构的优点是可以避免使用载有大电流的短路接点.

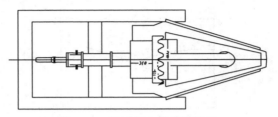

图 6.30   波纹板电流调谐结构

3. 高频功率源与电子共振负载

回旋加速器的高频功率源通常有两种类型.早期采用的是一种自激式高频振荡器,其工作原理如图 6.31 所示.它以加速器的 D 形电极和共振线系统作为高功率振荡管的"槽路",振荡的频率完全由共振线系统的共振频率所决定.1937 年以后,引进了另一种称作它激式振荡器的功率电源,它由一晶体主振器产生低功率的高频振荡,后经多级放大,最终由高功率放大器向共振线系统输出大功率的信号.这两种电源各有长处,都有成功应用的例子.如将两者加以比较,可以看到它激式的优点是:晶振管的工作稳定,电源的频率稳定度高;不易产生寄生振荡;电源系统独立无加速结构,可单独建造和调运.应该说在这三方面,它激式都比自激式优越得多.不过后者也有一些引人之处,如需要的部件少,价格便宜;可以在高功率状态下调整加速器的工作频率;操作维护简便等.尽管如此,两种电源间的最终选择还涉及下面要介绍的二次电子倍增现象及其所引起的电子负载效应.因为这种负载将强烈地吸收高频功率,妨碍加速电压的建立.

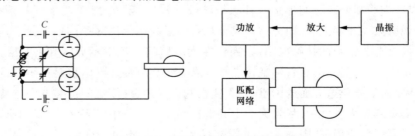

图 6.31   自激式高频振荡器原理图

　　电子倍增现象(multipacting)是电子运动与高频电场发生某种共振的结果. 实际上,在两个金属电极(如 D 电极和真空室壁)之间的电子因受高频电场加速,撞击到某一金属表面上时,会产生次级电子. 如果电子在两极之间的平均飞行时间恰好等于高频电场半周期的奇数倍,产生的次级电子又将在电场作用下因反向加速而获得能量并再次撞击另一金属表面,产生新的次级电子. 只要电子到达表面时的动能大于 100 eV,每个电子就将撞出一个以上的次级电子. 这样经若干周期以后,金属电极之间的电子的数量将会迅速地增长起来,形成一个强大的电子负载,妨碍加速电压的建立. 与此过程相应的条件是

$$\omega \bar{t}_1 = (2n-1)\pi, \quad n = 1, 2, \cdots, \tag{6.5.6}$$

其中 $\bar{t}_1$ 是电子在间隙中的平均飞行时间. 对于 $n = 1$ 时,有人算出产生倍增效应的阈电压

$$V_t \approx 6.05 \times 10^{-3} (fd)^2, \tag{6.5.7}$$

其中 f 是高频频率,以 MHz 为单位,d 是间隙宽度,以 cm 为单位. 显然,如果电压太高,$\bar{t}_1$ 远小于半周期,倍增现象也不会发生. 据估计,倍增现象终止发生的电压高限为

$$V_m \approx 1.85 V_t. \tag{6.5.8}$$

为了有一个量的概念,我们来估计在一个 $f = 20\,\mathrm{MHz}$, $d = 15.24\,\mathrm{cm}$ 的高频间隙中产生电子倍增的阈电压及电压高限. 由(6.5.7)式、(6.5.8)式容易算出,$V_t = 560\,\mathrm{V}$, $V_m = 1\,038\,\mathrm{V}$.

　　在以上讨论的启发下,人们提出了两种克服电子倍增的办法:一是在 D 形电极上加上 1 000 V 左右的直流偏压. 这种办法确实可以有效地用来抑制电子的倍增,但它同时要求将 D 极系统对地绝缘起来,这却是一件麻烦事. 第二种办法是采用适当的手段,使 D 极上的高频电压以 $1\,\mathrm{kV}/\mu\mathrm{s}$ 的速度迅速地冲过电压高限. 也就是说,在电子负载尚未充分发展的条件下,使高频电压的振幅穿过电压高限. 对于自激振荡器来说,倍增现象产生的电子负载使反馈信号变得很小,以至无法产生高功率的振荡,因此必须使用直流偏压或使用辅助的它激振荡器,以快速地建立一个高于 V_m 的电压来抑制电子倍增,电压一旦建立以后再转为自激状态工作. 对于它激式振荡器来说,可以较方便地在足够短的时间内使高频电压超过高限 V_m,而不需要其他辅助设备.

二、磁铁系统

　　常见的回旋加速器的磁体,有方框形和 C 形两种结构.(图 6.32)前者由两个横梁和两个立柱组成的磁轭加上两个磁极构成,普通的回旋加速器广泛地采用这种结构. 分离扇形的等时性加速器则常采用 C 形结构,它可提供较多的空间来安放

注入和引出的设备以及束流探测靶等.下面我们就这两种结构共同的一些基本问题,包括最高磁感应强度、磁路设计,以及激磁效率等进行介绍和讨论.

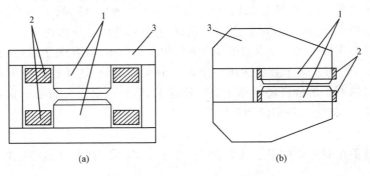

图 6.32　两种磁铁结构的示意图
(a) 方框形;(b) C 形
1——磁极;2——励磁线圈;3——磁轭

1. 磁感应强度的选择

磁铁设计的目标在于满足加速粒子达到终能量所需的磁刚度 $G = B \cdot \rho$. 另一方面,磁铁的重量和造价基本上由通过磁极的磁通量 Φ 所决定.对于半径为 ρ 的圆柱形磁极,$\Phi \sim B \cdot \rho^2$,由此可以估计磁体的钢的重量大体为 $M_{\text{Fe}} \sim G^2/B$. 可见,对于给定的加速能量,磁感应强度选得愈高则磁体的体积愈小,成本也愈低.不过磁体绕组上铜材的重量 M_{Cu} 和它所消耗的功率 P 的乘积则正比于磁刚度的平方,即 $P \cdot M_{\text{Cu}} \sim B^2 \cdot \rho^2 \sim G^2$,而与 B 无关.此外,从高频系统的角度看,对于给定的每圈能量增益和固定的磁隙高度,高频结构的功耗 $P_{\text{RF}} \sim \rho \sim G/B$,可见高频功率也随 B 的增长而降低.以上的讨论表明,回旋加速器的工作磁场 B 愈高,它的基本造价就愈低.也就是说,从经济的观点看,B 选得愈高愈好.然而磁场过高时,磁体钢材的磁导率将迅速下降,发生"磁饱和"的现象.(图 6.33)此时不仅磁体激磁的效率大大下降,从而可能使造价和运行费用升高,更重要的是,磁场的分布将随激励水平的高低而发生显著变化,这就会给加速离子能量和品种的调节造成巨大的困难.因此,通常将 B 选在 $1.2 \sim 2.0$ T 之间.离子种类和能量固定的加速器的磁感应强度往往选在 2.0 T 附近,离子和能量可变的加速器则选在低限附近.

回旋加速器的磁铁通常用磁钢的锻件制成,也可用若干厚钢板叠焊起来再经过加工制成.为了达到高的磁感应强度 B,所用的材料必须是饱和磁感应强度高的磁钢.由于钢材中的杂质(主要是碳元素)的存在将明显降低其饱和磁感应强度,因此通常采用含碳量极低的工业纯铁("阿姆科"软铁)或低碳钢作回旋加速器主磁铁的铁芯.表 6.5 列出了我国兰州重离子回旋加速器上一个典型铁芯的杂质含量.

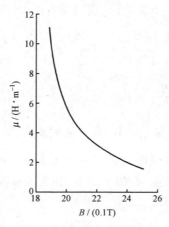

图 6.33 高磁场下磁钢磁导率的变化

表 6.5 典型铁芯的杂质含量

元素	C	P	S	N	Si,Mn,Al,Ni,Cr,Mo,Cu
含量	<0.04%	<0.004%	0.015%	0.007%	总和<0.7%

鉴于超导磁体技术的成熟,近年来国外的一些实验室已将此项技术成功地应用于回旋加速器,建成了一批超导回旋加速器.它们的磁体的主线圈用铌钛和铜的合金材料制成.当液氦将线圈冷却至 4.2 K 时,通过的电流高达 34 000 A,可产生约 5.0 T 的强磁场.在这样的条件下,回旋加速器尺寸只为常规型的 1/3 至 1/2 左右,而磁体的运行费用只为常规的 1/10 左右.

2. 磁体设计与激磁效率

由 Maxwell 定律可以证明,磁通量与激磁绕组的安匝数之间存在着一种类似于欧姆定律的关系式,即

$$\int B\mathrm{d}s = \frac{0.4\pi NI}{\sum Z_i}, \tag{6.5.9}$$

其中 NI 是绕组的总安匝数,$0.4\pi NI$ 亦称"磁动势",$\sum Z_i$ 表示磁路上各单元磁阻 Z_i 的总和,$Z_i = \dfrac{l_i}{\mu S_i}$,式中 μ 是该处介质的磁导率,l_i 是单元在磁力线方向上的长度,S_i 为截面积.

对于扇形聚焦回旋加速器的磁气隙来说,其有效磁阻 Z_g 显然应由"峰"隙间的磁阻与"谷"隙间的磁阻的并联构成(见图 6.34),即

$$\frac{1}{Z_g} = \frac{1}{Z_H} + \frac{1}{Z_V} = \frac{1}{\dfrac{g_H}{S_H} + \dfrac{g_V - g_H}{\mu S_H}} + \frac{S_V}{g_V}. \tag{6.5.10}$$

假定主磁极的表面是一个等势面,我们就有

$$B_{\mathrm{H}} S_{\mathrm{H}} \left(\frac{g_{\mathrm{H}}}{S_{\mathrm{H}}} + \frac{g_{\mathrm{V}} - g_{\mathrm{H}}}{\mu S_{\mathrm{H}}} \right) = B_{\mathrm{V}} S_{\mathrm{V}} \frac{g_{\mathrm{V}}}{S_{\mathrm{V}}}, \tag{6.5.11}$$

因此磁场的调变度为

$$\frac{B_{\mathrm{H}}}{B_{\mathrm{V}}} = g_{\mathrm{V}} \bigg/ \left(g_{\mathrm{H}} + \frac{g_{\mathrm{V}} - g_{\mathrm{H}}}{\mu} \right). \tag{6.5.12}$$

可见调变度与 μ 有关, μ 愈高 $\frac{B_{\mathrm{H}}}{B_{\mathrm{V}}}$ 愈大,反之则愈小.一般情况下, B 愈高 μ 愈小,这往往成为限制主磁场感应强度或离子加速能量的一个因素.为了保证在适当的调变度下达到高的磁感应强度,有的实验室,如法国奥赛核子研究所曾采用特殊的铝、镍、钴合金钢来制作扇形块.

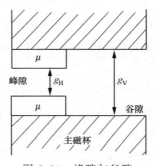

图 6.34　峰隙与谷隙

讨论磁路时除了考虑磁气隙内的磁通之外,还要考虑磁极边缘部分,包括通过磁极侧边面积上的所谓"漏磁通".这部分磁通虽对离子的轨道运动无直接影响,却是决定总安匝数以及激磁效率的重要因素.实际上,边缘部分漏磁通的磁阻和气隙内的磁阻是相互联系着的,因此总磁通满足

$$\sum \Phi = \Phi_{\mathrm{g}} + \Phi_{\mathrm{f}} = \frac{0.4\pi NI}{Z_{\mathrm{Fe}} + \dfrac{Z_{\mathrm{f}} Z_{\mathrm{g}}}{Z_{\mathrm{f}} + Z_{\mathrm{g}}}}, \tag{6.5.13}$$

式中 Φ_{g}, Φ_{f} 分别代表气隙中的磁通和"漏磁"磁通, Z_{g}, Z_{f} 分别表示与之相应的两部分磁阻, Z_{Fe} 则表示磁钢部分的磁阻.理想情况下,磁钢的磁导率 $\mu \gg 1$, $Z_{\mathrm{Fe}} \approx 0$,且 $\Phi_{\mathrm{g}} \gg \Phi_{\mathrm{f}}$, $Z_{\mathrm{g}} \ll Z_{\mathrm{f}}$,于是

$$\Phi_{\mathrm{g}} \approx \frac{0.4\pi NI}{Z_{\mathrm{g}}}. \tag{6.5.14}$$

此时气隙中的平均磁感应强度满足

$$\bar{B}_0 = \frac{0.4\pi NI}{S_{\mathrm{g}} \cdot Z_{\mathrm{g}}}. \tag{6.5.15}$$

显然,在相同磁动势的激励下,实际磁铁气隙中的磁通量 $\bar{B} \cdot S_{\mathrm{g}}$ 将明显地小于 $\bar{B}_0$

· S_g. 通常将此二者之比定义为激磁效率，即

$$\eta = \frac{\bar{B}}{\bar{B}_0} = \left[\left(\frac{Z_{Fe}}{Z_g} + \frac{Z_f}{Z_f + Z_g} \right) (1 + \Delta) \right]^{-1}, \quad (6.5.16)$$

其中 $\Delta = \dfrac{\Phi_f}{\Phi_g}$ 称为漏磁系数.

对于大多数回旋加速器来说，高磁场激励时 η 在 $50\%\sim80\%$ 之间，低磁场时 η 趋于 95% 以上. 考虑到相当多的磁通要从磁极根部通过，为了使磁极不至过分饱和，许多极根的直径做得比极面大一些（图 6.32），这样有利于提高激磁效率. 此外绕组的位置、尺寸以及轭铁的形状等也都会影响激磁效率. 在这方面，库普兰德（J. Coupland）等曾做过广泛深入的研究.

磁感应强度给定时，磁体的激磁功率取决于气隙的平均高度. 不难证明，绕组的功耗与绕组重量的乘积 $P \cdot M_{Cu} \sim (NI)^2 \cdot \rho^2 \sim (\bar{B}l_g)^2 \cdot \rho^2$. 可见随着气隙的增大，造价和运行费用将迅速上升. 另一方面通常气隙中放有加速电极、磁场调补线圈和垫补铁片等，气隙小了将会限制加速电压和加速电极的孔径，减低束流强度，为此设计磁铁时要对气隙的安排作精心的考虑.

3. 垫补铁片和电极面线圈

回旋加速器的磁极上通常安装着各种铁垫和极面线圈用以调整气隙中的磁场或补偿因材料不均匀或加工安装上的误差引起的磁场畸变. 例如，在中央部分增加一些圆盘形的垫铁可以提高中心部分的磁场强度并形成一定的径向梯度，满足轴向聚焦的要求. 在磁极边缘部分加上环形垫铁可以减缓磁场沿半径的减弱，增大离子最终的轨道半径，提高极面利用率. 等时性加速器扇形块上的弧形铁垫或扇形块两侧的"翼片"垫铁（图 6.35）都可以用来校正等时性磁场的偏差，而磁场沿方位角分布的不均匀性，一般也可用安装在某些方位角上的适当大小的垫铁来补偿. 上述各类垫铁都可以安放在真空室顶盖与磁极面之间，也可以直接放在真空室内壁之上. 后者的垫补效果更为明显，所需垫铁的厚度也较小. 对于固定磁感应强度的加速器来说，垫铁是磁场调整的最简便而有效的方法. 可是，由于垫铁对场分布的贡献往往随着励磁电流的大小而改变，因此对可变能量的加速器来说，就不得不倚重于可以平滑调节磁场的极面调补线圈.

安置在极面上的一个半径为 r_1 的圆形线圈，在电流 i 的激励下将在线圈所包围的面积上使磁场增强，同时在 $r > r_1$ 的半径上产生一个反向拖尾. [如图 6.36 中 (a)曲线所示]如果电流反向，则线圈所产生的磁场及拖尾也都将反向. 据此如对半径为 r_1 和 r_2 的一对线圈通以大小相等方向相反的电流便可在 r_1 到 r_2 的区间上产生一个局部的磁场. [如图 6.36 中(b)曲线所示]以此类推，如将 n 个线圈组合起来并分别通以一定的励磁电流，原则上便可产生沿径向任意分布的附加磁场，用以满

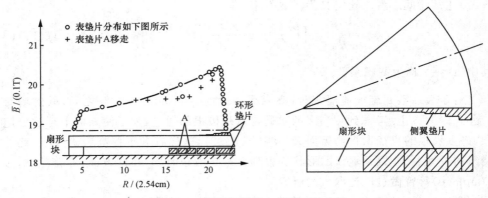

图 6.35　扇形加速器上的等时性垫铁

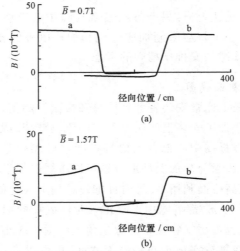

图 6.36　不同主磁场水平下圆形调补线圈的磁场分布

足任何离子的等时性或径向梯度调补的需要. 实际上, 如果磁极未饱和, 我们有

$$\oint B \cdot \mathrm{d}l \approx 0.4\pi \int_0^r i(r)\mathrm{d}r, \qquad (6.5.17)$$

或者可以写成

$$i(r) = \frac{\bar{g}}{0.4\pi} \frac{\partial \bar{B}}{\partial r}, \qquad (6.5.18)$$

其中 $\bar{B}$ 是线圈产生的平均磁场, $\bar{g}$ 为平均间隙.

　　上式可以用来粗略地估算各调补线圈的激磁电流. 不过随着主磁场水平的变化, 磁极各部分实际上将有程度不同的饱和. (图 6.36)因此在设计调补线圈时, 必须在事先测定各个半径位置上的线圈在不同磁场水平下所产生的场分布. 然后根据对磁场调补的具体要求,用计算机进行数据拟合,确定各个线圈的励磁电流.除此之外,磁场沿方位角的不均匀性,即谐波误差,也可以用适当尺寸的线圈来补偿.在普通的等时性加速器上,这种"谐波"调补线圈通常放在扇形块的"谷"内,也称"谷线圈".分离扇加速器中,这种线圈仍安装在极面或真空室的内壁之上.

极面线圈对磁场的调补是很有效的.例如我国上海原子核所 30 MeV(p)等时性加速器上,利用铺设在上下磁极上的 9 对圆形线圈,对磁场径向分布进行调补,结果可使实际磁场对于理想等时性场的最大相对偏差小于 3.5×10^{-4}. 这个加速器上还有 9 对谷线圈,均匀分布在 3 对谷中.利用它们对一次谐波进行补偿之后,剩余的一次谐波误差小于 2×10^{-4} T,一次谐波的相对幅度 $b_1\leqslant1.4\times10^{-4}$.

第六节　回旋加速器的发展概况和实例

经典回旋加速器于 20 世纪 30 年代问世之初,发展相当迅速,到了 40 年代中期已建造了约 60 台.但由于这种加速器的极限能量太低,到了 60 年代便逐渐为新型的等时性回旋加速器所淘汰和取代.从那时起建造了大量的新型加速器,许多经典的回旋加速器也都被改造为扇形聚焦的等时性加速器.到了 1983 年,世界各地投入运行的等时性加速器,据不完全统计已达 92 台,其中绝大部分属于所谓第一代的等时性加速器(参见表 6.6),它们的能量(以质子为标准)都在 100 MeV 以下,大多用于低能核物理研究或短寿命放射性同位素的生产.其中一些用于基础研究的加速器在改善束流品质等方面取得了显著的进步,它们的能散度和束流发射度都接近于串级静电加速器的水平,另一方面,一些用于生物医药和材料科学的应用性的小尺寸加速器(compact cyclotron),它们结构紧凑,占地面积小,价格便宜,每台仅 50 万～60 万美元,且运行维护方便.美国的回旋加速器公司(Cyclotron Corp.)、法国的 CSF Thompson 和比利时的应用离子束公司(Ion Beam Application Corp.)等都有这类加速器产品.

20 世纪 70 年代以来逐渐发展了一批能量高的分离扇加速器,它们大多是响应重离子核物理研究的需要而建造的,能加速周期表上各种元素的离子(包括铀离子)至高能量,加速器的能量常数 K 多在 130～540 之间.还有两台分离扇加速器(加拿大的 TRIUMF 和瑞士的 SIN)可加速质子至 500 MeV,它们用来产生强的介子束,故称"介子工厂".这些分离扇加速器都带有一至二个由串级静电、直线或回旋加速器构成的注入器,二者联合运转,形成多级加速.

近三十年来,超导的等时性回旋加速器的发展,越来越令人瞩目.80 年代中期建造的 7 台大型等时性加速器中,就有 5 台是超导的,其中最大的能量常数 $K=1200$ (美国橡树岭国家实验室).由此可见超导回旋加速器的发展及其应用潜力是巨大的.

表 6.6　典型低能扇形聚焦加速器参数

实验室	能量/MeV	直径/m	B/T	N	g_H/cm	θ_D	a_D/cm	f/MHz	P/kW	P_M/kW	备注
伯明翰大学(英)	11(d)	1.02	1.58	3	7.6	1×180°	2.5	7~16	45	40	垂直注入离子
爱丁荷文大学(荷)	25(p)	1.2	1.5	3	14	1×180°	2.5	7~22	85	140	飞利浦加速器样机
上海原子核所	30(p)	1.39	1.43	3	14.6	1×180°	4.8	10~22	100	108	同位素生产及应用研究
莫斯科(俄)	32(d)	1.5	1.67	3	16	2×180°	5.8	7.8~13	120	200	材料辐照损伤研究
哈威尔(英)	≤50(p)	1.78	1.7	3	19	1×180°	4.1	7.2~23	445	750	加速电极放在两个谷中
NRDL(美)	≤100(p)	1.78	1.8	4	5	2×35°	2.5	10~30	205	300	调谐板系统
格列诺勃(法)	≤60(p)	2.0	1.5	4	14	2×90°	4	10.5~21	60	250	核谱研究 $\Delta W/W\approx(1\sim3)\times10^{-4}$
密歇根大学(美)	≤37(p)	2.11	1.5	3	17	2×180°	3.2	6~16	360	200	高电荷态,ECR源,垂直束注入
伯克利大学(美)	≤60(p)	2.24	1.71	3	19	1×180°	3.8	5.5~16.5	350	1036	可产生1ns中子脉冲用于飞行时
卡士鲁(德)	50(d)	2.25	1.47	3	18	3×60°	4	33	70	30	同实验

下面介绍一些典型加速器的实例.

一、小尺寸等时性回旋加速器

小尺寸的紧密结构型回旋加速器最初由美国回旋加速器公司推出,用于放射性同位素生产或中子治疗等.它可产生 26 MeV 的质子,15 MeV 的氘或 38 MeV 的 ^{3}He 离子以及 30 MeV 的 α 粒子,内束流强 90～300 μA,外束 40～100 μA,离子的能散度 1%,发射度≤50 mm·mrad,加速器高 2.13 m,占地面积仅 3.3 m× 2.41 m.

比利时 IBA 公司推出了新颖的"旋流 30"(Cyclone30)型加速器,它可产生 30 MeV 的质子,且能量可在 15～30 MeV 范围内连续变化,引出的外束流强可达 350～500 μA,适用于生产 ^{11}C,^{13}N,^{15}O,^{18}F,^{67}Ga,^{111}In,^{123}I 和 ^{201}TI 等核医学用同位素.它的一个与众不同的特点是可同时引出两束束流,供同时生产的两种不同的放射性同位素之用.外束流的发射度为 5π～10π mm·mrad,束流品质明显地优于一般的回旋加速器.

旋流型加速器采用负离子加速的技术,在加速终了时用碳箔剥离靶将 H$^-$ 离子转变成质子,引出器外.这是该型加速器的最基本的特点,并由此带来一系列的优点.例如,通过调整剥离靶的径向位置可以使离子束的能量在 15～30 MeV 内连续可调,而无须改变主磁场的磁感应强度和加速电场的频率.又如,利用部分阻挡束流的两个碳箔可以同时在两个方向上引出两束束流.此外,由于负离子的引出效率接近 100%,因此即使引出的束流高达 500 μA,加速器的残余放射性活度也在允许范围之内.

"旋流 30"所加速的负离子由一个在加速器外的大功率弧源产生,H$^-$ 的产额可达 2 mA.负离子由一个轴向注入系统引导,穿过磁轭注入加速器内,注入效率可达 35%.

加速器的磁铁有四个张角为 54°～58°(随半径增大)的扇形块,由于采取了加速电极放在谷区内的设计,因而磁铁具有小的峰场间隙、强的垂直聚焦和良好的引出束光学性能.峰场区的磁感应强度为 1.7 T,谷区为 0.12 T.轴向自由振动频率 $\nu_z = 0.54～0.63$,整个磁体重 49 t,激磁功率 7.2 kW.

两个加速电极的张角为 30°,都放在磁体谷区之中,由上下垂直插入谷区内的共振线来支撑.这样的结构具有较小的对地电容,空载时只须用 5.5 kW 的功率就可产生 50 kV 的电压.加速电场的频率为 65.5 MHz,工作在 H$^-$ 离子回旋频率的四次谐波上.高频系统的驱动放大器功率为 2 kW,末级功放的功率为 26 kW,可提供的束流加速功率为 15 kW.

二、兰州重离子加速系统

这是我国最大的一个等时性回旋加速器系统,它包括一台能量常数 $K = 450$

的大型分离扇加速器和一台作为注入器的 $K=69$ 的扇聚焦等时性回旋加速器.
(图 6.37)这个系统可以加速周期表上从碳至氙元素的离子至每核子 100 MeV(轻离子)或 5 MeV/A(重离子),束流强度 $10^{12} \sim 10^{14}$ 粒子/s,束流能散度 5×10^{-3},发射度 10π cm·mrad.

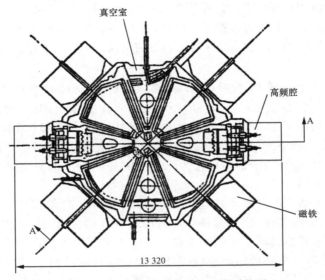

图 6.37　我国兰州重离子加速器系统图

　　主加速器的磁铁系统由四个张角为 52°的直边扇形磁铁组成.每个扇形磁铁重 500 t,由 12 块低碳钢锻件组成.每台磁铁的气隙为 10 cm,隙中最高磁感应强度可达 1.6 T.离子注进磁场的平均半径为 $r_i=1$ m,引出半径 $r_e=3.21$ m.最高平均磁场 $\overline{B}_m=0.99$ T.上下磁极表面装有 36 对调补线圈,其中等时性场的调补线圈 25 对,局部缺陷补偿线圈 5 对,另有 6 对用来补偿注入元件对主磁场的扰动.通过这些线圈垫补之后,实际场分布对于各种加速离子的等时性场的偏差都 $\leqslant 1 \times 10^{-3}$.磁铁主磁场的激磁电流为 4 000 A,电流稳定度为 5×10^{-6},总功率 550 kW.调补线圈的激磁电流为 $100 \sim 300$ A,稳定度 1×10^{-4},总功率 110 kW.

　　主加速器的高频系统包括两个燕式谐振腔,每个腔由一个张角为 30°的加速电极、两个倾斜的内杆、一个波纹状的调谐板和外罩筒所组成.(参见图 6.37)谐振腔的工作频率范围为 $6 \sim 15$ MHz,相应的 Q 值在 $6 000 \sim 10 000$ 之间,每个腔的馈送功率为 120 kW,在 12.8 MHz 时,加速电极上小半径处的电压幅值 $V_a=220$ kV,大半径处 $V_a=245$ kV.可见加速电压随半径逐渐增大.该系统设有频率自动调谐、稳幅和锁相装置.工作时腔的调谐精度 $\Delta f/f=\pm 5 \times 10^{-6}$,振幅稳定度 $\Delta V/V=5 \times 10^{-4}$,相位稳定度 $\Delta\varphi\leqslant 1°$.

　　分离扇加速器的真空室是由 $\mu<1.01$ 的 316 L 型不锈钢制成的.这是一个八

边形加筋折板拼焊成的整体结构,最大横宽约为 10 m,最大竖高约为 4.5 m,容积 100 m³,净重 65 t.真空室的工作真空为 1.3×10^{-5} Pa(1×10^{-7}mmHg),为此配置了一套有效抽速为 140 m³/s 的抽气系统.该系统包括 8 台作为主抽泵的 RKP-800 型低温泵和 4 台作为辅助泵的 TPH-500 型涡轮分子泵.

注入器系统使用两种离子源,一种是普通的潘宁弧源,用以产生周期表上由碳至氙各种元素的离子,还有一种是微波电子回旋共振源,即 ECR 源,它可产生各种高电荷态的离子,因此可使注入器的离子范围由氙扩展至钽.注入器本身是由一台 1.5 m 经典回旋加速器改建的扇聚焦加速器,经它加速的离子通过 65 m 长的输运线进入主加速器的注入系统,后者包括两个弯曲磁铁、两个磁通道和一个静电偏转电极.注入系统入口端的光学性能与来自输运线的束流相适配,而出口端与注入半径上初始加速轨道相适配.

主加速器的引出系统也由一个静电偏转电极、两个磁通道和两个弯曲磁铁组成.(图 6.38)这个系统的入口端与引出半径上的束流相匹配,出口端与后输运线上的束流相适配,为了提高引出效率,引出区设有一次谐波线圈,用以激发轨道中心的进动,扩大束流圈间距.

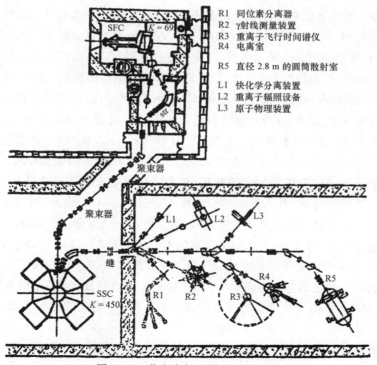

R1 同位素分离器
R2 γ射线测量装置
R3 重离子飞行时间谱仪
R4 电离室
R5 直径 2.8 m 的圆筒散射室

L1 快化学分离装置
L2 重离子辐照设备
L3 原子物理装置

图 6.38 分离扇加速器平面布置图

　　这个加速器组合系统的一个特点是充分配备有各种束流探针用以监测各个阶段的束流状态. 例如主加速器上沿四台扇形磁铁的中心线设有 4 只可移动的径向探针, 能在从注入半径到引出半径的范围内测量束流的大小、径向轨道分布和垂直分布等, 还有 15 只沿径向设置的容性感应探针, 可用以监测各圈束流的中心相位. 放在引出区的探针则可以测出引出前十多圈的束流轨道分布等等. 这些探针可以使运行人员在加速器系统载束运转的条件下方便地判断各部分束流的形态, 借以优化各种部件的运行参数, 提高束流注入、加速和引出的效率, 改善束流的品质, 这对于加速器的调试和运行都是非常重要的.

三、介子工厂

　　这里要介绍的是产生强介子束的回旋加速器 TRIUMF 和 SIN. 前者建在加拿大的温哥华, 为阿尔巴达大学等三所大学所共有. 后者建在瑞士维林根的瑞士原子核研究所.

　　TRIUMF 的特点是加速氢的负离子束, 并利用电子剥离技术将负离子转换为质子引出器外. 这样的方式有三大优点: 一是引出效率高. 一片 3 mg/cm^2 的碳膜可以接近 100% 地将高能氢负离子上的两个电子剥掉, 使之转为质子, 由此引出的束流强度在 500 MeV 时可高达 $100\sim150 \ \mu\text{A}$, 宏观负载因子 100%, 微观负载因子 20%. 二是利用沿径向移动的剥离膜, 可在 $180\sim520$ MeV 的区间内, 大范围、连续地调节质子束的能量, 能散度约 1×10^{-3}. 三是利用两个锯齿形的剥离膜可以同时从加速器中引出两股能量和强度都可独立地调节的束流, 就是说, 可以同时独立地进行两种不同的物理试验. 据此, 这台加速器有两个实验区: 一个是介子物理区, 另一个是核物理研究区. (图 6.39) 二者可同时按各自的计划进行试验. 此外, 这台加速器还可加速极化质子, 极化率为 80%, 流强为 200 nA, 500 MeV 下束流的能量歧离 <100 keV.

　　这台加速器采用分离扇的磁铁结构, 它由 6 台螺旋边棱的扇形铁构成. 为了避免负离子在磁场中分解, 最高的磁感应强度不超过 0.576 T, 由此 500 MeV 时的引出半径达 7.8 m. 磁铁系统总重 4 200 t, 激磁功率约 2 000 kW, 磁隙中装有真空室和两个加速电极, 真空室的直径 17.2 m, 工作真空 4×10^{-5} Pa(3×10^{-7} mmHg), 加速电场的频率为 22.8 MHz, 电压振幅 220 kV, 离子在五次谐波 ($h=5$) 的模式下加速.

　　SIN 包括一个分离扇加速器和一个作为注入器的回旋加速器. 后者先将质子加速至 72 MeV, 再由主加速器将质子加速至 590 MeV, 束流的能量不能改变, 流强为 100 μA, 由此可产生 π^+ 束(150 MeV)2×10^8 个/s, π^- 束 2×10^7 个/s.

　　SIN 的磁铁包括 8 台张角约 18° 的 C 型扇形磁铁, 其内半径为 1.9 m, 外半径 4.6 m, 极端面的最大螺旋角 33°, 磁隙中的磁感应强度由 1.5 T 沿径向逐渐增大至 2.06 T, 沿轨道的平均磁感应强度约 0.87 T, 磁铁总重为 1960 t, 激磁功率 650 kW.

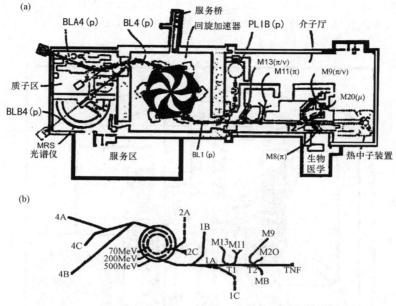

图 6.39　　TRIUMF 加速器平面布置图

高频系统包括 4 个加速腔,工作频率为 50.7 MHz. 质子在 $h=6$ 的模式下加速,每圈能量增益 2 MeV,高频功率为 600 kW,环形真空加速室的内径 3.5 m,外径 9.2 m. 由于采用外注入,工作真空可达到 2.7×10^{-5} Pa.

束流引出系统包括一个场强达 50 kV/cm 的静电偏转板,一个磁通道和一个聚焦磁铁. 由于每圈能量增益比较高,引出区的圈间距可达 8 mm,在此条件下束的引出效率高达 99.9%.

四、超导等时性回旋加速器

已建造的超导回旋加速器有加拿大巧克河(Chalk River)原子核研究所的等时性加速器,意大利米兰大学的回旋加速器以及美国密歇根州立大学(MSU)的双级超导回旋加速器系统等. 前二者都以串级静电加速器作为注入器,后者则由两个能量常数 $K=500$ 和 $K=800$ 的超导回旋加速器组合运行.

巧克河加速器的能量常数 $K=520$,它用来加速周期表上由 Li^{3+} 至 U^{33+} 等各种元素的离子至 10 MeV/u 的能量. 这台加速器的磁场为四扇形的结构,它由 Nb,Ti 和 Cu 合金制成的超导线圈来激励,在 4.5 K 的低温下,最高的磁感应强度可达 5.0 T 左右. 整个激磁绕组包容在一个直径约 3 m,高 3 m 的大磁轭之中(图 6.40),磁轭四周和上下都开有一些孔道,备注入、引出离子束或插入磁场调补杆和探测靶等之用. 超导线圈的冷却由一台制冷功率 100 W 的液氦机来完成,由室温冷却至

4.5 K 的时间约为 150 h. 为了使液氦和超导体的表面充分接触,线圈各层沿径向开有槽路,引导液氦流经导体,工作时除超导线圈外,加速器的其他部件仍处于室温状态.

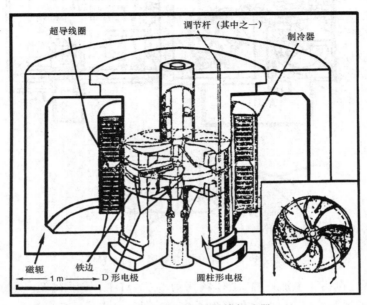

图 6.40   巧克河超导回旋加速器

经 BMV 串级静电加速器预加速的离子,穿过轭铁上的注入孔道沿中心对称平面进入超导磁场. 入射离子束在注入半径上经电子剥离后进入初始加速轨道,沿着轨道设有四对 1/4 波长加速结构,每圈的加速电压总计达 0.6~0.8 MV,高频加速电场的频率范围为 33~62 MHz. 加速至终能量的粒子,由设在半径 $r=0.65$ m 上的偏转引出系统引出器外.

这台加速器的磁铁上安有四个卷边的扇形铁块,用以提供轴向聚焦. 在 5.0 T 的高磁场下,扇形磁极处于完全饱和的状态,它们所产生的调变度是有限的. 在这样的条件下,离子所能达到的最高能量可能因轴向聚焦力不足而受到限制. 此种能量极限通常可写为

$$W_m = K_f \cdot \left(\frac{q}{A} \right)^2,$$

其中 K_f 即为由饱和磁铁的调变度规定的质子的能量极限. 由此可见,超导回旋加速器的最高能量将由聚焦极限 K 和弯曲极限 K_f(即能量常数)中的最小者所决定.

附录一　高频电隙的聚焦作用

高频电极间电场在中央对称平面 $z=0$ 附近的二维电势分布可以写为

$$V(x,z) = V_0 + \frac{1}{2} \frac{\partial^2 V_0}{\partial z^2} \cdot z^2 + \cdots,$$

其中 $V_0 = V(x,0)$ 是中央平面上的电势. 考虑到

$$\frac{\partial^2 V_0}{\partial x^2} + \frac{\partial^2 V_0}{\partial z^2} = 0,$$

有

$$V(x,z) = V_0 - \frac{1}{2} \frac{\partial^2 V_0}{\partial x^2} \cdot z^2 + \cdots. \tag{1}$$

其次, 由牛顿定律知

$$m \frac{\mathrm{d}^2 z}{\mathrm{d} t^2} = qe \cdot E_z \cdot \cos\varphi, \tag{2}$$

其中 $E_z = -\dfrac{\partial V}{\partial z} = z \dfrac{\partial^2 V_0}{\partial x^2}$. 为了方便起见, 将变量 t 换成 x, 并有

$$\frac{\mathrm{d}^2 z}{\mathrm{d} t^2} = v^2 \cdot z'' + vv' z', \tag{3}$$

其中 "$'$" 表示 $\dfrac{\mathrm{d}}{\mathrm{d} x}$, $v' = \dfrac{\mathrm{d} v}{\mathrm{d} x}$. 考虑到 $W = \dfrac{1}{2} m v^2$, 于是运动方程 (2) 便成为

$$z'' + \frac{W'}{2W} z' - qe \frac{V_0'' \cos\varphi}{2W} \cdot z = 0. \tag{4}$$

为了解的方便, 用简正变换消去 z' 项, 令

$$z = s \cdot \exp\left(-\frac{1}{2} \int \frac{W'}{2W} \mathrm{d} x\right) = s W^{-\frac{1}{4}}, \tag{5}$$

由此,

$$z' = W^{-\frac{1}{4}} \left(s' - \frac{1}{4} \frac{W'}{W} s\right), \tag{6}$$

$$z'' = W^{-\frac{1}{4}} \left[s'' - \frac{1}{2} \frac{W'}{W} s' - \frac{1}{4} \frac{W''}{W} s + \frac{5}{16} \left(\frac{W'}{W}\right)^2 s\right], \tag{7}$$

其中 $W' = -qe V_0' \cos\varphi$, $W'' = -qe V_0'' \cos\varphi + qe V_0' \sin\varphi \cdot \varphi'$, $\varphi' = \dfrac{1}{r}$. 代回方程 (4), 并经整理之后得到:

$$s'' + \left[\frac{1}{4} \frac{W''}{W} + \frac{3}{16} \left(\frac{W'}{W}\right)^2 - \frac{qe V_0' \sin\varphi}{2Wr}\right] s = 0. \tag{8}$$

此式表述了在电聚焦作用下, 在水平中央对称平面附近, 离子上下振动的状况. 为

了便于与前面讨论的聚焦本领比较,并考虑到电透镜焦距较长($F \gg d$),我们将上式近似地写为

$$\Delta s' \approx - s \cdot \int \left[\frac{1}{4} \frac{W''}{W} + \frac{3}{16} \left(\frac{W'}{W} \right)^2 - \frac{qeV_0' \sin\varphi}{2Wr} \right] \mathrm{d}x. \tag{9}$$

为了写出(x,z)空间中的透镜焦距,我们试考察一个轴向位移为z_1的平行入射($z_1' = 0$)离子的运动. 由上面的变换关系,它在s表象中的入射参数为$s_1 = z_1 \cdot W_1^{\frac{1}{4}}$,$s_1' = 0$. 这个离子经过透镜聚焦后到达透镜的焦点,并有$s = 0$,$s_2' = \Delta s'$. 由此,聚焦本领为

$$\frac{1}{F} = - \frac{z_2' - z_1'}{z_1} = - \left(\frac{W_1}{W_2} \right)^{\frac{1}{4}} \frac{\Delta s'}{s_1}$$

$$= \left(\frac{W_1}{W_2} \right)^{\frac{1}{4}} \int \left[\frac{1}{4} \frac{W''}{W} + \frac{3}{16} \left(\frac{W'}{W} \right)^2 - \frac{qeV_0' \sin\varphi}{2Wr} \right] \mathrm{d}x. \tag{10}$$

现在我们定性地分析一下积分号下各项的物理含义. 其中第一项是常见的入口和出口薄透镜的聚焦本领,如离子由漂移空间进入前述等效均匀电场的"硬边界"时,式(10)第一项可以近似地写为

$$\frac{1}{F} = \frac{1}{4W} \int W'' \mathrm{d}x \approx \frac{\Delta W'}{4W} \approx \frac{qeV_a \cos\varphi}{4Wd},$$

其中V_a是加速电压的幅值,d是均匀电场的宽度.

此即常见的入口薄透镜的聚焦本领. 同理可以写出出口透镜的聚焦本领. 另一方面,当第二和第三项中的诸量随z的变化较小时,我们近似地有

$$\frac{1}{F} \approx \frac{3}{16d} \left(\frac{qeV_a \cos\varphi}{W} \right)^2 + \frac{qeV_a \sin\varphi}{2Wr}.$$

这便是前述"变速聚焦"和"相位聚焦"所构成的透镜的聚焦本领.

附录二　扇形聚焦磁场中离子的径向运动

一、径向运动方程

对于在磁场的中央对称平面上运动的离子,其速度

$$v_0 = \left[\left(\frac{\mathrm{d}r}{\mathrm{d}t} \right)^2 + \left(r \frac{\mathrm{d}\theta}{\mathrm{d}t} \right)^2 \right]^{\frac{1}{2}}. \tag{1}$$

它的径向运动方程为

$$\frac{\mathrm{d}}{\mathrm{d}t} \left(m \frac{\mathrm{d}r}{\mathrm{d}t} \right) = mr \left(\frac{\mathrm{d}\theta}{\mathrm{d}t} \right)^2 + qer \left(\frac{\mathrm{d}\theta}{\mathrm{d}t} \right) B. \tag{2}$$

为了以下讨论的方便起见,令$\frac{\mathrm{d}}{\mathrm{d}t} = \frac{\mathrm{d}\theta}{\mathrm{d}t} \frac{\mathrm{d}}{\mathrm{d}\theta}$,将变量$t$转换成$\theta$,并以"·"表示$\frac{\mathrm{d}}{\mathrm{d}\theta}$,于是

由(1)式可知，

$$\frac{d\theta}{dt} = v_0 \ (r^2 + \dot{r}^2)^{-\frac{1}{2}},\tag{3}$$

表明方位角向的速度 $v_\theta = r\dfrac{d\theta}{dt} = v_0\cos\alpha$. 将(3)代入(2)，整理后得到

$$\ddot{r} - \frac{2\dot{r}^2}{r} - r = \frac{qe\left[1 + (\dot{r}/r)^2\right]^{3/2}}{mv_0}r^2 B.\tag{4}$$

二、平衡轨道半径

在对方位角平均的磁场 $\overline{B(r,\theta)}$ 中，离子应沿着圆形轨道运动，其平衡轨道半径 r_0 和角频率 ω_0 满足

$$\omega_0 = \frac{v_0}{r_0} = -\frac{qe\,\overline{B(r_0,\theta)}}{m}.\tag{5}$$

在沿方位角调变的磁场中，离子轨道半径 r 将在 r_0 附近随方位角 θ 变化. 为此，令

$$r = r_0(1+x),$$

并与(5)式一起代入(4)式，得

$$\ddot{x} - \frac{2\dot{x}^2}{1+x} - (1+x) = -(1+x)^2 \left[1 + \left(\frac{\dot{x}}{1+\dot{x}}\right)^2\right]^{\frac{3}{2}} \frac{B}{\overline{B}},\tag{6}$$

其中 $\dfrac{B}{\overline{B}}$ 可以由下式表述：

$$B(r,\theta)/\overline{B(r_0,\theta)} \approx 1 + \mu'x + \frac{1}{2}\mu''x^2 + \sum_{n=1}^{\infty} A_n\cos n(\theta+\delta)$$

$$+ x\sum_{n=1}^{\infty} A_n'\cos n(\theta+\delta) + \cdots.$$

通常 $x,\dot{x},A_n \ll 1$，故(6)式在代入 $\dfrac{B}{\overline{B}}$ 并忽略 $x^2,\dot{x}^3$ 及 $x^2 A_n$ 等高级小量后，可以写成下面的形式：

$$\ddot{x} + (1+\mu')x = -\left[(1+2x)\sum_{n=1}^{\infty} A_n\cos n(\theta+\delta) + x\sum_{n=1}^{\infty} A_n'\cos n(\theta+\delta)\right.$$

$$\left. + x^2\left(1 + 2\mu' + \frac{1}{2}\mu''\right)\right].\tag{7}$$

为了求解平衡轨道半径，我们先对方位角的某个谐波成分用逐级逼近法求解，然后对各谐波的解求和. 在一级近似下，(7)式变为

$$\ddot{x} + (1+\mu')x \approx -A_n\cos n(\theta+\delta),$$

其解为

$$\begin{cases} x_0 = \dfrac{A_n \cos n(\theta+\delta)}{n^2-(1+\mu')}, \\[3mm] \dot{x}_0 = \dfrac{nA_n \sin n(\theta+\delta)}{n^2-(1+\mu')}. \end{cases} \tag{8}$$

可见,一级近似下离子的轨道是一个围绕半径为 r_0 的参考圆作微小振动的变形轨道.为了进一步逼近求解,将 $x = x_0 + \overline{\Delta x}$ 代入方程(7)左侧,将(8)式代入(7)式等号右侧,并取 $\sin^2\theta$ 和 $\cos^2\theta$ 项的平均值 $\left(\text{即}\ \overline{\sin^2 n(\theta+\delta)} = \overline{\cos^2 n(\theta+\delta)} = \dfrac{1}{2}\right)$,得

$$(1+\mu')\overline{\Delta x} = -\frac{1}{n^2-(1+\mu')}\left[A_n^2 + \frac{1}{4}A_n'^2 + \frac{A_n^2}{2}\right.$$

$$\left. \cdot \frac{1}{n^2-(1+\mu')}\left(1+2\mu'+\frac{1}{2}\mu''-\frac{1}{2}n^2\right)\right], \tag{9}$$

式中 $\overline{\Delta x}$ 表示平衡轨道半径相对于参考圆半径 r_0 的平均偏离.因此,考虑方位角各次谐波的贡献后,离子平衡轨道半径可写为

$$r_s = r_0(1+x_0+\overline{\Delta x})$$

$$= r_0\left\{1 + \sum_{n=1}^{\infty}\frac{A_n\cos n(\theta+\delta)}{n^2-(1+\mu')}\right.$$

$$\left. -\frac{1}{4(1+\mu')}\sum_{n=1}^{\infty}\left[\frac{A_n'^2}{n^2-(1+\mu')} + \frac{A_n^2(3n^2-2+\mu'')}{(n^2-(1+\mu'))^2}\right]\right\}. \tag{10}$$

三、沿参考圆半径的等时性场

离子沿平衡轨道的旋转周期 T 与沿参考圆的周期之比为

$$\frac{T}{T_0} \approx \frac{2\pi r_0(1+\overline{\Delta x})/(v_0\ \overline{\cos\alpha})}{2\pi r_0/v_0} \approx 1 + \overline{\Delta x} + \frac{1}{2}\ \overline{\dot{x}_0^2}. \tag{11}$$

当平衡轨道上的磁场符合等时性要求时,$T = T_D$(即 D 极上高频电压的周期).由此,沿参考圆的平均磁场应为

$$\overline{B(r_0,\theta)} = \gamma B_0\frac{T_D}{T_0} \approx \gamma B_0\left[1+\overline{\Delta x}+\frac{1}{2}\ \overline{(\dot{x}_0)^2}\right],$$

$$\overline{B(r_0,\theta)} = \frac{B_0}{\sqrt{1-(\omega r_0/c)^2}}$$

$$\cdot\left\{1 - \frac{1}{4(1+\mu')}\cdot\sum_{n=1}^{\infty}\left[\frac{n^2(2-\mu')-2+\mu''}{(n^2-(1+\mu'))^2}(a_n^2+b_n^2)\right.\right.$$

$$\left.\left. + \frac{(a_n^2+b_n^2)'}{n^2-(1+\mu')}\right]\right\}. \tag{12}$$

四、径向自由振动

以 $x = \dfrac{r-r_s}{r_s}$ 表示离子在中央平面上对于平衡轨道的偏离,代入(7)式并取等号右边第一项,忽略其他二级以上小量后,便可写出某个方位角谐波作用下的径向自由振动方程:

$$\frac{\mathrm{d}^2 x}{\mathrm{d}\theta^2} + [1 + \mu' + 2A_N \cos N(\theta+\delta)]x = 0. \tag{13}$$

如令 $\xi = \dfrac{1}{2}N(\theta+\delta), h = \dfrac{4}{N^2}(1+\mu'), g = \dfrac{4}{N^2}A_N$,代入上式即转换成典型的马蒂厄方程

$$\frac{\mathrm{d}^2 x}{\mathrm{d}\xi^2} + (g + 2h\cos2\xi)x = 0. \tag{14}$$

已知马蒂厄方程的弗洛凯解具有以下形式:

$$x = \mathrm{e}^{\mathrm{i}\nu\theta} \cdot \sum_k U_k \mathrm{e}^{\mathrm{i}kN\theta}. \tag{15}$$

以此代入自由振动方程,并注意到

$$\cos kN\theta = \frac{\mathrm{e}^{\mathrm{i}kN\theta} + \mathrm{e}^{-\mathrm{i}kN\theta}}{2}, \tag{16}$$

便可得到一系列下述形式的方程

$$-(kN+\nu)^2 U_k + (1+\mu')U_k + A_N U_{k-1} + A_N U_{k+1} = 0. \tag{17}$$

假定多项展开式收敛得很快,只有 U_{-1}, U_0, U_1 明显不为零,并令 $f = 1 + \mu'$,于是

$$\begin{cases}
[\nu^2 - f]U_0 = A_N U_1 + A_N U_{-1}, & (18) \\
[(\nu+N)^2 - f]U_1 = A_N U_0, & (19) \\
[(\nu-N)^2 - f]U_{-1} = A_N U_0. & (20)
\end{cases}$$

如初始条件给定 $(\theta+\delta)=0$ 时 $x=a_0$,则由(18)式可得

$$a_0 = U_{-1} + U_0 + U_1 = U_0\left(1 + \frac{\nu^2 - f}{A_N}\right) \approx U_0. \tag{21}$$

通常 $N^2 \gg \nu, f$,因此由(19),(20)式,有

$$U_{-1} = U_1 = \frac{A_N \cdot a_0}{N^2}, \tag{22}$$

结果,可用

$$x = a_0 \left[1 + \frac{2A_N}{N^2}\cos N\theta\right]\cos\nu\theta \tag{23}$$

表示在 N 次谐波作用下的径向自由振动.

参 考 文 献

[1] Lawrence E O, et al. Science, 1930, 72: 376.

[2] Lawrence E O, Livingston M S. Phys. Rev. , 1931, 38: 834.

[3] Livingston M S. Nature, 1952, 170: 221.

[4] Thomas L H. Phys. Rev. , 1938, 54: 580.

[5] Richardson R F, et al. IEEE Trans. NS-22, 1975, 3: 1402.

[6] Willax H A. Proc. 5th International Conference on Cyclotron, London Butterworths, 1971 [C]. 58.

[7] Ferme J, Gouttefangeas M, et al. Proc. 9th International Conference on Cyclotron, 1981: 3.

[8] Mallary M L. IEEE Trans. NS-30, 1983, 4: 2061.

[9] Acerbi E, et al. IEEE Trans. NS-30, 1983, 4: 2126.

[10] Rose M E. Phys. Rev. , 1938, 53: 392. Cohen B L. RSI, 1953, 24: 589.

[11] Philips Lab. Proc. Sector Focusing Cyclotron, CERN, 1963[C]. 63—19: 217.

[12] Smith L L, Garren A A. UCRL-8598, 1959,

[13] 王竹溪, 郭敦仁. 特殊函数概论 [M]. 北京: 科学出版社, 1965.

[14] Gordon M M. NIM, 1962, 18—19: 268.

[15] Richardson J R. Sector focusing cyclotrons progress in nuclear techniques and instrumentation: Vol. 1 [M]. Amsterdam: North-Holland Publishing Company, 1965.

[16] Livingood J J. Principles of cyclic particle accelerators [M]. D-Van Nostrand Company, 1961.

[17] Tuck J L, Teng L C. Phys. Rev. , 1951, 81: 305.

[18] Smith B H. NIM, 1962, 18—19: 184.

[19] Coupland J H, Howard K J. NIM, 1962, 18—19: 148.

第七章　自动稳相原理

第一节　自动稳相原理的提出

一、稳相加速器概述

普通回旋加速器从 1932 年出现后,取得了迅速的发展,到 30 年代末已能将氘核加速到 20 MeV,这在当时已达到了由于粒子质量的相对论增长所限定的能量极限. 为了突破这个能量极限,继续保持谐振加速,就必须在回旋加速器中或者提供随半径增大而增强的谐振磁场,或者使加速高频电场频率随粒子回旋频率的降低而同步地降低. 关于前一途径,1938 年托马斯就已提出采用磁场随方位角变化的等时性回旋加速器方案,但由于它的磁场结构比较复杂,当时未能实现,直到 50 年代末才得以实现,这就是上一章中阐述的等时性回旋加速器. 实际上普通回旋加速器的能量的突破首先是沿着后一途径实现的,这就是 1946 年后发展起来的稳相加速器,又称同步回旋加速器或调频回旋加速器.

稳相加速器的磁场与普通回旋加速器几乎相同,只是因能量更高而磁极半径更大些,粒子轨道曲率半径 $\rho(\mathrm{m})$ 与粒子能量 $W(\mathrm{MeV})$ 的关系为

$$\rho = \frac{[W(W+2\varepsilon_0)]^{\frac{1}{2}}}{300qB}, \tag{7.1.1}$$

其中 ε_0 为粒子静止能量(MeV),q 为粒子电荷态数,B 为轨道上磁感应强度(T). 以 $B=1.8\,\mathrm{T}$ 为例,对于质子和氘核,ρ 与 W 的关系见图 7.1.

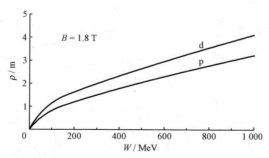

图 7.1　轨道曲率半径与粒子能量关系曲线

稳相加速器高频加速系统的结构与普通回旋加速器相似,也是采用 D 形电极

来加速粒子,但由于加速电压可以较低,为使结构简化,一般都采用单个 D 极,另一个电极用接地的"假 D 极".粒子在它们之间形成的加速间隙中被加速.为了使沿加速间隙的电压分布均匀,稳相加速器的 D 极较大,同时用共振线作 D 极支杆,将其与加速电极垂直相连,D 极系统放在真空室中.(图 7.2)

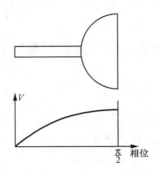

图 7.2　单 D 极及其电压幅值分布

稳相加速器的高频频率须随粒子的回旋频率调变,这是由在 D 极和共振线组成的谐振电路中加入可调电容或电感来实现的.通常采用可调电容,如用旋转电容器等,这在技术上比较方便.所需的高频频率 f_r(MHz)可由粒子回旋频率 f_c 算得.当采用基频加速时,有

$$f_c = f_r = 14320 \frac{qB}{W + \varepsilon_0},\tag{7.1.2}$$

其中 W 与 ε_0 皆以 MeV 为单位,B 以 T 为单位.由此可根据 W 和 B 的初始值和终值算出 f_r 的调变范围.对 $B = 1.8\,\mathrm{T}$,图 7.3 画出了加速质子和氘核时 f_r 和 W 的关系.从图中可以看出,当要把粒子加速到较高能量时,f_r 的调变范围是比较大的.

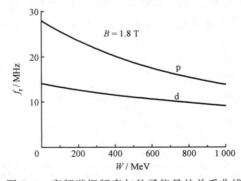

图 7.3　高频谐振频率与粒子能量的关系曲线

为了使 f_r 与 f_c 一致,f_r 随时间的变化还应满足一定的关系.在稳相加速器中,粒子的回旋周期 T_c 或频率 f_c 是粒子总能量 ε 或动能 W 的函数,因此可引入

系数,使

$$\frac{\mathrm{d}T_\mathrm{c}}{T_\mathrm{c}} = \Gamma \frac{\mathrm{d}\varepsilon}{\varepsilon} = \Gamma \frac{\mathrm{d}W}{\varepsilon_0 + W} \tag{7.1.3}$$

或

$$\frac{\mathrm{d}f_\mathrm{c}}{f_\mathrm{c}} = -\Gamma \frac{\mathrm{d}W}{\varepsilon_0 + W}. \tag{7.1.4}$$

在稳相加速器中可求得(见本章附录)

$$\Gamma = 1 + \frac{n}{(1-n)\beta^2}, \tag{7.1.5}$$

其中 n 是磁场对数梯度, $\beta = \dfrac{\nu}{c}$. 由于 $0 < n < 1$,故 Γ 略大于 1.

由(7.1.4)式, f_c 对时间的变化率为

$$\frac{\mathrm{d}f_\mathrm{c}}{\mathrm{d}t} = -\frac{\Gamma f_\mathrm{c}}{\varepsilon_0 + W} \cdot \frac{\mathrm{d}W}{\mathrm{d}t}. \tag{7.1.6}$$

对于电荷数为 q,相位为 φ 的粒子,当加速电压幅值为 V_a,每圈加速两次时,有

$$\frac{\mathrm{d}W}{\mathrm{d}t} = 2f_\mathrm{c}qeV_\mathrm{a}\cos\varphi. \tag{7.1.7}$$

将上式代入(7.1.6)式,即得到

$$\frac{\mathrm{d}f_\mathrm{c}}{\mathrm{d}t} = -\frac{2\Gamma f_\mathrm{c}^2}{\varepsilon_0 + W} \cdot qeV_\mathrm{a}\cos\varphi \tag{7.1.8}$$

或

$$\frac{\mathrm{d}T_\mathrm{c}}{\mathrm{d}t} = \frac{2\Gamma}{\varepsilon_0 + W} \cdot qeV_\mathrm{a}\cos\varphi. \tag{7.1.9}$$

(7.1.8)式及(7.1.9)式表示了稳相加速器中粒子的回旋频率或周期随时间变化的关系,它与 Γ, V_a 及粒子的动能 W 和相位 φ 均有关. 如果 φ 为一固定相位 φ_s,且高频频率在开始时与粒子的回旋频率相同,以后随时间的变化率又严格遵循以上关系,那么粒子就能始终保持与高频电场相同的频率旋转,以固定的相位 φ_s 被同步加速. 这个粒子被称为理想粒子, φ_s 称为平衡相位. 但是要严格地实现频率按(7.1.8)式或周期按(7.1.9)式随时间调变的高频加速电压是非常困难的,因为 Γ 及 W 都是理想粒子加速过程中所经历的值,因而也是时间的复杂函数. 因此,人们要建造稳相加速器,就必须首先解答下述问题:如果不能严格地实现(7.1.8)式或(7.1.9)式所要求的高频频率的调变,稳相加速器能否有效地把粒子加速到更高的能量? 另一个要解答的问题是:即使严格地实现了上述要求的高频频率的调变,由于还要求开始时只有回旋频率与高频频率相同,并且相位为 φ_s 的粒子才能成为理想粒子得到同步加速,然而从离子源出来的具有这样条件的离子数是非常少的,因此稳相加速器加速的离子会不会因数目太少而失去意义?

　　苏联的维克斯勒尔(Veksler)和美国的麦克米伦(McMillan)各自独立地于1944 年和 1945 年提出的自动稳相原理满意地解决了以上两个问题. 根据这个原理,对于满足一定条件的平衡相位 φ_s,不仅理想粒子,而且相位和能量在理想粒子附近的非理想粒子,也能同理想粒子一起被加速. 高频频率的调变也可以不严格地遵守(7.1.8)式或(7.1.9)式,只要近似满足即可. 关于自动稳相原理,下几节中将详细地加以讨论,这里不多叙述. 应该指出,只是在自动稳相原理证实了稳相加速器的可能性后,这种加速器才开始被建造和发展起来. 1946 年,首次报道了美国伯克利一台稳相加速器模型(磁极直径为 0.94 m 即 37 in)试验成功的消息. 同年 11 月,一台磁极直径为 4.67 m(184 in)的稳相加速器在该实验室建成并投入运行,首次获得了190 MeV 的氘束和 380 MeV 的 He^{2+} 束. 此后十多年里,十多台稳相加速器投入运行(见表 7.1),使加速器技术进入了中能领域.

表 7.1　稳相加速器的主要参数

地点	质子能量/MeV	磁极直径/m	磁铁重量/t	磁感应强度/T	每秒脉冲数	建成时间
加利福尼亚大学(美)	350	4.66	4 300	1.5	60	1946
	720	4.8	4 300	2.3	60	1957 改建
罗切斯特大学(美)	240	3.3	1 000	1.7	150~300	1948
哈佛大学(美)	150	2.4	700	2.0	170	1949
英国原子能研究中心	175	2.7	670	1.68	100	1949
麦克基尔大学(加拿大)	100	2.1	260	1.64	500	1950
哥伦比亚大学(美)	400	4.1	2 400	1.8	60~12	1950
芝加哥大学(美)	450	4.3	2 200	1.86	60	1951
卡奈基理工学院(美)	450	3.6	1 500	2.07	180~200	1952
华尔纳学院(瑞典)	200	2.3	720	2.2	240	1953
利物浦大学(英)	400	4.0	1 640	1.8	110	1954
联合原子核研究所(苏联)	680	6.0	7 200	1.68	50~80	1954
巴黎大学(法)	160	2.8	700	1.63	430~495	1958
欧洲原子核研究中心(CERN)	600	5.0	2 500	2.05	55	1958

　　为了研究调变频率随时间的变化关系,假定磁场是均匀的,即 $n=0$, $\Gamma=1$(实际上,磁场沿半径稍有下降,n 稍大于 0,Γ 稍大于 1),积分(7.1.8)式及(7.1.9)式可得

$$f_c = \frac{f_{ci}}{\sqrt{1+Kt}} \qquad\qquad (7.1.10)$$

或

$$T_c = T_{ci}\sqrt{1+Kt},$$

其中,

$$K = -\frac{2}{f_{ci}}\left(\frac{\mathrm{d}f_c}{\mathrm{d}t}\right)_i = \frac{2}{T_{ci}}\left(\frac{\mathrm{d}T_c}{\mathrm{d}t}\right)_i > 0, \tag{7.1.11}$$

i 表示 $t=0$ 时的初值.

　　同步加速时,高频频率 f_r 应与 f_c 相等.稳相加速器的工作过程如图 7.4 所示.开始时, $f_r = f_{ci}$,粒子被注入.然后 f_r 按(7.1.8)式随粒子能量的增加而下降,直至粒子被加速至最高能量,这是稳相加速器的加速阶段.最后粒子被引出.而后高频频率又上升到 f_{ci},这是稳相加速器的一个工作周期.可见稳相加速器是按频率调制周期工作的,每个调制周期中只有一团粒子被加速和引出,这和回旋加速器每个高频周期加速和输出一团粒子是不同的.稳相加速器的频率调制一般为每秒 $50\sim500$ 次,每次粒子束脉冲约有 $10^{10}\sim10^{11}$ 个粒子,平均流强仅 $10^{-1}\sim10\,\mu\mathrm{A}$ 量级,仅及回旋加速器的 10^{-3} 左右.

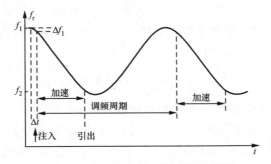

图 7.4　稳相加速器工作过程示意图

　　由于粒子被同步地加速,稳相加速器的加速电压可比回旋加速器的低得多,同时频率调制也限制了加速电压的提高,因此一般只采用 $15\sim20\,\mathrm{kV}$.这时引出半径处粒子的圈间距一般小于 $0.1\,\mathrm{mm}$,使得引出效率很低.由于稳相加速器中粒子束的引出问题与等时性回旋加速器中相似,在此就不详述了.用脉冲电场偏转装置引出粒子束的效率不大于 1%,通常采用的再生法,引出效率也仅为 $1\%\sim10\%$,所以稳相加速器的外束流强更弱.

　　稳相加速器与回旋加速器一样,只适于加速离子,一般用于加速质子、氘核及 α 粒子.从表 7.1 可以看出,建成的稳相加速器能量都在中能范围,主要用于产生中子、介子及 γ 光子,在中能核物理的发展中起了重要作用.

　　从原理上看,稳相加速器的加速粒子能量还可以提高,但这要求半径更大的磁极.可是稳相加速器中磁极的重量是随半径的立方增加,磁铁激磁功率近似地随磁极半径的平方增长,因此,继续提高能量是很不经济的,这就是稳相加速器加速能量仅限于中能范围的原因.20 世纪 50 年代初出现的质子同步加速器的磁极是空心环状的,易于继续增大粒子轨道半径,使加速能量进入高能范围.50 年代后期出现的等时性回旋加速器,加速能量也可进入中能范围,而粒子束强度可达稳相加速器的 $10^2 \sim 10^3$ 倍. 因此,稳相加速器就再也没有必要继续建造了. 在加速器的发展史上,一些新型的加速器不断出现,而另一些老的加速器则趋于淘汰,稳相加速器就是后者之一,因此我们不去详细地叙述它. 但由于它在论证自动稳相原理中起过重要作用,而且在现在,仍不失为一个演示自动稳相原理的好例证,所以在对稳相加速器作了上述简要介绍后,我们将结合它研究和阐述自动稳相原理.

二、自动稳相原理

以后我们会看到,自动稳相原理存在于绝大部分的共振型加速器中. 我们从研究稳相加速器中粒子的相位运动规律入手,来揭示这个原理. 为此我们先来分析所谓"理想粒子"的情况. 在加速过程中它的运动应始终与高频电场保持同步,这要满足两个条件:一是注入相位 φ_i 要与平衡相位 φ_s 相同,二是注入能量 ε_i 应等于(7.1.12)式中的 ε_s. 这样的理想粒子在由(7.1.12)式所规定的调制电场中被连续、同步地加速,并始终保持 $\varphi = \varphi_s$.

$$\frac{\mathrm{d}f_r}{\mathrm{d}t} = -\frac{2\Gamma f_r^2}{\varepsilon_0 + W_s} \cdot qeV_a\cos\varphi_s. \tag{7.1.12}$$

图 7.5(a)标出了理想粒子每次加速的相位. 由于 φ_s 固定不变,所以每次的 φ_s 都重叠在一起. 注意,在提到粒子的相位时,每转半圈所引起的 $180°$ 的相位自然增长是不被计入的. 图 7.5(b)画出了理想粒子总能量 ε_s 随加速次数 N 线性增长的关系. 由于 φ_s 保持不变,所以

$$\varepsilon_s = \varepsilon_{si} + NqeV_a\cos\varphi_s. \tag{7.1.13}$$

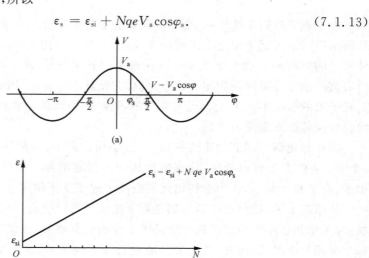

图 7.5

(a) 理想粒子的相位表示;(b) 总能量 ε 与加速次数 N 的关系

现在来研究非理想粒子的相位运动. 假定 $\varepsilon_i = \varepsilon_{si}$, $\varphi_i \neq \varphi_s$, 例如 φ_i 处于图 7.6 中 φ_s 与 $-\varphi_s$ 间的 A 点(图 7.6 中 V-φ 曲线同图 7.5 比起来逆时针转了 $90°$), 该非理想粒子每加速一次, 与理想粒子的能量差 $\Delta\varepsilon = \varepsilon - \varepsilon_s$ 的变化量为

$$\frac{\Delta(\varepsilon - \varepsilon_s)}{\Delta N} = \frac{\Delta(\Delta\varepsilon)}{\Delta N} = qeV_a(\cos\varphi - \cos\varphi_s), \tag{7.1.14}$$

而由于 $\Delta\varepsilon$ 而引起的非理想粒子对理想粒子的相位 $\Delta\varphi = \varphi - \varphi_s$ 的变化率为

$$\frac{\Delta(\varphi - \varphi_s)}{\Delta N} = \omega\left(\frac{T_c}{2} - \frac{T_s}{2}\right) = \omega_s \cdot \frac{1}{2}(T_c - T_s) = \frac{1}{2}\omega_s \Delta T_c. \tag{7.1.15}$$

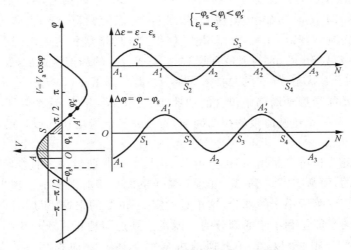

图 7.6　非理想粒子的相位运动及能量变化

根据(7.1.3)式, 有

$$\frac{\Delta T_c}{T_s} = \Gamma\frac{\Delta\varepsilon}{\varepsilon_s}, \tag{7.1.16}$$

则

$$\frac{\Delta(\varphi - \varphi_s)}{\Delta N} = \frac{1}{2}\omega_s \Gamma\frac{\Delta\varepsilon}{\varepsilon_s}T_s = \pi\Gamma\frac{\Delta\varepsilon}{\varepsilon_s}. \tag{7.1.17}$$

根据(7.1.16)式及(7.1.17)式可知, 第一次加速后, $\Delta\varepsilon > 0$, $\varphi = \varphi_i$, 它与理想粒子的能量差增大, 而相位不变. 这个结果分别标在图 7.6 左边的 V-φ 曲线及右边的 $\Delta\varepsilon$-N 与 $\Delta\varphi$-N 曲线上. 同样地, 第二次加速后 $\Delta\varepsilon$ 继续增大, 并且 $\Delta\varphi > 0$. 循此, 第三次、第四次……加速后, $\Delta\varepsilon$, $\Delta\varphi$ 一直增大, 相位在 V-φ 曲线上向右移动. 当 $\varphi > 0$ 后, $\Delta\varepsilon$ 增长下降, 相位点仍继续右移. 当 $\varphi = \varphi_s$ 时, $\Delta\varepsilon$ 达到最大值, 即处在 $\Delta\varepsilon$-N 与 $\Delta\varphi$-N 曲线上的 S_1 点. 当 $\varphi > \varphi_s$ 后, 由于 $\Delta\varepsilon > 0$, $\Delta\varphi$ 仍继续增长, 但增长量却逐渐减小. $\Delta\varepsilon$ 逐渐下降, 相位点仍一直右移, 直到 $\Delta\varepsilon = 0$, $\Delta\varphi$ 达到极大值, 相位点第一次到达 A' 点, 并停止向右移动. ($\varphi_{A'}$ 可以大于 $\pi/2$, 即粒子进入电场减速

状态,如 $V\text{-}\varphi$ 曲线所示.)根据(7.1.14)式,$\Delta\varepsilon$ 仍继续下降,即进入 $\Delta\varepsilon<0$ 状态,由 (7.1.17)式,$\Delta\varphi$ 的变化量开始为负,即相位点在 $V\text{-}\varphi$ 曲线上开始向左移动.在由 A' 到 φ_s 这段相位区上,粒子受电场加速(或减速)所获得的能量增益总是小于理想粒子的能量增益,因此 $\Delta\varepsilon$ 继续减小,相位点一直左移.当相位点左移到 φ_s 处时,$\Delta\varepsilon$ 下降到极小值,即 $\Delta\varepsilon\text{-}N$ 曲线上的 S_2 点.由于 $\Delta\varepsilon<0$,相位继续左移,粒子进入能量增益大于理想粒子的区域,$\Delta\varepsilon$ 上升.当相位又趋向 A 点时,$\Delta\varepsilon$ 趋向 0,$\Delta\varphi$ 的变化量也趋于 0,$\Delta\varphi$ 趋于负的极大值,相位不再左移,相应于 $\Delta\varphi\text{-}N$ 和 $\Delta\varepsilon\text{-}N$ 图中的 A_2 点.以后求解的相运动方程的结果将指出,$\Delta\varphi\text{-}N$ 曲线上,A_2 点的幅值比 A_1 点稍小一点,即 $V\text{-}\varphi$ 曲线上相位点未到达 A 点就停下来了.这可定性地由 (7.1.17)式得到解释.由于 ε_s 不断增长,使得 $\Delta\varphi$ 的增量稍有收缩.这个非理想粒子在经历了由 A_1 到 A_2 的一个稍有收缩的 $\Delta\varepsilon$ 及 $\Delta\varphi$ 的周期振荡后,又回到了近乎初始的 $\Delta\varepsilon$ 与 $\Delta\varphi$ 状态,但它的总能量却由 ε_{si} 提高到了 $\varepsilon_{si}+N_Tqe V_a\cos\varphi_s$,$N_T$ 是第一个相位及能量振动周期中包含的加速次数.从 A_2 开始,这个粒子又进入了第二个、第三个……相位及能量的振荡周期,直到粒子能量增长到设计的最终能量和运动到引出半径处.

从以上的分析可以看出,相位点由 A 移动到 S,非理想粒子的能量增益都是大于理想粒子的,而从 S 移动到 A',非理想粒子的能量增益则都小于理想粒子,并且大于的部分正好等于小于的部分,这正是确定 A' 位置的根据.以后可以证明,这个大于的部分的总能量和小于的部分的总能量分别近似地正比于 AS 和 SA' 曲线下阴影面积的平方根,所以 A' 又近似地可根据上述两块面积相等来比较直观地决定.

从以上分析还可看出,当相位点 A 取在 S 处时,A' 也在 S 处,这即是理想粒子的情况.当 A 从 S 向左移时,A' 就从 S 向右移,这时 $\Delta\varepsilon$ 和 $\Delta\varphi$ 中的振动幅度都随着增大.当 A 趋向 $-\varphi_s$ 时,A' 便趋向 φ_s',下面我们将通过分析看出,相位区间 $(-\varphi_s,\ \varphi_s')$ 是粒子相运动的稳定区,上述的非理想粒子的初始相位点 A 只要落在这个区间里,相位点便在 A 与 A' 间围绕 φ_s 振荡.我们把 A 与 A' 点称为一对共轭点,它们分别处在 φ_s 的两侧,当相位点落在其中一点时,便移向另一点,并开始振荡.(以前分析时我们是把 A 点取得小于 φ_s.不难看出,当 A 取在大于 φ_s 一侧时,以前分析结论仍然正确,只是相应的 A' 点落到了小于 φ_s 的一侧.)而粒子处在这两点相位上时,具有与理想粒子相同的能量,并且相位点的移动开始转向.

现在来看相位点落在 $(-\varphi_s,\ \varphi_s')$ 区间以外的情况.先看相位点 A 小于 $-\varphi_s$ 的情况,如图 7.7(a)所示.由于粒子的能量增益小于理想粒子的能量增益,$\Delta\varepsilon<0$,因而粒子的相位点左移,这使粒子的能量增益更小,粒子相位继续左移.当粒子进入减速区后,$\Delta\varepsilon$ 及 $\Delta\varphi$ 下降更快,最后这个粒子将损失掉.

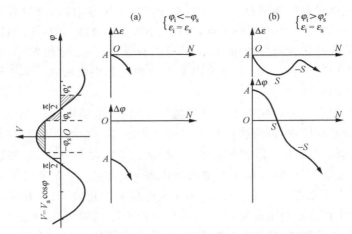

图 7.7　一个非理想粒子的相位运动（不稳定）及能量变化

图 7.7(b)画出了当相位点 A 大于 φ'_s 的情况,开始时粒子由于处在减速电场区,或由于加速电场较理想粒子所处的加速电场低,使 $\Delta\varepsilon<0$,从而引起相位点不断左移.当相位点移至 $(-\varphi_s,\varphi'_s)$ 区间后,其能量增益大于理想粒子的能量增益,使 $\Delta\varepsilon$ 一度回升,$\Delta\varphi$ 下降速度变慢,但终因 $\Delta\varepsilon$ 未能上升为正值,使相位点进入了小于 $-\varphi_s$ 的区域,于是 $\Delta\varepsilon$ 又继续下降,$\Delta\varphi$ 下降速度加快,最后使相位点进入减速电场区,导致该粒子损失掉.

通过以上分析可知,对于 $\varepsilon_i=\varepsilon_{is}$ 的非理想粒子来说,只有当 φ_i 处在区间 $(-\varphi_s,\varphi'_s)$ 内时,粒子才能通过稳定的相振荡而被加速到最终能量.而当 φ_i 在 $(-\varphi_s,\varphi'_s)$ 区间以外时,不能被稳定加速至最终能量.

还应指出,以上的分析虽然是对 $\varepsilon_i=\varepsilon_{si}$ 的非理想粒子进行的,但对 ε_i 在 ε_{si} 附近一定范围的非理想粒子,进行相似的分析后仍会得到相同的 $(-\varphi_s,\varphi'_s)$ 为稳定的初始相位区的结论.如果把图 7.6 中 $\Delta\varepsilon$-N 及 $\Delta\varphi$-N 曲线上任一 N 值时的 $\Delta\varepsilon$ 及 $\Delta\varphi$ 取作初始值,可看出粒子的 $\Delta\varepsilon$ 及 $\Delta\varphi$ 就将大致沿着该 N 值以后的 $\Delta\varepsilon$-N 及 $\Delta\varphi$-N 曲线振动,由此也可简单地看出上述相位稳定区存在的结论并不只是对 $\varepsilon_i=\varepsilon_{si}$ 的非理想粒子才成立的.但是对相位稳定区存在条件的严格表述(如 ε_i 稳定区取值的范围)及对粒子相位及能量运动行为的全面论述,只有在定量地建立了相位运动方程以后才有可能.这将在下几节中讨论.那时我们将对本节讨论的 ε_i 及满足稳定区的条件,$\Delta\varepsilon$ 及 $\Delta\varphi$ 运动的规律有更全面、深入的了解.还将看到,$\Delta\varepsilon$ 及 $\Delta\varphi$ 的振动随 ε_s 增长而收缩.本节的分析将为以后的定量处理提供物理基础.

现在可以来回答上节提出的稳相加速器是否可能实现的两个问题了.首先,由于能被加速到较高能量的不仅有理想粒子,而且还有围绕它振动的大量处在稳定区内的非理想粒子,因此粒子束强度可以达到有实用意义的水平.其次,若加速电场频率调制规律没有严格满足 (7.1.12) 式而产生了偏离时,它可以看作理想粒子的能量 ε_s 及相位 φ_s 对原有值的偏离,但这时仍有相位稳定区存在.只要原相位稳定区与新相位稳定区大部分相重合,大部分的粒子(包括原理想粒子)就仍然能被继续加速下去而不会损失掉.由于这两个根本问题的圆满解决,1946 年后稳相加速器顺利地得到实现.

但是相位稳定区的存在并不仅限于稳相加速器,这里我们只是通过稳相加速器来阐述自动稳相原理,以后我们要研究的大部分共振类型的加速器,如同步加速器、直线加速器,以及电子回旋加速器中,都存在着自动稳相现象.在这些加速器中,尽管加速机制各不相同,粒子轨道形状也各异,但它们都是通过加速电极之间的,或谐振腔中形如图 7.5(a) 中的高频加速电场来加速粒子的.在粒子的运动周期、能量和加速相位之间也都存在着遵循自动稳相原理的关系.在这些加速器中,还都通过调制某些参数,如加速电场频率,主导磁场强度或粒子漂浮距离以形成某种理想粒子.当非理想粒子对理想粒子的能量出现偏差 $\Delta\varepsilon$ 时,它们的运动周期也将出现差量 ΔT_c,并且二者之间也都由如 (7.1.16) 式引入的参数 Γ 相联系着.Γ 是加速器其他参数和粒子能量的复杂函数,以后将在各个加速器中做具体推导.对上述不同的加速器,Γ 可分为取正值、负值或正负值均有三种情况,如表 7.2 所示.决定这些加速器中相位与能量变化的基本方程仍是 (7.1.14) 式—(7.1.17) 式,只是一般加速器中的粒子与理想粒子的运动周期 τ 与 τ_s 在稳相加速器中为回旋半周期 $T_c/2$ 与 $T_s/2$,因此在上述方程中只要令

$$\tau = T_c/2, \quad \tau_s = T_s/2, \tag{7.1.18}$$

即可用于分析一般其他加速器的相位与能量变化.由于上述基本方程与稳相加速器的相同,参照本节对稳相加速器的分析,可知在以上三种加速器中也存在自动稳相现象,而且 Γ 为正、负值时,稳定的平衡相位 φ_s 也应取正、负值.(见表 7.2)

表 7.2　存在自动稳相的共振加速器

名称	调制参数	Γ	φ_s
稳相加速器	加速电场频率	>0	>0
同步加速器	加速电场频率及 主导磁场强度	<0, 当 $\varepsilon<\varepsilon_c$; >0, 当 $\varepsilon>\varepsilon_c$	<0, 当 $\varepsilon<\varepsilon_c$; >0, 当 $\varepsilon>\varepsilon_c$
直线加速器	漂浮管长度或者 行波相速度	<0	<0
电子回旋加速器	电子轨道长度	>0	>0

由以上讨论可知,自动稳相原理指的是:在一些共振加速器中,通过某些加速器参数的调制,便可使处在某种平衡相位下加速的理想粒子的运动与高频电场完全同步,能量连续增长;而在相位和能量上在一定范围内偏离理想粒子的非理想粒

子则将围绕理想粒子作相振动,最后同理想粒子一起被加速至终能量.

从下节开始,我们将从基本方程(7.1.14)式—(7.1.17)式出发建立相位运动方程,进一步定量地研究自动稳相现象的各项规律和特点.从以上讨论可知,只要注意到(7.1.18)式,所得结果无论对稳相加速器或是其他具有自动稳相现象的加速器都是正确的.

第二节　相运动方程及小振幅下的相振荡

在我们所研究的具有自动稳相作用的加速器中,除电子回旋加速器外(对它以后将专门讨论),在一次加速中粒子的相位和能量的改变都是很小的,因此方程(7.1.14)—(7.1.17)式可写成微分形式:

$$\frac{d(\varepsilon - \varepsilon_s)}{dN} = \frac{d(\Delta\varepsilon)}{dN} = qeV_a(\cos\varphi - \cos\varphi_s), \tag{7.2.1}$$

$$\frac{d(\varphi - \varphi_s)}{dN} = \frac{d(\Delta\varphi)}{dN} = \omega_r\left(\frac{T_c}{2} - \frac{T_s}{2}\right) = \frac{k}{2}\omega_s\Delta T, \tag{7.2.2}$$

$$\frac{\Delta T}{T_s} = \Gamma\frac{\Delta\varepsilon}{\varepsilon_s}. \tag{7.2.3}$$

其中 $k = \omega_r/\omega_s$ 为倍频系数或谐波数.(见第六章第五节)

研究相运动采用时间 t 为自变量更为方便.为此,分别对理想粒子和非理想粒子引入下述变量变换:

$$dN_s = \frac{dt}{T_s/2}, \quad dN_c = \frac{dt}{T_c/2}, \tag{7.2.4}$$

一般引入 G 为粒子每个运动周期加速次数,则(7.2.1)式变为

$$T_c\frac{d\varepsilon}{dt} - T_s\frac{d\varepsilon_s}{dt} = GqeV_a(\cos\varphi - \cos\varphi_s) \tag{7.2.5}$$

或

$$\frac{1}{\omega_c}\frac{d\varepsilon}{dt} - \frac{1}{\omega_s}\frac{d\varepsilon_s}{dt} = \frac{GqeV_a}{2\pi}(\cos\varphi - \cos\varphi_s), \tag{7.2.6}$$

其中 ω_c 和 ω_s 分别为非理想粒子和理想粒子的圆频率,在圆形加速器中即为角速度.注意到

$$\frac{1}{\omega_c}\frac{d\varepsilon}{dt} \approx \left[\frac{1}{\omega_s} + \left(\frac{\partial}{\partial\varepsilon}\frac{1}{\omega}\right)_s d\varepsilon\right] \cdot \left[\frac{d(\varepsilon_s + \Delta\varepsilon)}{dt}\right]$$

$$= \left[\frac{1}{\omega_s} - \frac{1}{\omega_s^2}\left(\frac{\partial\omega}{\partial\varepsilon}\right)_s d\varepsilon\right] \cdot \left[\frac{d\varepsilon_s}{dt} + \frac{d\Delta\varepsilon}{dt}\right]$$

$$\approx \frac{1}{\omega_s}\frac{d\varepsilon_s}{dt} + \frac{1}{\omega_s}\frac{d\Delta\varepsilon}{dt} - \frac{1}{\omega_s^2}\left(\frac{\partial\omega}{\partial\varepsilon}\right)_s \cdot \frac{d\varepsilon_s}{dt}d\varepsilon$$

$$\approx \frac{1}{\omega_s} \frac{\mathrm{d}\varepsilon_s}{\mathrm{d}t} + \frac{1}{\omega_s} \frac{\mathrm{d}\Delta\varepsilon}{\mathrm{d}t} - \frac{1}{\omega_s^2} \frac{\mathrm{d}\omega}{\mathrm{d}t} \Delta\varepsilon$$

$$= \frac{1}{\omega_s} \frac{\mathrm{d}\varepsilon_s}{\mathrm{d}t} + \frac{\mathrm{d}}{\mathrm{d}t}\left(\frac{\Delta\varepsilon}{\omega_s}\right). \tag{7.2.7}$$

(7.2.6)式可变为

$$\frac{\mathrm{d}}{\mathrm{d}t}\left(\frac{\Delta\varepsilon}{\omega_s}\right) = \frac{GqeV_a}{2\pi}\,(\cos\varphi - \cos\varphi_s). \tag{7.2.8}$$

(7.2.2)式的一般变换式为

$$T_c \frac{\mathrm{d}\varphi}{\mathrm{d}t} - T_s \frac{\mathrm{d}\varphi_s}{\mathrm{d}t} = k\omega_s \Delta T = k \cdot \frac{2\pi}{T_s} \Delta T$$

$$= 2k\pi \frac{\Delta T}{T_s} = 2k\pi\Gamma \frac{\Delta\varepsilon}{\varepsilon_s}. \tag{7.2.9}$$

由于 $\dfrac{\mathrm{d}\varphi_s}{\mathrm{d}t} = 0$,(7.2.9)式变为

$$\dot{\varphi} = \frac{\mathrm{d}\varphi}{\mathrm{d}t} = 2k\pi\Gamma \cdot \frac{1}{T_c} \frac{\Delta\varepsilon}{\varepsilon_s}$$

$$\approx \frac{2k\pi\Gamma}{T_s} \frac{\Delta\varepsilon}{\varepsilon_s} = k\Gamma\omega_s \frac{\Delta\varepsilon}{\varepsilon_s}, \tag{7.2.10}$$

$$\Delta\varepsilon = \frac{\varepsilon_s}{k\Gamma\omega_s} \cdot \dot{\varphi}, \tag{7.2.11}$$

(7.2.8)式可写为

$$\frac{\mathrm{d}}{\mathrm{d}t}\left(\frac{\varepsilon_s}{k\Gamma\omega_s^2} \cdot \dot{\varphi}\right) = \frac{GqeV_a}{2\pi}\,(\cos\varphi - \cos\varphi_s). \tag{7.2.12}$$

(7.2.12)式即为相运动方程.(7.2.11)式及(7.2.12)式是我们定量地研究相运动及能量变化的基础.对于一个粒子,参数 ε_s,ω_s 及 Γ 都是随时间 t 缓慢变化的函数.

为了便于看出相运动的一些特点,我们先来研究小振幅的相运动,即假设满足条件

$$|\varphi - \varphi_s| = |\Delta\varphi| \ll 1, \tag{7.2.13}$$

$$\cos\varphi - \cos\varphi_s \approx -\Delta\varphi \cdot \sin\varphi_s, \tag{7.2.14}$$

$$\frac{\mathrm{d}\varphi}{\mathrm{d}t} = \frac{\mathrm{d}\Delta\varphi}{\mathrm{d}t}, \tag{7.2.15}$$

于是相运动方程(7.2.12)可以写为

$$\frac{\mathrm{d}}{\mathrm{d}t}\left(\frac{2\pi\varepsilon_s}{k\Gamma\omega_s^2} \frac{\mathrm{d}\Delta\varphi}{\mathrm{d}t}\right) + (GqeV_a \sin\varphi_s)\Delta\varphi = 0. \tag{7.2.16}$$

此即小振幅下的相运动方程.

现在我们来研究短时间内小振幅的相运动.这时有

$$\frac{\omega_s}{k\Gamma\omega_s^2} \approx \text{常数},$$

于是(7.2.16)可以写为

$$\frac{\mathrm{d}^2\Delta\varphi}{\mathrm{d}t^2} + \Omega^2 \cdot \Delta\varphi = 0, \tag{7.2.17}$$

其中

$$\Omega = \omega_s \left(\frac{Gk\Gamma qeV_a\sin\varphi_s}{2\pi\varepsilon_s}\right)^{\frac{1}{2}}. \tag{7.2.18}$$

(7.2.17)式是人们熟知的简谐振动方程,但须满足 $\Omega > 0$ 的条件.由(7.2.18)式可知,相运动稳定的条件为

$$\Gamma > 0 \text{ 时},\quad \varphi_s > 0; \tag{7.2.19}$$

$$\Gamma < 0 \text{ 时},\quad \varphi_s < 0. \tag{7.2.20}$$

稳相加速器中 $\Gamma > 0$,上一节已从物理概念上说明了 $\varphi_s > 0$ 时,相运动是稳定的,其他加速器稳定相位与 Γ 的符号关系已列于表7.2中,现在可由上两式得到说明.

稳定的相运动为简谐振荡,其解为

$$\Delta\varphi = A\cos(\Omega t + \alpha). \tag{7.2.21}$$

由(7.2.11)及(7.2.15)式可得

$$\Delta\varepsilon = \frac{A\Omega\varepsilon_s}{K\Gamma\omega_s}\sin(\Omega t + \alpha), \tag{7.2.22}$$

其中 A 及 α 由 $\Delta\varphi$ 和 $\Delta\varepsilon$ 的初始值确定,Ω 为相振荡的圆频率.

(7.2.18)式中,由于 $|\Gamma| \approx 1$,$V_a/\varepsilon_s \ll 1$,所以 $\Omega/\omega_s \ll 1$,一般为 $10^{-3} \sim 10^{-2}$,可见相振荡的频率比粒子运动的频率小很多,在粒子运动了很多周期后,相位才振荡一个周期,因此可以把粒子的回旋运动同相振荡分开处理.图7.6表示出一个相位振荡周期中包含了许多粒子运动周期的情形.

第三节　相运动的摆模型及位能函数

现在我们来研究粒子的一般相运动.为了形象地说明相运动方程(7.2.12)的特点,可以采用物理模型的方法.图7.8所示的物理摆就是一种常见的模型.

这种物理摆是一个刚体,它由一条细杆一端连接一个半径为 r 的轴轮,另一端连接一重量为 P 的重球构成,细杆和轴轮的质量都可忽略.整个摆可绕轴心 O 无摩擦地摆动,它的转动惯量为 J.一质量可忽略的细绳绕过轴轮在另一侧悬挂一重量为 W 的重锤,细绳与轴轮的摩擦可忽略.摆的位置用细杆与 Ox 轴的夹角 φ 表示,逆时针时取正号,显然此摆对重锤有平衡角度 φ_s,它满足方程

$$PL\cos\varphi_s = Wr. \tag{7.3.1}$$

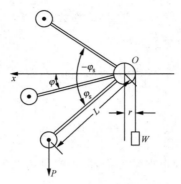

图 7.8 相运动的摆模型
$(\Gamma>0,\varphi_s>0)$

摆的运动方程为

$$\frac{\mathrm{d}}{\mathrm{d}t}\left(J\frac{\mathrm{d}\varphi}{\mathrm{d}t}\right)=PL\left(\cos\varphi-\cos\varphi_s\right). \tag{7.3.2}$$

重写相运动方程为

$$\frac{\mathrm{d}}{\mathrm{d}t}\left(\frac{\varepsilon_s}{k\Gamma\omega_s^2}\dot{\varphi}\right)=\frac{GqeV_a}{2\pi}\left(\cos\varphi-\cos\varphi_s\right). \tag{7.3.3}$$

比较以上两式可以看出,只须作如下变换,摆运动方程就可变为相运动方程,即

$$J=\frac{\varepsilon_s}{k\Gamma\omega_s^2},\quad PL=\frac{GqeV_a}{2\pi}. \tag{7.3.4}$$

但有两点应该指出:

(1) J,P,L 对时间都是常量,ε_s,Γ,ω_s 是时间的函数,但随时间的变化是很缓慢的,因此在一段短时间里,它们仍可作为常量处理.

(2) $J>0$,Γ 对不同的加速器可正可负,对于负 Γ 以后再进行讨论.

先研究 $\Gamma>0$ 的情况,这时(7.3.2)式及(7.3.4)式都是成立的,(7.3.2)式两边乘以 $\mathrm{d}\varphi/\mathrm{d}t$,再取积分,得

$$\frac{\mathrm{d}\varphi}{\mathrm{d}t}\cdot\frac{\mathrm{d}}{\mathrm{d}t}\left(J\frac{\mathrm{d}\varphi}{\mathrm{d}t}\right)=J\frac{\mathrm{d}\varphi}{\mathrm{d}t}\frac{\mathrm{d}^2\varphi}{\mathrm{d}t^2}=\frac{J}{2}\frac{\mathrm{d}}{\mathrm{d}t}\left(\frac{\mathrm{d}\varphi}{\mathrm{d}t}\right)^2$$

$$=PL\left(\cos\varphi-\cos\varphi_s\right)\frac{\mathrm{d}\varphi}{\mathrm{d}t}, \tag{7.3.5}$$

$$\frac{J}{2}\int_{\varphi_i}^{\varphi}\mathrm{d}\left(\frac{\mathrm{d}\varphi}{\mathrm{d}t}\right)^2=PL\int_{\varphi_i}^{\varphi}\left(\cos\varphi-\cos\varphi_s\right)\mathrm{d}\varphi, \tag{7.3.6}$$

$$\frac{J}{2}\left(\dot{\varphi}^2-\dot{\varphi}_i^2\right)=PL\left(\sin\varphi-\varphi\cos\varphi_s-\sin\varphi_i+\varphi_i\cos\varphi_s\right), \tag{7.3.7}$$

$$\frac{J}{2}\dot{\varphi}^2-PL\left(\sin\varphi-\varphi\cos\varphi_s\right)=\frac{J}{2}\dot{\varphi}_i^2-PL\left(\sin\varphi_i-\varphi_i\cos\varphi_s\right). \tag{7.3.8}$$

上式的物理意义是,任意时刻摆动能与位能之和守恒.其中动能是

$$T = \frac{1}{2} J \dot{\varphi}^2, \tag{7.3.9}$$

位能为

$$U = - PL \left(\sin\varphi - \varphi \cos\varphi_s \right). \tag{7.3.10}$$

图 7.9 画出了位能曲线,它表明有一个位阱存在,它的最低点在 φ_s 深处,深度为

$$U_d = U_A - U_B = U(-\varphi_s) - U(\varphi_s). \tag{7.3.11}$$

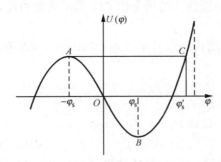

图 7.9　位能函数 $U(\varphi)$ 分布曲线
$(\Gamma > 0,\ \varphi_s > 0)$

只要动能 T 小于 U_d,摆的运动就是稳定的,它将在位阱中围绕 φ_s 点振荡.位阱宽度 W_u 为

$$W_u = \varphi_s' - (-\varphi_s) = \varphi_s' + \varphi_s, \tag{7.3.12}$$

其中 φ_s 由方程

$$U(\varphi_s) = U(\varphi_s') \tag{7.3.13}$$

解出,该方程即

$$\sin\varphi_s' - \varphi_s' \cos\varphi_s = - \sin\varphi_s + \varphi_s \cos\varphi_s. \tag{7.3.14}$$

从曲线可以看出,当 T 大于 U_d 时,运动就会越过 A 点位垒不再保持稳定的振荡状态.

从位能曲线还可看出, $\varphi = -\varphi_s$ 时虽然也与 $\varphi = \varphi_s$ 时一样满足平衡方程(7.3.1),是一个平衡状态,然而这一平衡状态是不稳定的.

以上讨论的内容完全适用于粒子的相运动,只要根据(7.3.4)式用粒子的参数代换摆的参数即可.但要注意:摆的动能和位能并不是粒子的动能和位能,它们只是参数形式上的代换而已.

下面来讨论对应于 $\Gamma < 0$ 的加速器中粒子相运动的摆模型.对 $\Gamma < 0$,可写成

$$\Gamma = - |\Gamma|, \tag{7.3.15}$$

则相运动方程(7.3.3)还可写成如下形式:

$$\frac{\mathrm{d}}{\mathrm{d}t}\left(\frac{\varepsilon_{\mathrm{s}}}{k\,|\,\Gamma\,|\,\omega_{\mathrm{s}}^{2}}\dot{\varphi}\right)=-\frac{GqeV_{\mathrm{a}}}{2\pi}\,(\cos\varphi-\cos\varphi_{\mathrm{s}}).\qquad(7.3.16)$$

类似(7.3.4),引入

$$J=\frac{\varepsilon_{\mathrm{s}}}{k\,|\,\Gamma\,|\,\omega_{\mathrm{s}}^{2}},\quad PL=\frac{GqeV_{\mathrm{a}}}{2\pi},\qquad(7.3.17)$$

则相运动方程(7.3.16)可变换成如下方程:

$$\frac{\mathrm{d}}{\mathrm{d}t}\left(J\frac{\mathrm{d}\varphi}{\mathrm{d}t}\right)=-PL\,(\cos\varphi-\cos\varphi_{\mathrm{s}}).\qquad(7.3.18)$$

容易看出,方程(7.3.18)所描述的仍是图7.8所示的摆模型,只是 φ 角的正值是从 Ox 轴顺时针方向算起的.

方程(7.3.18)的运动积分容易从(7.3.2)式的结果直接得出,只要将各项中的 PL 换成 $-PL$ 即可.

$$动能:T=\frac{1}{2}J\dot{\varphi}^{2},\qquad(7.3.19)$$

$$位能:U=PL\,(\sin\varphi-\varphi\cos\varphi_{\mathrm{s}}).\qquad(7.3.20)$$

比较(7.3.20)式与(7.3.10)式可知,只要参数值相同, $\Gamma<0$ 时的位能曲线与 $\Gamma>0$ 时的曲线是轴对称的. $\Gamma>0$ 时的结果,可类似地应用到 $\Gamma<0$ 的情况,位阱深度 U_{d} 及宽度 W_{u} 可类似地由(7.3.11)式及(7.3.12)式求出. 只是须注意, $\Gamma<0$ 时的稳定相位 $\varphi_{\mathrm{s}}<0$,位垒峰 $-\varphi_{\mathrm{s}}>0$,另一边界点时 $\varphi_{\mathrm{s}}'<0$.

利用摆模型及位能曲线可以形象地研究相运动稳定区的情况. 位阱越宽,就越能俘获较多的粒子使之进入稳相区被加速. W_{u} 是 φ_{s} 的函数,可由(7.3.12)式求出. 图7.10画出了 $\varphi_{\mathrm{s}}'\text{-}\varphi_{\mathrm{s}}$ 及 $\varphi_{\mathrm{s}}\text{-}\varphi_{\mathrm{s}}$ 曲线,因而可直观地看出 W_{u} 与 φ_{s} 的关系, φ_{s} 越大 W_{u} 也越大,但这时能量增益减小,能散增大,因此 φ_{s} 的选取要全面考虑.

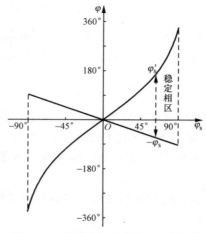

图 7.10 位阱边界宽度与 φ_{s} 的关系

第四节 相 图

上节研究的位能曲线比较形象地描绘了相稳定区的情况,但是还未能描绘粒子相运动的具体情况,完全描绘须用 φ 和 $\dot{\varphi}$ 两个参量,一个粒子的某一确定相运动状态可用相平面 φ-$\dot{\varphi}$ 上相应点表示. 当此粒子的相位状态不断变化时,φ-$\dot{\varphi}$ 上就描绘出一条轨迹,这就是该粒子运动的相图. 本节就研究这一相图.

重写相运动方程为

$$\frac{\mathrm{d}}{\mathrm{d}t}\left(\frac{\varepsilon_s}{k\Gamma\omega_s^2}\dot{\varphi}\right) = \frac{GqeV_a}{2\pi}(\cos\varphi - \cos\varphi_s). \tag{7.4.1}$$

上节中已求出了它的运动积分,把(7.3.4)式代入(7.3.8)式,整理后得到

$$\dot{\varphi}^2 = \dot{\varphi}_i^2 + \frac{Gkqe\Gamma V_a\omega_s^2}{\pi\varepsilon_s}(\sin\varphi - \varphi\cos\varphi_s - \sin\varphi_i + \varphi_i\cos\varphi_s)$$

$$= 2\Omega^2\left(\frac{\dot{\varphi}_i^2}{2\Omega^2} + \frac{\sin\varphi - \varphi\cos\varphi_s - \sin\varphi_i + \varphi_i\cos\varphi_s}{\sin\varphi_s}\right), \tag{7.4.2}$$

其中 $\Omega = \omega_s\left(\dfrac{Gkeq\Gamma V_a\sin\varphi_s}{2\pi\varepsilon_s}\right)^{\frac{1}{2}}$,见(7.2.18)式. 因此

$$\dot{\varphi} = \pm\sqrt{2}\Omega F(\varphi_s,\varphi), \tag{7.4.3}$$

其中

$$F(\varphi_s,\varphi) = \pm\left(\frac{\dot{\varphi}_i^2}{2\Omega^2} + \frac{\sin\varphi - \varphi\cos\varphi_s - \sin\varphi_i + \varphi_i\cos\varphi_s}{\sin\varphi_s}\right)^{\frac{1}{2}}. \tag{7.4.4}$$

(7.4.3)式中 $\Gamma > 0$ 时取正号,$\Gamma < 0$ 时取负号,它将决定相点运动的方向.(7.4.4)式中正负号都应取,它们分别对应 $F(\varphi_s,\varphi)$-φ 上下平面上的相图.(7.4.3)式即为相图方程. 由于 $\dot{\varphi}$ 与 $F(\varphi_s,\varphi)$ 只差一个系数,并且以后将看到,用 $F(\varphi_s,\varphi)$ 表示相稳定区边界更方便,所以用 $F(\varphi_s,\varphi)$-φ 曲线表示相图. 这里有两点要指出:

(1) 以上推导是在假定 ε_s,ω_s,Γ 为常数的前提下进行的,因此所得的方程只在短时间内成立.

(2) 因为相运动方程(7.4.1)式对 $\Gamma > 0$ 和 $\Gamma < 0$ 都是成立的,所以相图方程(7.4.3)及(7.4.4)式对 $\Gamma > 0$ 和 $\Gamma < 0$ 也都是成立的. Γ 的符号在 $F(\varphi_s,\varphi)$ 中通过符号 φ_s 表现出来.

相图的做法是,对于确定的包括 φ_s 和 Γ 的加速器参数,(7.2.18)式可定出 Ω,于是对于每一组初始值 φ_i 及 $\dot{\varphi}_i$,便可由(7.4.4)式在 $F(\varphi_s,\varphi)$-φ 平面上描出一条相运动轨迹. 图7.11分别画出了 $\Gamma > 0$,$\varphi_s = 60°$ 时及 $\Gamma < 0$,$\varphi_s = -60°$ 时的两组相图的示意图. 下面还画出了相应的位阱以供参照.

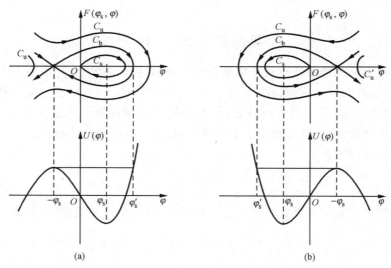

图 7.11 相图及相应位阱的示意图
(a) $\Gamma > 0, \varphi_s = 60°$；(b) $\Gamma < 0, \varphi_s = -60°$

相图中的每一条曲线,都对应初始值一定的一个粒子的相位随时间的变化. 曲线上的箭头表示相点移动的方向,相移的方向由(7.4.3)式中 $d\varphi/dt$ 的正负决定. (a)、(b)中相点运动方向是相反的,这对应于(7.4.3)式中分别取正负号两种情况. 一般习惯把 $\dot{\varphi}$-φ 曲线的取向标在相应的 $F(\varphi_s, \varphi)$-φ 曲线上,以显示相点的运动方向.

为了清楚起见,图 7.11 中只画出了有代表性的三条曲线:C_s,C_u,C_b. C_s 是一条封闭曲线,它说明该粒子的相运动是稳定的,从位能曲线上看,它处在位阱中. C_u 是一条非闭合曲线,这个粒子的运动是不稳定的,也是非周期性的,它超出了位阱的范围,在加速过程中这个粒子最终将会损失掉. 可以看出 C_u 也代表这样一种不稳定的相运动. 第三条曲线 C_b 则是这两类相运动的分界线,在它以内的相运动都是稳定的,在它以外的则是不稳定的,它正好对应于位能曲线上位阱的边缘,所以称曲线 C_b 为相运动稳定区的边界,常用来判定相点的稳定性. 因为它通过 $\varphi = -\varphi_s$,$\dot{\varphi} = 0$ 点,所以只要在(7.4.4)式中令 $\varphi_i = -\varphi_s$,$\dot{\varphi} = 0$,即可得 C_b 的方程

$$F(\varphi_s, \varphi)_b = \pm \left(\frac{\sin\varphi - \varphi\cos\varphi_s + \sin\varphi_s - \varphi_s\cos\varphi_s}{\sin\varphi_s} \right)^{1/2}, \qquad (7.4.5)$$

其中"$\pm$"分别对应 $\Gamma > 0$ 和 $\Gamma < 0$ 的情况. 由(7.4.5)式可以看到,它只与 φ_s 有关,与其他参数无关,因而便于画出. 这就是常用 $F(\varphi_s, \varphi)$-φ 图代替 $\dot{\varphi}$-φ 图作为相图的原因.

知道了粒子的 $F(\varphi_s, \varphi)$-φ 相图后,根据(7.4.3)式就可以算得 $\dot{\varphi}$-φ 曲线,有

$$\dot{\varphi} = \sqrt{2}\Omega F = \pm \omega_s \left(\frac{Gk\Gamma qeV_a \sin\varphi_s}{\pi\varepsilon_s} \right)^{\frac{1}{2}} F. \qquad (7.4.6)$$

再根据(7.2.11)式,还可算得 $\Delta\varepsilon$-φ 曲线或粒子的能量散度 $\Delta\varepsilon/\varepsilon_s$-$\varphi$ 曲线,有

$$\Delta\varepsilon = \frac{\varepsilon_s}{k\Gamma\omega_s}\dot{\varphi} = \pm \left(\frac{GqeV_a\varepsilon_s\sin\varphi_s}{\pi k\Gamma} \right)^{\frac{1}{2}} F, \qquad (7.4.7)$$

$$\Delta\varepsilon/\varepsilon_s = \frac{\dot{\varphi}}{k\Gamma\omega_s} = \pm \left(\frac{GqeV_a\sin\varphi_s}{\pi k\Gamma\varepsilon_s} \right)^{\frac{1}{2}} F, \qquad (7.4.8)$$

$\dot{\varphi}$,$\Delta\varepsilon$,$\Delta\varepsilon/\varepsilon_s$ 表达式中的符号同 Γ 的符号.

从(7.4.6)式—(7.4.9)式看到,$\dot{\varphi}$,$\Delta\varepsilon$,$\Delta\varepsilon/\varepsilon$ 对 φ 的曲线与 $F(\varphi_s,\varphi)$-φ 曲线的差别仅在于系数不同,因此它们的曲线形状也都与 $F(\varphi_s,\varphi)$-φ 曲线相似,可以从 $F(\varphi_s,\varphi)$-φ 曲线上看出它们的特点.

从图 7.11 的 $F(\varphi_s,\varphi)$-φ 曲线看到,对于每条稳定的相运动曲线,$|F|$ 的极大值在 $\varphi=\varphi_s$ 时达到,这时 $dF/dt = 0$,根据(7.4.7)式和(7.4.8)式,$|\Delta\varepsilon|$ 及 $|\Delta\varepsilon/|$ 也达到每个相运动周期中的极大值. 而在所有的相运动曲线中,所有 $|F|$ 的极大值都小于稳定边界 C_b 所给出的值. 因此由(7.4.5)式,$|F|$ 等的极大值为

$$|F|_m = |F(\varphi_s,\varphi_s)_b| = [2(1-\cot\varphi_s)]^{\frac{1}{2}}, \qquad (7.4.9)$$

$$|\Delta\varepsilon|_m = \left(\frac{GqeV_a\varepsilon_s\sin\varphi_s}{\pi k\Gamma} \right)^{\frac{1}{2}} |F|_m, \qquad (7.4.10)$$

$$|\Delta\varepsilon/\varepsilon_s|_m = \left(\frac{GqeV_a\sin\varphi_s}{\pi k\Gamma\varepsilon_s} \right)^{\frac{1}{2}} |F|_m. \qquad (7.4.11)$$

对一注入相位为 φ_i、注入能量偏离为 $\Delta\varepsilon_i$ 的粒子,由(7.4.7)式可算得 F_i 值,在相图上找到初始相点,通过该相点由(7.4.4)式可找到相运动曲线. 每一时刻的 $\Delta\varepsilon$ 及 $\Delta\varphi$ 值都可由相运动曲线上相应点的 F 及 φ 值求得. 如果初始相点在相稳定区边界之内,相运动就是稳定的. 7.1 节图 7.6 中粒子的 $\Delta\varphi$-N 及 $\Delta\varepsilon$-N 曲线就可以这样根据相图画出,这时只要把相图上每个加速周期的 $\Delta\varphi$ 及 $\Delta\varepsilon$ 值对加速次数 N 分别画出就可以了. 对于上述初始相点落在相稳定区边界内的粒子,由于以后将同理想粒子一起被稳定地加速下去,我们就称该粒子被俘获了. 显然,相稳定区的面积越大,可以被加速的粒子数就越多. 如果注入整个相稳定区上的粒子数密度为常数,那么被加速的粒子束流的强度就和相稳定区面积的大小成正比. 所以想了解粒子的俘获情况,就要了解相稳定区面积大小的变化规律. 相稳定区边界 C_b 的方程为(7.4.5)式,它只与 φ_s 有关. 图 7.12(a) 根据 C_b 方程对于不同 $|\varphi_s|$ 画出了相稳定区边界曲线的形状,(b) 画出了对应的相稳定区面积 S 随 $|\varphi_s|$ 的变化情况. 该图对 $\varphi_s>0$ 及 $\varphi_s<0$ 都是适用的. 从图看出,$|\varphi_s|$ 从 0° 增到 90°,相稳定区面积 S 也从零增大到最大值,所以要想得到大的相稳定区面积,$|\varphi_s|$ 就应设计得大. 但根

据(7.1.13)式,$|\varphi_s|$大时,理想粒子每次加速所获得的能量增益 $qeV_a\cos\varphi_s$ 将减少,这将影响加速效率.所以相稳定区大小的选取,须同时兼顾到粒子束流强与加速效率这两个因素.一般设计中,$|\varphi_s|$设计在 30° 左右.

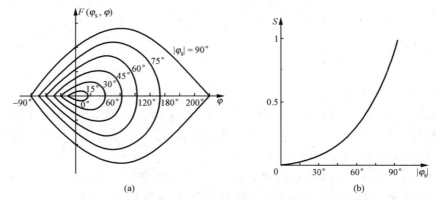

图 7.12 不同 $|\varphi_s|$ 时(a)相稳定区边界曲线形状及(b)相稳定区面积 S

相图在具有自动稳相作用的加速器中,不仅可以用来描述粒子从俘获到加速整个过程中相运动的规律,而且在有主导磁场的圆形共振加速器中,相图还可以用来描述相振荡引起的粒子封闭轨道及粒子束团的形状.

(7.4.8)式给出了相振荡引起的粒子的能散度,

$$\frac{\Delta\varepsilon}{\varepsilon_s} = \frac{\sqrt{2}\,\Omega}{k\Gamma\omega_s}F. \qquad (7.4.12)$$

易证明动量分散满足

$$\frac{\Delta p}{p_s} = \frac{\Delta\varepsilon}{\beta_s^2\varepsilon_s} = \frac{\sqrt{2}\,\Omega}{k\Gamma\varphi_s\beta_s^2}F. \qquad (7.4.13)$$

第四章中已经研究过,在磁主导场中粒子的动量分散会引起粒子封闭轨道的分散,

$$\frac{x_c}{r_0} = \alpha_r\frac{\Delta p}{p_s}, \qquad (7.4.14)$$

式中 r_0 是动量为 p_s 的粒子的封闭轨道半径,x_c 是动量偏离 Δp 引起的封闭轨道半径的变化,α_r 为一仅与磁场结构有关的系数,对于旋转轴对称的磁场,$\alpha_r = (1-n)^{-1}$.现在可以根据以上关系求出相振荡引起的粒子封闭轨道分散为

$$x_c = \alpha_r\frac{r_0}{\beta_s^2}\left(\frac{GqeV_a\sin\varphi_s}{\pi k\Gamma\varepsilon_s}\right)^{\frac{1}{2}}F(\varphi_s,\varphi). \qquad (7.4.15)$$

在圆形共振加速器中,粒子运动的角频率 ω 就是它运动的角速度.如果高频加速电场的圆频率 ω_r 等于理想粒子运动的圆频率,那么粒子随相位 φ 在 2π 范围内分布,就等于随空间方位角 θ 在 2π 范围内的分布.一般情况下,$\omega_r = k\omega_s$,粒子随相

位 φ 在 2π 范围内的分布则相应于随空间方位角 θ 在 $2\pi/k$ 范围内的分布.在相图上分布在稳定区相角范围为 $|\varphi_s| + |\varphi_s'|$ 的粒子,在圆加速器里实际上是分布在空间方位角 θ 范围为 $(|\varphi_s| + |\varphi_s'|)/k$ 之内.空间方位角 2π 范围内共有 k 个这样的方位角稳定区,它们各以理想粒子位置为中心,相互间角距离为 $2\pi/k$.整个粒子束团的边界 x_{cb} 与相稳定区边界 $F(\varphi_s, \varphi)$ 成正比.所以,只要把图 7.11 所示的相图移到圆形共振加速器的磁中心面上,使 φ 轴弯曲与理想粒子封闭轨道重合,φ 坐标值乘以 $1/k$,φ 轴负方向沿着束团运动方向(因跑在理想粒子前面的粒子相位比理想粒子超前),而 $F(\varphi_s, \varphi)$ 坐标值乘以一适当因子,就可得到相运动形成的束团的径向分布图形.图 7.13 表示出了 $\Gamma > 0, k=3$ 时的束团形状.束团中的粒子除随同理想粒子以角速度 ω_s 一起回旋外,还沿与相轨迹成比例的封闭轨道绕理想粒子运动.它在 φ 方向上相对于理想粒子的角速度 $\Delta\omega$ 可由(7.2.10)及(7.4.3)得到,即

$$\Delta\omega = \omega - \omega_s = -\frac{\dot{\varphi}}{k} = \mp \frac{\omega_s}{k}\left(\frac{qkG\Gamma V_a \sin\varphi_s}{\pi\varepsilon_s}\right)F(\varphi_s, \varphi). \qquad (7.4.16)$$

$\Gamma > 0$ 时,$\Delta\omega$ 取负号,$\Gamma < 0$ 时,$\Delta\omega$ 取正号.由于相振荡周期比束团回旋周期长得多,所以束团回旋一圈中几乎看不到束团中粒子相对位置的改变.

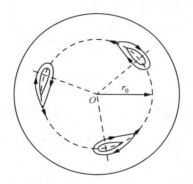

图 7.13 相振荡在圆形加速器中形成的束团示意图
($\Gamma > 0, k=3$)

以上讨论的仅是相振荡对粒子轨道的影响,实际上束团的径向形状还要把第四章中研究的粒子围绕封闭轨道所作的径向振荡位移 x_b 考虑进去,因此粒子的径向坐标是 $r_0 + x_c + x_b$.x_b 是快速径向振荡,它与相振荡无关.所以,实际的束团比图 7.13 中的要宽些,而且粒子间的径向相对位置也比较快地变化着,但束团在方位角方向上的宽度仍如以前研究的一样.

以上的研究认为 $\varepsilon_s, \omega_s, \Gamma$ 等参数保持常量,这在短时间内是允许的.事实上 $\varepsilon_s, \omega_s, \Gamma$ 等是不断变化的,由此导致了相运动的衰减.下一节我们就来研究这个问题.

第五节　相运动的衰减

对于长时间的相运动，ε_s，ω_s，Γ 都不能当作常数处理，但它们仍是随时间变化很慢的参数，因此可采用慢变参数法作绝热近似处理. 为了处理的方便，我们仍限于研究小振幅下的相运动. 从方程(7.2.16)出发，展开此方程，整理后得到

$$\frac{\mathrm{d}^2 \Delta\varphi}{\mathrm{d}t^2} + \frac{\dot{J}}{J}\frac{\mathrm{d}\Delta\varphi}{\mathrm{d}t} + \Omega^2 \Delta\varphi = 0, \tag{7.5.1}$$

其中

$$J = \frac{2\pi\varepsilon_s}{k\Gamma\omega_s^2}. \tag{7.5.2}$$

设方程的解的形式为

$$\Delta\varphi = f(t)\exp\left[\pm \mathrm{i}\int \Omega \mathrm{d}t\right]. \tag{7.5.3}$$

将(7.5.3)式代入方程(7.2.16)，略去高级小量项，最后求得

$$\Delta\varphi = \Delta\varphi_m \cos\left[\int \Omega \mathrm{d}t + \alpha\right], \tag{7.5.4}$$

其中

$$\Delta\varphi_m = K\left(\frac{k\Gamma\omega_s^2}{G\varepsilon_s qeV_a \sin\varphi_s}\right)^{\frac{1}{4}}. \tag{7.5.5}$$

由(7.2.11)式、(7.2.15)式及(7.5.4)式，略去高级小量可得

$$\Delta\varepsilon = -\Delta\varepsilon_m \sin\left[\int \Omega \mathrm{d}t + \alpha\right], \tag{7.5.6}$$

$$\Delta\varepsilon_m = K\left(\frac{Gqe\varepsilon_s V_a \omega_s^2 \sin\varphi_s}{4\pi^2 k\Gamma}\right)^{\frac{1}{4}}, \tag{7.5.7}$$

$\Delta\varphi$，$\Delta\varepsilon$ 中的 K 与 α 由它们的初值确定.

当短时间内视 ε_s，ω_s，Γ 为常量时，(7.5.4)式及(7.5.7)式便简化到(7.2.21)及(7.2.22)式. 但在长时间内便要考虑到 ε_s，ω_s，Γ 变化的影响. 由(7.5.5)式，

$$\Delta\varphi_m \approx (\Gamma\omega_s^2/\varepsilon_s)^{1/4}. \tag{7.5.8}$$

可以看出，$\Delta\varphi_m$ 是按 $\varepsilon_s^{-\frac{1}{4}}$ 随 ε_s 增长而收缩的. 在稳相加速器等频率调制的加速器中，$\Delta\varphi_m$ 还按 $\omega_s^{\frac{1}{2}}$ 随 ω_s 减小而减小. 所以图7.6中，$\Delta\varphi$-N 的振幅曲线幅值是缓慢衰减的. 由(7.5.7)式，

$$\Delta\varepsilon_m \propto (\varepsilon_s\omega_s^2/\Gamma)^{\frac{1}{4}}, \tag{7.5.9}$$

可以看出 $\Delta\varepsilon_m$ 是按 $\varepsilon_s^{\frac{1}{4}}$ 随 ε_s 增长而稍增长，但能散度

$$\frac{\Delta\varepsilon_{\mathrm{m}}}{\varepsilon_{\mathrm{s}}} = K\left(\frac{GqeV_{\mathrm{a}}\omega_{\mathrm{s}}^2\sin\varphi_{\mathrm{s}}}{4\pi^2k\Gamma\varepsilon_{\mathrm{s}}^3}\right)^{\frac{1}{4}} \qquad (7.5.10)$$

是按 $\varepsilon_{\mathrm{s}}^{-\frac{3}{4}}$ 随 ε_{s} 增长而衰减的.

对于具有自动稳相作用的加速器,都要通过对某些参数的调制以使理想粒子得到同步加速.例如,稳相加速器中须按(7.1.12)式调制高频频率.这些调制关系是比较复杂的.如没有达到准确符合,平衡位相 φ_{s} 就不是常数而成为变量.但只要 φ_{s} 也是缓慢变化的,从(7.5.5)式及(7.5.7)式看出, $\Delta\varphi_{\mathrm{m}}$ 及 $\Delta\varepsilon_{\mathrm{m}}$ 只按(7.5.5)式及(7.5.7)式变化,对相运动的影响是很小的.由此可见,可按比较简单的调制规律来进行加速器参数的调制,允许 φ_{s} 有缓慢的变化.

附录　粒子加速周期随能量变化的关系

在研究稳相加速器的相运动方程时,由(7.1.3)式,我们曾引入了表示粒子加速周期 T_{c} 的变化随能量 ε 变化的系数 Γ,

$$\mathrm{d}T_{\mathrm{c}}/T_{\mathrm{c}} = \Gamma\frac{\mathrm{d}\varepsilon}{\varepsilon}.$$

这个系数 Γ 在研究其他的加速器的相运动方程中也要用到,因此我们在此作一推导.

一般加速器中,加速周期 T 与速度 v 和走过的路程长度 L 的关系为

$$T = L/v, \qquad (1)$$

则其变化量为

$$\mathrm{d}T/T = \mathrm{d}L/L - \mathrm{d}v/v. \qquad (2)$$

引入表征一个加速周期中粒子路程长度随动量变化的系数 α_{L},

$$\mathrm{d}L/L = \alpha_{\mathrm{L}}\mathrm{d}p/p, \qquad (3)$$

则

$$\mathrm{d}T/T = \alpha_{\mathrm{L}}\mathrm{d}p/p - \mathrm{d}v/v. \qquad (4)$$

由 $\varepsilon = \varepsilon_0/\sqrt{1-\beta}$ 可得

$$\mathrm{d}\beta/\beta = \mathrm{d}v/v = (1/\beta^2 - 1)\mathrm{d}\varepsilon/\varepsilon. \qquad (5)$$

由 $pc = \beta\varepsilon$ 可得

$$\mathrm{d}p/p = \mathrm{d}\beta/\beta + \mathrm{d}\varepsilon/\varepsilon = \frac{1}{\beta^2}\frac{\mathrm{d}\varepsilon}{\varepsilon}. \qquad (6)$$

将(5)式,(6)式代入(4)式,得

$$\frac{\mathrm{d}T}{T} = \frac{\alpha_{\mathrm{L}} - 1 + \beta^2}{\beta^2}\cdot\frac{\mathrm{d}\varepsilon}{\varepsilon}, \qquad (7)$$

所以对一般加速器 Γ 的表达式为

$$\Gamma = \frac{\alpha_L - 1 + \beta^2}{\beta^2}. \tag{8}$$

对于具有轴对称及对数梯度 n 磁场的圆轨道加速器，有 $p = qeBr$ 及 $L = 2\pi r$，由此

$$\frac{\mathrm{d}p}{p} = \frac{\mathrm{d}B}{B} + \frac{\mathrm{d}r}{r} = \left(-\frac{r}{B}\frac{\mathrm{d}B}{\mathrm{d}r}\right)\left(-\frac{\mathrm{d}r}{r}\right) + \frac{\mathrm{d}r}{r},$$

$$= (1 - n)\frac{\mathrm{d}r}{r} = (1 - n)\frac{\mathrm{d}L}{L},$$

所以

$$\alpha_L = \frac{1}{1 - n}, \tag{9}$$

$$\Gamma = 1 + \frac{n}{(1 - n)\beta^2}. \tag{10}$$

　　稳相加速器就属于这种情况. 由于径向和轴向运动稳定性要求 $0 < n < 1$，因此在稳相加速器中有

$$\Gamma > 1 > 0. \tag{11}$$

也有 $\Gamma < 0$ 的加速器，例如直线加速器. 在直线加速器中，一个加速单元的长度是固定的，因此，

$$\alpha_L = 0, \tag{12}$$

$$\Gamma = (\beta^2 - 1)/\beta^2. \tag{13}$$

因为 $\beta < 1$，所以直线加速器中的 $\Gamma < 0$.

　　在强聚焦同步加速器中，粒子轨道形状比较复杂，以后将要指出它的 α_L 是一个与轨道几何参数、磁场降落指数 n 及聚焦透镜特性参数都有关的复杂函数. 它的 Γ 系数在粒子能量通过临界能量时由负值变为正值.

参 考 文 献

［1］Векслер В И. ЛАН СССР, 1944, 43：346.

［2］McMillan E M. Phys. Rev. , 1945, 68：143.

［3］徐建铭. 加速器原理［M］. 修订版. 北京：科学出版社，1981.

［4］Livingston M S, Blewett J P. Particle accelerators［M］. McGraw-Hill Book Company, 1962.

［5］Livingood J J. Principles of cyclic particle accelerators［M］. D-Van Nostrand Company, 1961.

第八章 强聚焦同步加速器及高能加速器组合

第一节 同步加速器的发展概述及工作原理

原则上第七章所讨论的稳相加速器可以加速粒子到任意高的能量,而实际上迄今所建造的稳相加速器的最高能量却都未超过 720 MeV. 妨碍稳相加速器达到更高能量的主要因素是它的体积、重量和造价都随能量增长得过快,从而使它在经济上和技术上遇到严重的困难. 事实上稳相加速器的磁铁的重量和造价都和它所采用的实心磁极的半径的三次方成正比,而对于粒子的动能远大于其静止能量的高能加速器来说,粒子在磁极间的轨道曲率半径 ρ 近似地与其粒子的动能 W 成正比,即

$$\rho = \frac{W}{300qB}, \tag{8.1.1}$$

结果,磁铁的重量和造价便都按粒子动能的三次方迅速增长.

克服上述困难的一个可能途径是仅在圆形轨道上放置磁铁,如图 8.1 所示. 这类磁铁的体积和重量基本上随半径线性地增长,因而可使高能加速器的造价大大降低. 不过,采用环形磁铁的前提是加速粒子必须沿着半径恒定的轨道运动,这就是说,主导磁场随时间的变化必须满足

$$B(t) = C \sqrt{W(t)(W(t) + 2\varepsilon_0)}, \tag{8.1.2}$$

式中 ε_0 是粒子的静止能量,W 是粒子的动能,C 是常数.

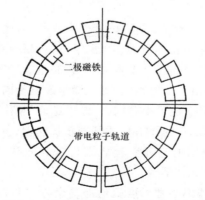

图 8.1 在粒子轨道上布置磁铁示意图

　　另一方面,为了得到高频电场的加速,粒子在环形磁铁中的旋转周期 T_c 还必须是高频电场周期 T_{rf} 的整数倍,即满足所谓谐振加速的条件 $T_c = kT_{rf}$, k 是倍频系数或称谐波数.实际上粒子的旋转周期

$$T_c = L/\beta c, \tag{8.1.3}$$

其中 L 是粒子轨道周长,β 是粒子的相对速度,即

$$\beta = v/c = \sqrt{1 - (\varepsilon_0/(W + \varepsilon_0))^2}.$$

由此得粒子的旋转周期为

$$T_c = \frac{L}{c} \cdot \frac{W + \varepsilon_0}{\sqrt{W(W + 2\varepsilon_0)}}. \tag{8.1.4}$$

所以谐振加速条件为

$$\frac{L}{c} \cdot \frac{W + \varepsilon_0}{\sqrt{W(W + 2\varepsilon_0)}} = k \cdot T_{rf}. \tag{8.1.5}$$

从式(8.1.5)不难看出,要满足谐振加速条件就必须使高频加速电场的周期(频率)随粒子能量 W 变化而同步地变化,并且在加速的整个过程中始终维持式(8.1.5)成立.

　　综上所述,要使带电粒子的能量在上述的圆形加速器中被加速到很高的能量,必须同步地调节主导磁场 $B(t)$ 和加速电场的频率以维持粒子在一曲率半径不变的轨道上谐振加速,这就是同步加速器的基本原理.满足这些条件的加速器称为同步加速器(synchrotron).

　　同步加速器这一原理在麦克米伦的论文中已被陈述,并被应用到一台名为 "Synchrotron" 的电子加速器上,其设计能量为 300 MeV. 该加速器很快被建造成功并于 1949 年 2 月投入满能量运行,最大能量达 320 MeV. 另一个成功的实例是美国通用电子研究实验室的 70 MeV 电子同步加速器的运行.随后,有关同步加速器的理论文章相继发表,使这方面的理论进一步成熟.与此同时,300~350 MeV 的电子同步加速器在美国等国相继建造.1954 年,英国格拉斯哥大学的 350 MeV 电子同步加速器的性能在早期加速器中是最好的.20 世纪 50 年代末,数台 1 GeV 左右的加速器建造成功.但由于辐射损失,更大能量的电子同步加速器已为数不多.

　　电子同步加速器的成功使不少国家在 20 世纪 50 年代初开始建造质子同步加速器,如 1952 年的美国 BNL 的 3 GeV 质子同步加速器,英国伯明翰的 1 GeV 质子同步加速器,1954 年的美国伯克利实验室的 6.2 GeV 质子同步加速器和 1957 年苏联的 10 GeV 质子同步加速器等.

　　上述这些质子加速器都是常梯度聚焦即弱聚焦同步加速器,因此真空室尺寸大,造价高,耗电多,影响了建造更高能量的质子同步加速器.交变梯度强聚焦原理的提出为同步加速器的进一步发展开辟了新路.利用强聚焦原理建造质子同步加

速器使造价大大降低.这样,更高能量的质子同步加速器便相继建成.表 8.1 列出了 20 世纪 70 年代前投入运行的部分电子、质子同步加速器.目前质子、正负电子加速器的能量和规模又有很大的提高.(详见本章第十节)

表 8.1　部分强聚焦电子、质子同步加速器一览表

名称(地点)	加速粒子种类	能量	建造/运行时间
CPS(日内瓦)	p	28 GeV	1955/1959
AGS(布鲁克海文)	p	33 GeV	1953/1960
ITEPP. S(苏联)	p	10.4 GeV	1956/1967
SPS(日内瓦)	p	400 GeV	1971/1976
美国巴塔维亚	p	500 GeV	1969/1972
波恩	e	2.5 GeV	1965/1967
DESY(汉堡)	e	7.5 GeV	1956/1964
日本东京	e	1.3 GeV	1957/1961
NINA(英国)	e	5.2 GeV	1963/1966
康奈尔	e	12 GeV	1965/1967

第二节　两种强聚焦系统方案

同步加速器的工作原理的发现和实际应用冲破了回旋型带电粒子加速器的能量限制.但是根据回旋加速器、电子感应加速器中的横向运动聚焦方法所建造的同步加速器,其磁场降落指数 n 选在 0 和 1 之间,聚焦力较弱,因此这类加速器通常被称为弱聚焦同步加速器.为了得到足够的束流,其真空室截面尺寸须很大.如苏联建造的 10 GeV 质子同步加速器的真空室截面高 360 mm,宽 1500 mm,这意味着磁铁间隙大,磁极宽度也大,导致磁铁很大,使整机的磁铁重量为 36 000 t,因此这种加速器的建造费用极为可观.又如美国 6.2 GeV 的 Bevatron 加速器,在 20 世纪 50 年代的造价为 3 100 万美元,英格兰的 7 GeV 质子同步加速器 NIMROD,造价为 1 000 万英镑等等.显然,这样昂贵的造价使人们很难建造更高能量的加速器.

高能物理学的飞速发展使建造更高能量的加速器迫在眉睫,而经费又制约了建造更高能量加速器的可能性,这迫使人们设法克服这一困难.

当 1952 年美国 3 GeV 质子同步加速器 Cosmotron 接近完成时,美国库兰特(E. D. Courant)等人发表了交变梯度聚焦原理的文章,并陈述了它可以用到很高能量的质子同步加速器上的新观点.库兰特等人研究了带电粒子在交变梯度加速器中的轨道稳定性.他们的第一个推测是选取磁极面为斜的,磁场降落指数 n 为 0.2 和 -1.0 的二极磁铁交替相继地安放在束流轨道上.他们将这样的参数用于 Cosmotron 上,结果表明轨道不仅是稳定的而且进一步得到了改善,即比原来选取

$n=0.6$ 要好. 库兰特的第二个计算是取磁场降落指数 $|n|=10$,同样找到了轨道稳定性条件,并发现带电粒子横向运动的振幅(自由振荡振幅)很小. 取更大的 n 值的研究表明,轨道稳定条件不但可以找到而且稳定性有了很大的改善.

利用交变梯度聚焦原理建造的高能加速器的能量提高了一至二个数量级,但造价并未增加,这一事实使更高能量的加速器得以批准建造.

采用交变梯度而且选取磁场降落指数 $|n|\gg1$ 的同步加速器对带电粒子具有很强的聚焦力,因此把这种加速器叫做强聚焦加速器.

有关交变梯度强聚焦基本理论已经在第四章中陈述. 交变梯度强聚焦加速器按磁铁功能来分可以归纳为两类,一类叫做组合作用强聚焦加速器,另一类叫做分离作用强聚焦加速器. 下面将分别加以讨论.

一、组合作用磁铁系统

早期的同步加速器多数采用组合作用的磁铁. 它是借用弱聚焦加速器中的 C 形二极磁铁,仅仅是将极面形状改变以得到较大的磁场降落指数 n. 图 8.2 是这种二极磁铁断面示意图. 从图 8.2 中可以看出,这种磁铁的极面形状近似于双曲面以达到 n 值较大,而且使 n 值在较大范围内保持不变. 若该形状的二极磁铁置于束流轨道上时的 n 值为正,则虚线所示的磁铁的 n 值便为负值. 这样的磁铁交替地安放在轨道上就得到 n 值正负交替变化的效果. 在第四章中已经讨论过,当 $n<1$ 时粒子在径向运动被聚焦,但在轴向是散焦作用,若 n 值为正,且 $n\gg1$,则在轴向聚焦而径向散焦,所以它们交替安放便可以得到两个方向都聚焦的效果. 另一方面,我们还看到这种磁铁有两种作用,一是它起着弯转带电粒子的主导磁场作用,另一方面当它具有 $|n|\gg1$ 时对粒子的聚焦作用,所以我们把这种磁铁叫做组合作用磁铁,把选用这种磁铁组成的同步加速器称作组合作用的强聚焦交变梯度同步加速器.

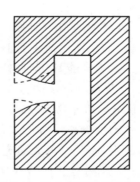

图 8.2　组合作用磁铁示意图

二、分离作用磁铁系统

在组合作用同步加速器中,一旦二极磁铁加工垫补完毕,其 n 值便不能随意调节,这对加速器的调试带来不便,因而人们设计了另一种磁铁系统,把弯转带电粒子的作用和聚焦作用分开,让二极磁铁只具有弯转粒子的作用,极面彼此平行(取 $n=0$),而聚焦作用让具有很强聚焦力的四极磁铁来承担.四极磁铁的聚焦能力可由励磁电流来调节,这不但方便调试,同时也简化了磁铁的加工.由二极磁铁和四极磁铁组成的同步加速器便被称为分离作用强聚焦同步加速器.图 8.3 是这种加速器磁铁布局示意图,它由 4 块二极磁铁和 12 块四极磁铁组成.

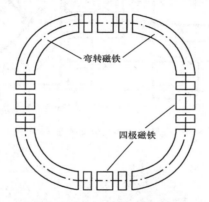

图 8.3 分离作用同步加速器磁铁系统布局示意图

由于弯转和聚焦作用分别由不同磁铁承担,加速器设计变得容易,调试也大为方便,因此近几十年来世界各国所建造的同步加速器和储存环大多选取分离作用方案.

第三节 同步加速器结构

自 20 世纪 40 年代末同步加速器问世以来,其规模已达到周长为数十千米,能量提高了五个数量级,但就其主要结构而言仍是大同小异.图 8.4 是合肥国家同步辐射加速器平面布局示意图,图 8.5 是美国 3 GeV 的组合作用质子同步加速器立体示意图,图 8.6 是一台能量为 1 GeV 的电子同步加速器的照片.从这些图中可以看出,强聚焦同步加速器都包括以下几个主要部分:主导磁铁、聚焦磁铁、校正磁铁(轨道、色品校正等)、高频加速系统、真空系统、束流测量及控制系统、注入引出系统等.下面让我们简述其主要部分.

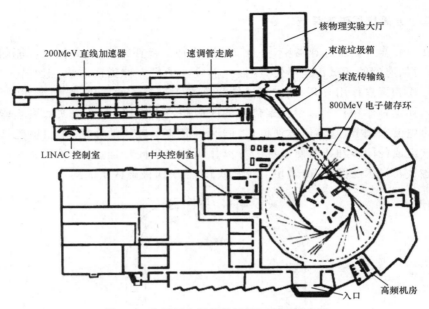

图 8.4　合肥同步辐射装置平面布局示意图

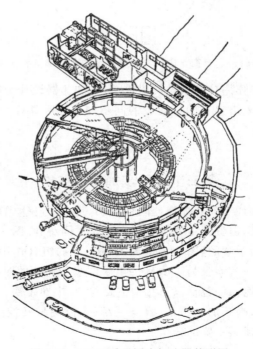

图 8.5　3 GeV 质子同步加速器外形图

图 8.6 1 GeV 电子同步加速器照片

一、主导磁铁(二极磁铁)

所谓主导磁铁,是指在同步加速器中引导带电粒子弯转作近似圆周运动的二极磁铁.很多块二极磁铁安放在带电粒子的理想轨道上,使粒子回转 2π 角度.

在同步加速器中,带电粒子的能量从低被加速到高,因此在加速过程中主导磁场也同步地由小升到大,完成加速后带电粒子被引出,然后磁场又回到低场等待下一次注入和开始随加速而再度上升,所以磁场是随时间周期变化的.为减小涡流,该类磁铁由较薄的低碳钢片叠装而成,励磁线圈由铜管或铝管绕制,导体内通过冷却水冷却.图 8.7(a)是一台同步加速器上的组合作用二极磁铁及真空室局部断面立体图(1,4 为励磁,2 为磁轭,3 为磁极),图 8.7(b)是分离作用机器上的一块二极磁铁截面图.

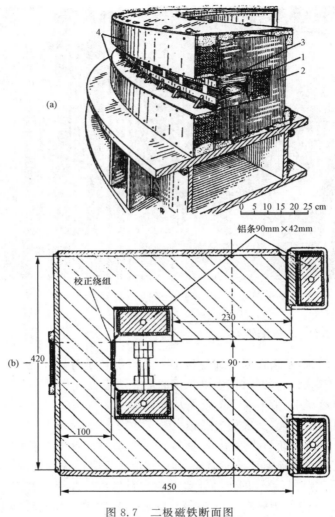

图 8.7　二极磁铁断面图

（a）组合作用二极磁铁立体图；（b）分离作用二极磁铁断面图

二、聚焦磁铁

在组合作用同步加速器中没有独立的聚焦磁铁,它的聚焦作用是通过选择二极磁铁极面形状以满足磁场降落指数的要求来实现的.磁铁的极面形状近似双曲线,如图 8.2 所示.

在分离作用同步加速器中,主导磁场在粒子运动的范围内是均匀的,因而在轴向对带电粒子没有聚焦作用,在径向的聚焦力也很弱.聚焦作用由四极磁铁来承担.图 8.8 是欧洲正负电子对撞机 LEP 上的四极磁铁的两个视图,磁极面是双曲线接一段直线,这样的极面形状在束流运动的范围内产生均匀的磁场梯度.

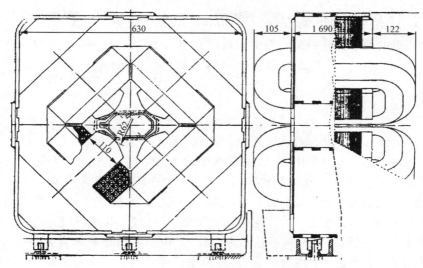

图 8.8 LEP 上的四极磁铁结构图

不论是分离作用还是组合作用的强聚焦同步加速器,它们的聚焦和散焦磁铁都是交替排列在粒子封闭轨道上的,因此对带电粒子而言,它们经受的横向聚焦力也是交替变化的.以 F 表示聚焦磁铁,D 表示散焦磁铁,O 表示自由空间,那么同步加速器的磁铁聚焦结构可以用 FOFDOD,FODO 来表示一个聚焦单元(cell),即一个周期内的结构布局(lattice).有时用 B 把弯转磁铁的作用表示出来,此时聚焦结构可以表示成 FOBODO 等形式.

同步加速器的磁铁聚焦结构如何选择没有统一的模式,加速器设计者可根据加速器性能的要求做出自己的最佳选择.

三、校正磁铁

第四章中封闭轨道以及横向运动稳定性的讨论都是基于磁铁系统符合设计要求的条件,这仅仅是一种理想状态,因而称这时的封闭轨道为理想封闭轨道,或简称"闭轨".实际上二极磁铁、四极磁铁的制造、安装等都会偏离设计要求,这必然引起闭轨畸变,严重时闭轨破裂不能加速带电粒子,所以必须对粒子的闭轨进行测量并进行轨道校正."闭轨"校正是采用小型二极磁铁或附加在四极磁铁上的二极磁场绕组进行的.这些校正磁铁分为水平轨道校正和垂直轨道校正,分别安放在加速器轨道上.在大型加速器上,"闭轨"校正采用闭环控制,即粒子轨道位置的测量信号被送到闭轨校正系统后,该系统自动给出指令,控制有关校正磁铁工作以使粒子实际轨道向理想闭轨靠拢,并多次校正以使"闭轨"畸变达到最小.

在第四章讨论带电粒子的磁场聚焦时涉及两个量,它们是磁场降落指数 $n=-\dfrac{r}{B}\left(\dfrac{\partial B}{\partial r}\right)$ 和四极磁铁的聚焦常数 $K=\dfrac{qke}{mv}$. 这两个量都是带电粒子能量的函数,因此不同能量的粒子在同一加速器中所受的聚焦力也不一样,导致它们的横向运动振荡频率 ν 也不一样,在加速器设计中常用自然色品(chromaticity)ξ 这个量来表示,

$$\xi=\frac{\Delta\nu}{(\Delta E/E_0)},\qquad(8.3.1)$$

其中 ΔE 是带电粒子束的能量偏差,E_0 是设计粒子的能量,$\Delta\nu$ 是由能量偏差引起的横向振荡频率 ν 值的变化. 在加速器设计中,自然色品 ξ 的值一般是负的,而负的色品至少会引起三方面的不利作用:其一,对应于高频捕获的纵向接受"鱼形图"[①](bucket)的能量分散 ΔE 将会导致 $\Delta\nu$ 变化较大,有可能使 ν_x,ν_z 靠近共振值,使束流丢失. 其二,负的色品会引起束流的头尾不稳定性. 其三,有色品的加速器对闭轨畸变十分敏感. 为此必须对色品进行校正. 由于六极磁铁内存在着一个附加的四极磁场,即产生一个附加的聚焦力,可用以得到一个与加速器本身自然色品相反的色品量,所以选用六极磁铁可达到色品校正的目的. 图 8.9 是六极磁铁的两个视图.

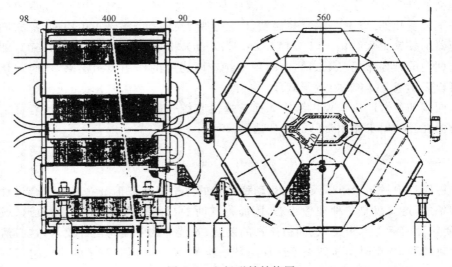

图 8.9　六极磁铁结构图

---

① 纵向相图的稳定边界曲线,参见图 7.11 和图 7.12.

四、真空室

同步加速器的真空室因磁场变化速率的快慢而异.对磁场变化速率较快的加速器,其真空室选用高纯度氧化铝陶瓷管,内壁镀一薄层金属镍或由很薄的不锈钢做成,这样的磁场在上升时产生的感应电流很小.若磁场变化较慢,则选用不锈钢或合金铝做真空室.对同步加速器来说,真空度一般要求好于 10^{-5} Pa.真空由若干台泵组成的抽气系统来获得.在早期的同步加速器上采用扩散泵机组,自 20 世纪 80 年代以来,多数加速器采用无油机组排气,如溅射离子泵机组、无油涡轮分子泵机组等.图 8.10 是一台能量为 300 MeV 的电子同步加速器的真空室与磁铁的相对位置立体示意图.图 8.11 是真空室与四极磁铁的相对位置图,即真空室在四极磁铁四个磁极中间的示意图.图 8.12 是电子储存环真空室的断面图.由于电子能量较高,产生的同步辐射功率也很大,所以在真空室的外侧布有冷却水管.另外这一同步辐射也在真空壁上产生大量的光电解吸气体,为维持储存环中有较好的真空(好于 10^{-7} Pa),在真空室的内侧利用二极磁铁的磁场设计了一种特殊的分布式溅射离子泵,如图 8.12(a)所示.

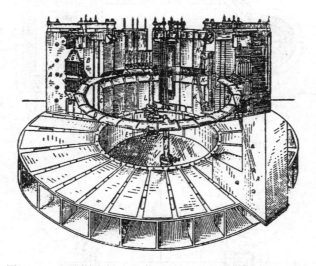

图 8.10　电子同步加速器真空室与二极磁铁的立体示意图

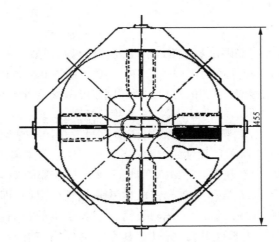

图 8.11   真空室与四极磁铁的截面图

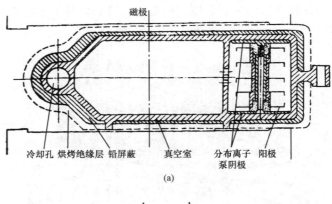

冷却孔 烘烤绝缘层 铅屏蔽   真空室   分布离子 阳极
                                                泵阴极

(a)

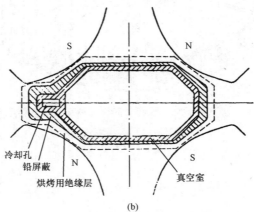

冷却孔
铅屏蔽
烘烤用绝缘层   真空室

(b)

图 8.12   电子储存环中的真空室截面图
(a) 在二极磁铁中带有层状布局泵真空室的截面图；(b) 在四极磁铁中的真空截面图

加速器的真空室中还装有束流诊断等部件,如位置监测器、流强监测器、束斑观察装置以及注入引出部件等.

五、高频加速腔

加速带电粒子是通过高频加速腔来实现的.在电子同步加速器中不须调频,因此高频腔工作在固定谐振频率下,这使高频机组及控制环路简单一些.(但具有频率微调的装置)图 8.13 是铃型高频腔和一个五腔式高频加速腔的结构示意图.

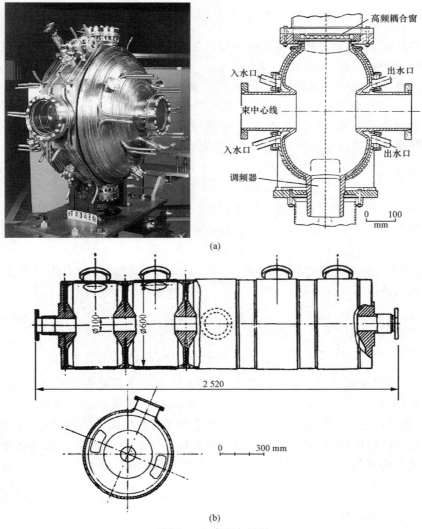

图 8.13　高频加速腔

(a) APS 高频腔照片及剖面;(b) 具有五个谐振腔的高频加速腔断面图

在质子同步加速器中,加速频率须调变,因此加速腔的谐振频率被设计成可以调变的结构.一般都选用铁氧体材料围在加速腔的周围,而铁氧体材料上绕有电流绕组,当改变绕组电流时,铁氧体的磁导率可以改变,从而改变高频腔的电感,使谐振频率改变.

同步加速器还有其他一些重要组成部分,如控制和束流诊断等,本书中不作讨论.

第四节 共振现象及工作点的选取

在第四章,我们已对加速器中的共振现象作了初步讨论.这里我们将对强聚焦同步加速器的共振现象作出进一步讨论.

在设计同步加速器的参数时,如果横向聚焦参数或沿轨道方向聚焦元件布局(lattice)不合理,会使带电粒子在加速器中的横向运动发散而导致粒子丢失.因此在设计时必须仔细地选择诸参数,使粒子的横向运动是稳定的,即围绕着一条理想的封闭轨道作有限振幅的振动.理想的封闭轨道可由下式来描写,

$$\begin{bmatrix} x_0(s) \\ x_0'(s) \end{bmatrix} = M \begin{bmatrix} x_0(s) \\ x_0'(s) \end{bmatrix}, \tag{8.4.1}$$

其中 $x_0(s), x_0'(s)$ 是粒子在理想闭轨上任意一点 s 处的横向坐标和轨道斜率,M 是整个加速器一周内的转换矩阵,即从 s 出发转一圈后又回到原来 s 处的转换矩阵 $M(s+C|s)$. 若(8.4.1)式被满足,这说明粒子转一圈后又回到原来的位置,因此,$x_0(s)$ 表示的是一条平衡的封闭轨道.从(8.4.1)式不难看出,只有当转换矩阵 M 满足下列条件时运动才是稳定的:

$$|\cos\mu_x| = \left| \cos\frac{2\pi\nu_x}{N} \right| < 1,$$

$$|\cos\mu_z| = \left| \cos\frac{2\pi\nu_z}{N} \right| < 1, \tag{8.4.2}$$

式中 ν_x, ν_z 是横向运动自由振荡的频率,N 是加速器中周期聚焦单元的单元数.

满足(8.4.2)式仅是横向运动稳定的最基本条件,但是加速器的建造、安装误差,以及带电粒子本身的动量分散等因素都会破坏理想封闭轨道的条件,因此对其他因素都须加以研究,以寻求粒子运动进一步稳定的条件,使粒子在加速器中稳定地被加速下去或被长时间地储存.下面就一些主要因素进行讨论并求出稳定的参数.

一、主导磁场畸变导致闭轨畸变

为使问题简化,设在加速器中仅某一处的主导磁场发生畸变,并偏离理想磁场

一小量 ΔB,而且它只使带电粒子发生方向上的变化.此时我们可以找到一条新的封闭轨道,它的表达式为

$$\begin{bmatrix} x_0 \\ x_0' \end{bmatrix} = M \begin{bmatrix} x_0 \\ x_0' \end{bmatrix} + \begin{bmatrix} 0 \\ \Delta x' \end{bmatrix}, \tag{8.4.3}$$

其中 $\Delta x'$ 是 ΔB 造成的粒子在该处的轨道方向的改变量,M 是整个加速器的转换矩阵.方程式(8.4.3)的解为

$$\begin{cases} x_0 = \dfrac{\beta \cos\pi\nu_x}{2\sin\pi\nu_x} \Delta x', \\ x_0' = \dfrac{\sin\pi\nu_x - \alpha\cos\pi\nu_x}{2\sin\pi\nu_x} \Delta x', \end{cases} \tag{8.4.4}$$

式中 α 和 β 是 ΔB 处的 Twiss 参数[参见(4.4.51)式],x_0,x_0' 也是 ΔB 处的粒子横向坐标和轨道方向.

现在我们可以据此并利用下式求出各处的横向运动参数,进而得到一条新的封闭轨道,即

$$\begin{bmatrix} x(s) \\ x'(s) \end{bmatrix} = M(s \mid s_0) \begin{bmatrix} x_0 \\ x_0' \end{bmatrix} = \begin{bmatrix} m_{11} & m_{12} \\ m_{21} & m_{22} \end{bmatrix} \begin{bmatrix} x_0 \\ x_0' \end{bmatrix}, \tag{8.4.5}$$

其中转换矩阵 $M(s|s_0)$ 是加速器中从 s_0 处(即 ΔB 处)到所求的一点 s 处的转换矩阵,它由下式给出:

$$m_{11} = \sqrt{\frac{\beta_s(s)}{\beta_0}}(\cos\Delta\psi_{0,s} + \alpha_0 \sin\Delta\psi_{0,s}),$$

$$m_{21} = -\frac{1}{\sqrt{\beta_0 \beta_s(s)}}[(1 + \alpha_s\alpha_0)\sin\Delta\psi_{0,s} + (\alpha - \alpha_0)\cos\Delta\psi_{0,s}],$$

$$m_{12} = \sqrt{\beta_0 \beta_s}\sin\Delta\psi_{0,s},$$

$$m_{22} = \sqrt{\frac{\beta_0}{\beta_s}}(\cos\Delta\psi_{0,s} - \alpha_s \sin\Delta\psi_{0,s}), \tag{8.4.6}$$

其中 α_0,β_0,α_s,β_s 分别为 s_0,s 处的 Twiss 参数,$\Delta\psi_{0,s}$ 是从 s_0 点到 s 点处的自由振荡相位差,即

$$\Delta\psi_{0,s} = \int_{s_0}^{s} \frac{\mathrm{d}s}{\beta(s)}.$$

将上式代入(8.4.5)式,得到畸变后的封闭轨道表达式 $x(s)$ 为

$$x(s) = \frac{\sqrt{\beta_0 \beta_s}}{2\sin\pi\nu_x}\cos(\Delta\psi_{0,s} - \pi\nu_x)\Delta x'. \tag{8.4.7}$$

从式中可以清楚地看出,当 ν_x 为整数时,$x(s)$ 将变为无穷大,这就是所谓共振现象,所以 ν_x 绝不能取整数.

二、动量分散导致闭轨畸变

上面讨论了主导磁场某点发生畸变时导致封闭轨道畸变的情形. 下面将讨论在理想磁场条件下粒子本身与理想粒子的动量有一偏差 Δp 的情形. 由于 $\Delta p/p_0 \neq 0$,这时横向运动的希尔方程将取以下形式:

$$\frac{\mathrm{d}^2 x}{\mathrm{d}s^2} + K(s)x = \frac{1}{\rho}\frac{\Delta p}{p}. \tag{8.4.8}$$

解此方程不难得到具有 Δp 的粒子的闭轨为

$$x_p = \eta(s)\frac{\Delta p}{p} = \frac{1}{4\sin^2 \pi\nu_x}(m_{13} + m_{12}m_{23} - m_{22}m_{13})\frac{\Delta p}{p}, \tag{8.4.9}$$

式中 $\eta(s)$ 被称为动量分散函数,m_{ij} 为整个加速器中具有 $\Delta p/p$ 时的三维转换矩阵的矩阵元.

从(8.4.9)式不难发现,当 ν_x 取整数时同样导致 x_p 无穷大,发生共振,这也进一步表明 ν_x 不能取整数值.

三、横向运动的共振现象

正如前面分析,加速器的聚焦结构和参数选择不当,磁铁加工制造或安装等造成偏差都会导致闭轨畸变,严重时会使闭轨破裂,这些现象多数是由于粒子横向运动存在共振现象所致. 下面将对这些共振现象按类别加以叙述.

1. 外共振

(8.4.7)式和(8.4.9)式为闭轨畸变表达式,从式中可以看出,当 $\nu_x = m, m = 1, 2, 3, \cdots$ 时,闭轨 $x(s), x_p(s)$ 将变成无穷大,这就是一种严重的共振现象,通常称之为外共振.

2. 参数共振

这种共振现象是由于聚焦参数偏离设计要求,如二极磁铁有转角,四极磁铁加工安装等造成的偏差导致聚焦常数 K 变化 δK,那时轨道方程为

$$X'' + [K(s) + \delta K]x = 0. \tag{8.4.10}$$

上式可以化成如下马蒂厄方程形式:

$$\frac{\mathrm{d}^2 x}{\mathrm{d}\xi^2} + (p - 2q\cos 2\xi)x(\xi) = 0, \tag{8.4.11}$$

其中 $\xi = \frac{K\theta}{2}, p = \left(\frac{2\nu_x}{k}\right)^2, -2q = \frac{4a_K}{k^2}$. 由马蒂厄方程的解可知,当 $\nu_x = \frac{mk}{2}$,而 m, k 为整数时其解落在不稳定区,即运动发生共振.

ν 值取半整数的共振现象被称为参数共振.

3. 和共振、差共振

前面仅以 ν_x 为例讨论共振,其实轴向 ν_z 也会有共振现象,即当 ν_z 取整数、半整数时也发生共振.

另外,即使轴向参数本身不发生共振,但由于四极磁铁等部件安装或加工等因素使径向运动和轴向运动发生耦合,也会在

$$\nu_x = \begin{cases} \nu_z + k, \\ \nu_z - k, \\ k - \nu_z, \end{cases} \quad \text{即} \quad \begin{cases} \nu_x - \nu_z = k, \\ \nu_z - \nu_x = k, \\ \nu_x + \nu_z = k \end{cases} \qquad (8.4.12)$$

时发生共振,其中 k 为整数.我们把 $|\nu_x - \nu_z| = k$ 时的共振现象称为差共振.它使自由振荡的振幅加大但不至于导致粒子丢失.有时为了增大束团尺寸会有意设计成差共振参数.

$|\nu_x + \nu_z| = k$ 时的共振称为和共振.这种共振危害较大,设计时要避免.

4. 其他形式共振

前面讨论共振仅考虑了参数的一级项.若把高次项考虑进去,运动方程将变得十分复杂,那时会发现,当 $l\nu_x + m\nu_z = n(l, m, n$ 均为整数)时,也会发生共振,只不过共振的危害程度没有上述的严重罢了.

综上所述,在同步加速器中将会出现下列共振现象:

外共振:

$$\nu = m.$$

参数共振:

$$\nu = \frac{m}{2}. \qquad (8.4.13)$$

和共振:

$$\nu_x + \nu_z = m.$$

其他共振:

$$\nu = \frac{n}{2}m,$$
$$\nu_x = 2\nu_z,$$
$$l\nu_x + m\nu_z = n. \qquad (8.4.14)$$

四、工作点的选取

所谓选取工作点是指在设计同步加速器,特别是强聚焦加速器时,为使带电粒子在加速器中运动稳定,必须仔细选择磁铁聚焦参数和布局(lattice),使得自由振荡频率 ν_x, ν_z 偏离有关共振线.图 8.14 是以 ν_x, ν_z 为坐标轴的共振线图,图中点

$p(\nu_x,\nu_z)$ 为选取的工作点. 从图中可以看到,在它附近有很多共振线,但点 p 离这些共振线较远. 这就意味着加速器中诸参数的变化引起 ν_x 或 ν_z 的变化范围较大,因此加速器运行较稳定. 或者说,选择工作点尽可能地落在无共振线的较大区域中,不但可以降低磁铁加工、安装精度,同时也不致因某些偶然偏差导致束流损失.

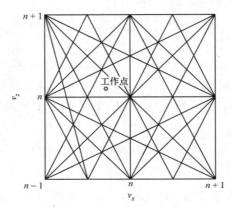

图 8.14 共振线图

第五节 跳相及临界能量

在第七章中我们已对带电粒子在谐振加速器中的自动稳相现象作了详细的讨论,为讨论跳相问题不妨将其有关结果归纳如下:

(1)偏离理想粒子动量的粒子的回旋周期与理想粒子回旋周期 T_s 的差 dT 与动量分散 $\dfrac{dp}{p}$ 之间存在以下关系[参见第七章附录(7)式和(8)式]:

$$\frac{dT}{T_s} = \Gamma \frac{dW}{W_s + \varepsilon_0},$$ (8.5.1)

其中

$$\Gamma = (\alpha_L - 1 + \beta_s^2)/\beta_s^2.$$ (8.5.2)

(2)相运动方程为

$$\frac{d}{dt}\left(\frac{\varepsilon_s}{k\Gamma\omega_s^2}\dot\varphi\right) = \frac{NqeV_a}{2\pi}(\cos\varphi - \cos\varphi_s),$$ (8.5.3)

其中 k 为谐波数,N 为高频加速腔数.

(3)小振幅下相运动方程可简化为

$$\frac{d^2(\Delta\varphi)}{dt^2} + \left(\frac{Nk\Gamma\omega_s^2 qeV_a}{2\pi\varepsilon_s}\sin\varphi_s\right)\Delta\varphi = 0.$$ (8.5.4)

尽管(8.5.4)式是在相角偏离同步相位不大的条件下推导出来的,但它揭示的相稳定规律是普遍适用的,因此我们以(8.5.4)式为基础来讨论跳相等问题.

要使(8.5.4)式的解为稳定解,即解的表达式不随时间而增长,只有在下列条件被满足时才有可能,即 $\dfrac{Nk\Gamma\omega_s^2 qeV_a}{2\pi\varepsilon_s}\sin\varphi_s>0$. 由此可知,只有当 $\Gamma\sin\varphi_s>0$ 时,相运动才是稳定的,而 $\Gamma=\dfrac{\alpha_L-1+\beta_s^2}{\beta_s^2}$,因此当 $\Gamma>0$ 时,$\sin\varphi_s$ 必须取正值,即正相位是稳定条件,当 $\Gamma<0$ 时,负相位才是稳定的相位.

在强聚焦同步加速器中,α_L 总是比 1 小得很多的量,而在加速初期,即能量不太高时,其 β_s 也很小,因此其 Γ 值为负值,即 $\Gamma<0$. 这时同步相位选在负加速相位上才是稳定的.然而当粒子在加速过程中,能量逐渐提高,β_s 逐渐加大,就有可能使 Γ 由负值逐渐增加到零,然后继续增加变成正值,这时若想使粒子继续被加速,必须使加速相位由负相位突变到正相位,即由 $-\varphi_s$ 变为 $+\varphi_s$,否则粒子不能被继续加速下去.这种突然改变加速相位的现象叫做跳相.

从上面分析可知,跳相发生的条件是 $\Gamma=0$,即

$$\alpha_L - 1 + \beta_s^2 = 0. \qquad (8.5.5)$$

满足上式条件的粒子能量 ε_{tr} 称为临界能量.由(8.5.5)式可以求出临界能量 ε_{tr} 为

$$\varepsilon_{tr} = W_{tr} + \varepsilon_0 = \frac{\varepsilon_0}{\sqrt{\alpha_L}}. \qquad (8.5.6)$$

在电子同步加速器中,由于注入同步加速器之前其 β_s 已接近 1,因此电子在同步加速器中的 Γ 值基本不变,不存在跳相现象.质子同步加速器则不然,因为质子的静止能量较高,$\varepsilon_0=938\,\mathrm{MeV}$,所以不可能要求同步加速器的注入能量高到 $\beta\approx1$ 的程度.这样,在质子同步加速器中跳相是不可避免的.为解决跳相问题,可以在粒子达到临界能量时,使高频加速相位突然改变 $2|\varphi_s|$,即由 $-\varphi_s$ 变到 $+\varphi_s$.另一途径,可以在机器设计时进行仔细计算,选择适当的 lattice 参数,使 $\alpha_L\ll1$,即临界能量较高,而在粒子即将达到临界能量时将粒子引出加以利用或注入另一台临界能量较低的同步加速器进行加速.由于此时粒子注入能量已经高于这一台同步加速器的临界能量,就不存在跳相问题了.

第六节　粒子的注入和引出

带电粒子在同步加速器中回转的曲率半径是恒定的,因此必须从外面注入具有一定动能的粒子才能在其中被加速,这样就使同步加速器存在着一个如何从外面注入带电粒子的问题.

在强聚焦加速器中,束团尺寸较小,真空室尺寸也较小,因此采用弱聚焦加速

器的注入方法会遇到一些困难,这里就不赘述它们了,仅介绍几种在同步加速器中常用的注入方式.

一、偏转电极或偏转磁场法进行单圈注入

在同步加速器中的直线节上装上偏转电极(或偏转磁铁),如图 8.15 所示.

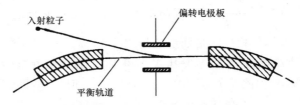

图 8.15　单圈注入偏转装置示意图

当需要注入时,在偏转电极上同步地加上脉冲高压,使带电粒子发生偏转并使其轨道同加速器中的平衡封闭轨道重合或平行.当带电粒子在加速器中回转一圈后,该电极上的电场迅速撤去,使带电粒子继续在加速器中回转进而被加速.这种注入方案只能注入一圈,因此被称为单圈注入.应该指出,用偏转电极进行注入只适用于低能的带电粒子,若注入能量较高时,须选用脉冲磁场来代替偏转电极系统.

二、轨道扰动法注入

前面在研究闭轨畸变时已得知,同步加速器中某处有一 ΔB 存在时,封闭轨道会发生畸变.(8.4.7)式为畸变后的封闭轨道表达式.我们可以借助这一规律进行注入.首先,在某处人为地放置一个 ΔB 场,以导致闭轨畸变,如图 8.16 所示.同时,我们在闭轨畸变的最大处放置一块带隔板的脉冲切割磁铁.切割磁铁的励磁线圈一般是单匝线圈,而且切割板本身是励磁线圈的一部分,它的作用在于抵消磁铁外面的杂散场,使在加速器束流空间内的杂散场降为零或降到允许的范围,而在切割磁铁的磁板间产生足够均匀的磁场来偏转入射粒子.图 8.17 是脉冲切割磁铁的断面示意图.

扰动法注入过程是这样的:被注入的束团在畸变闭轨达到最大时进入脉冲切割磁铁,该磁铁使入射来的粒子的轨道发生偏转并同畸变后的闭轨平行或重合,入射粒子离开切割磁铁进入加速器中绕畸变闭轨作自由振荡,而 ΔB 场逐渐减小使畸变闭轨逐渐向理想的闭轨靠拢.粒子转几圈后在切割磁铁处将回到原来入射位置.但由于畸变闭轨已收缩足够大,这时入射进来的粒子就有可能躲过切割板而在加速器中继续回旋和加速,即被加速器捕获.利用这种方法注入不仅可以实现单圈注入,而且若适当地选择参数,如 ΔB 的位置、大小以及变化速率,切割磁铁的切割

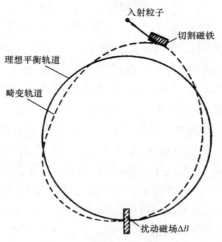

图 8.16　扰动闭轨示意图

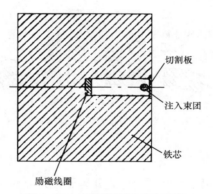

图 8.17　切割磁铁断面示意图

板本身的厚度等,还可以实现多圈注入.扰动法注入方案的优点是注入元件少且简单,适用于能量不高的加速器,但当能量较高时,注入元件的制造变得困难.此外,它使整个闭轨都发生了扰动,因此不适宜于能量较高的加速器选用.

三、负离子注入法

这种方法显然只适用于能产生负离子的同步加速器,如质子同步加速器.在质子加速器中,由于加速器的横向接受度有限,要提高加速器的束流强度或者说在加速器中的粒子数,就碰到了困难.如果我们采用负离子注入就可以打破刘维尔定理的限制,使粒子不断充满加速器的相空间,从而提高加速器中的束流.负离子注入方案如图 8.18 所示:B_{11},B_{12},B_{21},B_{22} 弯转磁铁组成一个凸轨系统,即在加速器中的直线段上让理想轨道局部凸起,B_{11} 和 B_{12} 使 H^+ 和 H^- 粒子分别向外、向里偏转

$\Delta\theta$ 角度,而 B_{21},B_{22} 同 B_{11},B_{12} 相反,分别使 H^+,H^- 向里、向外偏转相同的角度 $\Delta\theta$.这样,在加速器中的 H^+ 粒子经过 B_{11},B_{12},B_{21} 和 B_{22} 后又回到理想闭轨上,即在这个场区形成一个向外的凸轨.负离子 H^- 则走另一条轨迹,但在 A 点和凸轨相切.现在切点 A 处安放一剥离膜,当 H^- 粒子穿过剥离膜时部分 H^- 失去一个电子变成中性粒子沿虚线方向运动,有的被剥掉两个电子变成 H^+ 粒子后沿加速器中的凸轨运动进入加速器,被加速器捕获,也有部分 H^- 粒子未被剥离,则沿 H^- 的轨道运动到加速器外的离子收集器.剥离膜很薄,粒子穿过它时的能量损失可忽略不计,因此正离子 H^+ 不断穿过它时不受影响,而负离子 H^- 穿过它时将不断产生正离子而被加速器捕获,这就实现了连续注入的目的,直到加速器相空间被填满为止.美国费米实验室的 8 GeV 增强器、阿贡国家实验室的零梯度同步加速器,以及西欧中心的增强器都选用这种方案注入,使加速器中被加速的粒子数提高了近一个数量级.LHC 以及美国曾经设计建造的超级超导对撞机(SSC)就采用了负离子注入方案.

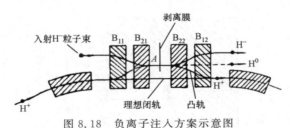

图 8.18　负离子注入方案示意图

四、凸轨法注入

凸轨注入法类似负离子注入法,但是负离子注入不能用于正负电子注入和正离子注入,而这里讲的凸轨法注入是普遍适用的较好的注入方法.现在,多数同步加速器,特别是正负电子储存环都采用这种方法注入.

所谓凸轨,就是采用两个以上的凸轨磁铁(或称为冲击磁铁)放在强聚焦同步加速器的直线节中,当冲击磁铁工作时,它们使理想轨道向某方向凸出,而其余闭轨不受影响,如图 8.19 所示.如果在靠近凸轨最大处外侧放一脉冲切割磁铁,并使带电粒子经它偏转后平行于凸轨,而凸轨磁场随时间逐渐减小,使凸轨逐渐向理想闭轨移动,当入射粒子经过数圈后再回到原来注入点位置时凸轨已收缩了足够大的量,这些入射粒子将躲过切割板被加速器捕获,从而达到注入的目的.这种方法既可以单圈注入,也可以实现一次多圈注入.有关凸轨注入的问题将在下面讨论.

选择三块冲击磁铁形成凸轨,它们的布局如图 8.20 所示.(图中理想轨道 s 已被拉直)图中 K_i,K_1,K_2 表示冲击磁铁,它们分别置于 s_i,s_1,s_2 处,它们对带电粒子产生的偏角分别用 $\Delta x'_{i0}$,$\Delta x'_{10}$ 和 $\Delta x'_{20}$ 表示.现在让我们来求凸轨形成的条件.由图

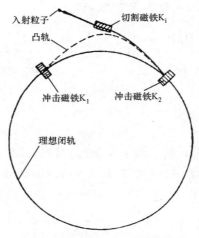

图 8.19　凸轨注入示意图

8.20 可知,在 s_1 处凸轨的横向坐标是 0,而轨道偏角为 $\Delta x'_{10}$,用 $\begin{bmatrix} 0 \\ \Delta x'_{10} \end{bmatrix}$ 表示 s_1 处的

轨道横向参数.由于加速器的作用,在 s_i 处的横向参数为 $\begin{bmatrix} x_i \\ x'_i \end{bmatrix}$,显然此时有

$$\begin{bmatrix} x_i \\ x'_i \end{bmatrix} = M(s_i \,|\, s_1) \begin{bmatrix} 0 \\ \Delta x'_{10} \end{bmatrix}. \tag{8.6.1}$$

但在 s_i 处,轨道还要受到 K_i 冲击磁铁的作用,因此从冲击磁铁 K_i 出来时的轨

道参数为 $\begin{bmatrix} x_i \\ x'_i + \Delta x'_{i0} \end{bmatrix}$.那么在 s_2 处,轨道横向参数为

$$\begin{bmatrix} x_2 \\ x'_2 \end{bmatrix} = M(s_2 \,|\, s_i) \begin{bmatrix} x_i \\ x'_i + \Delta x'_{i0} \end{bmatrix}. \tag{8.6.2}$$

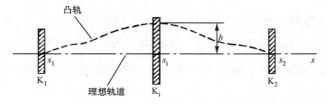

图 8.20　凸轨示意图

同理,粒子在 s_2 处还受到冲击磁铁 K_2 的作用,使得经过 K_2 后的轨道横向参数为

$$\begin{bmatrix} x_{20} \\ x'_{20} \end{bmatrix} = \begin{bmatrix} x_2 \\ x'_2 + \Delta x'_{20} \end{bmatrix}. \tag{8.6.3}$$

由(8.6.1)式、(8.6.2)式和(8.6.3)式,得

$$\begin{bmatrix} x_{20} \\ x'_{20} \end{bmatrix} = M(s_2 \,|\, s_i) M(s_i \,|\, s_1) \begin{bmatrix} 0 \\ \Delta x'_{10} \end{bmatrix} + M(s_2 \,|\, s_i) \begin{bmatrix} 0 \\ \Delta x'_{i0} \end{bmatrix} + \begin{bmatrix} 0 \\ \Delta x'_{20} \end{bmatrix}. \quad (8.6.4)$$

从图 8.20 可知,凸轨条件必须是

$$\begin{cases} x_i = b, \\ x_{20} = 0, \\ x'_{20} = 0. \end{cases} \quad (8.6.5)$$

上几式中的 $M(s_j \,|\, s_i)$ 是从 s_i 到 s_j 的转换矩阵,可根据(8.4.6)式得到各矩阵元. 我们将有关矩阵元代入到(8.6.4)式和(8.6.5)式,得到形成凸轨条件的具体表达式为

$$\begin{cases} \Delta x'_{10} = \dfrac{b}{\sqrt{\beta_1 \beta_i} \cdot \sin\Delta\psi_{1,i}}, \\[2mm] \Delta x'_{i0} = -\dfrac{\sin(\Delta\psi_{1,i} + \Delta\psi_{i,2})}{\beta_i \cdot \sin\Delta\psi_{1,i} \cdot \sin\Delta\psi_{i,2}} b, \\[2mm] \Delta x'_{20} = \dfrac{b}{\sqrt{\beta_i \beta_2} \cdot \sin\Delta\psi_{i,2}}. \end{cases} \quad (8.6.6)$$

其中 $\Delta x'_{j0}(j=1,i,2)$ 分别是由冲击磁铁 K_1, K_i, K_2 的冲击磁场产生的轨道方向的改变量,$\beta_j(j=1,i,2)$ 分别是 s_1, s_i, s_2 处的 β 函数,$\Delta\psi_{j,i}$ 是从 s_j 到 s_i 处的 β 振荡相位差,即

$$\Delta\psi_{j,i} = \int_{s_j}^{s_i} \frac{\mathrm{d}s}{\beta},$$

式(8.6.6)中 b 是凸轨在 K_i 处偏离理想闭轨的最大位移. 根据(8.6.6)式进行计算,选择冲击磁铁的适当参数可以得到所需的结果. 在设计时总是希望得到较大的凸轨位移 b 和较小的 $\Delta x'_{j0}(j=1,i,2)$. $\Delta x'_{j0}$ 小,意味着所需冲击磁铁对粒子的偏转力小. 从(8.6.6)式不难看出,冲击磁铁放在 β 函数值较大且 $\Delta\psi_{j,i}$ 接近 $\left(n+\dfrac{1}{2}\right)\pi$ 时所得 $\Delta x'_{j0}$ 最小,特别是当 $(\Delta\psi_{1,i} + \Delta\psi_{i,2})$ 为 $(2n+1)\pi$ 时 $\Delta x'_{i0} = 0$,也就是说当冲击磁铁 K_1, K_2 之间的 β 振荡相位差为 $(2n+1)\pi$ 时,冲击磁铁 K_i 可以取消. 美国斯坦福正负电子对撞机 SPEAR 上的注入系统就把两块冲击磁铁安放在距注入点 $\dfrac{1}{4}\beta$ 振荡波长处,即两冲击磁铁间的相位差为 π.

当 $\Delta\psi_{1,i} = \Delta\psi_{i,2} = \dfrac{\pi}{2}$ 时,(8.6.6)式可以简化成

$$\begin{cases} \Delta x_{10}' = \dfrac{b}{\sqrt{\beta_1 \beta_i}}, \\[2mm] \Delta x_{i0}' = 0, \\[2mm] \Delta x_{20}' = \dfrac{b}{\sqrt{\beta_i \beta_2}}. \end{cases} \qquad (8.6.7)$$

上式说明,适当选择冲击磁铁位置和加速器的 Twiss 参数,将得到最简单的注入系统,并且可以降低冲击磁铁的场强,这对高能加速器是十分重要的,因为要对高能粒子进行较大偏转会带来很多难以克服的技术问题.值得指出的是,注入点处的 β 函数值应尽可能地大,这不仅可以降低冲击磁铁的场强,更重要的是可以增加加速器注入时的接受度.

目前世界上高能加速器的注入系统都是采用凸轨法注入的.我国建造的北京正负电子对撞机 BEPC 和合肥国家同步辐射实验室 NSRL 的电子储存环都采用三块冲击磁铁形成凸轨进行注入.

冲击磁铁多数是选用空心电流导线产生脉冲磁场.图 8.21 是部分脉冲冲击磁铁截面示意图,它们均被直接放在超高真空室内.由于它们是单匝线圈,因此电感很小,很易产生快脉冲磁场.图 8.21 中的(a),(b),(c)分别是德国 DESY 的 DORIS,日本 SOR-Ring 以及合肥 NSRL 上用的冲击磁铁结构,它们都能在一定范围内得到较好的磁场均匀性.也有一些加速器的冲击磁铁选用铁氧体做成 C 形二极磁铁形式后放在一矩形截面的陶瓷真空室外面.

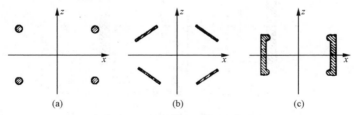

图 8.21　不同结构空芯线圈冲击磁铁截面示意图
(a) 四根导电棍组成的冲击磁铁线圈;(b) 四根导电板组成的冲击磁铁线圈;
(c) 平行导电板组成的冲击磁铁线圈

中国科学技术大学合肥国家同步辐射实验室电子储存环的注入系统由三个冲击磁铁、一块直流兰伯森(Lambertson)型切割磁铁和一块脉冲切割磁铁组成.其布局如图 8.22 所示.

直流兰伯森切割磁铁垂直偏转注入束流 22.5°,使束流同储存环束流轨道平面平行.脉冲切割磁铁将注入束流水平偏转 6°后与凸轨平行.脉冲切割磁铁是经过特殊工艺将 Al_2O_3 粉末喷涂在低碳钢片上叠装而成的,其真空性能很好,可直接放入超高真空室内.切割板的厚度为 2.6 mm(包括垫补用的 0.6 mm 低碳钢片),磁间隙

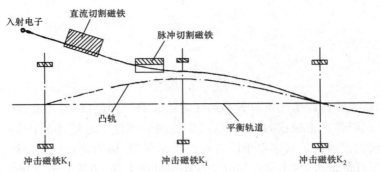

图 8.22   合肥 800 MeV 电子储存环注入凸轨系统布局示意图

高为 10 mm,宽为 50 mm,磁铁总长为 483 mm,有效长度为 500 mm.当励磁电流为 4 500 A 时,磁场为 0.559 4 Wb/m²,使 800 MeV 的电子束偏转 6°.在切割板外 5 mm 处(即离储存环束流位置 36 mm 处)杂散场小于 0.3%.三块冲击磁铁选用如图 8.23 所示的结构.将其放入真空室内后,测得磁场好场区 $\left(\dfrac{\Delta B}{B}<1\%\right)$ 大于 80 mm.脉冲磁场是一个底宽为 3 μs 的幅度带衰减的正弦波,这样的波形可一次注入四圈以上.它们形成的凸轨物理参数如表 8.2 所示.

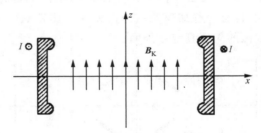

图 8.23   冲击磁铁截面示意图

表 8.2   NSRL 储存环注入参数表

名称	K_1	K_2	K_3
离直线节中点距离/m	0.664	5.385 6	−5.320 6
励磁电流/A	−133	2 602	2 584
磁场/T	-5.8×10^{-4}	1.33×10^{-2}	1.321×10^{-2}
偏转角/mrad	−0.349	7.992	7.936

　　NSRL 的凸轨注入系统自 1989 年 4 月正式投入运行以来性能良好,实现了多圈注入.

五、粒子的引出

强聚焦同步加速器中束团尺寸较小,致使在弱聚焦加速器中采用的引出办法多数不适用.因束团尺寸小,可以采用比较灵活的内靶来截断整个束流,使束流同内靶作用产生可加以利用的次级粒子.还可以利用一个引出系统将束流从加速器中引出并输运到实验大厅或注入能量更高的加速器中继续加速.引出粒子流的方法可以归纳为快引出和慢引出.快引出是把加速器中已加速了的粒子流一次全部引出真空室,引出的时间在粒子的一个回旋周期 T_c 以内.慢引出是缓慢地把粒子流从加速器中引出真空室,引出的时间持续若干个回旋周期.

快引出系统的部件类似于凸轨注入系统,也是由冲击磁铁和切割磁铁组成,不同的是引出系统一般只需一个冲击磁铁,它不必形成凸轨.引出用冲击磁铁和切割磁铁分别放在加速器的直线节中,相距为 β 振荡波长的四分之一.当要引出时,在冲击磁铁内迅速建立起磁场,使被加速了的粒子受到偏转,而在四分之一 β 振荡波长处,即切割磁铁处束流有最大位移.只要参数选择合适,这些粒子就会进入切割磁铁的有效孔径内,并被继续偏转直至被引出加速器.

用于引出的切割磁铁的结构形式同注入切割磁铁一样.但由于粒子在引出时能量较高,需要的励磁功率远比注入切割磁铁的大,随之而产生的冷却等问题导致引出切割磁铁的制造较注入切割磁铁更为困难.图 8.24 是美国费米实验室用于从增强器引出束流的切割磁铁的示意图.磁铁的磁极间隙为 $27.9\,\mathrm{mm} \times 38.1\,\mathrm{mm}$,铜切割板厚度为 $31.75\,\mathrm{mm}$,磁铁长度为 $1.52\,\mathrm{m}$.

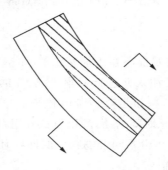

图 8.24　用于引出束的切割磁铁示意图

慢引出方案与弱聚焦加速器不同是因为强聚焦加速器的色散函数 η 较小,所以用造成 Δp 来达到粒子的轨道分散是很困难的. 在强聚焦加速器中,往往采用共振的办法实现慢引出. 这种方法是改变加速器中的聚焦常数 k 值,从而使工作点移到共振线上实现共振,致使束团尺寸逐渐加大,再通过引出切割磁铁将束流一圈又一圈地引出真空室.

第七节　增强器和储存环

一、增强器

增强器实际上是一台同步加速器. 它的作用在于将从直线加速器或别的加速器来的带电粒子加速到一定的能量,使能量、束流时间结构等参数与下一台加速器相匹配,同时使束流强度(粒子数)、束流品质得到改善. 如日本 TRISTAN 机器是一台正负电子对撞机,其主机能量是 30 GeV,注入器是一台 2.5 GeV 的正负电子直线加速器,但在直线加速器和主机之间又设计了一台 6 GeV 的增强器,称为积累器. 实际上,它的选用就是为使能量、正电子流强都得到提高.

西欧中心 CERN 的 28 GeV 质子同步加速器是 1959 年建成运行的,那时它是一台主加速器. 但在设计 400 GeV 质子同步加速器 SPS 时,它又是 400 GeV 质子同步加速器的增强器. 上世纪末它成为正负电子对撞机 LEP 的一台能量为 3.5 GeV 的增强器. 现在它又是 LHC 中 SPS 的 25 GeV 的增强器.

二、储存环

带电粒子储存环的主要功能不在于加速粒子,而主要用于积累带电粒子,即不断地让具有较高能量的粒子注入并进行积累,使储存的束流达到要求值并较长时间地在加速器中循环. 当然,积累足够的带电粒子后也可以将它们加速到更高能量,然后在同一机器内进行长时间的储存,以供试验用. 储存环的建造始于 20 世纪 60 年代,现在世界上已有数十台不同带电粒子的储存环,它们除用于高能物理,重粒子物理外,主要用作同步辐射光源.

束流的积累和储存在正负电子加速器中较为容易,这是因为正负电子在储存环中有辐射阻尼现象,束团尺寸会因辐射阻尼而逐渐变小. 利用这一现象可以重复地注入电子或正电子. 当电子从注入器注入储存环,且注入的束团几乎充满了储存环真空室,不能再注入电子时,由于自由振荡和同步辐射以及不断地由高频腔给电子提供补充能量,会使其自由振荡的振幅越来越小. 这一现象叫做辐射阻尼,其结果使电子的横向运动振幅按以下规律变化:

$$x_\beta = x_0 e^{-\frac{t}{\tau}} \cos\left(\int \frac{ds}{\beta} + \delta\right), \tag{8.7.1}$$

式中 x_0 为注入时自由振荡振幅, τ 是自由振荡阻尼时间. 从式中可以看出, 经过 2～3 倍阻尼时间后振幅已小得多了, 这就意味着束团尺寸已由注入末了时的满真空室变得只占真空室的 1/10 的空间了, 因此又可以进行注入使电子充满储存环真空室, 而后再等待 2～3 倍阻尼时间, 又进行注入. 这样的过程重复多次, 即一次又一次地进行注入, 最后使储存环中积累了大量的电子(正电子), 这样就提高了储存环中的粒子数.

在储存环中积累电子的方法不适宜于质子和其他较重的粒子的加速器, 因为它们没有辐射阻尼现象, 注入过程很难多次进行. 注入一次后, 一旦储存环中横向相空间已被填满, 再注入就不可能了. 所以只能用别的办法提高环中的粒子数, 如采用负离子注入, 一次多团注入等. 自 70 年代以来, 为了提高粒子数和束流性能, 采取了电子冷却和随机冷却的方法来提高加速器中的粒子数. 所谓"电子冷却"、"随机冷却", 是用发射度很好的电子(其速度与质子相等)来冷却横向动量较大的质子, 最后使加速器中带电粒子发射度变小, 这样就使加速器的接受相空间空下来以用于再一次注入, 往复多次可提高储存环中的粒子数.

由于在储存环中束流停留时间较长, 因此要求真空条件很高, 一般须好于 10^{-7} Pa, 如西欧中心 CERN 的交叉质子储存环的真空度为 10^{-8} Pa.

第八节 光 子 工 厂

一、发展概述

高速带电粒子做加速运动时, 会产生电磁辐射, 而同步辐射是指电子在做曲线运动时沿轨道切线方向所产生的一种电磁辐射. 由于这种现象是 1947 年在美国通用电气公司的 70 MeV 电子同步加速器上首次观察到的, 人们称这种辐射为"同步辐射". 图 8.25 是电子做圆周运动时沿切线方向的电磁辐射示意图. 图中(a)是电子能量较低时的辐射强度分布示意图, (b)是在电子能量较高时($\gamma \gg 1$), 电磁辐射强度具有强烈方向性时的示意图.

早在 1898 年, 李纳(Lienard)就研究了这种辐射. 而后, 伊万年科(Иваненко)作了进一步的研究. 同步辐射特性的实验研究则是于 20 世纪 40 年代末, 在前文中提到的 70 MeV 的电子同步加速器上完成的. 50 年代又在康奈尔的 300 MeV 电子同步加速器和美国国家标准局的 180 MeV 加速器上进一步开展实验研究, 扩充了对同步辐射特性的认识. 60 年代中期, 在意大利弗拉斯卡蒂、美国国家标准局、日本东京以及德国汉堡的同步加速器上开始了同步辐射应用研究. 70 年代初, 一些

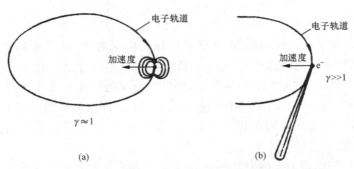

图 8.25   电子做圆周运动时的电磁辐射示意图

实验室,如波恩、格拉斯哥、莫斯科和埃里温等的电子同步加速器的同步辐射计划
已经实施,并且取得了成果.此后不少国家开始建造专用同步辐射装置,或在已有
的储存环上开窗口供同步辐射应用,如法国奥赛的 540 MeV 电子储存环 ACO,美
国麻省剑桥电子同步加速器,国家标准局的 240 MeV 储存环 Tautalus Ⅱ,苏联新
西伯利亚 VEPP-2M 储存环,美国斯坦福 2.5 GeV 的 SPEAR 储存环,德国 DESY
的 DORIS 储存环和日本 380 MeV 的电子储存环 SOR-Ring 等.总之,随着同步辐
射光源的奇异特性被发现并为世界上众多的科学家和工程技术人员所认识,同步
辐射已经从研究走向了应用.其研究成果之多,应用范围之广已出乎人们预料,因
此投资很大的同步辐射加速器的建造如雨后春笋.表 8.3 为同步辐射装置的统
计表.

表 8.3   世界同步辐射光源一览表

地点	机器名称(研究所)	电子能量/GeV	专用或兼用
中国			
北京	BEPC(IHEP)	2.2～2.8	兼用
合肥	NSRL(USTC)	0.8	专用
上海	SRRF(SIAP)	3.0～3.5	专用
台湾新竹	SRRC	1.3	专用
日本			
Tsukuba	Photon Factory(KEK)	2.5	专用
	AR(KEK)	6.0	兼用
	TERAS(ETL)	0.6～0.8	专用
	NIJI Ⅱ (ETL)	0.6	专用
	NIJI Ⅳ (ETL)	0.5	专用/FEL
Okasaki	UVSOR(Inst. Mol. Science)	0.75	专用
	UVSOR-Ⅱ(Inst. Mol. Science)	1.0	专用/建造
Nishi Harima	Spring- 8(JASRI)	8.0	专用
	NSLS-Ⅱ (BNL)	2.5	专用
	NIJI-Ⅲ	0.6	专用

（续表）

地点	机器名称(研究所)	电子能量/GeV	专用或兼用
Hiroshima	HISOR(Hiroshima Univ.)	0.7	专用
Kashiwa	VSX(ISSP, Univ. of Tokyo)	1.0~1.6	专用/建造
	Siberia I	0.45	专用
	Siberia II	2.5	专用/建造
韩国			
Pohang	PLS(Pohang Univ. of Sci. Tech)	2.0	专用
印度			
Indore	INDUS-I (Ctr. Adv. Tech.)	0.45	专用
	INDUS-II (Ctr. Adv. Tech.)	2.0	专用
泰国			
Nakhon Ratchasima	STAM(NSRC)	1.0	专用
新加坡			
Singapore	SSLS(National Univ. of Singapore)	0.7	专用
美国			
Argonne,IL	APS(ANL)	7.0	专用
Berkeley, CA	ALS(Lawrence Berkeley Lab.)	1.5~1.9	专用
Gaithersberg	SURF III (NIST)	0.38	专用
Upton，NY	NSLS-I (BNL)	0.8	专用
	NSLS-II (BNL)	2.5~2.8	专用
Baton Rouge, La	CAMD(Louisiana State Univ.)	1.50~1.9	专用
Stoughton, WI	Aladin(Synch. Rad. Center)	0.8~1.0	专用
Stanford, Ca	Spear3(SSRL/SLAC)	3.0	专用
	PEP-x (SSRL/SLAC)	4.5	专用
Ithaca, NY	Chess(Cornell Univ.)	5.5	兼用
加拿大			
Saskatoon	CLS(Univ. of Saskatchewan)	2.9	专用
巴西			
Campinas	LNLS	1.35	专用
英国			
Daresbury	SRS	2.0	专用
Oxfordshire	DIAMOND(Rutherford Acc. Lab)	3.0	专用
法国			
Grenoble	ESRF	6.0	专用
Orsay	SOLELL(LURE)	2.5~2.75	专用

（续表）

地点	机器名称（研究所）	电子能量/GeV	专用或兼用
德国			
Bonn	ELSA（Bonn Univ.）	1.5～3.5	兼用
Hamburg	DORIS III（Hasylab）	4.5	专用
	PETRAII（Hasylab）	7～14	兼用
意大利			
Frascati	DAFNE（Frascati Nat. Lab）	0.51	兼用
	ELETTRA（Synch. Trieste）	2～2.4	专用
丹麦			
Aarhus	ASTRID（ISA）	0.6	兼用
	ASTRID-II（ISA）	1.4	专用/建造
俄罗斯			
Dubna	DELSY	1.2	专用/建造
Moscow	Siberoa I（Kurchatov Inst.）	0.45	专用
	Siberoa II（Kurchatov Inst.）	2.5	专用
Novosibirsk	VEPP-2M（BINP）	0.7	兼用
	VEPP-3（BINP）	2.2	兼用
	VEPP-4M（BINP）	5～7	兼用
	Siberoa-SM（BINP）	0.8	专用
瑞典			
Lund	MAX-I（Univ. of Lund）	0.55	专用
	MAX-II（Univ. of Lund）	1.5	专用
	MAX-III（Univ. of Lund）	0.7	专用
	MAX-IV（Univ. of Lund）	1.5/3.0	专用/建造
瑞士			
Villigen	SLS（Paul Scherer Inst.）	2.4	专用
西班牙			
Barcelona	AURORA	2.5	专用/建造
约旦			
Allaan	SESAME	2.5	专用

二、同步辐射特性及其应用

1. 辐射功率与电子能量、曲率半径等参数之间的关系

当电子的加速度方向与其运动方向垂直且 $\beta \approx 1$ 时，电子的加速度 $|\dot{\boldsymbol{v}}| = \dfrac{v^2}{\rho} = \dfrac{c^2}{\rho}$，这时辐射功率 $\dfrac{\mathrm{d}W_{\mathrm{rad}}}{\mathrm{d}t}$ 为

$$\frac{\mathrm{d}W_{\mathrm{rad}}}{\mathrm{d}t} = \frac{e^2}{6\pi\varepsilon_0 c^3}|\dot{\boldsymbol{v}}|\gamma^4 = 6.76\times10^{-43}\frac{E^4}{\rho^2}, \tag{8.8.1}$$

其中 E 是电子的能量, 以 eV 为单位, ρ 是电子运动的曲率半径, 以 m 为单位, 辐射功率以 W 为单位.

电子在加速器中每圈辐射的能量 u(以 keV 为单位)为

$$u = \frac{\mathrm{d}W_{\mathrm{rad}}}{\mathrm{d}t}\cdot T_c = 88.5\frac{E^4}{\rho} = 26.6E^3\cdot B, \tag{8.8.2}$$

式中 E 是电子能量, 以 GeV 为单位, ρ 为电子在磁场中运动的曲率半径, 以 m 为单位, B 为磁感应强度, 以 T 为单位. 从(8.8.2)式可知, 在环形加速器中电子的辐射与其能量的四次方成正比. 因此, 当电子能量很高时, 补偿这一辐射损失是极其困难的. 表 8.4 是目前世界上部分高能电子加速器中的辐射能量参数. 从表 8.4 中可以看出, 即使选取的磁场很低, 当电子能量在几十 GeV 时, 其辐射能量也达数百 MeV, 所以需要很大的加速系统, 如直线加速器进行能量补偿. 而在 20 世纪 50 年代要补偿如此高的能量是较困难的, 因而限制了当时的电子同步加速器的能量的进一步提高.

表 8.4 部分高能电子加速器辐射参数

机器名称	能量 /GeV	曲率半径 /m	磁场 /T	每圈辐射能量 /MeV
PETRA	18	192	0.31	48.4
PEP	18	165.5	0.362	56.1
HERA	30	610.4	0.163 8	117.4
TRISTAN	30	246.2	0.406	290
LEP	55	3 096.175	0.06	261.6

2. 同步辐射的特点

如前所述, 相对论性电子辐射功率与其能量的四次方成正比, 这对提高圆形电子加速器的能量是一个极大的障碍. 但是在人们对其辐射特性进行了理论和实验上的研究后, 发现这一辐射具有其特有的很多良好的性质, 它们为科学家们提供了强有力的实验研究工具.

同步辐射光的主要特性归纳如下:

(1) 同步辐射光有一个广阔平滑的连续光谱.

其他任何光源不可能在很宽的波长范围内有一个平滑连续的光谱, 而电子在二极磁铁内偏转而辐射出来的同步辐射光有一个连续光谱. 图 8.26 是同步辐射光谱示意图. 这样的光谱用于不同材料的光谱分析, 不会干扰材料固有的光谱特性.

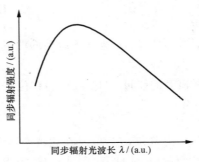

图 8.26   同步辐射光谱示意图

（2）辐射强度高,亮度高.

同步辐射光源的亮度比一般光源高 $10^4 \sim 10^7$ 倍.这样强的光源用于科学研究,信噪比大大提高,数据的采集时间大大缩短,为生命科学等领域的研究提供了有效手段.

（3）准直性好.

同步辐射光的平行性可以同激光相比.能量越高,光的平行性越好.在轨道平面的垂直方向上的辐射张角为

$$\langle \phi^2 \rangle^{\frac{1}{2}} \approx \frac{1}{\gamma}, \tag{8.8.3}$$

其中 $\gamma = E/E_0$,由此可知当能量越高时光的发射角越小.如电子能量 $E = 800\,\mathrm{MeV}$,则 $\gamma \approx 1\,600$,使辐射张角

$$\langle \phi^2 \rangle^{\frac{1}{2}} = 0.625\,\mathrm{mrad}.$$

（4）光通量、能量分布、角分布等特性可以准确计算.

光谱强度可按下式计算:

$$N(\lambda) = 7.86 \times 10^{11} I \frac{E^7}{\rho^2} \lambda \left(\frac{\lambda_\mathrm{c}}{\lambda} \right)^3 \int_{\lambda_\mathrm{c}/\lambda}^{\infty} \mathrm{K}_{5/3}(\xi) \mathrm{d}\xi. \tag{8.8.4}$$

上式是沿电子轨道每 mrad 内,波长为 $\lambda\,\text{Å}(1\,\text{Å} = 1 \times 10^{-10}\,\mathrm{m})$,带宽为 $1\,\text{Å}$,$1\,\mathrm{mA}$ 的循环电流每秒所产生的辐射光子数的表达式.其中 I, E, ρ, λ 分别为循环电流、电子能量（单位用 GeV）、曲率半径和辐射波长,$\mathrm{K}_{5/3}$ 为第二类分数阶修正贝塞尔函数,λ_c 为特征波长,它由下式给出,

$$\lambda_\mathrm{c} = \frac{4}{3} \pi \rho \gamma^{-3}. \tag{8.8.5}$$

用加速器中常用的单位代入(8.8.5)式,得特征波长 λ_c 的表达式为

$$\lambda_\mathrm{c} = 5.59 \frac{\rho}{E^3}, \tag{8.8.6}$$

或者

$$\lambda_c = 18.64 \frac{1}{BE^2}. \tag{8.8.7}$$

有时用特征能量 ε_c 来表征,则 ε_c(以 keV 为单位)为

$$\varepsilon_c = 2.218 \frac{E^3}{\rho}$$

$$= 0.665 BE^2. \tag{8.8.8}$$

以上几式中 E, ρ, B 分别为电子的能量、曲率半径和磁通密度,它们的单位分别为 GeV, m 和 T,波长以 Å 为单位.

　　所谓特征波长或临界波长 λ_c,是指这个波长具有表征同步辐射谱的特性,即大于 λ_c 和小于 λ_c 的光子总辐射能量相等.这可用图 8.27 加以说明.图中以 λ/λ_c 为横轴,所有大于 λ_c 的波长的辐射功率为纵轴的辐射曲线.从图 8.27 可以看出 $\lambda=\lambda_c$ 时百分比为 50%,从 $0.2\lambda_c$ 到 $10\lambda_c$ 占总辐射功率的 95% 左右.由此可知,选 $0.2\lambda_c\sim10\lambda_c$ 为同步辐射装置的可用波长是有充分理由的.

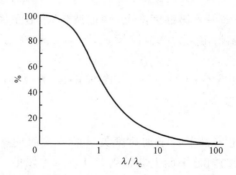

图 8.27　所有大于 λ 波长范围内辐射功率百分比与 (λ/λ_c) 的关系曲线

　　在 $\lambda=\lambda_c$ 时,10% 带宽内的光子通量 $N_{0.1}(\lambda_c)$[以光子数/(s・mA・mrad)为单位]由下式表示:

$$N_{0.1}(\lambda_c) = 1.601 \times 10^{12} E, \tag{8.8.9}$$

式中 E 是以 GeV 为单位的电子能量.大于 λ 的波长范围内的光子数所占百分比,如图 8.28 所示.从图 8.27 和图 8.28 可以看出,小于 λ_c 的波长范围的短波辐射的光子数大约只占 9%,而其辐射功率则占了一半.

　　当波长远比特征波长 λ_c 短或长时,光子通量[以光子数/(s・mrad)为单位]的计算公式可以简化为以下两式(E 以 GeV 为单位):

　　$\lambda\gg\lambda_c$ 时,

$$N(\lambda) = 9.35 \times 10^{16} I \left(\frac{\rho}{\lambda_c}\right)^{1/3} \left(\frac{\Delta\lambda}{\lambda}\right); \tag{8.8.10}$$

　　$\lambda\ll\lambda_c$ 时,

$$N(\lambda) = 3.08 \times 10^{16} IE \left(\frac{\lambda_c}{\lambda}\right)^{1/2} \mathrm{e}^{-(\lambda_c/\lambda)} \left(\frac{\Delta\lambda}{\lambda}\right). \tag{8.8.11}$$

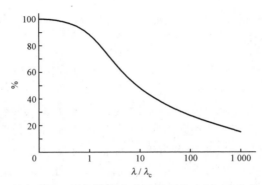

图 8.28　所有大于 λ 波长范围内光子数百分比与 (λ/λ_c) 的关系曲线

在图 8.26 所示的辐射光谱强度图上,特征波长 λ_c 不在最大光通量上.最大光子数处所对应的辐射波长定义为峰值波长 λ_p,λ_p 与 λ_c 存在以下简单的关系:

$$\lambda_p = 0.76\lambda_c. \tag{8.8.12}$$

在以光子数/$[\mathrm{mm}^2 \cdot (\mathrm{mrad})^2 \cdot 0.1\%(\mathrm{BW}) \cdot \mathrm{s}]$ 为单位的亮度辐射谱图上,λ_p 与 λ_c 处在同一波长位置.

（5）偏振性.

同步辐射主要以电矢量平行于加速度矢量的方式而偏振.偏振强度可以根据公式计算.在电子运动的轨道平面上的辐射是 100% 的偏振.然而当许多电子在加速器中存在时,在轨道上非相干的垂直和径向方向的自由振荡导致电子束有一个角分布,致使偏振度减小,在中心平面以外是椭圆偏振.图 8.29 概括了不同波长的单个电子的平行偏振分量、垂直偏振分量强度与发射角的关系.

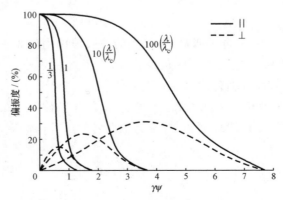

图 8.29　偏振的平行分量、垂直分量在垂直方向上随 $\gamma\psi$ 的分布图

从图 8.29 可知,当 $\lambda = \lambda_c$ 时,即曲线 1,$\gamma\psi = 1$,所以辐射角 ψ 近似为 γ^{-1}.

(6) 脉冲时间结构.

从储存环产生的同步辐射,经过辐射阻尼后不但束团横向尺寸小,而且长度也很短,可达 100 ps,还有,光脉冲的重复频率在一定范围可以调节.这样的光脉冲对研究关于寿命现象的课题极为方便,如发光材料,生命科学等.

此外同步光还具有光源尺寸小、稳定性好、洁净等特点.

3. 同步辐射应用

由于同步辐射光源具有上述特点,它已成为一种极为重要的实验工具,在广阔的科学技术领域中得到了广泛的应用.它不仅在许多基础科学研究(如原子、分子物理,固体物理,表面物理,化学,生物学,天文学等)中已做出颇好的成绩,而且在许多技术领域(如光刻、显微照相、全息照相、医疗、计量等)中也已有良好的应用前景.众多的应用领域不一一列举,仅举几例说明.

(1) 在对光子与物质相互作用的研究中,当同步辐射源出现之前,在光谱的紫外和 X 射线区域的大多数研究是依靠固定能量的入射光子,所以表征散射的变量是出射的辐射.而现在,可调谐的同步辐射的光子的使用,对于许多常规的光子物理实验来说将导致一个新的范畴.在 X 射线衍射实验中,入射光子束可以调谐到样品中的组分原子的吸收边附近,从而使反常衍射作为一种结晶学工具的能力大大增加.在光电子发射方面,可导致某些非常有趣的新的共轭光电子发射研究,等等.

(2) 用软 X 射线光刻作微结构复制.例如超大规模集成电路的光刻将可能提高集成度 2~3 个数量级.

(3) 软 X 射线显微术.同步辐射正在提升高分辨率($\sim 10^{-8}$ m)显微镜的可能性,它可以用于研究在大气环境中的活样品并鉴别其化学元素.

(4) 时间分辨光谱学.同步辐射的尖锐的脉冲时间结构及调谐能力提供了在亚 ns 的时间尺度上研究生物材料中的形态变化的唯一可能性.

(5) 反常色散作为一种工具来测定蛋白质的结构.不少初步研究表明,这种方法现在也许是解决蛋白质结构的途径,而这是目前技术不可能解决的问题.

(6) 用 X 射线荧光进行痕量元素分析.研究表明,灵敏度的低限已有一个数量级的改进.

(7) 与时间相关的 X 射线衍射作为一种手段,用以观测活的生物样品中的结构变化.

除上述应用外,广延 X 吸收边精细结构(EXAFS)应用于表面分析,角分辨光电子发射用于测定表面上吸附物的方向,可调谐的紫外光用于改变从固体表面发射的光电子的逃逸深度,从而把表面与整体对样品的电子结构的贡献区别开来等方面的应用已经得到证明,并将进一步拓宽其应用范围.

三、同步辐射光源的结构及举例

同步辐射光源实际上是一台电子储存环或电子同步加速器.它由另一台电子加速器作为其注入器.目前世界上同步辐射光源的注入器多数分两类,一类是选用电子直线加速器作为注入器,另一类则选用增强器作为注入器.也有的机器选用电子回旋加速器作为注入器或预注入器.在电子储存环同注入器之间用束流输运线连接.束流输运线不但承担把电子从注入器送到储存环的任务,还要实现束流同储存环的接受度、色差函数等参数的匹配.

1. 用于同步辐射的电子储存环结构特点

作为同步辐射光源的电子储存环除了具有第三节中所描述的同步加速器的一般结构特性以外,还具有作为专用同步辐射光源的特点.

储存环的能量及磁铁聚焦结构布局是根据同步辐射用户的需要而确定的,储存环的特征波长 λ_c 是首要参数,必须首先确定,其次是同步光的亮度和用户可容纳度等.从前述同步辐射特性可以看出,一台机器的最佳可用波长范围一般选在 $0.2\lambda_c \sim 10\lambda_c$.如果用户的要求遍及硬 X 射线、软 X 射线和真空紫外线,甚至远红外线,那么选两台同步辐射装置较为适宜,即一台硬 X 射线同步光源和另一台真空紫外同步辐射光源.这是因为,尽管一台硬 X 射线同步辐射光源的光谱可以覆盖真空紫外光甚至远红外光,但当使用 X 射线光源中的真空紫外光时,不但其亮度变低,更重要的是 90% 以上的短波长同步辐射功率加载到光束线的器件上所引起的热效应难以克服.目前世界上所有的国家都是分别建造硬 X 射线光源和真空紫外光源,互相弥补以满足各领域科学工作者的不同要求.

其次,同步辐射光源要求所有的二极磁铁引出的同步辐射光源都具有较好的辐射特性,如光源尺寸小、亮度高等.因此,在设计磁聚焦结构时,必须考虑到这一点,有时设计成多种运行模式以拓宽应用.

下面就其主要部件的特点作一介绍.

(1) 真空室.在本章第三节中已给出电子储存环真空室的截面图(参看图8.12).由于强烈的同步辐射所致的光致解吸气载,在真空室内必须采用特殊的溅射离子泵(分布式离子泵等),而且它的抽气特性要适用于二极磁铁的工作磁场范围.目前尚无商品化的分布泵芯可购买,必须自行设计和加工.同时,强辐射功率要求在真空室壁和输出窗口处必须有适当的冷却系统,除了在真空室壁上加通水冷却的管道外,还要在同步辐射出口前增加同步光吸收体,以保护光束线元件不受较强同步辐射照射.

在真空室内还须装有清洗电极.由于同步辐射电子储存环中束流很强(达数百毫安),会产生大量光电解吸气体,这不但会因碰撞导致束流寿命变短,而且还会在电子通过时使气体电离而产生正离子,这些正离子将捕获储存环中的电子,导致电子损失,这种现象叫做离子捕获效应.在清洗电极上加上负电压或高频电压可以缓解这一现象.

此外,在真空室内还须安放许多束流诊断元件,如位置监测器、束斑形状和位置观测靶、束团长度监测部件等.

(2) 二极磁铁.二极磁铁同其他储存环中的二极磁铁一样,要求有一个好的均匀磁场区.一般来说,在能量较高的储存环中,注入能量不一定与工作时的能量相同,而往往低于工作时的能量,因而在储存环中有一个加速再储存的过程.这不但要求二极磁铁在满能量时的磁场性能良好,而且在不同能量时都有较好的性能,能适应在较短时间内把磁场升到所需值的要求.所以多数机器上的二极磁铁选叠片组装以减少涡流,同时这也是减少磁铁与磁铁之间的差异所要采取的措施之一.

(3) 四极磁铁.同步辐射的应用是多方面的.为适应各种用户的不同应用要求,储存环往往被设计成可多种方式运行,即可工作在不同的工作点上,因此所有四极磁铁的磁场梯度在较大范围内变化都应使四极磁铁有足够的好场区,以适应用户随时提出的新要求.

(4) 插入元件.所谓插入元件是指在储存环的直线段上插入的扭摆磁铁(wiggler)和波荡器(undulator)等等.它们的作用是在不提高储存环的能量和束流强度的条件下能够得到更短波长和更高通量的同步光,并可以在波荡器的辐射中得到准单色的光束.因此,在近十年来已经运行的不少同步辐射机器上都增加了扭摆磁铁和波荡器来拓宽同步辐射应用范围,在新设计的同步光源的方案中均考虑插入元件的设计,甚至有的方案提出全部由超导扭摆磁铁和波荡器产生同步辐射光,以大幅度提高光源亮度.下面将分述扭摆磁铁和波荡器.

① 扭摆磁铁.扭摆磁铁一般是超导磁铁,其磁感应强度为 5 T 左右,也有的采用普通磁铁,其磁感应强度为 1.8 T 左右,多由三个磁极组成,如图 8.30 所示.磁场设计满足 $\int B\mathrm{d}l = 0$ 条件,所以带电粒子通过扭摆磁铁后不改变原来轨道,仅在扭摆磁铁中轨道被扭曲,从而产生很强的同步辐射.从扭摆磁铁中辐射出来的同步光与从储存环中的二极磁铁辐射出来的光一样,都是连续光谱,仅仅因为磁场提高了,同步光的特征波长更短,辐射功率更高.

② 波荡器.当扭摆磁铁的磁极数增加时,同步光将产生相干辐射,使某些波长的辐射功率明显提高,而其余范围的辐射反而减小.图 8.31 是日本 Spring-8 光源的辐射亮度谱图.图中显示,从波荡器出来的辐射呈准单色光谱且比二极磁铁出来的辐射亮度高 4 个量级.

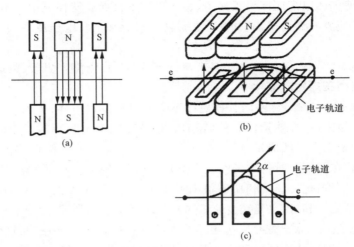

图 8.30　常规扭摆磁铁以及电子在扭摆磁铁中的轨迹示意图

　　波荡器分为平面型和螺旋形. 图 8.32 是平面型波荡器的结构示意图. 图中(a)是由永久磁铁块组成若干个周期磁场的波荡器,(b)是由永久磁铁和软铁块组成的波荡器. 在具有多周期磁场的波荡器中相干辐射使连续谱变成多个准单色谱. 对应于第 i 个辐射峰的波长 λ_i 将由下式给出:

$$\lambda_i = \frac{1}{i}\left(1+\frac{k^2}{2}\right)\left(1+\frac{\gamma^2\theta^2}{1+k^2/2}\right)\frac{\lambda_u}{2\gamma^2}, \tag{8.8.13}$$

其中 k 是波荡器的偏转参数,$k=\alpha\cdot\gamma=0.9337B\cdot\lambda_u$,$\alpha$ 是电子在波荡器中的最大偏角,B 是波荡器中的峰值磁场,γ 是电子的相对能量,θ 是观察角,λ_u 是波荡器磁场的周期长度,单位是 cm,如图 8.32 所示. 波荡器辐射光的亮度[以光子数/(s·(mrad)^2·1%带宽)为单位]将由下式描述:

$$\frac{\mathrm{d}n/\mathrm{d}t}{\mathrm{d}\Omega\cdot\mathrm{d}\gamma/\gamma} = 4.35\times10^{-14}IE^2\,\frac{N}{\frac{1}{2}i\Delta_0}F_i(k),$$

其中

$$F_i(k) = \frac{i^2k^2}{\left(1+\frac{k^2}{2}\right)^2}\left[\mathrm{J}_{\left(\frac{i-1}{2}\right)}\cdot\left(\frac{i\cdot k^2/4}{1+k^2/2}\right)-\mathrm{J}_{\left(\frac{i+1}{2}\right)}\cdot\left(\frac{i\cdot k^2/4}{1+k^2/2}\right)\right]^2,$$

J_m 是贝塞尔函数,N 是波荡器的磁场周期数,Δ_0 是频带宽度,与磁极数 N,束团的尺寸及角度分数等因素有关.

2. 同步辐射光源举例

20 世纪 70 年代以来,不少技术发达国家相继建造了专用同步辐射光源. 下面

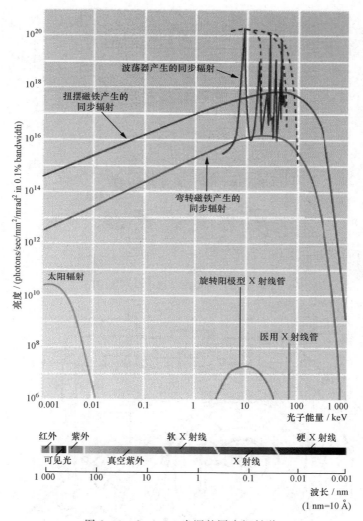

图 8.31 Spring-8 光源的同步辐射谱

分别介绍美国国家同步光源(NSLS)和中国合肥同步辐射装置的情况.

（1）美国国家同步光源. 它是目前美国规模较大的专用同步辐射装置. 它坐落在美国长岛布鲁克海文国家实验室(BNL). 它由两台电子储存环组成. 一台被称为真空紫外环(VUV 环), 用于产生真空紫外同步辐射, 其能量为 750 MeV, 特征波长为 2.6×10^{-9} m(26 Å, 486 eV). 另一台为 X 射线环, 专用于产生 X 射线同步辐射, 其能量为 2.5 GeV, 特征波长为 2.4×10^{-10} m(2.4 Å, 5 keV). 它们共用一台由 85 MeV 直线加速器和 750 MeV 增强器组成的注入器. NSLS 的平面布局如图 8.33 所示. 两个储存环的基本参数如表 8.5 所示.

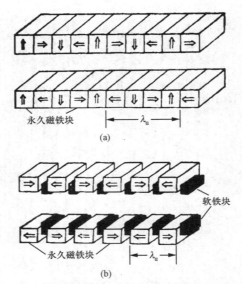

图 8.32　常规波荡器结构示意图

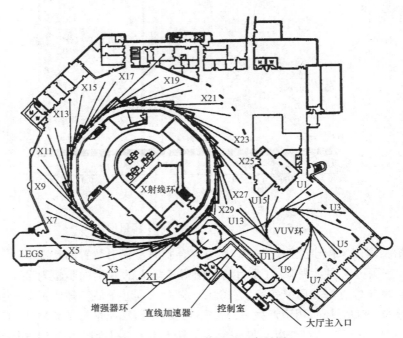

图 8.33　NSLS 装置平面布局图

表 8.5   NSLS 储存环的主要参数表

环名称		VUV 环	X 射线环
能量		0.75 GeV	2.5 GeV
设计束流		1 A	0.5 A
环周长		51 m	170.1 m
磁铁数	二极磁铁	8	16
	四极磁铁	24	56
	六极磁铁	12	32
二极磁铁磁感应强度		1.28 T	1.22 T
插入元件数		2	5
同步光引出窗口数		17	30
同步光特征波长		25.89×10^{-10} m	2.44×10^{-10} m
电子回旋周期		170.2 ns	567.7 ns
弯铁光源尺寸	σ_x	0.5 mm	0.35 mm
	σ_z	0.06 mm	0.15 mm

美国国家同步光源始建于 1978 年, VUV 环于 1982 年开始运行, 并于 1986 年 6 月使储存束流达到 1 A 的设计指标. X 射线环于 1984 年首次运行, 1985 年满能量(2.5 GeV)运行. 1988 年 5 月以来, X 射线环在 2.5 GeV 的条件下运行, 其储存束流达 100 mA 以上. 自该机器投入运行以来, 已有来自大学、公司、美国实验室和外国研究所等 100 多个单位的科学家利用该机器开展研究工作.

(2) 合肥国家同步辐射装置. 合肥同步辐射装置是我国第一台专用同步辐射光源. 它由一台 200 MeV 直线加速器和一台 800 MeV 电子储存环组成. 其平面布局图如图 8.4 所示. 主要设计参数如表 8.6 所列. 该装置是合肥国家同步辐射实验室

表 8.6   合肥同步辐射光源的主要参数

注入器类型	电子直线加速器
注入器能量	200 MeV
注入器流强	50 mA
储存环能量	800 MeV
储存环束流	100~300 mA
弯转磁铁数	12
弯转磁铁磁感应强度	1.2 T
电子曲率半径	2.222 1 m
特征波长	2.4×10^{-9} m
高频频率	204 MHz
真空度	$\begin{cases} < 5.3 \times 10^{-8}\ \text{Pa}, & \text{无束流时;} \\ 2.7 \times 10^{-7}\ \text{Pa}, & \text{有束流时} \end{cases}$

(NSRL)第一期工程的主体设备,坐落在中国科学技术大学的新校区内.该实验室作为国家重点工程项目于 1984 年底开始兴建,占地面积约 10^5 m^2,投资 6 000 万元,1989 年 4 月首次得到储存束流,1991 年 12 月已在储存环中得到 800 MeV,329 mA 的储存束流.1998—2004 年国家投资 1.08 亿元,增加光束线和实验站、改进机器性能.该装置现已有 14 个实验站为用户开放,为来自全国和外国的科学家在原子物理、分子物理、固体物理、光化学、材料科学、生物学以及光刻等领域提供强有力的研究手段.

第九节　对　撞　机

粒子间的有效作用能是指在质心系中的相互作用能.用高能粒子轰击静止靶所得的有效作用能并不随该粒子动能的增加而线性增加,因为部分能量要转化为质心能.如果采用两束粒子相互对撞,则有效作用能将大大地提高.因此,建造对撞机是粒子物理学发展到一定阶段的必然结果.图 8.34 是正负电子对撞机的示意图,图中有两处是正负电子对撞区,对撞机的主机是一个储存环.在对撞前,将带电粒子注入储存环,待两束束流分别储存到所需值或最大值时,控制环中有关部件的参数使束流在对撞点处实现对撞,并用探测器对其对撞结果进行观测.有不少对撞机先在较低能量时积累束流,然后慢加速到所需能量时再让两束对撞.

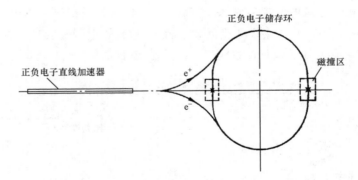

图 8.34　正负电子对撞机示意图

一、有效作用能

实验物理学关心的是质心系中粒子间的相互作用能量,即所谓有效作用能.由相对论力学不难求得两个在实验室中对撞的粒子在质心系中的有效作用能.如我们分别以 ε_{01},p_1,ε_1 和 ε_{02},p_2,ε_2 表示两个粒子在实验室系统中的静止能量、动量和

总能量,则它们在质心系的相互作用能 E_{cm} 可表述如下(见本章附录):

$$E_{cm} = \left[\varepsilon_{01}^2 + \varepsilon_{02}^2 + 2\varepsilon_{01}\varepsilon_{02} \left(\gamma_1\gamma_2 + \sqrt{(\gamma_2^2-1)(\gamma_1^2-1)} \right) \right]^{\frac{1}{2}}, \qquad (8.9.1)$$

式中 $\gamma_1 = \varepsilon_1/\varepsilon_{10}$,$\gamma_2 = \varepsilon_2/\varepsilon_{20}$.

由此,在两个相同能量的同类粒子对撞,即 $\varepsilon_{01} = \varepsilon_{02} = \varepsilon_0$,$\gamma_1 = \gamma_2 = \gamma$ 时,由 (8.9.1)式,得

$$E_{cm} = 2\gamma\varepsilon_0. \qquad (8.9.2)$$

可见对撞粒子的有效作用能等于它们在实验室系统的能量之和并随粒子的能量线性增长.

另一方面,如一个粒子轰击静止靶上的同类粒子,即 $\varepsilon_{01} = \varepsilon_{02} = \varepsilon_0$,$\gamma_2 = 1$ 时,有效作用能为

$$E_{cm} = \sqrt{2} \cdot \varepsilon_0 \cdot [1+\gamma_1]^{\frac{1}{2}}, \qquad (8.9.3)$$

如粒子的动能 $W_1 \gg \varepsilon_0$,则

$$E_{cm} \cong \sqrt{2W_1\varepsilon_0}. \qquad (8.9.4)$$

由此可知,在质心系中的能量与粒子的动能 W 不成线性关系,而是成 $\frac{1}{2}$ 次方的关系. 当 W 继续增加时,E_{cm} 增加较慢.

在研究反应阈能时涉及粒子的动能 W,因此将(8.9.1)式改写为如下形式,即

$$\varepsilon = [(m_{01}c^2)^2 + (m_{02}c^2)^2 + 2\varepsilon_1'\varepsilon_2' - p_1'p_2'c^2]^{\frac{1}{2}} = E_{cm}, \qquad (8.9.5)$$

其中 $m_{01}c^2$,$m_{02}c^2$,ε_1',ε_2',p_1',p_2' 分量是两粒子在实验室坐标系中的静止能量、总能量和动量,且 $\varepsilon_1' = m_{01}c^2 + W_1'$,$\varepsilon_2' = m_{02}c^2 + W_2'$.

用被加速的粒子打静止靶时,即 $p_2' = 0$,$\varepsilon_2' = m_{02}c^2$,根据(8.9.5)式,得

$$\varepsilon = [(m_{01}c^2)^2 + (m_{02}c^2)^2(m_{02}c^2 + 2\varepsilon_1')]^{\frac{1}{2}}. \qquad (8.9.6)$$

现在我们来讨论与反应阈能有关的问题.

在质心系中的反应阈能可以借助飞行粒子同静止粒子的碰撞来确定. 特别是对产生新的粒子,我们把引起反应的飞行粒子的最小能量称为反应阈能,并记为 W_{tr}',即具有 W_{tr}' 的飞行粒子碰撞静止粒子后产生新的粒子,例如产生 k 个 m_{03} 新粒子. 根据 W_{tr}' 的定义,它对应于这样一种状态:当粒子在质心系中碰撞之后,不论是碰撞粒子 m_{01},m_{02},还是所有新产生的 k 个粒子都处在静止状态. 因此根据(8.9.6)式,在碰撞前总能量为

$$\varepsilon = [(m_{01}c^2)^2 + (m_{02}c^2)^2(m_{02}c^2 + 2\varepsilon_{tr}')]^{\frac{1}{2}}, \qquad (8.9.7)$$

其中 $\varepsilon_{tr}' = \varepsilon_{01} + W_{tr}'$. 碰撞后产生 k 个 m_{03} 的粒子,根据阈能定义有

$$\varepsilon = m_{01}c^2 + m_{02}c^2 + km_{03}c^2. \qquad (8.9.8)$$

由(8.9.7)式和(8.9.8)式,得

$$(m_{01}c^2)^2 + m_{02}c^2(m_{02}c^2 + 2\varepsilon_{tr}') = (m_{01}c^2 + m_{02}c^2 + km_{03}c^2)^2, \qquad (8.9.9)$$

整理后得

$$\varepsilon'_{tr} = m_{01}c^2 + km_{03}c^2\left(1 + \frac{m_{01} + \frac{k}{2}m_{03}}{m_{02}}\right). \tag{8.9.10}$$

根据反应阈动能定义,得

$$W'_{tr} = \varepsilon'_{tr} - m_{01}c^2. \tag{8.9.11}$$

由此得

$$W'_{tr} = k\left(1 + \frac{m_{01} + \frac{k}{2}m_{03}}{m_{02}}\right)m_{03}c^2. \tag{8.9.12}$$

(8.9.12)式表明,阈动能 W'_{tr} 比 $km_{03}c^2$ 要大一个因子.当 m_{02} 较小时这个因子较大,这意味着要产生 k 个 $m_{03}c^2$ 的粒子,W'_{tr} 要比 k 个粒子的全部静止能大很多.下面举两个简要的例子来说明.

(1) 如果所有粒子的质量相同,产生一对新粒子,即 $k=2$,$m_{01}=m_{02}=m_{03}=m_0$,则阈动能 W'_{tr} 为 $W'_{tr}=6m_0c^2$.

(2) 利用 γ 射线照射靶产生的粒子质量为

$$m_{03} = m_{02} = m_0,$$

此时根据(8.9.12)式,得

$$W'_{tr} = 4m_0c^2.$$

上面讨论的是打静止靶的情况,下面让我们来讨论同类粒子对撞的情况.

同类粒子对撞,即有 $m_{01}=m_{02}=m_0$,$p'_1=-p'_2$,根据(8.9.1)式和(8.9.5)式,得质心系中的总能量 ε 为

$$\varepsilon = \sqrt{2}m_0c^2[1 + \gamma'_1\gamma'_2 + \sqrt{(\gamma'^2_1 - 1)(\gamma'^2_2 - 1)}]^{1/2}, \tag{8.9.13}$$

其中 $\gamma'_i (i=1,2)$ 为粒子在实验室坐标系中的相对能量,即

$$\gamma'_i = \frac{\varepsilon'_i}{m_{0i}c^2}, \quad p'_i = \frac{m_{0i}c^2}{c}\sqrt{\gamma'^2_i - 1}.$$

当能量很高,即 $\gamma'_1 \gg 1$,$\gamma'_2 \gg 1$ 时,(8.9.13)式可简化为

$$\varepsilon \approx \sqrt{2}m_0c^2(1 + 2\gamma'_1\gamma'_2)^{1/2}$$
$$\approx 2m_0c^2\sqrt{\gamma'_1\gamma'_2}. \tag{8.9.14}$$

显然,若粒子能量相同,则质心系中的总能量正比于粒子的动能.

由此可知粒子轰击静止靶时,其有效作用能要比对撞时低得多,而且有效作用能随粒子动能的 $\frac{1}{2}$ 次方增长,比对撞时慢得多.我们再来讨论一下所谓等效能量 ε_{eff} 的问题.它指的是对撞粒子产生的有效作用能相当于粒子打静止靶的能量.为此,我们令(8.9.3)式中的 $\gamma_1 = \gamma_{eff}$,令(8.9.1)式中 $\varepsilon_{01} = \varepsilon_{02} = \varepsilon_0$,并令该二式相等,便可得

$$\varepsilon_{\text{eff}} = \left[\gamma_1\gamma_2 + \sqrt{(\gamma_1^2 - 1)(\gamma_2^2 - 1)}\right]\varepsilon_0.$$

当 $\gamma_1 \gg 1$，$\gamma_2 \gg 1$ 时，上式为

$$\varepsilon_{\text{eff}} \approx 2\gamma_1\gamma_2\varepsilon_0.$$

上式表明，当相对碰撞粒子的能量分别为 $\gamma_1 m_0 c^2$，$\gamma_2 m_0 c^2$ 时，打静止靶的粒子必须有 ε_{eff} 的能量才能产生同等的作用. 例如，当对撞束流的能量为 $\gamma_1 = 10$，$\varepsilon_0 = 1\,\text{GeV}$ 时，作用能 $\varepsilon_{\text{cm}} = 20\,\text{GeV}$，与这个作用能相当的轰静止靶的 ε_{eff} 为

$$\varepsilon_{\text{eff}} = 2\gamma_1\gamma_2 m_0 c^2 \approx 200\,\text{GeV}.$$

由此可知，采用对撞的办法要经济得多，特别是当粒子进入相对论的条件下，对撞机的优越性更能显现出来. 如正负电子 $\varepsilon_1 = \varepsilon_2 = 2.5\,\text{GeV}$，则 $\gamma = 5\,000$，对撞时的作用能 $\varepsilon_{\text{cm}} = 5\,\text{GeV}$，而相当于打静止靶的束流能量 ε_{eff} 为

$$\varepsilon_{\text{eff}} = 2\gamma_1\gamma_2 m_0 c^2 = 25\,\text{TeV}.$$

显然，这是目前采用打静止靶难以达到的能量. 由此可以进一步了解到建造对撞机的重大意义了.

二、对撞束的亮度

两束高能带电粒子对撞的反应几率直接与其亮度（luminosity）有关，亮度 L 被定义为

$$L = \frac{N_1 N_2}{A}f, \tag{8.9.15}$$

其中 A 是束流对撞时的束流截面积，N_1，N_2 分别是两对撞束流中的粒子数，f 是粒子在加速器中的回旋频率. 由此可知，提高亮度可采用以下两种办法：

（1）减小对撞时的束流截面 A. 为此须仔细地设计机器的物理参数，选择适当的磁场结构布局（lattice）使对撞点处的动量分散函数 $\eta = 0$，并使此处的自由振荡函数 β_x，β_z 降到最小，即减小此处的束流尺寸，提高亮度.

（2）增加碰撞粒子数 N_1 和 N_2. 这当然可以采取提高注入的束流强度，选择加速器较好的参数，增大机器的容纳度等手段来实现，但这些办法很难有明显的效果. 较为有效的办法是建造储存环.

三、对撞机举例

自 20 世纪 60 年代以来，不少国家已建造了对撞机，为粒子物理学家提供了强有力的工具. 表 8.7 列举了目前世界上已有的、正在建造的和计划建造的对撞机的主要参数.

表 8.7　世界对撞机一览表

机器名称 （地点）	束流能量 /GeV	轨道周长或长度 /m	亮度 /(cm^{-2}s^{-1})	首次束流时间
正负电子对撞机				
PEP(斯坦福)	16＋16	2 200	5.9×10^{31}	1980
SLC(斯坦福)	46＋46	3 050	6.0×10^{30}	1987
CESR(康奈尔)	6＋6	768	1.0×10^{32}	1979
VEPP-4M	6＋6	365	1.0×10^{32}	1990
(新西伯利亚)				
DORIS(汉堡)	5.3＋5.3	288	3.3×10^{31}	1973
LEP(日内瓦)	55＋55	26 659	1.7×10^{31}	1989
BEPC(北京)	2.8＋2.8	240	1.7×10^{31}	1988
TRISTAN(筑波)	30＋30	3 018	1.4×10^{31}	1986
电子-质子对撞机				
HERA(汉堡)	26＋820	6 336	1.6×10^{31}	1990
质子-反质子对撞机				
Tevatron	900＋900	6 283	2×10^{30}	1985
（费米实验室）				
SPSS(西欧日内瓦)	315＋315	6 911	2.8×10^{30}	1981
质子-质子对撞机				
SSC(美国)	20 000＋20 000	86 760	1.0×10^{33}	停建
UNK(俄罗斯)	3 000＋3 000	20 772	4×10^{32}	1995
LHC(西欧)	7 000＋7 000	26 659	3.8×10^{34}	2009
重离子-重离子对撞机				
RHIC(美国 BNL)	100/u＋100/u	3 834	$\begin{cases}1.4\times10^{31}\,(\mathrm{p})\\10^{27}\,(\mathrm{Au})\end{cases}$	1996

第十节　高能加速器的组合和现状

一、高能加速器的组合

前面已经讨论过同步加速器的工作原理及其结构. 从(8.1.1)式可以知道,同步加速器是不能独立组成一台加速器的,因为粒子需要有一个初始动能 W 才能沿着曲率半径 $\rho=$ 常数的轨道被加速,所以一台同步加速器需要有另一台或几台加速器事先把带电粒子加速到一定的能量 W_i,然后注入主加速器进行加速. 若主加速器的能量很高,则还须选用数台加速器作为注入器,这是因为在注入时的磁感应强度不能太低,否则磁铁的杂散场以及地磁场对带电粒子的影响较大,因而一般选择注入时的低磁感应强度值在 0.02 T 左右. 另一方面,最高磁场也不宜选得太高,否则单位励磁电源功率所产生的磁感应强度值急剧下降,导致机器运行费用增加,而且较高的磁感应强度使磁铁工作在磁化曲线的饱和区,会影响磁铁的有效孔径.

上述因素限制了同步加速器磁感应强度的变化范围,进而也约束着最终加速能量 W_f 和注入时能量 W_i 的比例.

令 B_f 相应于加速器最终加速能量 W_f 的磁感应强度, B_i 对应于 W_i 时的磁感应强度,则有

$$\frac{B_f}{B_i} = \frac{\sqrt{W_f(W_f + 2\varepsilon_0)}}{\sqrt{W_i(W_i + 2\varepsilon_0)}}. \tag{8.10.1}$$

当能量较高时,上式简化为

$$\frac{B_f}{B_i} \approx \frac{W_f}{W_i} \quad 或 \quad W_i \approx \frac{B_i}{B_f} \cdot W_f. \tag{8.10.2}$$

从(8.10.2)式不难看出,一台高能加速器很难只由一台加速器作为注入器. 如 1976 年开始运行的西欧 CERN 的 400 GeV 质子同步加速器的主加速器的平均直径为 2.2 km,它由一台能量为 28 GeV 的质子同步加速器作为注入器,而这台注入器又由一台 800 MeV 的增强器作为注入器,一台 750 keV 的倍加器和 50 MeV 质子直线加速器又是这台增强器的注入器. 由此可知这台 400 GeV 质子同步加速器 SPS 实际上是由五台加速器组成.

综上所述,高能加速器的组合可以归纳为如下的组合形式:

(1) 高能质子加速器的组合:预注入器＋直线加速器＋一台或数台增强器＋主加速器.

其中预注入器一般由倍加器组成,也可以由 RFQ 结构的加速器组成.

(2) 高能电子同步加速器的组合:

$$正负电子直线加速器 + \begin{cases} 电子同步加速器 + 主加速器, \\ 正负电子储存环. \end{cases}$$

二、现状

图 8.35 是世界各国高能加速器的分布地图. 从图中可以看出,目前世界上建有高能加速器的国家不足 10 个,建有高能加速器的实验室也不过 10 个左右. $e^+ e^-$ 储存环加速器的最高能量有西欧联合原子核研究中心(CERN)的正负电子对撞机 LEP,它的能量已达到 55 GeV,1989 年首次实现对撞并观察到 Z^0 粒子. 现在该加速器已不再运行,而是改造升级为质子对撞机 LHC. 2009 年质子的能量已加速到了 7 TeV. 另一台是美国费米实验室的 Tevatron 质子-反质子对撞机,在 1988—1989 年的运行中对撞能量已达到 900＋900 GeV,亮度已超过设计值,达 2×10^{30} cm^{-2}s^{-1}. 世界上最长的直线加速器是美国斯坦福直线加速中心(SLAC)的 3 km 直线加速器,目前它已把能量提高到 50 GeV,并在末端建造了一台正负电子对撞环(SLC),如图 8.36 所示,它被称为直线对撞机. 俄罗斯和日本也正在计划建造能量更高的直线对撞机 VLEPP 和 JILC. 它们的能量分别是 1 000＋1 000 GeV 和 200＋200 GeV.

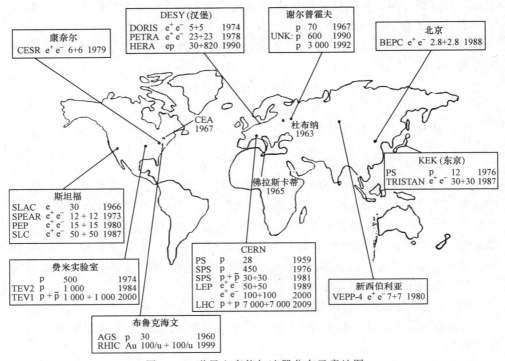

图 8.35 世界上高能加速器分布示意地图

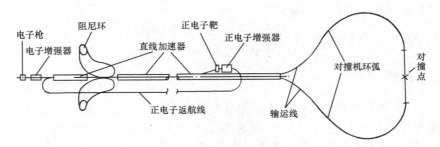

图 8.36 美国斯坦福直线对撞环 SLC 布局示意图

德国汉堡 DESY 的电子–质子对撞机是将 30 GeV 的电子与 820 GeV 的质子对撞.电子环已于 1988 年首次储存束流,1991 年质子环调试成功.美国曾经设计、建造更大的质子–反质子对撞机 SSC,其能量为 20 TeV,主加速器周长为 87.6 km,耗资预计 134 亿美元,后因多种原因于 1993 年停建.总之,高能加速器不论从能量还是从规模上来说都是现代化的巨型装置,它不仅耗资巨额,而且技术也极为复杂,涉及现有的很多领域,所以建造高能加速器也是国力的体现.

三、高能加速器实例介绍

1. 西欧核研究中心的正负电子对撞机 LEP

LEP 机器是一台正负电子对撞机,它由原来的 400 GeV 质子同步加速器的主加速器 SPS 和 28 GeV 的 PS 为主组成正负电子注入器. 在 SPS 中把正负电子加速到 22 GeV,然后从中引出后注入周长为 26.7 km 的主环加速到 55 GeV. 整个加速器的布局如图 8.37 所示. LEP 除利用原来已有的同步加速器 PS,SPS 作为注入器外,还新建了正负电子预注入器系统. 该系统主要包括一台 600 MeV 正负电子直线加速器和一台周长为 120 m 的正负电子积累环.(参看图 8.37)电子在 200 MeV处打靶产生正电子,正负电子被加速到 600 MeV 后注入正负电子积累环提高束流强度、改善束流品质后被引出注入 PS 中加速到 3.5 GeV,然后再引出注入 SPS 中加速到 22 GeV,作为 LEP 主加速器的注入束流.

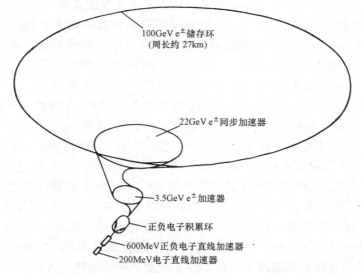

图 8.37 LEP 正负电子对撞机平面布局示意图

该加速器 1981 年被欧洲核研究中心委员会批准,1983 年 9 月开始建造,1989年 7 月首次获得正负电子束流,1989 年 8 月实现正负电子对撞,并观测到 Z^0 粒子. 该加速器经过增加超导高频加速腔等措施于 2000 年将正负电子能量提高到了104.5 GeV. LEP 加速器的主要参数如表 8.8 所示.

表 8.8 正负电子对撞机 LEP 的主要参数

参数名称	单位	第一阶段		第二阶段
能量	GeV	55＋55		100＋100
周长	km		26.658 883	
曲率半径	m		3 096.175	
回旋周期	μs		88.924 5	
加速频率	MHz		352.2	
加速场梯度	MV/m	1.47		6.1
注入能量	GeV	20		20
同步辐射功率	MW	1.6		16
同步辐射能量/圈	MeV	261.6		2 858
亮度	$cm^{-2}s^{-1}$	1.7×10^{31}		2.7×10^{31}

2. 美国巴塔维亚质子-反质子对撞机(Tevatron)

Tevatron 是费米国家加速器实验室的一台能量为 1 000 GeV 的质子-反质子对撞机,机器的平均直径为 2 km. 它是一台由超导磁铁组成的质子-反质子同步加速器. 该机器是在原来 200～500 GeV 质子同步加速器基础上扩建而成的,Tevatron 和主环 MR 建在同一坑道内,它的粒子轨道位于 MR 同步加速器轨道的内侧并低 0.6 m. 主环 MR 不再作为 500 GeV 质子同步加速器运行了,而是一方面作为注入器,向 Tevatron 注入 150 GeV 的质子、反质子束,一方面提供 120 GeV 质子束流来轰击铜靶产生反质子 $\bar{p}$. 为了得到足够数量的反质子,费米实验室新建了由铜靶、两个能量为 8 GeV 的三角形环组成的反质子源,其中一个环称为散聚环(debuncher ring),一个称为积累环. 打靶产生的反质子 $\bar{p}$ 被锂透镜聚焦后注入散聚环,在其中经过高积聚束循环和随机冷却分别使反质子束的动量分散和横向发射度减小,然后再注入积累环中经过随机冷却系统冷却使 $\bar{p}$ 的横向发射度得到进一步减小. 当 $\bar{p}$ 在积累环中累积到足够的数量且横向发射度得到改善后,它们被引出并注入主环 MR 中被加速到 150 GeV 的能量,然后被引出并注入 Tevatron 同步加速器中加速到 1 000 GeV. 主环 MR 的注入器是由原来的 750 keV 预加速器、200 MeV 质子直线加速器以及一台 8 GeV 的质子同步加速器组成.

Tevatron 对撞机未建之前,主环 MR 是美国费米国家实验室的主加速器,其能量是 200～500 GeV. 它始建于 1968 年,1972 年调试成功,质子能量为 200 GeV,经过改善于 1974 年质子被加速到 400 GeV. 随后,人们计划在主环 MR 坑道内建造超导磁铁同步加速器. 1983 年超导磁铁同步加速器 Tevatron 建成并投入运行,实现了 800 GeV 质子束打静止靶的试验. 1987 年该机器已在 900 GeV 能量下运行,并实现了质子-反质子对撞. 为了进一步提高质子、反质子的亮度,费米国家实验室决定改造该加速器,在 Tevatron 的西南角新建一台注入器(FMI)代替原有的 MR 作为 Tevetron 的注入器.

3. 北京正负电子对撞机(BEPC)

北京正负电子对撞机在 20 世纪 80 年代初开始设计,1984 年获国家有关部门审定批准并破土兴建,于 1988 年得到储存束流,1989 年实现了正负电子对撞,亮度达到设计要求,并且是目前国际上相同能区对撞机的最高亮度.图 8.38 为北京正负电子对撞机的平面布局.表 8.9 列出了北京正负电子对撞机储存环的主要参数.

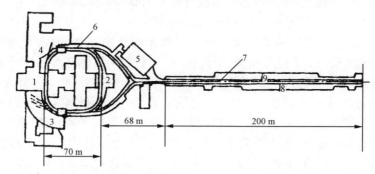

图 8.38　北京正负电子对撞机布局图

1,2——物理实验厅;3,4——同步辐射实验厅;5——核物理实验厅;
6——正负电子储存环;7——直线加速器;8——直线加速器坑道;9——速调管走廊

表 8.9　北京正负电子储存环主要参数

参数名称	单位	对撞模式
能量 ε	GeV	1.6～2.8
周长 C	m	240.4
束流强度 I	mA	37～65
二极磁铁数量	块	40
四极磁铁数量	块	60
插入四极磁铁数	块	8
最高磁感应强度 B	T	0.515 9～0.902 8
最大 β 函数 β_x	m	49.7
β_z	m	71.0
对撞点 β 函数 β_x^*	m	1.3
β_z^*	m	0.1
高频频率 f	MHz	199.526
峰值高频电压 V	MV	1.35
每圈辐射损失 U	keV	522

第十一节　超导同步加速器

随着高能物理学的不断发展,粒子物理学家对加速器的能量要求越来越高.前面所述 SSC 对撞机的周长已达到 87 km,粒子的轨道曲率半径为 10 km 之巨.若不是采用超导磁铁,其周长将达 300 km 以上,不但占地面积大,造价也大大增加.所以,采用超导技术是超高能加速器所必需,换句话说,不采用超导技术是很难建成超高能加速器的.

采用超导技术不仅使加速器的尺寸减小,而且超导磁铁还将简化加速管束流管道的真空抽气系统.这是因为超导温度将是一个很好的低温泵.超导技术应用于高频腔还可大大减小高频腔的功率损耗.

在 20 世纪 60 年代就有人提出采用超导技术建造加速器,但由于当时的技术等因素而未能实现.70 年代末和 80 年代初,世界上不少实验室都提出了建造超导同步加速器的方案并着手实施.美国费米国家实验室于 1983 年 7 月首先在 Tevatron 上成功地采用了超导磁铁,1984 年开始运行使用.目前,它已能够把质子、反质子的能量提高到 900 GeV.日本 KEK 的 30 GeV 正负电子对撞机 TRISTAN 上采用了超导高频加速腔,大大节省了高频功率.德国汉堡 DESY 已建成的电子-质子对撞机 HERA 上的质子环的二极磁铁和四极磁铁全部采用超导磁铁,从而使电子环和质子环的周长相等,并建在同一坑道内,节约了大量投资.同样,西欧中心的 LHC 采取了更高的超导磁场(8.3 T),使 7 TeV 的质子尺寸环能建在原 LEP 的隧道内.

下面来介绍超导质子同步加速器.图 8.39 是 HERA 的平面布局示意图.

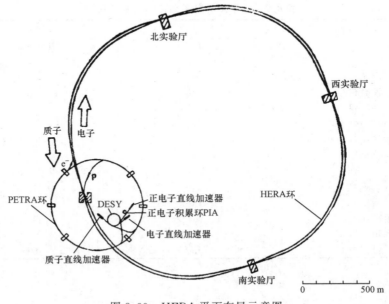

图 8.39   HERA 平面布局示意图

HERA 于 1984 年 5 月开始建造,来自 11 个国家的工程技术人员为 HERA 工程进行国际合作.1988 年 8 月 HERA 的电子储存环开始调试运行,而后停止调试,开始安装质子储存环,并于 1990 年安装完毕.HERA 的主加速器的基本参数如表 8.10 所示.

表 8.10　电子-质子对撞机 HERA 主要参数

参数名称	正负电子环	质子环
能量	30 GeV	820 GeV
周长	6 336 m	6 336 m
直线段长度	360 m	
直线段数量	4	
弯转磁铁磁感应强度	0.163 8 T	4.682 T
磁铁类型	常规	超导
二极磁铁数	416	416
曲率半径	610.4 m	584.53 m
循环束流	58 mA	160 mA
注入能量	14 GeV	40 GeV
碰撞点亮度	$1.5 \times 10^{31} \mathrm{cm}^{-2} \mathrm{s}^{-1}$	

HERA 的注入器是在原有电子加速器的基础上改造而成的.正负电子加速器是由原来 200 MeV 直线加速器 LINAC Ⅰ,450 MeV 正负电子直线加速器 LINAC Ⅱ 以及由原来组合作用改造成分离作用的电子同步加速器 DESY Ⅱ 组成,并把正负电子加速到 7.5 GeV 的能量.质子加速器由质子直线加速器 LINAC Ⅲ 和质子同步加速器 DESY Ⅲ 组成,并把质子加速到 7.5 GeV.原来的正、负电子储存环 PETRA 把来自 DESY Ⅱ、Ⅲ 的电子、质子分别加速到 14 GeV 和 40 GeV,为主环提供注入束流.

HERA 主加速器是电子、质子储存环.电子环是常规磁铁,质子环是超导磁铁.电子环建在质子环的下方,两个环建在同一个坑道内.由于超导磁感应强度很高,因而使电子、质子具有近似相等的曲率半径.图 8.40 是质子环上用的超导二极磁铁的断面图,图 8.41 是质子环上用的超导四极磁铁正在安装时的照片.从图 8.40 可以看出,超导磁铁由超导材料绕成后放在一个不锈钢真空隔热管道内,真空室内还有一个热辐射屏蔽层.低温液氮和液氦使超导磁铁的温度低至 4.4 K,一个复杂的制冷系统循环供给整个质子环所需的液氮和液氦.

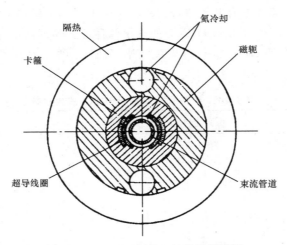

图 8.40   HERA 超导二极磁铁断面图

图 8.41   正在吊装的超导四极磁铁

附   录

根据相对论力学,在惯性坐标系中$(E^2 - p^2 c^2)$是一个不变量,即

$$E^2 - (pc)^2 \equiv 常数. \tag{1}$$

今有静止质量、动量和总能量分别为 $m_{01}, p_1, \varepsilon_1$ 和 $m_{02}, p_2, \varepsilon_2$ 的一个在实验室坐标系中相撞的粒子,在质心系中它们的动量 $p_1^* = -p_2^*$,因此它们在质心系中的总能量,由(1)式为

$$E_{cm}^2 = (\varepsilon_1^* + \varepsilon_2^*)^2 = (\varepsilon_1 + \varepsilon_2)^2 - (p_1 - p_2)^2 c^2. \tag{2}$$

考虑到对每个粒子我们都有

$$(pc)^2 = (\beta\gamma\varepsilon_0)^2 = \varepsilon_0^2(\gamma^2 - 1), \tag{3}$$

其中 $\varepsilon_0 = m_0 c^2$, $\gamma = \varepsilon/\varepsilon_0$.

于是,以(3)代入(2)并经整理后便有

$$E_{cm}^2 = \varepsilon_{01}^2 + \varepsilon_{02}^2 + 2\varepsilon_{01}\varepsilon_{02}[\gamma_1\gamma_2 + \sqrt{(\gamma_2^2 - 1)(\gamma_1^2 - 1)}]. \tag{4}$$

参 考 文 献

[1] McMillan E M. Physics Review, 1945, 68: 143.

[2] Courant E D, Livingston M S, Snyder M S. Phys. Rev., 1952, 88: 1190.

[3] Miyahara T, et al. Particle Accelerator, 1976, 7(3): 163—175.

[4] Будкел Г И, Димов Г Н. Атомная энерлия, 1965, 19: 507.

[5] Tohui H. Proc. of 13th International Conference on High Energy Accelerators [C]. 1986.

[6] Fang S X, et al. Proc. of 14th International Conference on High Energy Accelerators [C]. 1990.

[7] Faust J, et al. Proc. of the International Conference on High Energy Accelerators, Moscow [C]. 1964.

[8] Иваненко Д Д. ДАН СССР, 1948, 59: 1551.

[9] Schwinger J. Phys. Rev., 1946, 70: 798.

[10] Jackson J D. Classical electrodynamics [M]. New York: Wiley, 1975.

[11] Panofsky W K H. Proc. of 13th International Conference on High Energy Accelerators, Novosibirsk [C]. 1986.

第九章　直线加速器

第一节　概　　述

一、发展概述

直线加速器是一种利用高频电场加速沿直线形轨道运动的带电粒子的谐振加速装置,它是最早出现的几种加速器之一.

1924 年瑞典的伊辛(G. Ising)首先提出了直线加速器的设想和图样:将正离子从放电管引出后经过一系列漂浮管进行加速.限于当时的技术水平,这个设想并未实现.

1928 年德国科学家维德罗埃(R. Wideröe)建成了第一台直线加速器.它类似于伊辛的设想,使用了 3 个漂浮管,两端的 2 个接地,中间的一个加上 1 MHz 的 25 kV 高频电压.钾和钠等正离子通过第 1 个间隙时受到加速,电压变化时它受到中间漂浮管的屏蔽作用,半个周期后它正好进入第 2 个间隙,这时的电场也正好变化到加速电场,使离子经受到第 2 次加速,获得了 50 keV 的能量增益. 这也是谐振加速原理的首次运用.

1931 年美国加利福尼亚大学的劳伦斯(E. O. Lawrence)和斯隆(D. H. Sloan)将维德罗埃直线加速器的漂浮管增加到 30 个,用 7 MHz,42 kV 的高频电压将 Hg^+ 离子加速到 1.26 MeV.

1934 年斯隆和科茨(W. M. Coates)将维德罗埃直线加速器的漂浮管继续增加到 36 个,使 Hg^+ 离子加速到 2.85 MeV.要继续提高每个核子的能量或加速轻离子,加速器又不要太长,就须要使用较高的频率,当时的高频技术还不能满足这要求.受到直线加速器的启发,由劳伦斯提出的另一类谐振加速器——回旋加速器当时刚刚出现.它适于在当时的高频技术下,将离子加速到较高的能量,因而离子直线加速器的发展受到了影响,使 30 年代成了回旋加速器和高压加速器迅速发展的年代.

30 年代初与离子直线加速器同时出现的还有电子直线加速器.1931 年通用电气公司的金登(K. H. Kindon)第一次提出了电子直线加速器的设想.

1933 年比姆斯(J. W. Beams)等建造了第一台电子直线加速器,将 15 kV 的行波脉冲电压加到 15 个漂浮管上,将电子能量由 28 keV 提高到 90 keV. 到 1935 年,电子直线加速器已发展到用 54 kV 脉冲电压加到 6 个漂浮管上,将电子加速到 2.5 MeV的能量.与离子直线加速器一样,电子直线加速器也因受到当时射频技术水平的限制而发展十分缓慢.

第二次世界大战中雷达技术的迅速发展,解决了一直限制着直线加速器发展的射频技术与大功率射频功率源的难题.离子直线加速器所需的 100~1 000 MHz 的几 MW 的三极管和四极管,以及电子直线加速器所需的 300~3 000 MHz 的 1 MW的磁控管都开始进入工业生产的规模.1944 年和 1945 年,苏联的维克斯勒尔和美国的麦克米伦先后各自独立提出了自动稳相原理,也为直线加速器的加速理论和发展提供了基础.在成熟的理论和技术基础上,现代直线加速器出现并进入了迅速发展的时期.

1945 年美国的阿尔瓦列兹(L. W. Alvarez)等人在劳伦斯伯克利实验室(LBL)利用战后剩余的 200 MHz 功率源,开始建造一台 32 MeV 质子直线加速器.1947 年这台新型的离子直线加速器建成.它的脉冲流强达 60 μA,平均流强 0.3 μA,比当时回旋加速器外靶流强大得多.1960 年美国布鲁克海文国家实验室(BNL)首次将交变梯度强聚焦原理应用于阿尔瓦列兹型加速器的径向聚焦上,以磁四极透镜对代替先前的金属网,使脉冲流强达到数十 mA,比以前又提高了 10^3 倍.以后又发展了稳定性好、加速效率高的单杆及多杆耦合的阿尔瓦列兹加速腔结构等,美国布鲁克海文国家实验室和费米实验室(Fermilab)采用这类结构建造了 200 MeV 质子直线加速器.为了加速更高能量的质子,还发展了一种边耦合和轴耦合的加速腔.1972 年美国洛斯阿拉莫斯国家实验室建成的 800 MeV 质子直线加速器所采用的就是边耦合加速结构.

随着离子直线加速器和重离子物理与技术的发展,人们对加速重离子的兴趣越来越大.1974 年德国建成了一台全粒子直线加速器(UNILAC),它由维德罗埃腔、阿尔瓦列兹腔和单隙腔组成,可将周期表上从氢到铀的任何元素的离子,加速到超过库仑位垒(Coulomb barrier)的 10 MeV/u 的能量.同时体积小的、适于加速重离子的柱状螺线腔(又称螺旋波导腔,helix)、平面螺线腔(spiral)、分离环腔(split-ring)、及 1/4 波长腔(QWR)等于 70 年代后纷纷出现并迅速地发展.这类加速腔属于谐振线式结构,不但体积小,而且工艺要求和造价相对地都较低,且易于实现多种离子、可变能量的加速.如德国马克斯普朗克核物理研究所于 1981 年建造的 36 个平面螺线腔组成的重离子直线加速器,它的电压总增益达 22.5 MV.这类加速腔还很适于做成超导加速器.这不仅大大节省了高频功率,而且使加速器可以在连续状态下运行,束流品质也得到了改善.1972 年德国卡士鲁核研究中心和法兰克福大学合作,建成了第一个超导离子加速腔——柱状螺线腔,用以加速质子,能量达到 0.42 MeV.以后美国的阿贡国家实验室(ANL)和纽约州立大学石溪分校陆续建成了超导分离环直线加速器 ATLAS(电压增益 22 MV)和 SUNYLAC(电压增益20 MV),美国的华盛顿大学建成了 1/4 波长腔的超导直线加速器(电压增益 26 MV),它们都由二三十节以上的超导腔组成. 长期运行结果充分证实了这类加速器的优越性. 现在更多的研究所正在陆续地建造这类加速器.

1970 年苏联的卡普钦斯基(И. М. Капчинский)和捷普里亚科夫(В. А. Теплияков)提出了高频四极场(RFQ)加速结构的设想. 1980 年美国洛斯阿拉莫斯国家实验室试制的 RFQ 加速器样机首次出束便取得了令人鼓舞的成就:在1.11 m 长、直径仅 15 cm 的腔上,取得了 640 keV、流强达 26 mA 的质子束,传输效率达 87%. 这种体积小、适于将离子源引出的离子直接加速到 2～3 MeV/u 以下的强流加速器,很适于取代以前用作注入器的高压倍加器,目前已成为一种广泛使用的低能强流加速器. 1989 年 7 月美国用阿里斯火箭运载,在太空进行第一次加速粒子束试验的,就是这种 RFQ 加速器.

第二次世界大战后,在现代离子直线加速器发展的同时,现代电子直线加速器也得到了迅速的发展. 第一台现代电子直线加速器是英国原子能研究所的弗赖伊(D. W. Fry)和沃金肖(W. Walkinshaw)于 1946 年建立的. 这是一台以磁控管为 1 MW 微波功率源的行波加速器,工作频率为 3 000 MHz,电子由 45 keV 加速到 0.54 MeV,脉冲流强为 36 mA.

从 1947 年到 1953 年在美国斯坦福连续建造了 Mark I 到 Mark III 三台电子直线加速器. 1958 年时 Mark III 将电子能量加速到 900 MeV,霍夫斯塔特(R. Hofstadter)在这台加速器上完成了有重要意义的质子和中子形状因子的测量,因而获得了 1961 年的诺贝尔物理学奖. 从 1956 年开始,斯坦福直线加速器中心建造了著名的 3 km 长的 20 GeV 的电子直线加速器,并于 1966 年首次运行. 1964 年斯坦福大学建立了第一台原型超导电子直线加速器,将电子能量由 80 keV 加速到 500 keV,此后,超导电子直线加速器也取得了很大的发展.

直线加速器不仅具有粒子的注入、引出方便与效率高、束流强的优点,而且它可以方便地根据需要增接加速结构,提高能量. 现代发展起来的一些短加速结构与计算机控制技术结合起来,可以在很宽范围内加速不同种类和能量的粒子,具有较大的灵活性. 这些优点使直线加速器成了应用最广泛的加速器之一,现在它已不仅是核物理研究的重要设备,而且在其他学科,以及工业辐照、离子注入、癌症治疗、同位素生产、武器研究等领域得到了广泛的应用. 由于大功率射频源价格较贵,电功率消耗较大,使直线加速器的费用较高,但随着超导材料的应用和超导直线加速器的发展,不仅这些缺点可以得到克服,而且束流品质还可得到进一步提高,这将使直线加速器进入一个新的发展时期.

二、加速原理：驻波与行波加速

直线加速器加速粒子采用的射频电场可分为驻波场和行波场两种,离子直线加速器通常采用驻波场,而电子直线加速器早期多数采用的是行波场,后来发展起来的边耦合等双周期结构,采用的则是驻波场.由于驻波场可以分解为方向相反的两列行波场的叠加,因此驻波加速也可以用行波加速的方法处理.下面我们通过对一台维德罗埃加速器的加速过程的分析来研究直线加速器的加速原理.

图 9.1 是维德罗埃直线加速器工作原理示意图及其轴上加速电场幅值的分布.瞬时轴上加速电场分布为

$$E_z(z,t) = E_z(z)\cos\omega t. \tag{9.1.1}$$

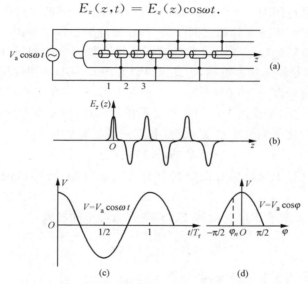

图 9.1 维德罗埃直线加速器加速原理图及电场幅值分布

从图上看出,在圆柱形加速腔筒的轴上,安置了一串圆柱形金属漂浮管.奇数号漂浮管与射频功率源的一极相连,偶数号漂浮管与另一极相连,它们的电位极性正好相反,因此在相邻的漂浮管的间隙里产生射频电场.这个电场在漂浮管两个端口向管内渗入,但由于屏蔽作用管内深部无电场存在.图 9.1 画出的驻波场幅值分布,也是 $t=nT_r$ 时刻的电场分布(T_r 是射频电场周期,$n=0,1,2,\cdots$).现在假定一个正离子在 $t=0$ 时通过第 1 个间隙,这时间隙电场方向是使离子加速的,然后离子进入下一个漂浮管.从(9.1.1)式看出,轴上各处电场不仅随不同位置 z 变化,而且还随时间 t 变化,但漂浮管的屏蔽作用使这离子并不受这变化电场的作用,如果离子漂出漂浮管进入第 2 个间隙 $t=T_r/2$, $\cos(\omega T_r/2)=-1$,从图 9.1 及(9.1.1)式看出,这时第 2 个间隙处的电场 E_z 方向已变成和离子运动方向一致,即变成是加速的了. 以后离子又通过下一个漂浮管达到第 3 个间隙, 假定又正好经过 $T_r/2$, 即这时 $t = T_r$, $\cos(\omega T_r) = 1$, 即这时第 3 个间隙处的电场正好如图 9.1 所示的是加速场. 由此可知, 这样继续下去, 只要由一个间隙至下一个间隙是经过 $T_r/2$ 时间, 即半个周期, 那么以后在每个间隙处离子总是受到加速的, 这就是所谓的谐振加速. 其实现的条件是根据每个间隙处离子的速度 v, 合适地选取两相邻间隙之间的距离 l (当间隙足够窄时, 此即近似为漂浮管长度), 使通过的时间为 $T_r/2$, 即满足

$$l = vT_r/2 = \beta\lambda/2, \tag{9.1.2}$$

这就是维德罗埃直线加速器的谐振加速条件. 由此看出, 漂浮管长度应随粒子速度 v 或 β 的增加而增长.

上述离子通过间隙 1, 2, 3 的过程还可以在 9.1(c) 图的时间关系上表示出来, 离子正好是在峰值 1, 2, 3 处通过间隙的, 与在回旋加速器中类似. 我们定义离子通过间隙中央时电场的相位 $\varphi = \omega t$ 为该离子在该次加速中的相位. 考虑到离子通过 1, 2, 3 间隙时都是经历加速电压, 因此又可以在图 9.1(d) 的相位图上表示出来. 它表示 3 次加速都处在 $\varphi = 0$ 的相位上. 从图上看出, 相位在 $[-\pi/2, \pi/2]$ 区间内离子都是加速的. 一般来说离子并不正好在零相位加速, 而是在某一相位如 φ_n 通过, 这样离子一次加速的能量增益 ΔW_n 为 (假定间隙足够窄)

$$\Delta W_n = qeV_a\cos\varphi_n. \tag{9.1.3}$$

现在我们把以上讨论的驻波电场分解为行波电场, 研究谐振条件 (9.1.2) 的意义.

首先将 (9.1.1) 式中电场幅值 $E_z(z)$ 展开为傅里叶级数,

$$E_z(z) = \sum_{n=1}^{\infty} a_n\cos\frac{n\pi z}{l}, \tag{9.1.4}$$

即电场幅值可分解为各次谐波, 其幅值

$$a_n = \frac{1}{l}\int_{-l}^{l} - E_z(z)\cos\frac{n\pi z}{l}\mathrm{d}z, \quad n = 1, 2, 3, \cdots, \tag{9.1.5}$$

$n = 1$ 为基波. a_1 的幅值最大.

由 (9.1.1) 式及 (9.1.4) 式, 得

$$E_z(z, t) = \sum_{n=1}^{\infty} \left(a_n\cos\frac{n\pi z}{l}\cos\omega t \right)$$

$$= \sum_{n=1}^{\infty} \frac{a_n}{2}\left[\cos\left(\omega t - \frac{n\pi z}{l}\right) + \cos\left(\omega t + \frac{n\pi z}{l}\right)\right]. \tag{9.1.6}$$

上式中第 1 项为第 n 次正向行波, 第 2 项为第 n 次反向行波, 它们的相速度分别为

$$v_{nf} = \left(\frac{\mathrm{d}z}{\mathrm{d}t}\right)_\varphi = \frac{\omega l}{n\pi}, \quad v_{nb} = -\left(\frac{\mathrm{d}z}{\mathrm{d}t}\right)_\varphi = -\frac{\omega l}{n\pi}. \tag{9.1.7}$$

当驻波电场满足谐振加速条件 (9.1.2) 式时,

$$v_{nf} = v/n, \quad v_{nb} = -v/n, \tag{9.1.8}$$

其中相速度最高的是 $n=1$ 的波,我们称它为基波,而且有

$$v_{1f} = v, \quad v_{1b} = -v. \tag{9.1.9}$$

基波的反向波虽有与离子相同的速率,但由于行进方向与离子相反,离子频繁地受到加速与减速,最终几乎不对离子的能量产生作用.而基波的正向波则由于与离子速度相同,离子就像"骑"在基波的正向波上一样,二者一起前进,因此,只要离子"骑"在正向波的加速相位处,该离子就能持续地得到加速.由于离子受到加速,离子的速度会不断增大,为了继续"骑"在波上,保持相对位置不变,就要求正向行波的相速度也随之不断增大.从(9.1.2)式和(9.1.7)式看出,漂浮管长度做得逐渐增大(即 l 增长),就保证了 v_{1f} 的逐渐增大,从而保证了正向行波始终同步地实现对离子的加速.所以驻波电场的谐振加速条件(9.1.2)式,从行波的角度看就是为了保证正向基波对离子同步持续地加速.不难看出,其他高次谐波的正向行波由于相速度小于离子速度,而不断向粒子后方滑去,使离子不能受到持续的加速,所以对离子起加速作用的主要是基波的正向行波.

离子在正向基波上所受加速作用的大小是与所处行波上的位置有关的,越靠近正的峰值处所受加速作用越强.通常行波上的位置可用行波上的相位来表示,并取正的峰值处为零相位,取法如图 9.2 所示.因此,对于一个在行波上相位为 φ_n 的粒子,在随波行进了 Δz 距离后的能量增益为

$$\Delta W = q e E_1 \cos\varphi_n \Delta z. \tag{9.1.10}$$

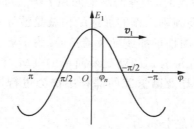

图 9.2 正向行波及粒子的相位

从上面分析看出,驻波中的反向波基本上不对离子的加速起作用,而且还要在加速器结构中引起能量损耗.显然只产生正向波,并用正向波加速粒子的加速结构就可以避免这部分反向波的损耗,这样的加速器就是行波直线加速器.现在用来加速电子的大部分直线加速器,就是这样的采用盘荷波导结构的行波直线加速器.在盘荷波导中加速电子用的电磁行波具有与电子相近的速度,行波传输至终端时或用一吸收负载将其剩余功率吸收掉,或将其剩余功率引出再传输至行波入口加以利用(即反馈行波直线加速器),不让行波在终端反射形成驻波.相反,对于驻波加速器,则要在终端的适当位置加上导体面,使入射波多次反射,并与各次反射的波

叠加构成驻波. 一般的行波直线加速器都将正向波的剩余功率吸收掉,所以除反馈加速器外,一般行波加速器并未将正向波的剩余功率利用起来. 而驻波加速器中,多次反射中的各次正向波都对粒子的加速有贡献. 一台直线加速器究竟是采取行波还是驻波加速方式与结构,这要由技术、性能和经济的综合考虑来决定. 驻波加速与行波加速在加速结构与加速原理上都是紧密相关的. 例如一种加速结构,既可以工作在行波方式,也可以在一定条件下工作在驻波方式. 在驻波场中被加速的粒子,既可以按驻波方式分析它的加速过程,也可以按在正向基波的行波方式来分析加速过程. 粒子在驻波场中满足谐振加速条件,即相当于与基波正向行波的速度同步. 我们在本章中经常使用的就是这种统一的处理驻波加速与行波加速的方法,这可使我们的分析与处理比较简洁和方便.

第二节　直线加速器的射频加速结构

一、波导与谐振腔

直线加速器所用的行波与驻波加速结构,是满足一定条件的波导与谐振腔. 因此我们首先简要地回顾一下有关的波导与谐振腔的特性.

现代的离子和电子直线加速器与早期的一个重要区别,是可以在几十、几百乃至几千 MHz 的频率下工作,这比早期的波长短得多. 从(9.1.2)式看出,由于波长 λ 较小,即使粒子速度 β 较高时,加速间隙的间距 l 仍然可以较小,即加速器长度可以不致太长. 适宜在这么高频率工作的加速结构就是波导和谐振腔.

直线加速器常用的是圆柱形的波导及谐振腔. 为了能加速粒子,它需要电磁场中存在轴向电场分量,因此最合适的就是最简单的 TM_{01} 行波模式和 TM_{010} 驻波模式. 关于它们,一般有关波导及谐振腔的课程中都会进行讨论,这里我们仅把一些结果简要地叙述一下.

TM_{01} 行波模式的电磁场分布为

$$E_z = E_0 J_0\left(\frac{2.405}{R}r\right)\sin\left(\omega t - \frac{\omega}{v}z\right), \tag{9.2.1a}$$

$$E_r = 0.416\frac{\omega R}{v}E_0 J_1\left(\frac{2.405}{R}r\right)\cos\left(\omega t - \frac{\omega}{v}z\right), \tag{9.2.1b}$$

$$H_\theta = 3.68\times10^{-12}\omega R E_0 J_1\left(\frac{2.405}{R}r\right)\cos\left(\omega t - \frac{\omega}{v}z\right), \tag{9.2.1c}$$

$$E_\theta = H_z = H_r = 0, \tag{9.2.1d}$$

其中 R 为腔筒半径,ω 为高频圆频率,v 为行波相速度,

$$\frac{v}{c} = \left[1 - \left(\frac{2.405}{\omega R}c\right)^2\right]^{-1/2}, \tag{9.2.2}$$

J_0，J_1 为零阶与一阶贝塞尔函数，对 $|x| \ll 1$，$J_0(x) \approx 1 - x^2/4$，$J_1(x) \approx x/2$，E_z，E_r 以 V/m 为单位，H_θ 以 A/m 为单位.

从 (9.2.2) 式看出，只有高于截止频率 f_c 的波才能在此波导中传播，

$$f_c = 2.405c/2\pi R, \tag{9.2.3}$$

而且波的相速度 $v > c$. 由此看出，不能简单地用 TM_{01} 波来直接加速粒子，这将在下节中讨论. 电磁场行波在通过波导时会由于金属波导壁的电阻而损耗能量. 加速器中，常用单位长度上的分路阻抗，或简称分路阻抗 (shunt impedance)，来表征加速波导中的能耗特征. 它定义为行波电场幅值 E_0 的平方与单位长度波导上功率损耗的比值，即分路阻抗

$$Z_s = -\frac{E_0^2}{\mathrm{d}P/\mathrm{d}z}, \tag{9.2.4}$$

Z_s 的常用单位为 MΩ/m. Z_s 愈大，则表征波导损耗的电磁能量愈小.

从有关波导及谐振腔的教材中知道，在波导轴向的适当位置上设置两导体端面，利用行波的反射，可形成一定驻波模式的谐振腔. TM_{010} 驻波模式就是圆柱形谐振腔中谐振频率最低的驻波模式. 它的电磁场分布为

$$
\begin{cases}
E_z = E_0 J_0 \left(\dfrac{\omega r}{c} \right) \sin\omega t, & \tag{9.2.5a} \\[2mm]
H_\theta = 2.65 \times 10^{-3} E_0 J_1 \left(\dfrac{\omega r}{c} \right) \cos\omega t, & \tag{9.2.5b}
\end{cases}
$$

其中符号及单位均与 TM_{01} 行波模式相同.

TM_{010} 驻波模式的谐振频率 f_0 与 TM_{01} 行波模式的截止频率 f_c 相等，

$$f_0 = f_c = 2.405c/2\pi R. \tag{9.2.6}$$

它的电磁场分布沿 z 轴方向是均匀的，因此它也不能直接用作直线加速器的驻波加速腔.

由正、反向电磁行波形成的电磁驻波在谐振腔中也要损耗电磁能量. 通常我们分别用并联电阻 R_P 及分路阻抗 Z_s 来表征它的总功率损耗特性及单位长度上的损耗特性，

$$R_P = Z_s l = \frac{\left(\int_0^l |E(z)| \, \mathrm{d}z \right)^2}{P}, \tag{9.2.7a}$$

或

$$Z_s = R_P/l = \frac{\left(\int_0^l |E(z)| \, \mathrm{d}z/l \right)^2}{P/l}, \tag{9.2.7b}$$

其中 $|E(z)|$ 是谐振腔轴上的电场幅值分布，因此积分为轴上两端的电压幅值. l 为腔长，P 为损耗在腔上的功率. R_P 及 Z_s 通常采用的单位为 MΩ 及 MΩ/m.

一个谐振腔在输入功率时,在它的谐振频率上会激发起一定模式的场,它具有与谐振电路相似的谐振特性.我们常采用一个并联谐振电路来描述一个谐振腔的主要特性,它与腔具有相同的谐振频率及 R_P 值,称为等效电路,如图 9.3 所示.这也是 R_P 名称的由来,等效电感 L、电容 C 决定了谐振频率.

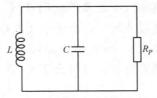

图 9.3 　谐振腔的等效电路

谐振腔的另一个谐振特性是它的品质因素 Q 值.它定义为腔中电磁总储能 W_t 与腔一周期中损耗功率 PT 比值的 2π 倍,

$$Q = 2\pi W_t / PT = \omega W_t / P, \tag{9.2.8}$$

其中 P 为腔的平均损耗功率.通常谐振腔有很高的 Q 值,即它对谐振频率的选择性很好.

二、慢波结构

从以上分析看到,直线加速器射频加速结构,无论是行波还是驻波加速器,它的任务都在于产生一个同带电粒子运动方向与速度都一致的加速行波成分.由于带电粒子的速度通常低于光速,而圆柱波导与谐振腔中最低模式行波的相速度都大于光速,不能直接用于加速粒子,因此须在波导和谐振腔结构上采取措施,使行波的相速度慢化到低于或大大低于光速.这样的波导和谐振腔就是慢波结构.现在已有适于不同粒子速度范围的各种慢波加速结构,新的结构还在不断出现.这些慢波结构根据实际情况,有的用于行波状态,有的用于驻波状态,它们的共同的重要特点是产生同带电粒子运动方向与速度都一致的加速行波成分.下面我们主要通过对现代电子行波直线加速器中常用的盘荷波导来分析慢波结构的特点.

盘荷波导是在内半径为 b 的圆波导中,沿轴向按等距离 d 连续放置中央带孔(半径为 a),外边与圆波导内壁相连的厚度为 t 的金属圆盘构成的,见图 9.4,这也是盘荷波导名称的由来.圆波导周期性地加载了这些带孔的圆盘后,原来行进的 TM_{01} 行波受到加载圆盘的作用而慢化.这种对电磁波的慢化作用我们可以通过比较熟悉的等效电路来说明.

首先,我们可以把图 9.4 所示的盘荷波导中每两个相邻的金属圆盘与圆柱壁都看成是一个两端带孔的圆柱谐振腔,这样就可把盘荷波导看成是一个相互间通过端部圆孔耦合的圆柱谐振腔链.如前所知,一个谐振腔可用如图 9.3 所示的谐振

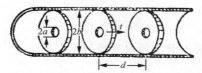

图 9.4　盘荷波导结构示意图

电路来描述,因而盘荷波导可以用一个等效链电路来表示.考虑到各部分作用的等效链电路是比较复杂的,但为了简明地说明慢波作用,可以略去电阻及其他部件,最后得到一个如图 9.5 所示的简单等效电路,其中 L 和 C 分别为每个单元的等效电感和电容,D 为相邻单元间的耦合电容.由于这些电感和电容的作用,使得电磁波的相速度慢化到小于光速.增大盘荷波导的半径 b 相当于使电感增大,但却使单元间耦合减弱.通过这个等效电路对盘荷波导的特性的进一步研究将在后面进行.

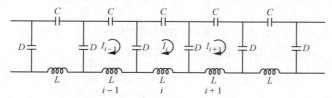

图 9.5　盘荷波导的简单等效电路

　　在圆波导中周期性地加载金属圆盘不仅使电磁波相速慢化,还使波导中出现许多空间谐波.在本章第一节中研究驻波与行波加速间的关系时,我们看到在维德罗埃加速腔中,由于沿轴周期性地放置漂浮管而使腔中出现了空间谐波.现在我们来证明,在一般周期性地加载的加速结构或周期电路中,都会产生一系列的空间谐波.

　　我们以上述讨论的周期性加载的盘荷波导为例.由于它是周期性的电路结构,我们可以引用弗洛凯定理(Floquet theorem).该定理指出,对于某种给定的传播模式,周期性结构中任一位置上的电场,在经过一个结构周期之后,只增加一个复数因子.设盘荷波导中电场的形式为

$$E(r,z,t)=E_s(r,z)e^{i\omega t}$$
$$=E_T(r,z)e^{-\gamma z}\cdot e^{i\omega t}, \tag{9.2.9}$$

其中传播常数 $\gamma=\alpha+i\beta_0$.为简便,我们先不考虑电场传播中的衰减,这时

$$\gamma=i\beta_0. \tag{9.2.10}$$

　　当(9.2.9)式中的 $E_T(r,z)$ 为 z 以 d 为周期的函数时,该式所表述的电场 $e^{-\gamma z}$ 就是符合弗洛凯定理的,这可由以下各式看出:

$$E_T(r,z+d)=E_T(r,z), \tag{9.2.11}$$
$$E(r,z+d,t)=E_T(r,z+d)e^{-\gamma(z+d)}\cdot e^{i\omega t}$$

$$= E_T(r,z)\mathrm{e}^{-\gamma z} \cdot \mathrm{e}^{\mathrm{i}\omega t} \cdot \mathrm{e}^{-\gamma d}$$

$$= E(r,z,t)\mathrm{e}^{-\gamma d}, \tag{9.2.12}$$

显然周期函数 $E_T(r,z)$ 可展开为傅里叶级数,

$$E_T(r,z) = \sum_{-\infty}^{+\infty} a_n \mathrm{e}^{-\mathrm{i} \cdot \frac{2n\pi z}{d}}, \tag{9.2.13}$$

$$E(r,z,t) = \left(\sum_{-\infty}^{+\infty} a_n(r)\mathrm{e}^{-\mathrm{i} \cdot \frac{2n\pi z}{d}} \right) \mathrm{e}^{-\mathrm{i}\beta_0 z} \cdot \mathrm{e}^{\mathrm{i}\omega t}$$

$$= \sum_{-\infty}^{+\infty} a_n(r)\mathrm{e}^{\mathrm{i}(\omega t - \beta_n z)}, \tag{9.2.14}$$

其中,

$$\beta_n = \beta_0 + \frac{2n\pi}{d}, \quad n = 0, \pm 1, \pm 2, \cdots. \tag{9.2.15}$$

现在我们从 (9.2.14) 式中看到,周期结构中产生了一系列的空间谐波,其中 $n=0$ 为基波. 一般第 n 次空间谐波的相速度为

$$v_{pn} = \frac{\mathrm{d}z}{\mathrm{d}t} = \frac{\omega}{\beta_n} = \frac{\omega}{\beta_0 + \dfrac{2n\pi}{d}}, \tag{9.2.16}$$

基波相速为

$$v_{p0} = \frac{\omega}{\beta_0}. \tag{9.2.17}$$

它比各次谐波的相速都高. 基波的幅值 $a_0(r)$ 也比各次谐波的大. 因此加速带电粒子主要利用基波,将基波相速设计得与带电粒子速度相同,

$$v_{p0} = v. \tag{9.2.18}$$

其他谐波由于相速大大低于粒子速度,几乎对粒子能量不起作用. 虽然它们的电磁能量是损失掉了,但它们对满足电磁场的边界条件却是不可缺少的.

上面研究过的慢波与空间谐波的特性可以形象地用该种加速结构的色散曲线表示出来. 所谓色散,在光学上是指不同频率的光在通过介质时具有不同速度. 一条介质的色散曲线就给出了光在该介质中的传播速度对于频率的函数关系. 在研究圆波导中的 TM_{01} 行波模式时,(9.2.2) 式就给出了波的相速对于频率的关系. 现在慢波结构慢化了波的相速,而且产生了很多不同相速的空间谐波,都可从该慢波结构的色散曲线上表示出来.

为此我们来求图 9.5 所表示的盘荷波导简单等效电路的色散关系式. 先写出第 i 个单元的电路方程

$$I_i \left(\mathrm{j}\omega L + \frac{1}{\mathrm{j}\omega C} + \frac{2}{\mathrm{j}\omega D} \right) - \frac{1}{\mathrm{j}\omega D}(I_{i-1} + I_{i+1}) = 0, \tag{9.2.19}$$

其中 I_i 及 I_{i-1}，I_{i+1} 分别为相应单元电路中的电流. 整理后, 得

$$I_{i-1} - \left(2 + \frac{D}{C} - \omega^2 LD\right)I_i + I_{i+1} = 0. \tag{9.2.20}$$

这是一个二阶齐次差分方程, 易知它的解为

$$I_i = I_0 \cos(i\varphi + \varphi_0), \quad i = 0, 1, 2, \cdots, \tag{9.2.21}$$

其中 φ 须满足关系式

$$\cos\varphi = \frac{1}{2}\left(2 + \frac{D}{C} - \omega^2 LD\right). \tag{9.2.22}$$

由此解得

$$\omega^2 = \frac{1}{LD}\left(2 + \frac{D}{C} - 2\cos\varphi\right). \tag{9.2.23}$$

此式即该等效电路的色散关系式. 由于 $|\cos\varphi| \leqslant 1$, 可知该电路的通频带为

$$\omega_0 \leqslant \omega \leqslant \omega_\pi, \tag{9.2.24}$$

其中,

$$\omega_0 = \frac{1}{\sqrt{LC}} \tag{9.2.25}$$

为对应于 $\varphi = 0$ 的 ω 值,

$$\omega_\pi = \omega_0 \cdot \sqrt{1 + \frac{4C}{D}} \tag{9.2.26}$$

为对应于 $\varphi = \pi$ 的 ω 值.

φ 为模式相位,

$$\varphi = \beta_n d = \beta_0 d + 2n\pi, \quad n = 0, \pm 1, \pm 2, \cdots. \tag{9.2.27}$$

对于 $n = 0, \varphi_0 = \beta_0 d$ 为基波模式相位, 它取值范围为

$$-\pi \leqslant \varphi_0 \leqslant \pi. \tag{9.2.28}$$

对于 $n \neq 0, \beta_n d$ 为第 n 次空间谐波的模式相位. β_n 为盘荷波导单位长度上的相移(或传输常数).

图 9.6 画出了一条典型的盘荷波导的色散曲线(曲线 B). 为比较, 同时画出了一条圆波导中无金属圆盘加载时的色散曲线(曲线 A). 易从(9.2.2)式变换形式推出

$$\left(\frac{\omega}{c}\right)^2 = \beta^2 + \left(\frac{\omega_c}{c}\right)^2, \tag{9.2.29}$$

其中截止圆频率 $\omega_c = 2\pi f_c$, 已由(9.2.3)式给出. 可看出曲线 A 是一条双曲线.

从盘荷波导的色散曲线 B 看出, 它是由 $n = 0$ 的基波及 $n = \pm 1, \pm 2, \cdots$ 的空间谐波各段组成, 呈周期性的波动形状. 这与上述对简单等效电路求得的色散曲线的特性是一致的.

由于波导中波的相速为

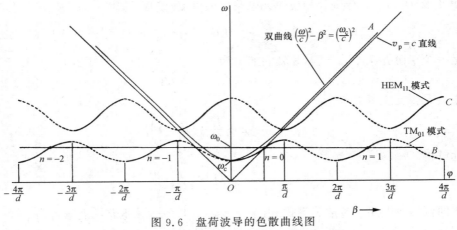

图 9.6 盘荷波导的色散曲线图

A——金属圆盘加载前； B——加载后

$$v_p = \frac{\omega}{\beta}. \tag{9.2.30}$$

因此色散曲线上任何一点的相速度等于该点与坐标原点连线的斜率. 色散曲线图上标出了过原点的 $v_p = c$ 的直线,所有在该直线以上的色散曲线的相速都大于光速. 曲线 A 就是如此,但从(9.2.29)式看出,$\beta \to \infty$ 时,曲线 A 趋近于光速直线. 曲线 B 则大部分小于光速,这正是慢波结构的效果.

色散曲线不但便于确定波的相速度,还易于确定波的群速度 v_g. 从有关波导与谐振腔的课程中知道,群速度是电磁波能量传送的速度,

$$v_g = P/W_u, \tag{9.2.31}$$

其中 W_u 是波导单位长度中贮存的能量,它正比于场强的平方,P 是功率通量. 具有较大群速度的加速结构的稳定性能较好,但建立的加速场强却较低,所以须选取适当大小的群速度. 已知群速度

$$v_g = \mathrm{d}\omega/\mathrm{d}\beta, \tag{9.2.32}$$

因此它可以很方便地由色散曲线上的斜率直接决定. 在图 9.6 的色散曲线 B 分别用实线和虚线画出了 v_g 为正和负的部分.

盘荷波导的工作模式也可以从色散曲线图上确定. 这只要根据工作频率 f_0 在纵坐标轴 ω 上标出相应的 ω_0,通过它作与横坐标轴 β 平行的线,由平行线与色散曲线 B 的交点即可确定基波的传输常数 β_0. 工作模式 φ 被定义为基波通过一个周期单元长 d 的相移

$$\varphi = \beta_0 d = \frac{2\pi}{N}, \tag{9.2.33}$$

其中 N 为一个导波波长中的周期单元数. 在图 9.6 的色散曲线图上,选取的工作频率 f_0 使该波导工作在 $2\pi/3$ 模式,即一个导波波长中有 $N=3$ 个周期单元. 通常

N 都取为整数,这是为了对波导特性测量的方便.因为要对波导轴上的场分布进行测量,通常方便的办法是在适当的波导行波电场对称面上设置导体反射端面以形成驻波电场,再行测量,这要求 N 为整数.图 9.7 上画出了盘荷波导中 4 种工作模式的驻波场型.当波导中没有导体反射端面,不产生反射波时,波导就工作在行波状态.

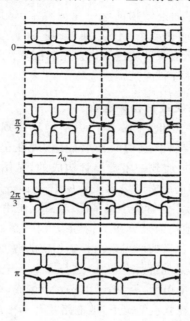

图 9.7　盘荷波导几种工作模式的驻波场的分布
(虚线表示形成谐振腔时可设置金属端面的位置)

不同的工作模式不但工作频率、相速、群速与电场分布不同,而且表征功率损耗特性的分路阻抗 Z_s 也不同.(Z_s 还与其他参数选取有关)工作模式是与加速结构的稳定性和功率损耗大小有关的一个加速结构的重要参数.

慢波结构不仅使波导具有了我们对它作了一系列讨论的色散曲线 B,而且还出现了一系列的可传播某些电磁波模式的所谓通频带,以及它们之间的禁带.这些我们在此就不讨论了.

最后应指出的是,在本节中我们通过对盘荷波导这种慢波结构的研究,比较详细地介绍了一般慢波结构的一些最基本的概念和特性,如相速、群速、色散曲线、工作模式等,下面我们就对各种慢波加速结构进行具体的讨论.

三、几种主要加速结构的特性

上面我们研究了盘荷波导,这是现在主要用来加速电子的慢波结构.下面我们分别研究其他几种常用的加速结构,它们大多适合于加速不同种类和不同能量范

围的离子,也有的适合于用作电子驻波加速.一种加速结构要能得到应用和发展,
首先要有较高的效率,即可用较少的高频电能取得较高的粒子能量增益,而这对于
不同种类的粒子(如电子、轻离子与重离子)和不同的能量范围,又是不同的.这就
是直线加速器有不同的加速结构,并不断有新的加速结构出现的重要原因.除了效
率高外,稳定性好也是选用加速结构的又一重要标准,这既包括机械结构强度好,
也包括各种因素对电性能的扰动小.此外,加工、调整的方便、容易,造价经济,以及
其他的一些具体考虑,也都是衡量加速结构选用的因素.下面我们结合各种加速结
构的基本原理,来对它们进行研究.

1. 阿尔瓦列兹加速腔及边耦合加速腔

阿尔瓦列兹加速腔是 20 世纪 40 年代中期最早出现的一种现代直线加速结
构,因由美国的阿尔瓦列兹研制成功而得名的.它现在仍是使用很广的离子加速
腔.这种腔是在圆柱腔筒中,加载一串漂浮管构成的,见图 9.8.漂浮管由金属杆支
撑在腔壁上.整个腔可按图上那样由 A-A' 或 B-B' 平面分解成一串单元组成. A-A'
与 B-B' 平面分别是间隙与漂浮管的中央平面.当看成是由一系列的 A-A' 平面分解
时,两端为两个半单元,其他均为全单元.当看成是由一系列 B-B' 平面分解时,全部
为全单元.阿尔瓦列兹腔的色散曲线可以由与它相应的等效电路链图 9.9 求得.这个
电路链两端是两个半单元,其他都是全单元,这与图 9.8 中由 A-A' 分解的单元情形
相同.如果电路链由 $N+1$ 个单元($n=0,1,2,\cdots,N$)组成,由求解电路链的基尔霍夫
(Kirchhoff)定律可以求得,在驻波情况下,该电路共有 $N+1$ 个谐振频率,

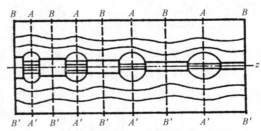

图 9.8　阿尔瓦列兹加速腔结构及单元分解

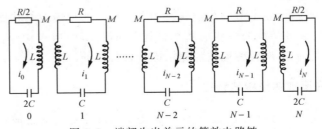

图 9.9　端部为半单元的等效电路链

$$\omega_q = \frac{\omega_s}{\sqrt{1 + K_C \cos\varphi_q}}, \quad q = 0, 1, \cdots, N, \tag{9.2.34}$$

其中

$$\varphi_q = \frac{q\pi}{N}, \quad K_C = \frac{M}{L}. \tag{9.2.35}$$

对应于一个谐振频率, $N+1$ 个单元的电场的分布为

$$x_n^q = A_q \cos(n\varphi_q). \tag{9.2.36}$$

图 9.10 按 (9.2.34) 式画出了 ω-φ 的关系. 它就是阿尔瓦列兹腔的色散曲线. 曲线上一个点对应一个 ω_q 值, 即是一个称为 φ_q 的模式频率. 对于 φ_q 模式, 由 (9.2.36) 式看出, 经过一个单元电场的相移正是 φ_q. 由于阿尔瓦列兹腔工作在驻波状态, 它的各个模式只能是图 9.10 曲线上的分立点. 而连接各点的曲线则对应行波状态, 这可以与盘荷波导的色散曲线图 9.8 相比较. 阿尔瓦列兹腔通常工作在 2π 模式, 即经过一个单元电场相移 2π, 因此也可称 0 模式, 它工作时的电场分布如图 9.8 所示. 由于同一时刻各漂浮管间隙中的电场是同向的, 因此要保持一个离子从一间隙到下一间隙持续地得到加速, 或更严格地要求离子的加速相位不变 (即通过各 A-A' 平面时电场相位不变), 则离子经过各相邻 A-A' 平面时时间间隔应正好为高频电场周期 T_r 的整数倍, 或一般取为 T_r, 即

$$l_n/v_n = T_r \quad \text{或} \quad l_n = v_n \cdot T_r = \beta_n\lambda, \tag{9.2.37}$$

$$l_n = A_n - A_{n-1}, \tag{9.2.38}$$

v_n 是离子在 l_n 上的速度. 当须要考虑速度的变化时可取平均速度.

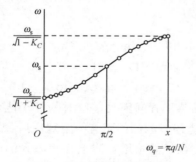

图 9.10 等效电路链的色散曲线.
分立点为驻波状态; 联结线为行波状态

(9.2.37) 式即是阿尔瓦列兹腔中粒子谐振加速的条件. 注意它与维德罗埃腔的 (9.1.2) 式的差别.

在阿尔瓦列兹腔的腔体与粒子动力学计算中常取相邻 B-B' 间作为一个单元, 这时电场对于间隙中心对称. 取该点为坐标原点, 设粒子到达该点时电场相位为 φ_s, 此即该粒子相位, 则在轴线上通过该单元、电荷数为 q 的粒子能量增益为

$$\Delta W_n = qe \int_{-l_n/2}^{l_n/2} E_z(z)\cos\left(\omega \int_0^z \frac{\mathrm{d}z'}{v(z')} + \varphi_s\right)\mathrm{d}z. \tag{9.2.39}$$

一般一个单元内速度 $v(z')$ 变化不大,可近似当作常数 v_n. 取 $k=\omega/v_n$,考虑到 $E_z(z)$ 是 z 的偶函数,则

$$\begin{aligned}
\Delta W_n &= qe \int_{-l_n/2}^{l_n/2} E_z(z)\cos(kz + \varphi_s)\mathrm{d}z \\
&= qe\left[\int_{-l_n/2}^{l_n/2} E_z(z)\cos kz\,\mathrm{d}z\right]\cos\varphi_s \\
&= qeE_n\left[\frac{1}{E_n l_n}\int_{-l_n/2}^{l_n/2} E_z(z)\cos kz\,\mathrm{d}z\right]l_n\cos\varphi_s \\
&= qeE_n \cdot T_n l_n \cos\varphi_s,
\end{aligned} \tag{9.2.40}$$

其中 E_n 为一个单元内轴上电场幅值的平均值,

$$E = \frac{1}{l}\int_{-l/2}^{l/2} E_z(z)\mathrm{d}z. \tag{9.2.41}$$

T 为轴上粒子的渡越时间因子,它的定义为

$$T = \frac{1}{El}\int_{-l/2}^{l/2} E_z(z)\cos(kz)\mathrm{d}z. \tag{9.2.42}$$

为了讨论 T 的物理意义,我们假设间隙电场在轴上的分布为下述方波

$$E_z(z) = \begin{cases} E_0 : -\dfrac{g}{2} < z < \dfrac{g}{2}, \\[2mm] 0 : |z| \geqslant \dfrac{g}{2}, \end{cases} \tag{9.2.43}$$

则由(9.2.42)式求得

$$T = \sin(\pi g/l)/(\pi g/l). \tag{9.2.44}$$

从上式看出,$T < l$. 当 $g \to 0$ 时,$T \to 1$,这时

$$\Delta W = qeEl\cos\varphi_s. \tag{9.2.45}$$

这与(9.1.3)式相同,正是漂浮管间隙足够窄时的粒子能量增益. 所以渡越时间因子 T 表示的是当考虑到漂浮管间的间隙有一定宽度后,粒子穿越间隙时由于间隙中的电场随时间变化而使粒子能量增益降低而须添入的因子,因此称为渡越时间因子. 从(9.2.42)式看出,T 不但与间隙中轴上电场分布有关,而且与粒子的速度、高频的频率和粒子通过间隙所需的时间等都有关. 每个单元的 T 值是不相同的. 对于同样的电场,T 越大,ΔW 也越大. T 是表征加速效率的一个重要参数.

以前,我们曾用(9.2.4)式和(9.2.7)式引入分路阻抗 Z_s 以表征一个腔将高频功率转化为加速场强的效率,现在看来这还是不够的,因为我们最终关心的是所取得的粒子能量的增益大小. 为此,我们引入一个表征将高频功率转化成粒子能量增益效率的参量,这就是有效分路阻抗 Z_{eff},它的定义为

$$Z_{\text{eff}} = Z_s T^2. \tag{9.2.46}$$

为看出它的物理意义,将 Z_s 和 T 代入上式得到

$$Z_{\text{eff}} = \frac{(\Delta W)^2}{P \cdot (qel\cos\varphi_s)^2}. \tag{9.2.47}$$

从上式看出,对同样的 q, l 和 φ_s, Z_{eff} 高的,同样的高频功率 P 可以转化出更大的粒子能量增益 ΔW. 因此对于表述一个腔的效率, Z_{eff} 是一个更全面的参量,它不但与腔和高频的参数有关,而且与粒子的速度也有关. 以后我们会常用它来更全面地表征各种腔的效率. 由于 T 是无量纲的量,因此 Z_{eff} 与 Z_s 量纲相同,也以 $M\Omega/m$ 为单位.

不同的工作模式的高频和加速效率是不同的. 对于阿尔瓦列兹腔,由于它工作在驻波状态,正、反波都存在,所以 Z_{eff} 还反映了反向波的作用. 图 9.11 画出了一个阿尔瓦列兹腔 Z_{eff} 对各模式的函数曲线,其中分别画出了行波和驻波两种状态. 从图上看出,驻波状态由于其中反波对加速粒子一般贡献很小,因而驻波的 Z_{eff} 一般只为行波的一半. 但在 π 模和 2π 模,驻波的 Z_{eff} 却与行波的相同. 这是由于对 π 模, $n=-1$ 的反向波具有与 $n=0$ 的正向波相同的相速和方向. 对零模(或 2π 模), $n=-1$ 的反向波具有与 $n=1$ 的正向波相同的相速和方向,见 9.2.15 式,因此它们也对加速粒子起作用. 所以阿尔瓦列兹腔选在 2π 模工作模式. 从这里也可看出, Z_{eff} 是全面地反映了加速腔的加速效率,而 Z_s 则只能反映腔的高频效率,这也是我们以后更多的使用 Z_{eff} 的原因.

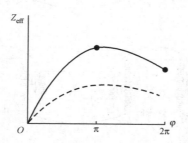

图 9.11　阿尔瓦列兹腔 Z_{eff} 对各模式的关系
实线为行波状态;虚线为驻波状态

我们现在再从群速度的角度来分析阿尔瓦列兹腔的 π 和 2π 模式. 从图 9.10 色散曲线看出, π 和 2π 模(0 模)的群速度 $v_g = d\omega/d\beta = 0$. 上一部分讨论慢波结构 (9.2.31) 式时曾指出, v_g 大的加速结构高频稳定性能好,但效率低,反之, v_g 小时结构效率高,但高频稳定性能差. 因此阿尔瓦列兹腔 π 和 2π 模的加速效率虽然很高,但高频稳定性能却差,即加工、安装公差对高频场的幅值与相位的影响,强束流下的束流负载效应以及高频场脉冲的瞬态效应都比较大. 这是阿尔瓦列兹腔工作

在 2π 模式的缺点.

　　为了既保持阿尔瓦列兹腔高分路阻抗的优点,又克服它稳定性差的缺点,20世纪 60 年代在美国的洛斯阿拉莫斯实验室研究出了一种称为杆耦合器结构的稳定的阿尔瓦列兹腔.图 9.12 画出了这种结构腔的示意图.在这种腔中除原有的漂浮管及其支承杆外,还在腔内壁左、右两侧依次装有称为杆耦合器的金属杆.这种

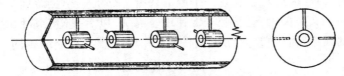

图 9.12　杆耦合器稳定结构的阿尔瓦列兹腔

金属杆一端与腔的内壁相连,另一端指向漂浮管的中部,但与漂浮管保持一定的距离.这种杆耦合器的作用可以用一种双周期单元链等效电路来说明,如图 9.13 所示.将此电路与以前表示的阿尔瓦列兹腔的周期等效电路链图 9.9 相比较可发现,加入杆耦合器就相当于在原来的每两个相邻的谐振电路间加入一个表示杆耦合器

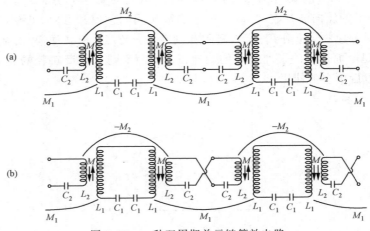

图 9.13　一种双周期单元链等效电路

的新的谐振电路.因为这种电路由两种谐振电路相间组成,故称为双周期单元链电路.以前的图 9.9 就称为单周期单元链电路.类似于单周期单元电路链的色散曲线图 9.10,可求出双周期单元电路链的色散曲线,见图 9.14.这时有两条色散曲线,上面的对应加速单元链,下面的对应耦合单元链.一般情况下,上下两条曲线互不耦合.现在通过调节耦合单元的参数及其相互的耦合系数,可提高其 0 模频率 ω_c,使趋向加速单元链的 ω_a.当 ω_c 与 ω_a 重合时,耦合单元链与加速单元链发生耦合共振,使色散曲线融合成图 9.14(b)所示的在 0 模连续的曲线.群速度 v_g 不再为零,而且在 0 模时与相邻模式的频率间隔也增大了,不易发生相邻模式场的干扰,因此

既保持了原有阿尔瓦列兹腔有效分路阻抗高的优点,又克服了在 0 模时工作不稳定的缺点,成为稳定的腔结构.

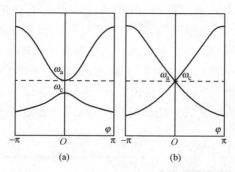

图 9.14 双周期单元电路链的色散曲线
(a) 非耦合共振情况;(b) 耦合共振情况

现在杆耦合器结构的阿尔瓦列兹腔已成为加速能量在 $\beta=0.04\sim0.5$ 的中速范围(相当于 $0.75\sim150\,\mathrm{MeV/u}$)离子直线加速器一般采用的加速腔,当工作频率为 $200\,\mathrm{MHz}$,每核子能量变化在 0.75—45.0—100—$200\,\mathrm{MeV}$ 时,它的相应 Z_{eff} 值变化一般为 179—33.6—23.3—$12.6\,\mathrm{M\Omega/m}$. 由此看出当 $\beta>0.5$ 时阿尔瓦列兹腔的有效分路阻抗已经下降很多而效率很低了. 这是因为随着离子能量的增大,加速单元的长度也须增加. 为使每单元的谐振频率保持不变,就要求间隙长度 g 与单元长度 l 之比 g/l 也增加,这就使渡越时间因子 T 下降[见(9.2.44)式],因而 Z_{eff} 下降. 所以对于 $\beta>0.5$ 的高速粒子,就须要发展新的加速腔. 下面我们要讨论的边耦合腔,就是一种适于加速高速粒子的加速腔.

边耦合腔是美国洛斯阿拉莫斯实验室在建造 $800\,\mathrm{MeV}$ 质子直线加速器时发展的用于加速高速粒子($100\sim800\,\mathrm{MeV}$)的加速腔. 它适于工作在更高的频率,这正适合 $\beta>0.5$ 的粒子的情况. 以后我们会看到,当 $\beta>0.5$ 时束流的径向散焦问题已不严重,不须在腔内放置径向聚焦元件,从而腔的径向尺寸可以减小. 另外,速度较大时即使工作频率较高,腔轴附近电场的不均匀性也不大. 而采用较高的工作频率还可使加速单元的长度不至于过长.

边耦合腔也属于我们上面讨论过的双周期单元链的稳定加速结构. 它的结构如图 9.15 所示. 轴线上的是加速单元腔. 在相邻的加速腔之间在边上用耦合单元腔耦合. 由于工作频率较高,耦合腔的体积不至于很大,这也使得采用腔作为耦合单元成为可能. 边耦合腔的色散曲线如图 9.16 所示. 同样,调节耦合腔的参数可使表征耦合单元的色散曲线趋向加速单元的色散曲线,并使两条曲线在对加速单元为 π 模时发生耦合共振,使色散曲线在该模上群速度 v_{g} 不为 0,并且与邻近模式的频率间隔增大,从而取得较好的稳定性.(见图 9.16.注意横坐标为 2φ)当边耦合腔

工作在加速腔 π 模上时,腔内电场分布示意图如图 9.17 所示.这时由加速腔到相邻耦合腔每腔上的相移为 π/2,但由加速腔到相邻加速腔每腔上的相移为 π,即每两个加速腔构成一个电周期.耦合腔内电场这时为 0,它只起耦合作用,并且对加速腔电场的干扰和高频功率损耗都很小.加速腔的内壁还做成圆弧形,加速腔的中心部位做成突出的"鼻锥"形,以提高腔的分路阻抗和渡越时间因子.这些都可以用计算机获得最佳形状.美国洛斯阿拉莫斯实验室的边耦合腔的 Z_{eff} 值为 $38\sim42\,\text{M}\Omega/\text{m}$.由于边耦合腔适用于 $\beta>0.5$ 的高速粒子,因此它也适用于加速电子.现在边耦合腔除用于建造高速质子驻波直线加速器外,也用于建造电子驻波加速器.

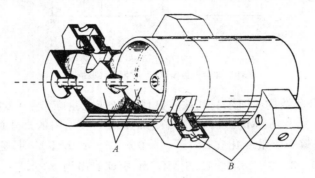

图 9.15　边耦合腔结构图

A——加速单元腔；　B——边耦合单元腔

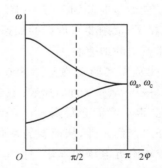

图 9.16　边耦合腔在耦合共振情况下的色散曲线

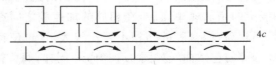

图 9.17　边耦合腔工作在加速腔 π 模的电场分布示意图

适于加速中速和高速粒子的加速结构还有其他类型的.如中速的结构还有多

杆结构(multistem),高速的还有圆盘-垫片结构(disk and washer),高速的还有轴耦合腔等,它们都属于双周期结构,也都有各自的特点,这里我们不再一一叙述.

2. 几种谐振线形的加速结构

在直线加速器中不但使用波导和谐振腔,而且也广泛使用谐振线作加速结构.它们多用在工作频率低于 100 MHz 或更低的场合下,以适合于低能粒子或重离子的加速. 在这样低的频率下,谐振腔的体积就变得很大,甚至不现实. 而使用谐振线,则体积可以做得小得多.这类加速结构通常采用 $\lambda/4$ 或 $\lambda/2$ 谐振线来激发漂浮管或加速电极所需的加速电压,或是直接利用其自身产生的加速电场.这样的一些结构,对高频特性起主要作用的是谐振线,而接地的外罩筒(腔筒)的影响较小,当然后者起了屏蔽高频辐射和提供真空容器的作用.谐振线往往可以在没有筒腔或部分筒腔的情况下仍保持其基本特性,这与一般的谐振腔型的加速结构有很大的不同. 由此看出,谐振线型加速结构对机械公差的要求比较松. 对于无损耗的均匀传输线及谐振线,一般无线电课程中都已讨论过,这里我们只把终端短路及开路的谐振线的电压、电流分布及其输入阻抗重提一下,供分析时用. 图 9.18 分别画出了一段终端短路(a)与开路(b)的谐振线示意图及其上电压、电流幅值的分布. 它们从另一端输入的输入阻抗分别为

$$Z_{in} = jZ_0 \tan kl \qquad (9.2.48a)$$

及

$$Z_{in} = -jZ_0 \cot kl, \qquad (9.2.48b)$$

其中 Z_0 为特性阻抗,

$$Z_0 = \sqrt{L'/C'}. \qquad (9.2.49)$$

L', C' 分别为传输线单位长度上的电感、电容值,k 为相位常数,

$$k = 2\pi/\lambda = \omega \sqrt{L'C'}. \qquad (9.2.50)$$

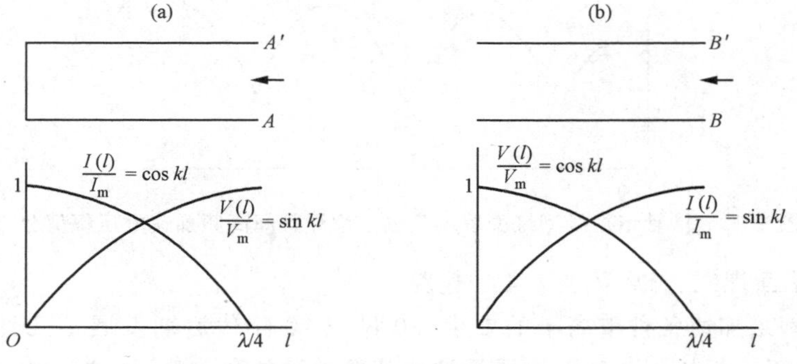

图 9.18　谐振线上的高频高压、电流幅值分布
(a) 一端短路的情形；(b) 一端开路的情形

加速结构中常应用谐振线上电压的波腹来加速粒子,而用电压波节或其他匹配结构来支撑谐振线.这里列举的都是无损耗均匀谐振线的性质,实际的谐振线都是既有损耗又不均匀的.在这里为了简明和分析方便,我们都把谐振线当作无损耗均匀的来处理,而在加速结构的实际设计中,就须将损耗和非均匀性考虑进去了.

（1）维德罗埃加速腔.

最早提出的维德罗埃加速器,其原理如图 9.1 所示,现在它仍是工作在低频范围的一种重要的直线加速器类型.两条分别连接奇数和偶数序号漂移管的导体,由于它们的长度与高频波长可以比较,所以它们就构成了一个谐振线,其结构既可以采取同轴线也可以采取双线结构.一端与腔筒连接,另一端与导体连接的支杆也是一段谐振线.图 9.19 画出了一个同轴谐振线型腔的示意图及内导体上和轴线上漂浮管间的高频电压幅值分布.在这种腔中,奇数号漂浮管固定在内导体上,具有与内导体相同的高电位,偶数号漂浮管固定在腔壁上,具有地电位,因此漂浮管中的电压分布也反映了内导体上的电位分布.这个电位分布,正是谐振线的电位分布.这条作为内导体的谐振线,又由三条另一端接地的短谐振线支持而固定在腔体上,在三个支点处内导体上的电位下降.由于漂浮管逐渐增长使电压分布稍有增加.同轴谐振线型维德罗埃腔适于加速 $\beta < 0.05$（约 1 MeV/u）的低速粒子,工作在 $10 \sim 30$ MHz 的低频范围,Z_{eff} 可达 $30 \sim 60$ MΩ/m.也有的维德罗埃腔是采用双线谐振线结构的,这时双线分别起了上述同轴谐振线型腔中的内导体及腔筒的作用,它的特点基本与同轴谐振型维德罗埃腔相同.

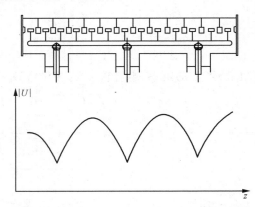

图 9.19　同轴谐振线型维德罗埃腔轴上漂浮管间高频加速电压幅值分布

（2）平面螺线、分离环及 $\lambda/4$ 加速腔.

为了满足加速各种重离子的要求,20 世纪 70 年代后期发展了几种短结构的加速腔.由于它们体积小巧并可灵活地改变粒子种类和能量,使这几种加速腔具有一些新颖的特点.

　　我们先来研究平面螺线加速结构(spiral).它的正视图及侧视图如图 9.20 所示.它可以看成一段 $\lambda/4$ 谐振线卷成一个平面上的螺线,一端通过一段"腿"固定在腔筒内壁上,具有地电位,另一端连着个漂浮管处在波幅的高电位.螺线上的漂浮管与轴线上固定在两个端板上处于地电位的两个漂浮管相对,形成两个加速间隙.通过这两个间隙,中央漂浮管与接地的两端漂浮管形成两个电容 $C/2$.因此平面螺线可作为端部有电容负载的 $\lambda/4$ 谐振线来处理,如图 9.18 所示.谐振条件为

$$Z_{\text{in}} + \frac{1}{\text{j}\omega C} = 0, \qquad (9.2.51)$$

其中 Z_{in} 为从 AA' 端向左看入的输入阻抗,由(9.2.48a)式给出.由(9.2.51)式及(9.2.48)式看出,谐振条件要求 Z_{in} 为电感,即 $L<\lambda/4$.由(9.2.51)式可以确定谐振频率 ω_0,粒子得到谐振加速的条件为粒子穿越两个间隙中央的时间为半个高频周期.

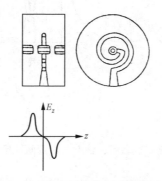

图 9.20　平面螺线加速腔示意图及轴上漂浮管间高频加速电场幅值的分布

　　平面螺线腔的谐振频率也可以由它的等效电路图 9.21 求得.其中 L 为螺线管的等效电感,C 为臂上漂浮管及臂对两端漂浮管与地形成的等效电容.因此谐振频率为

$$\omega = 1/\sqrt{LC}. \qquad (9.2.52)$$

L,C 可通过将弯臂分成短段,用数值计算求得.并联电阻 R_P 及品质因数 Q 也可通过臂上如图 9.18 所示的电流与电压分布近似求得.平面螺线腔常运行在 108 MHz 以下,并联电阻值在 5~6 MΩ.

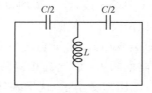

图 9.21　平面螺线腔的等效电路图

为了提高平面螺线的高频效率,可以将两个平面螺线在腿部合并,即构成分离环加速腔.它的结构和轴上的加速电场幅值的分布如图 9.22 所示.从高频特性上看,分离环可以看成是主要通过两臂上漂浮管间的电容 D、公共"腿"的电感 L_c 和两臂间互感 M 耦合起来的两个平面螺线.它的等效电路如图 9.23 所示.C 是臂及其上的漂浮管对地的电容.由此电路,可解得分离环有两个谐振模式 π 模和 0 模.它们的谐振频率为

$$\omega_\pi^2 = 1/[LC(1-M/L)(1+2D/C)], \tag{9.2.53a}$$

$$\omega_0^2 = 1/[LC(1+M/L+2L_c/L)]. \tag{9.2.53b}$$

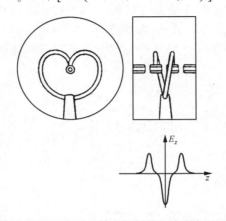

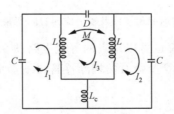

图 9.22　分离环加速腔示意图及轴上漂浮管间高频加速电场幅值的分布

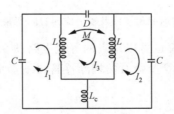

图 9.23　分离环腔的等效电路图

对于 π 模,两臂漂浮管上电压的幅值相等,但相位相反,因此是工作模式.漂浮管间的电场分布正如图 9.22 所示.在此模式时,可看成电荷通过臂在两漂浮管间振荡,形成两端有电容负载的 $\lambda/2$ 谐振线,流过腿的电流为 0.对于 0 模,两臂漂浮管上电压幅值相等且同相,因此两臂漂浮管间无电场.

分离环的特性基本与平面螺线相似.由于它比平面螺线增加了一个主要的中央加速间隙,这使它的并联分路电阻 R_P 值比起相应的平面螺线要高一倍左右,但由此它对注入离子能量的适应范围却变小了,这反映在渡越时间因子 T 对注入离

子能量 W_i/A 的关系曲线上.图 9.24 画出了不同加速间隙数 N 的 T-W_i/A(单位为 MeV)曲线.可以看出加速间隙越多,加速结构对加速能量的适应性越差.但对分离环($N=3$),这种适应能力还是比较强的.

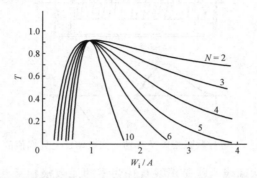

图 9.24　不同加速间隙 N 时,渡越时间因子 T 与离子注入能量的关系

80 年代在短加速结构中还发展了一种 QWR(quarter wave resonator)结构,即 $\lambda/4$ 谐振腔.它的示意图如图 9.25 所示.这种腔实质上与平面螺线腔相同,只不过将弯臂拉直,再将腔筒改为沿直臂方向伸展,并将加速粒子的漂浮管及束孔安置到腔筒的一端.这种加速腔结构简单,直臂可以做得很结实,体积不大,很适于做成超导加速腔.

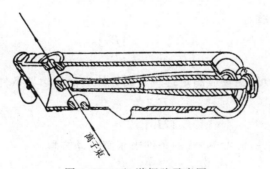

图 9.25　$\lambda/4$ 谐振腔示意图

（3）柱状螺线加速腔.

柱状螺线腔(helix)以前又称螺旋波导腔.长柱状螺线作为一种慢波结构早已在行波管中被应用,它的性能和计算方法也早被充分地研究过.但是作为一种短加速结构,它在 70 年代才被提出,是最早研究的一种短加速结构.

短柱状螺线腔的结构示意图及其轴上加速电场的幅值分布如图 9.26 所示,它的电场分布近似于一个导波波长($\beta\lambda$)的正弦波.长柱状螺线的特性可以用所谓的导面模型(sheath model)算得.短柱状螺线腔的特性可以用导面模型及空间谐波,并加上腔两端的边界条件算得.

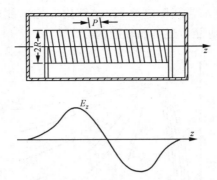

图 9.26　短柱状螺线腔及其轴上高频加速电场幅值的分布

　　导面模型把柱状螺线当作是螺线直径为零的无数根相互绝缘的导线沿螺旋角 ψ 方向并排地绕在半径为 a 的圆柱面上,构成一个沿 ϕ 角方向导电的薄层. 令 $E_{//}$ 为此薄层上沿 ϕ 角的电场分量,则有

$$E_{//} = [E_z \sin\psi + E_\theta \cos\psi]_{r=a} = 0. \qquad (9.2.54)$$

薄层内外的 $H_{//}$ 值在薄层上应该连续,

$$H_{//} = [H_z^i \sin\psi + H_\theta^i \cos\psi]_{r=a}$$
$$= [H_z^o \sin\psi + H_\theta^o \cos\psi]_{r=a}. \qquad (9.2.55)$$

薄层上电场还应连续,

$$[E_z^i]_{r=a} = [E_z^o]_{r=a}, \qquad (9.2.56)$$

$$[E_\theta^i]_{r=a} = [E_\theta^o]_{r=a}. \qquad (9.2.57)$$

在腔筒内表面上电场、磁场应满足理想金属导体表面的边界条件,即

$$[E_z]_{r=b} = 0, \qquad (9.2.58)$$

$$[H_r]_{r=b} = 0. \qquad (9.2.59)$$

　　在(9.2.54)式~(9.2.59)式的条件下求解波动方程

$$\nabla^2 \boldsymbol{E} - \frac{1}{c^2} \cdot \frac{\partial^2 \boldsymbol{E}}{\partial t^2} = 0, \qquad (9.2.60)$$

$$\nabla^2 \boldsymbol{H} - \frac{1}{c^2} \cdot \frac{\partial^2 \boldsymbol{H}}{\partial t^2} = 0, \qquad (9.2.61)$$

并仅考虑基本模式,可求得长螺线腔的色散曲线方程为

$$(ka\cot\psi)^2 = (g_0 a)^2 \frac{I_0^2(g_0 a)\left[\dfrac{K_0(g_0 a)}{I_0(g_0 a)} - \dfrac{K_0(g_0 b)}{I_0(g_0 b)}\right]}{I_1^2(g_0 a)\left[\dfrac{K_1(g_0 a)}{I_1(g_0 a)} - \dfrac{K_1(g_0 b)}{I_1(g_0 b)}\right]}, \qquad (9.2.62)$$

其中,

$$g_0^2 = \left(\frac{\omega}{v_0}\right)^2 - \left(\frac{\omega}{c}\right)^2, \quad k = \frac{\omega}{c}, \tag{9.2.63}$$

v_0 为基波相速度，I_0，K_0，I_1，K_1 为修正贝塞尔函数.

当 g_0 很大，即 v_0 很小时，由（9.2.62）式可得近似关系

$$v_0 \approx c \cdot \frac{P}{2\pi a}. \tag{9.2.64}$$

（9.2.64）式的物理意义是：当 v_0 很小时，波相速 v_0 沿 z 方向的慢化可以看成是由于电磁波沿螺线迂回前进所造成的.

对于短柱状螺线腔，要计算它的特性，则除满足条件（9.2.54）式～（9.2.59）式外，还要加上两端的边界条件，即当 $z=0$ 与 $z=L$ 时，

$$E_r = E_\theta = B_z = 0, \tag{9.2.65}$$

并且在波动方程的解中应将各次空间谐波包括进去. 这样算得的加速电场的分布及工作频率与实验结果基本符合.

以上对柱状螺线腔的处理是从波动方程和边界条件出发的，即是从电磁场的角度来处理的. 也可以从传输线和谐振线的角度来处理，把柱状螺线看成是传输线，这样短柱状螺线腔就可以看成是一段两端接地中间绕成螺线状的 $\lambda/2$ 谐振线. 这使得这段谐振线虽然体积不大，却可工作在较低的频率. 螺线上分布的电荷在轴线上产生了所需的加速电场. 螺线上的电流造成了腔的主要高频功率损耗.

短柱状螺线腔的体积不大，却可工作在较低的频率，而且结构也比较简单，这是它的优点. 但由于螺线导体不能做得很粗，而且在低频时螺线又较长，这使柱状螺线的机械强度较差，在强电磁力作用下易于产生振动. 这个弱点限制了它在 70 年代后半期的进一步发展和应用. 柱状螺线腔适合于工作在 10 MeV/u 以下的能量范围，这时它的有效分路阻抗在 $10\sim 30$ MΩ/m 范围内.

第三节　粒子在直线加速器中的运动

一、慢波结构中的近轴电磁场

直线加速器中，粒子运动在近轴的电磁场内，因此我们首先来研究慢波结构的近轴电磁场.

先求电场轴向分量 E_z.

由（9.2.14）式，可写出

$$\begin{aligned}
E_z(r,z,t) &= \sum_{-\infty}^{+\infty} a_n(r)\cos(\omega t - \beta_n z + \varphi) \\
&= \sum_{-\infty}^{+\infty} E_{zn}(r,z,t). \tag{9.3.1}
\end{aligned}$$

对于 E_{zn} 的近轴场,可写成对轴上 $r=0$ 场的级数展开式,

$$E_z\,(r,z,t) = (E_{zn})_{r=0} + r\left(\frac{\partial E_{zn}}{\partial r}\right)_{r=0} + \frac{r^2}{2}\left(\frac{\partial^2 E_{zn}}{\partial r^2}\right)_{r=0} + \cdots. \qquad (9.3.2)$$

现在须求各个系数. 由于自由空间中电流和自由电荷为零,所以电场 E 和 E_{zn} 皆满足波动方程

$$\nabla^2 E_{zn} = \frac{1}{c^2}\frac{\partial^2 E_{zn}}{\partial t^2}. \qquad (9.3.3)$$

在圆柱坐标系中,上式为

$$\frac{1}{r}\frac{\partial}{\partial r}\left(r\frac{\partial E_{zn}}{\partial r}\right) + \frac{1}{r^2}\frac{\partial^2 E_{zn}}{\partial\theta^2} + \frac{\partial^2 E_{zn}}{\partial z^2} = \frac{1}{c^2}\frac{\partial^2 E_{zn}}{\partial t^2}. \qquad (9.3.4)$$

考虑到慢波结构的轴对称性,应有

$$\frac{\partial E_{zn}}{\partial\theta} = 0, \qquad \frac{\partial^2 E_{zn}}{\partial\theta^2} = 0. \qquad (9.3.5)$$

将(9.3.5)式代入(9.3.4)式并整理,得

$$\frac{\partial}{\partial r}\left(r\frac{\partial E_{zn}}{\partial r}\right) = r\left(\frac{1}{c^2}\frac{\partial^2 E_{zn}}{\partial t^2} - \frac{\partial^2 E_{zn}}{\partial z^2}\right). \qquad (9.3.6)$$

对上式两边从 $0\rightarrow r$ 取积分,对右边括号里的函数以轴上 $r=0$ 的值作近似替代,则可得

$$\frac{\partial E_{zn}}{\partial r} \approx \frac{r}{2}\left(\frac{1}{c^2}\frac{\partial^2 E_{zn}}{\partial t^2} - \frac{\partial^2 E_{zn}}{\partial z^2}\right)_{r=0}, \qquad (9.3.7)$$

$$\left(\frac{\partial E_{zn}}{\partial r}\right)_{r=0} = 0, \qquad (9.3.8)$$

$$\frac{\partial^2 E_{zn}}{\partial r^2} \approx \frac{1}{2}\left(\frac{1}{c^2}\frac{\partial^2 E_{zn}}{\partial t^2} - \frac{\partial^2 E_{zn}}{\partial z^2}\right)_{r=0}, \qquad (9.3.9)$$

$$\left(\frac{\partial^2 E_{zn}}{\partial r^2}\right)_{r=0} \approx \frac{1}{2}\left(\frac{1}{c^2}\frac{\partial^2 E_{zn}}{\partial t^2} - \frac{\partial^2 E_{zn}}{\partial z^2}\right)_{r=0}$$

$$= -\frac{1}{2}(a_n)_{r=0}\left(\frac{\omega^2}{c^2} - \beta_n^2\right)\cos(\omega t - \beta_n z + \varphi)$$

$$= \frac{1}{2}(a_n)_{r=0}\beta_n^2\left(1 - \frac{v_{pn}^2}{c^2}\right)\cos(\omega t - \beta_n z + \varphi), \qquad (9.3.10)$$

其中 $v_{pn} = \omega/\beta_n$ 为第 n 次空间谐波的相速度. 将(9.3.8)式及(9.3.10)式代入(9.3.2)式即得 E_z. 第 n 次空间谐波的近轴表示式为

$$E_{zn}(r,z,t) \approx (a_n)_{r=0}\left[1 + \frac{r^2}{4}\left(1 - \frac{v_{pn}^2}{c^2}\right)\beta_n^2\right]\cos(\omega t - \beta_n z + \varphi).$$

$$(9.3.11)$$

用类似的方法可求得 $E_{rn}(r,z,t)$ 和 $H_{\theta n}(r,z,t)$ 的近轴表示式. 它们为

$$E_{rn}(r,z,t) \approx -\frac{1}{2}(a_n)_{r=0}r\beta_n\sin(\omega t - \beta_n z + \varphi),\tag{9.3.12}$$

$$H_{\theta n}(r,z,t) \approx -\frac{1}{2}(a_n)_{r=0}\varepsilon_0 r\omega\sin(\omega t - \beta_n z + \varphi).\tag{9.3.13}$$

二、粒子的加速与相运动

一个电荷数为 q 的粒子在(9.3.1)式所表述的电场中通过一个加速单元长度 d 所取得的能量增益为

$$\Delta W = qe\int_{-d/2}^{d/2}E_z(r,z,t)\mathrm{d}z$$

$$= qe\int_{-d/2}^{d/2}\sum_{-\infty}^{+\infty}a_n(r)\cos(\omega t - \beta_n z + \varphi)\mathrm{d}z.\tag{9.3.14}$$

现在假定此粒子的速度 v 与第 n 次空间谐波的相速度 v_{pn} 相等,即

$$v = v_{pn} = \omega/\beta_n,\tag{9.3.15}$$

且该粒子只在 z 轴上运动,即 $r=0$,则将(9.3.15)式代入(9.3.14)式可得

$$\Delta W \approx qe(a_n)_{r=0}\cdot d\cos\varphi.\tag{9.3.16}$$

(9.3.16)式可写成另一形式,

$$\Delta W \approx qeE_0T_n d\cos\varphi,\tag{9.3.17}$$

其中 E_0,T_n 分别为轴上平均加速电场强度和渡越时间因子,

$$E_0 = \frac{1}{d}\int_{-d/2}^{d/2}\sum_{-\infty}^{+\infty}(a_n)_{r=0}\cos(\beta_n z)\mathrm{d}z,\tag{9.3.18}$$

$$T_n = (a_n)_{r=0}/E_0.\tag{9.3.19}$$

由(9.3.17)式可写出粒子的能量增长率为

$$\mathrm{d}W/\mathrm{d}z \approx qeE_0T_n\cos\varphi,\tag{9.3.20}$$

或者 W 以 eV 为单位写为

$$\mathrm{d}W/\mathrm{d}z \approx qE_0T_n\cos\varphi.\tag{9.3.21}$$

现在我们来研究粒子的相运动.对于理想粒子,它的相位在运动中保持不变,即 $\varphi = \varphi_s$.根据(9.3.21)式,它的能量增长率为

$$\mathrm{d}W_s/\mathrm{d}z \approx qE_0T_n\cos\varphi_s,\tag{9.3.22}$$

因此一般粒子对于理想粒子的能量变化率之差为

$$\frac{\mathrm{d}}{\mathrm{d}z}(W-W_s) = qE_0T_n(\cos\varphi - \cos\varphi_s).\tag{9.3.23}$$

由于 $\mathrm{d}W = \varepsilon_0\mathrm{d}\gamma$,其中 ε_0 为粒子的静止能量,(9.3.23)式也可写为

$$\frac{\mathrm{d}}{\mathrm{d}z}(\gamma - \gamma_s) = \frac{qE_0T_n}{\varepsilon_0}(\cos\varphi - \cos\varphi_s).\tag{9.3.24}$$

一般粒子对理想粒子的相位差为

$$\varphi - \varphi_s = \int \frac{\omega}{v} dz - \int \frac{\omega}{v_s} dz, \tag{9.3.25}$$

$$\frac{d}{dz}(\varphi - \varphi_s) = \omega \left(\frac{1}{v} - \frac{1}{v_s} \right) = \frac{\omega}{c} \left(\frac{1}{\beta} - \frac{1}{\beta_s} \right)$$

$$= \frac{\omega}{c} \left(\frac{\gamma}{\sqrt{\gamma^2 - 1}} - \frac{\gamma_s}{\sqrt{\gamma_s^2 - 1}} \right), \tag{9.3.26}$$

$$\frac{\gamma}{\sqrt{\gamma^2 - 1}} \approx \frac{\gamma}{\sqrt{\gamma_s^2 - 1}} - \frac{1}{(\gamma_s^2 - 1)^{3/2}}(\gamma - \gamma_s)$$

$$= \frac{\gamma_s}{\sqrt{\gamma_s^2 - 1}} - \frac{1}{\beta_s^3 \gamma_s^3}(\gamma - \gamma_s). \tag{9.3.27}$$

将(9.3.27)式代入(9.3.26)式,得

$$\frac{d}{dz}(\varphi - \varphi_s) \approx -\frac{\omega}{c} \cdot \frac{1}{\beta_s^3 \gamma_s^3}(\gamma - \gamma_s)$$

$$= -\frac{2\pi}{\lambda} \cdot \frac{1}{\beta_s^3 \gamma_s^3}(\gamma - \gamma_s), \tag{9.3.28}$$

$$\gamma - \gamma_s = -\frac{\lambda}{2\pi} \beta_s^3 \gamma_s^3 \frac{d}{dz}(\varphi - \varphi_s). \tag{9.3.29}$$

将(9.3.29)式代入(9.3.24)式,整理即得粒子的相运动方程,

$$\frac{d}{dz} \left[\beta_s^3 \gamma_s^3 \frac{d}{dz}(\varphi - \varphi_s) \right] = -\frac{2\pi}{\lambda} \frac{qE_0 T_n}{\varepsilon_0}(\cos\varphi - \cos\varphi_s). \tag{9.3.30}$$

粒子的相运动方程也可以通过变换 $dz \approx v_s dt$ 而采用时间 t 为自变量,

$$\frac{d}{dt} \left[\beta_s^2 \gamma_s^3 \frac{d}{dt}(\varphi - \varphi_s) \right] = -\frac{2\pi c^2 qE_0 T_n \beta_s}{\lambda \varepsilon_0}(\cos\varphi - \cos\varphi_s), \tag{9.3.31}$$

或通过变换 $dz \approx v_s T_r dN$ 而采用高频周期数 N 为自变量,

$$\frac{d}{dN} \left[\beta_s^2 \gamma_s^3 \frac{d}{dN}(\varphi - \varphi_s) \right] = -\frac{2\pi qE_0 T_n \lambda \beta_s}{\varepsilon_0}(\cos\varphi - \cos\varphi_s). \tag{9.3.32}$$

对直线加速器中相运动方程(9.3.30)式～(9.3.32)式的讨论可仿照第七章中对相运动方程(7.2.12)式的讨论进行. 这里我们只以相运动方程(9.3.31)式为例,列出由它得出的几个结果.

首先,在小振幅 $|\Delta\varphi| = |\varphi - \varphi_s| \ll 1$ 和短时间(由此 $\beta_s^2 \gamma_s^3$ 可近似当作不变)的情况下,方程(9.3.31)可近似写为

$$\frac{d^2}{dt^2} \Delta\varphi - \frac{2\pi c^2 qE_0 T_n}{\lambda \varepsilon_0 \beta_s \gamma_s^3} \sin\varphi_s \cdot \Delta\varphi = 0, \tag{9.3.33}$$

可知仅当 $\varphi_s < 0$ 时,直线加速器的相运动才可能为稳定的振动,并且相振动的圆频率

$$\Omega = [-2\pi c^2 qE_0 T_n \sin\varphi_s / (\lambda \varepsilon_0 \beta_s \gamma_s^3)^{1/2}]. \tag{9.3.34}$$

由相运动方程得出的直线加速器的稳定的平衡相位 $\varphi_s < 0$ 的结论和第七章中由直

线加速器的 $\Gamma < 0$ 而推得的稳定的 $\varphi_s < 0$ 的结论是一致的.

对于直线加速器中长时间的相运动,可类似于用第七章中的慢变参数法,求出相振荡振幅的绝热衰减规律

$$(\varphi - \varphi_s)_{\max} = K \left(\frac{\lambda \varepsilon_0}{-2\pi c^2 q E_0 T_n \beta_s^3 \gamma_s^3 \sin \varphi_s} \right)^{1/4}, \tag{9.3.35}$$

K 为由初始条件决定的常数.

第七章中用摆模型、位阱图和相图来研究相运动的方法和结果都适用于直线加速器的相运动.对于摆模型,比较摆的运动方程(7.3.18)与相运动方程(9.3.31)看出,只要取

$$J = \beta_s^2 \gamma_s^3, \quad PL = \frac{2\pi c^2 q E_0 T_n \beta_s}{\lambda \varepsilon_0}, \tag{9.3.36}$$

直线加速器的相运动方程就可以用对应于 $\Gamma < 0$ 和 $\varphi_s < 0$ 的摆模型来模拟,相应的势能分布曲线和相图则如图 7.11(b)所示.这样直线加速器中粒子相运动的稳定区、相图等相运动的特性都可以在第七章中有关 $\varphi_s < 0$ 的相运动讨论中找到,在此我们就不重复了.

应该指出,以上关于在直线加速器中粒子会围绕稳定的平衡相位振荡的结论对于 $\beta_s \to 1$, $\gamma_s \to \infty$ 的情况是不适合的.这可以从(9.3.34)式看出,当 $\gamma_s \to \infty$ 时,粒子的相振荡频率 $\Omega \to 0$,即相振荡停止了.这种情况在电子直线加速器中就会出现,因为随着能量的增加电子的 β_s 很快趋于 1.这个将在电子直线加速器部分专门讨论.

三、粒子的横向运动

现在来研究粒子在直线加速器近轴电磁场中的横向运动.取圆柱坐标的 z 轴沿粒子运动方向.仍考虑粒子与第 n 次空间谐波同步,并应用(9.3.11)式—(9.3.13)式的近轴电磁场表达式,则有

$$\begin{aligned}
F_r &= q e (E_r - \mu_0 v_z H_{\theta n}) \\
&= -\frac{1}{2} (a_n)_{r=0} q e r [\beta_n - \mu_0 \varepsilon_0 v_z \omega] \sin(\omega t - \beta_n z + \varphi) \\
&= -\frac{1}{2} (a_n)_{r=0} q e r \frac{\omega}{v} (1 - \beta^2) \sin(\omega t - \beta_n z + \varphi) \\
&= -\frac{\pi q e T_n E_0 r}{\lambda \beta_s \gamma_s^2} \sin(\omega t - \beta_n z + \varphi).
\end{aligned} \tag{9.3.37}$$

从(9.3.37)式看出,粒子在近轴电磁场中所受的径向力与粒子的相位有关.对于理想粒子,所受的径向力及径向运动方程为

$$F_r = -\frac{\pi q e T_n E_0 \sin \varphi_s}{\lambda \beta_s \gamma_s^2} r, \tag{9.3.38}$$

$$\frac{\mathrm{d}}{\mathrm{d}t}\left(m\,\frac{\mathrm{d}r}{\mathrm{d}t}\right)+\frac{\pi qeT_{n}E_{0}\sin\varphi_{s}}{\lambda\beta_{s}\gamma_{s}^{2}}r=0. \tag{9.3.39}$$

通过变换 $\dfrac{\mathrm{d}}{\mathrm{d}t}=v_{z}\dfrac{\mathrm{d}}{\mathrm{d}z}$，方程(9.3.39)可写成以 z 为自变量的形式

$$\frac{\mathrm{d}}{\mathrm{d}z}\left(\beta_{s}\gamma_{s}\,\frac{\mathrm{d}r}{\mathrm{d}z}\right)+\frac{\pi qeT_{n}E_{0}\sin\varphi_{s}}{\lambda\varepsilon_{0}\beta_{s}^{2}\gamma_{s}^{2}}r=0. \tag{9.3.40}$$

从(9.3.38)式～(9.3.40)式看出，对于理想粒子 $\varphi_{s}<0$，近轴电磁场的径向作用力是散焦力，也即是在直线加速器中粒子的径向运动稳定性与相运动稳定性是矛盾的. 解决这个矛盾的办法是采用外加聚焦元件来取得径向运动的稳定性，以保证粒子的相位仍处在稳定的相位范围内. 在离子直线加速器中通常采用的外加元件是第四章中所提到的强聚焦四极透镜组，而电子直线加速器则通常采用螺旋线圈来保证电子的径向聚焦.

第四节　离子直线加速器

一、离子直线加速器的组成和实例

一台离子直线加速器一般由以下几部分组成：

（1）注入器. 通常是高压倍加器、单级静电加速器或串列静电加速器. 它向直线加速器提供足够能量、流强和符合品质要求的所需种类的离子束.

（2）低能束流输运线. 它将注入器输出的离子束注入加速腔中. 它除装有静电或磁的聚焦装置、束流导向装置，聚束、切割装置及束流测量与观测等装置外，有时还有束流偏转与分析装置.

（3）加速腔. 这是直线加速器的主体，它将由高频功率源馈入的能量有效地转换成适宜于离子加速的高频电场. 根据加速离子的种类、能量范围等的不同要求，人们发展出了各种适用的加速器. 在第二节中已对几种主要的加速腔作了介绍. 加速腔腔筒通常由低碳钢或不锈钢的钢-铜复合板做成，也可通过在钢板内壁上镀以较其趋肤深度厚得多的紫铜，来减少高频功率的损耗. 腔筒及加速结构均用水冷却. 腔筒又是一个真空容器，它使加速结构及离子束都处在高真空中. 加速腔中还有频率调谐装置、高频功率馈送装置及高频信号提取等装置.

（4）高频功率源. 它向加速腔提供所需的高频功率. 它主要由高频机、馈线、功率计及加速电场的幅值、相位与频率的稳定控制系统组成. 高频机是直线加速器的一个主要和贵重的设备. 它实际是一台高频的大功率放大器，由频率稳定度高的晶体主振器输出的低电平信号，经低电平放大、多级中间放大、驱动放大，最后驱动末级功率放大器. 末级功放管是高频机的关键器件，应根据输出功率和带宽的要求来

选择. 如频率为 200 MHz 的高频机, 常用大量用于雷达上的大功率 RCA 7835VI 型三极管, 最大输出调制峰值功率可达 7 MW, 采用 TH516 型三极管, 最大输出调制峰值功率可达 $2\sim3$ MW. 一台直线加速器的所有高频功率源, 都以一个晶体主振器的参考线作为相位的基准, 以保持各加速腔及高频部件间正确的相位关系.

(5) 真空系统. 它由分子泵、离子泵等真空机组及真空检测、控制等装置组成, 主要任务是在加速腔、束流输运管道等设备中建立及维持所需的高真空.

(6) 聚焦透镜系统. 它主要由磁四极透镜组、电源及其稳定与调节系统构成, 以提供粒子束的横向聚焦.

(7) 水冷装置. 用于冷却加速腔、高频机、磁铁线圈及其他发热部件. 有的加速腔须恒温以取得工作频率和加速电场的稳定, 这也是通过控制冷却水的水流量和温度达到的.

(8) 束流检测系统. 它安装在束流输运管道各处, 以测量束流的流强、剖面、发射度、能散等, 为调机和保证加速器的正确工作状态提供根据.

(9) 控制系统. 它管理和控制加速器运行的各个步骤及保护装置, 并对以上加速器的各系统参量进行监测、显示及调整. 控制系统的中枢是控制台. 现代的控制系统大多是计算机化的系统.

(10) 束流输出系统. 它的任务是将从加速腔出来的束流输运到实验工作区. 它主要由输运管道, 偏转、分析磁铁, 开关磁铁及聚焦、束测部件组成.

下面介绍几台有代表性的离子直线加速器.

(1) 美国洛斯阿拉莫斯国家实验室(LANL)的 800 MeV 质子直线加速器. 这是世界上迄今能量最高的质子直线加速器, 全长 794 m. 它有三台 750 kV 的高压倍加器作注入器, 以分别提供质子、负氢离子和极化负氢离子束. 100 MeV 以前加速器采用杆耦合结构的阿尔瓦列兹腔共 4 个腔, 161 个加速单元, 工作频率为 201.25 MHz. 阿尔瓦列兹腔前有长 12.5 m 的低能输运段, 上有两个聚束器.

100 MeV 以后采用边耦合腔以提高有效分路阻抗. 工作频率改为 805 MHz. 边耦合腔共有 44 个腔组, 4 960 个加速单元, 4 856 个耦合单元. 每个腔组由一个速调管供电, 输入脉冲功率为 1.25 MW.

这台加速器具有较高的负载因子, 初期为 6%, 以后逐步提高到 12%. 它的平均流强较大, 刚建成时为 100 μA, 1979 年已达 500 μA, 现在已经达到 1 000 μA.

这台加速器 1968 年开始设计, 1972 年建成. 该加速器主要用于精细的中能核物理实验研究, 是世界上第一座介子工厂的主体设备, 同时还进行核武器研究, 负介子癌症治疗试验和同位素生产等.

(2) 布鲁克海文国家实验室(BNL)的 200 MeV 质子直线加速器. 这台加速器 1968 年开始建造, 1970 年出束, 造价约 1 200 万美元, 主要用作该实验室 33 GeV 质子同步加速器(AGS)的注入器. 全器长 144.8 m, 注入器为 750 kV 的高压倍加器, 后为 8 m 多长的低能输运线, 上有两个同轴谐振腔型的聚束器, 它们的工作频率与主器相同, 为 201.25 MHz, 俘获效率可达 72%.

该加速器由 9 个阿尔瓦列兹腔组成, 腔直径 94～84 cm, 腔长 7.44～15.73 m. 加速单元数共 286 个, 漂浮管外直径 16～18 cm, 内孔直径 2.0～4.0 cm. 每个加速腔的激励功率 0.51～3.24 MW, 有效分路阻抗 53.5～14.9 MΩ/m, 轴上平均加速场强 1.6～2.56 MV/m. 输出能量为 200.3 MeV, 设计脉冲流强为 100 mA, 最大脉冲重复频率 10 Hz, 束流负载因子 0.2%. 这台加速器从第 2 个加速腔开始采用多杆结构, 每个漂浮管有四根杆(包括漂浮管支撑杆)与腔壁相连, 这种结构使加速场的稳定性大为改善.

该加速器除用作 AGS 的注入器外, 还用于短寿命同位素生产、辐照化学、核医学等.

与 BNL 这台加速器几乎同时建成的是美国费米实验室(Fermilab)的 200 MeV 质子直线加速器. 它的参数、性能与 BNL 的非常相近, 只是它采用的是杆耦合器稳定结构而不是多杆结构. 这使结构比较简单, 调整灵活. 由于杆的数目减少一半, 也使杆上损耗的功率大为减少. 这台加速器主要用作该实验室 8 GeV 增强器的注入器, 同时还用于放射医疗方面.

(3) 德国重离子研究所(GSI)的全粒子直线加速器(UNILAC). 这是世界上第一台能加速全部元素的离子, 并能把铀离子加速到 10 MeV/u 而超过库仑位垒的直线加速器. 它于 1974 年建成出束.

它的注入器是 300 kV 的高压倍加器. 可加速离子的最低荷质比为 11/238, 即 U_{238}^{11+} 离子. 因此, 其注入能量低到只有 11.6 keV/u. 为适应这么低的注入能量, 头 4 节加速腔采用维德罗埃腔, 工作频率 27.12 MHz, 将离子加速到 1.4 MeV/u, 然后通过 CO_2 气体剥离靶增大电荷态以提高加速效率, 使离子的最低荷质比提高到 25/238, 再通过两节 108.48 MHz 的阿尔瓦列兹腔将离子加速到 5.9 MeV/u 能量. 为使离子能量可以变化, 最后还有 20 个相位和加速电场都可单独调节的单隙加速腔. 这些单腔可根据所需粒子的能量来加速或减速离子, 使其能量可在 1.8～10 MeV/u 间任意变化.

这台加速器全长约 90 m, 总高频功率为 6.8 MW, 对 U 离子, 负载因子设计值为 25%, 峰值流强为 12 μA, 对质量数低于 90 的离子, 可得连续束流. 1994 年, UNILAC 开始它的强流升级改造计划, 高压倍加器由强流 RFQ 加速器所取代, 为获得更高的流强, 加速的最低荷质比为 2/238, 注入能量为 2.2 keV/u. RFQ 加速器加速重离子到 120 keV/u. 4 节维德罗埃加速腔由两节 IH-DTL 取代, 它们都运行在 36.16 MHz, 同样将离子加速到 1.4 MeV/u. 后面的加速结构不变. 改造工作

1999 年完成,成功地获得了约 1 emA 的重离子束流强.

（4）北京 35 MeV 质子直线加速器.中国科学院高能物理研究所的这台加速器的注入器为 750 kV 的高压倍加器.低能束流输运线上的聚束器为双漂移谐波聚束腔.阿尔瓦列兹加速腔采用稳定的杆耦合器结构,工作频率 201.25 MHz,全长 21.8 m,腔筒内直径由 94.94～90.9 cm,共 104 个加速单元.漂浮管外径为 18～16 cm,内孔径为 2～3 cm.轴上平均电场为 1.65～2.6 MV/m,所需总高频功率为 4.66 MW,由 5 MW 的高频机供给.高频机的末级功放采用两个并联的 TH116 三极管.质子加速能量达 35.5 MeV.脉冲流强为 60～80 mA,脉冲重复频率 1～12.5 Hz,束流脉冲宽度 50～150 μs.这台加速器已投入运转,用于核物理研究,短寿命同位素的制备以及中子癌症治疗研究.

二、高频四极场(RFQ)加速结构

RFQ(radio frequency quadrupoles)加速结构是一种利用高频四极电场同时实现横向聚焦及纵向加速的新型加速结构.由于电场的库仑力与带电粒子的速度无关,这使它特别适合于加速能量低于 1～2 MeV/u 的低能离子,而且可直接接在离子源后使用.

一种四翼型(4 vane)RFQ 腔的结构如图 9.27 所示.它工作在 H_{210} 或者 TE_{210} 模式.这时相对电极的电位极性相同,相邻电极的电位极性相反.图 9.28 画出了电极与电力线形状.图上画出了在 x-z 平面里的两个相对电极,另外两个在 y-z 平面里的相对电极,在 x-z 平面内的两个电极靠近时会远离,故图上没画出.而当 x-z 平面内的两电极远离时,它们靠近,并在图里用圆圈标出.可以证明,一般这样的 RFQ 电极在 z 轴附近产生的电位空间分布为

$$U(r,\theta,z)=\sum_{l=0}^{\infty}F_{0l}r^{2(2l+1)}\cos 2(2l+1)\theta$$

$$+\sum_{n>1}^{\infty}\sum_{l=0}^{\infty}A_{nl}I_l(knr)\cos 2l\theta\sin knz. \tag{9.4.1}$$

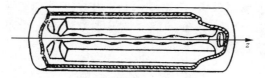

图 9.27　四翼型 RFQ 加速腔结构

通常为使处理简便只取 $l=0$ 的项,并选择电极形状,使尽量符合此电位分布,即

$$U(r,\theta,z)=-\frac{V}{2}[F_{00}r^2\cos 2\theta+A_{10}I_0(kr)\sin kz], \tag{9.4.2}$$

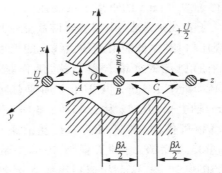

图 9.28　四翼型 RFQ 电极与电力线形状

其中 k 是传播常数，I_0 是虚宗量贝塞耳函数. 可以看出，(9.4.2)式右边第一项是四极场，第二项是 $n=1$ 的空间谐波项，即基波.

由此可求得近轴电场空间分布的表达式为

$$E_z = \frac{kAV}{2} I_0(kr)\cos kz,$$

$$E_r = \frac{FV}{a^2} r\cos 2\theta + \frac{kAV}{2} I_1(kr)\sin kz, \qquad (9.4.3)$$

$$E_\theta = -\frac{FV}{a^2} r\sin 2\theta,$$

其中，

$$A = \frac{m^2-1}{m^2 I_0(ka)+I_0(mka)}, \qquad (9.4.4)$$

$$F = 1 - AI_0(ka) \qquad (9.4.5)$$

分别为表征加速与横向聚焦作用的参数，$k=2\pi/\beta\lambda$，m 为电极调制系数，V 为相邻电极间电位差，a 为极面到 z 轴的最小距离，I_0，I_1 为零阶及一阶虚宗量贝塞耳函数. 当考虑到时间项时，(9.4.3)各式均须乘以时间项 $\cos(\omega t + \varphi)$.

从图 9.28 及(9.4.3)式看出，由于 RFQ 的电极形状出现了调制，即 $m>1$，因而不但有横向聚焦的电四极场，在 z 轴上还产生了加速电场 E_z. 我们取电极相邻的峰谷间为 RFQ 的一个单元(图 9.28 的 AB 段)，则在一个单元上在轴线上运动的理想粒子的能量增益为

$$\Delta W_s = qe \int_{-L/2}^{L/2} E_z \, \mathrm{d}z$$

$$= qeE_0 TL\cos\varphi_s. \qquad (9.4.6)$$

其中轴上平均电场 E_0 为

$$E_0 = AV/L. \qquad (9.4.7)$$

渡越时间因子 T 为

$$T = \pi/4. \tag{9.4.8}$$

(9.4.6)式与第三节中能量增益表达式(9.3.17)式相同. 与第三节中推导粒子的相运动方程类似, 可以推导出粒子在 RFQ 腔轴线上的相运动方程为

$$\frac{\mathrm{d}}{\mathrm{d}z}(W - W_s) = qE_0 T_n(\cos\varphi - \cos\varphi_s),$$

$$\frac{\mathrm{d}}{\mathrm{d}z}(\varphi - \varphi_s) = -\frac{2\pi}{\varepsilon_0 \beta_s^3 \gamma_s^3 \lambda}(W - W_s), \tag{9.4.9}$$

或写为

$$\frac{\mathrm{d}}{\mathrm{d}z}\left[\beta_s^3 \gamma_s^3 \frac{\mathrm{d}}{\mathrm{d}z}(\varphi - \varphi_s)\right] = -\frac{2\pi}{\lambda} \cdot \frac{qeE_0 T}{\varepsilon_0}(\cos\varphi - \cos\varphi_s). \tag{9.4.10}$$

可看出 RFQ 中粒子的相运动方程与第三节中推导的相运动方程(9.3.30)形式完全相同, 因此第三节中关于粒子在直线加速器中相运动及相稳定区的一般规律都适用于 RFQ 加速器. 应指出的是, 在 RFQ 中平均电场 E_0 是与极面调制系数 m 有关的, 见(9.4.7)式及(9.4.4)式, 因此可以通过选择 m 的变化控制粒子的相运动. 这点将在研究 RFQ 的参数设计中讨论.

对于 RFQ 中的横向运动, 根据(9.4.3)式中 E_r 的表达式和近似式

$$\mathrm{I}_1(kr) \approx \frac{1}{2}kr, \tag{9.4.11}$$

可得到 RFQ 中近轴粒子的横向运动方程为

$$\frac{\mathrm{d}^2 x}{\mathrm{d}z^2} = \frac{qe}{\varepsilon_0 \gamma \beta^2}\left[\frac{FV}{a^2}\cos(\omega t + \varphi) + \frac{k^2 AV}{4}\sin kz \cos(\omega t + \varphi)\right]x. \tag{9.4.12}$$

上式右边第一项表示的是高频四极场的聚焦力, 第二项表示的是加速电场的散焦力. 由于第二项既随坐标变化, 又随时间变化, 我们对它取一个加速单元内的平均值, 得到

$$\frac{\mathrm{d}^2 x}{\mathrm{d}z^2} = \frac{qe}{\varepsilon_0 \gamma \beta^2}\left[\frac{FV}{a^2}\cos(\omega t + \varphi) - \frac{k^2 AV}{8}\sin\varphi_s\right]x. \tag{9.4.13}$$

同样得

$$\frac{\mathrm{d}^2 y}{\mathrm{d}z^2} = \frac{qe}{\varepsilon_0 \gamma \beta^2}\left[-\frac{FV}{a^2}\cos(\omega t + \varphi) - \frac{k^2 AV}{8}\sin\varphi_s\right]y. \tag{9.4.14}$$

作变换

$$\tau = \frac{z}{\beta\lambda} = \frac{\omega t + \varphi}{2\pi}, \tag{9.4.15}$$

则方程(9.4.13)可写成

$$\frac{\mathrm{d}^2 x}{\mathrm{d}\tau^2} + (\Delta - B\cos 2\pi\tau)x = 0, \tag{9.4.16}$$

其中

$$\Delta = \frac{qe\pi^2 AV\sin\varphi_s}{2\varepsilon_0 \gamma\beta^2}, \tag{9.4.17}$$

$$B = \frac{qe\lambda^2 FV}{\varepsilon_0 \gamma a^2}. \tag{9.4.18}$$

(9.4.16)式是马蒂厄方程.

　　同样 y 方向的运动也可写成类似的马蒂厄方程. 只要选择 RFQ 的各参数, 使 x 和 y 两个方向的运动都在马蒂厄方程解的稳定区域内, 那么粒子在 RFQ 中的横向运动就是稳定的. 若同时还要求束流包络的最大值小于 RFQ 的孔径 a, 则粒子束就能在横向通过 RFQ.

　　下面以一台典型的四翼型 RFQ 的参数设计为例, 来说明 RFQ 的一般设计方法及特性. 这是美国 LANL 建造的第一台用来验证 RFQ 原理的加速器. 1980 年投入试验时, 一举取得了以 87% 的高传输效率, 加速得到 26 mA 质子强束流的高指标, 从而开始了 RFQ 加速器研制的高潮. 这台 RFQ 加速腔长 111 cm, 腔筒直径 15 cm, 工作频率 425 MHz. 它将 100 keV 的质子加速到 640 keV. 整个加速结构一般可分为三段(见图 9.29):

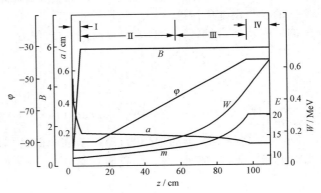

图 9.29　　LASL 425 MHz RFQ 的参数设计图
Ⅰ——径向匹配段;　Ⅱ, Ⅲ——成形与聚束段;　Ⅳ——加速段

　　(1) 径向匹配段(radial matching). 这段只有几个单元长. 这段上电极无调制 ($m=1$), 孔径 a 像喇叭口一样由很大很快地收缩到正常值. 径向匹配段的作用是使注入的连续束流在横向运动中能被 RFQ 的高频场有效地俘获.(图 9.29 中Ⅰ)

　　(2) 成形与聚束段(shaper and gentle buncher). 这段中 m 缓慢地由 1 变化到 2, φ_s 由 $-90°$ 缓慢地变化到最终加速相位, 以取得效率高达 90% 以上的绝热相位群聚.(图 9.29 中Ⅱ, Ⅲ)

　　(3) 加速段(accelerator). 这段中 φ_s 和 m 都保持不变, 以取得有效的加速.(图 9.29 中Ⅳ)

　　由此可见, RFQ 结构将横向匹配、横向强聚焦、高效聚束以及加速等几项作用都集中于一个腔中, 并且可直接接在离子源后, 取得高传输效率的强束流. 这些特

点是其他加速器所未能具备的. 因此在粒子能量低于 $1\sim2\,MeV/u$ 的范围内, RFQ 是一种非常理想的、结构紧凑的加速器. 以 1989 年 7 月美国用阿里斯火箭发射到太空以进行"星球大战"计划中粒子束武器试验的 RFQ 为例, 它的全长 1 m, 直径 18 cm, 重量仅 55 kg, 工作频率 425 MHz, 可将 H^- 离子由 30 keV 加速到 1 MeV, 脉冲流强 30 mA, 束流传输效率为 87%. 现在体积小巧的 RFQ 几乎替代了体积庞大的高压倍加器作为离子直线加速器的注入器. RFQ 在用作离子注入器和强中子源方面也有着广阔的前途.

2000 年美国洛斯阿拉莫斯国家实验室(LANL)建成了一台迄今能量最高的 350 MHz 四翼型质子 RFQ 加速器 LEDA (low energy demonstration accelerator), 它将 75 keV 的质子加速到 6.7 MeV. 加速腔全长 8 m, 用纯无氧铜制成, 重 2.3 t, 由 8 节 1 m 长的腔组成, 每 2 节腔构成一段, 各段间由共振耦合连接. 加速器运行在连续波 CW 状态, 由两个速调管分别注入 1 MW 的射频功率, 输出流强达到 100 mA. 它为以后这类用于大功率强流质子直线加速器注入器的四翼型 RFQ 加速器的发展提供了一个范例.

四翼型 RFQ 适合于工作在较高的频率以加速轻离子, 它属于谐振腔的加速结构. 还有一种四杆型(four rod)RFQ. 它的电极采用调制的四杆型, 如图 9.30(a)所示, 相对的一对电极用一条直臂支撑, 如图 9.30(b)所示, 形成加载的 $\lambda/4$ 谐振线. 这种谐振线型的 RFQ 也可利用长螺线作支撑臂, 使得可以不用很大的腔筒, 而通过增大电感来降低谐振频率, 以加速重离子. 1999 年北京大学建成的一台 26 MHz 整体分离环型 RFQ 加速器(ISR RFQ)就是这类重离子 RFQ 加速器. 它的结构如图 9.30 (c)所示, (腔筒被剖开)腔筒直径仅 75 cm, 长 2.5 m. 这台 ISR RFQ 工作在 1/6 负载因子, 仅用 24 kW 射频功率就将 O^- 离子由 22 keV 加速到 1 MeV 能量, 峰值流强达到 5 mA, 具有很高的射频效率. 用它还实现了 O^- 和 O^+ 离子的同时加速.

RFQ 加速器现在已成了紧接离子源后取代高压倍加器的最重要的低能离子加速器和注入器, 无论在大功率轻离子 RFQ, 还是在重离子 RFQ 方面都在国际上取得了广泛的应用和发展. 在我国除了上述北京大学发展的重离子 ISR RFQ 外, 中国科学院高能物理研究所在 2009 年也建成了一台用于加速器驱动能源(ADS)研究的强流四翼型质子 RFQ 加速器. 它工作在 352 MHz, 腔长 4.75 m, 由两节共振耦合的腔构成, 在负载因子 6%、射频功率 590 kW 时将 75 keV 能量的质子加速到 3.5 MeV, 峰值流强达到 46 mA. 现在该所又在建造一台用于大功率散裂中子源的 324 MHz, 3 MeV 能量 H^- 离子四翼型 RFQ 加速器, 而北京大学则正在建造一台用于中子照相用的 200 MHz, 2.0 MeV 能量氘核的四杆微翼型 RFQ 加速器.

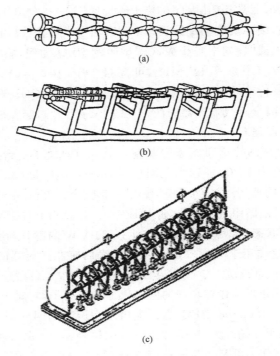

图 9.30   四杆型 RFQ

（a）四杆 RFQ 电极；（b）四杆型 RFQ 结构；（c）北京大学 ISR RFQ（螺线臂）

第五节   电子直线加速器

一、行波电子直线加速器

1. 相运动的特点与电子的注入、聚束

行波电子直线加速器的盘荷波导结构在第二节中已作了介绍，电子的相运动也符合第三节中研究的一般带电粒子的相运动规律. 它的相运动也可用相运动方程(9.3.30)描述. 但是电子的静止质量较离子小很多，只有 0.51 MeV，这使它在很低能量时速度就可以非常接近光速. 例如 $W=0.1$ MeV 时，$\beta=0.5$. $W=1$ MeV 时，$\beta=0.94$. 这就使它的相运动具有与离子不同的特点.

电子在行波直线加速器中也存在自动稳相现象. 它的相振动圆频率 Ω 如(9.3.34)式所示. 从该式中看出，当电子能量增大时，β_s 很快趋近于 1，$\gamma_s \gg 1$，因而 $\Omega \to 0$. 这表示电子的相振荡很快就停止了. 此后该电子的相位就一直保持该值直至最终输出. 但是电子的能量增益是与所处的相位有关的，因此必须在电子的相位停止振荡前使电子的相位实现群聚,否则输出的电子的能散度就会很大.

实现电子相位的群聚可以使用聚束器,它的原理在第三章中已讨论过了.电子的聚束器通常采用单隙谐振腔,与离子的类似,只是工作频率更高,它与加速器的工作频率一致.为了切去未群聚的电子须采用切割器,或称斩波器(chopper).由于工作频率高,它不采用平行板电极,而是采用谐振腔,通常多用 TE_{102} 矩形谐振腔.

TE_{102} 矩形腔中央($x=a/2, z=d/2$)电场为 0,仅存在磁场分量 H_z,

$$H_z = -\frac{2a}{d}\overline{H}_z \cdot \sin\frac{\pi x}{a} \cdot \cos\frac{2\pi z}{d}\cos\omega t. \qquad (9.5.1)$$

沿 y 方向通过此中心的电子将受到的洛伦兹力应在 z 方向.当 H_z 随时间周期变化时,这个磁场力使电子束在 z 方向扫描展开,因此可在漂移一定距离后用一切割缝选取所需相位范围内的电子.通常斩波器也与聚束器一起组成一个斩波-聚束系统.

电子行波直线加速器还常用在主加速段前引入一个聚束段的办法来实现聚束.所谓聚束段也是一般盘荷波导,但是它的参数设计得使电场强度和相速都逐渐变化,令平衡相位 φ_s 由 $-\pi/2$ 逐渐过渡到 0,这样使注入的充满 2π 相角的电子束,围绕理想粒子经历绝热的相位收缩,最终相位都聚到 0°附近,进入主加速段中实现高效率的加速.

2. 横向聚焦

电子在行波直线加速器中的横向运动,也可以用方程(9.3.40)表示.在电子注入的最初一段里,由于 φ_s 在负值,电子受到的是电磁场散焦作用.但随着电子能量的增加,它的 γ 值迅速变得很大,这个散焦作用也就迅速减弱,电子相位向 0°相位的群聚也使散焦力减小.因此进入主加速段后,电子的横向聚焦已不成问题,即使加速段较长,只要适当地设置聚焦四极透镜组也就可以了.但在注入后的最初一段,还须提供外部横向聚焦力.常用的办法是利用螺线管的轴向磁场,对电子施以径向聚焦作用.图 9.31 画出了轴向磁场 H_z 对电子产生径向力的机制.假设电子的 $v_r > 0$,则 H_z 对电子的作用力使电子产生一个如图所示的速度 v_θ. H_z 又给此 v_θ 速度的电子以如图所示的径向力 F_r.这个力对于偏离轴线的电子就是径向聚焦力.盘荷波导的直径一般不大,因此聚焦线圈可以同轴地置于波导管的外面.

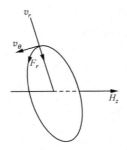

图 9.31 轴向磁场 H_z 对于电子的径向作用力

3. 结构与实例

与离子直线加速器相似,电子行波直线加速器也主要由相应的以下几部分组成:

(1) 电子枪. 它提供加速用的电子束. 通常阴极负高压为 $40\sim120\,\mathrm{kV}$,脉冲流强约几百 mA,束流脉宽约 $1\sim3\,\mu\mathrm{s}$. 它的电子束品质应满足要求,并且要求电子枪有较长的使用寿命.

(2) 低能束流输运线. 它将从电子枪出来的电子束注入加速波导中. 输运线上一般有束流导向、聚焦、测量及聚束等装置.

(3) 盘荷波导. 这是加速器的主体. 行波电子直线加速器的盘荷波导可分常阻抗和常梯度两种. 前者将波导的阻抗设计得各处相同,后者则使波导上各处的加速场强不变. 通常以采用常阻抗的为多. 现在加速波导几乎都用高导电无氧铜制造. 由于电子直线加速器对加速波导的频率与相位特性提出的精度要求很高,因此对盘荷波导的加工精度及表面光洁度等工艺的要求也非常之高.

(4) 微波功率源与微波传输系统. 行波电子直线加速器的工作频率大部分在 S 波段($\sim3\,000\,\mathrm{MHz}$),少量的在 L 波段($\sim1\,300\,\mathrm{MHz}$)、X 波段($\sim9\,000\,\mathrm{MHz}$)和 C 波段($\sim6\,000\,\mathrm{MHz}$). 微波功率源提供在这些波段建立加速电场所需的微波功率,主要有速调管和磁控管两种. 速调管是利用速度调制原理制成的一种高功率射频放大器. 它的稳定性好,输出功率高,如 S 波段的最大峰值功率接近 $60\,\mathrm{MW}$,工作寿命长,平均都在 $17\,000\,\mathrm{h}$,但效率一般仅 40% 左右. 磁控管是一个自激振荡器. 它的设备简单,效率可达 $50\%\sim60\%$,但功率和频率的稳定性差,而且功率较小,如 S 波段的最大脉冲输出功率仅 $5\,\mathrm{MW}$. 因此,它通常用作小型低能电子直线加速器的功率源.

要将微波功率传输到加速波导还要求有微波传输系统,包括隔离器、耦合器、真空窗、吸收负载等微波元件. 这些部件不仅应能承受额定功率,而且输入驻波比要比较小.

　　（5）真空系统．它一般由钛离子泵机组及真空检测、控制等装置组成，以建立和维持加速波导、束流输运管道及部件中的高真空．加速波导中真空度一般应优于 $6.7×10^{-5}\sim1.3×10^{-3}$ Pa．

　　（6）聚焦系统．它包括建立纵向磁场的螺线管、磁四极透镜组，及电源与稳定、调节系统，以提供电子束所需的横向聚焦．

　　（7）水冷与恒温装置．由于加速波导的频率、相移等受温度的影响很大，因此电子行波直线加速器对温度稳定度和温度梯度都有严格的要求．如多数医用电子直线加速器要求温度稳定度为 $±1℃$，1 m 多长的波导上的温度梯度小于 $2℃$．有的加速器要求更高．这就对水冷管道的结构、布置与恒温装置有严格要求．

　　（8）束流检测系统．它包括对电子束特性，如电子束的强度、剖面、发射度、能量、能谱、束团相宽、相位-能量等的测量．

　　（9）控制系统．它管理和控制加速器的运行、保护、调整等．

　　（10）束流输出系统．它将由加速器引出来的电子束输运到实验、工作区．

　　下面介绍几台有代表性的电子行波直线加速器．

　　（1）美国斯坦福电子直线加速器（SLAC）．这台直线加速器全长 3 050 m，加速电子能量达 22 GeV，是世界上最长、能量最高的电子直线加速器．其投资 1.1 亿美元，1966 年建成．它的工作频率为 2 856 MHz．加速波导为常梯度波导．波导外直径 $8.2\sim8.3$ cm，光阑孔直径 $1.9\sim2.6$ cm，光阑厚度 0.58 cm．工作在 $2π/3$ 模式．速调管微波功率源峰值功率 4 000 MW，平均功率 4 MW．注入电子束峰值流强 100 mA，每秒脉冲数 360，输出平均流强 48 μA．该加速器利用高能电子产生 $γ$ 射线和其他次级粒子，供高能物理实验及基本粒子研究用．

　　（2）中国科学院高能物理研究所的 1.1/1.4 GeV 电子直线加速器．这台加速器是北京正负电子对撞机（BEPC）的注入器，1988 年开始运行，可将正负电子加速到 $1.1\sim1.55$ GeV 的能量．加速器全长 202 m．它可分为 30 MeV 预注入器，159 MeV 加速段，100 MeV 正电子螺线管聚焦加速段和 1.1/1.4 GeV 主加速段．工作频率 2 856 MHz，重复工作频率 12.5 Hz．微波功率源由 16 台速调管放大器组成，每台峰值功率 30 MW．实测电子能量达 1.55 GeV，峰值流强 1 000 mA，正电子能量 1.2 GeV，峰值流强达 6.4 mA．

二、驻波电子直线加速器

　　我们在第二节中对谐振腔和波导间的关系讨论过在盘荷波导的端部放置短路的金属平面以反射入射波，这种加速结构也可以工作在驻波状态．对于 $π$ 模，由于 $n=1$ 的返波也与基波一样可对加速作出贡献，这使 $π$ 模的分路阻抗大大提高．这正是早期一些电子直线加速器采用驻波方式工作的主要原因．但如在第二节中分析过的,由于 π 模的群速度为零,相邻模式的间隔很小,使得结构的稳定性很差,电场和频率对加工公差、束流负载等非常灵敏.特别在加速单元数很多时,这种结构难以稳定运行.因此,后来电子直线加速器几乎都采用盘荷波导的行波方式.

到了 20 世纪 60 年代后期,一种稳定的新结构——双周期加速结构出现了.其中适于加速高速粒子的边耦合腔被成功地用在 LANL 的 800 MeV 质子直线加速器上.(见本章第二节第三部分)由于这种加速结构稳定性好,分路阻抗高,而且可达到高加速梯度,很适于作电子直线加速器的驻波加速结构,因此驻波电子直线加速器又得到了发展,特别是在电子直线加速器的小型化方面取得了很大的成功.

关于双周期加速结构的特性我们在第二节中已经研究过了,在此不再重复.这里我们只以一台 3.7 MeV 的边耦合腔驻波电子直线加速器为例,来介绍这种结构加速器的参数与性能.这台加速器是北京医疗器械研究所与清华大学合作研制的.它的工作频率为 2 998 MHz,加速器长仅 27.5 cm,由 6 个腔组成,加速梯度高达 14 MV/m,电子注入电压只有 40 kV,微波功率源采用磁控管 M5015,峰值功率 2.0 MW,输出电子流为 90 mA,俘获系数约 36%,最大金属表面场强达 71 MV/m.这台加速器于 1982 年出束,用于医疗方面.这种加速器结构短,前面的腔也有电透镜作用,因此,不需外部聚焦磁场,可采用直射式结构,省去偏转磁铁,使结构十分紧凑,造价也可降低.所以,这种结构的驻波电子直线加速器是很有发展前途的.现在已有不少这类加速器产品.

第六节　超导直线加速器

一、高频超导体

在各类加速器中,直线加速器因具有束流强和引出方便的特点而占有重要的地位.但是,其加速结构高频功率损耗大,高频设备费用昂贵,这一直是限制其发挥作用的重要因素.20 世纪 60 年代初人们发现,低温超导体的高频表面电阻只有室温下铜的十万分之一.这一重要特性为发展高频功率损耗小的、可连续运行的超导直线加速器开辟了一个新时代.

超导体的高频表面电阻,是它在加速结构应用中的一个重要参量,它决定了加速结构的功率损耗.高频场中超导体的性能与直流的作用不同.当温度低于临界温度 T_c 后,超导体的电阻并不为零,而等于一个小的高频表面电阻 R_s.以常用的超导材料 Nb 为例,由 BCS 理论,它的表面电阻 $R_{BCS}(\Omega)$ 与温度 $T(K)$,频率 $f(Hz)$ 的关系为

$$R_{BCS} = \frac{2.4 \times 10^{-21}}{T} \cdot f^{1.8} \exp\left(-1.8\frac{T_c}{T}\right). \tag{9.6.1}$$

实验发现,当 R_s 随温度降至 $10^{-8}\,\Omega$ 后就偏离上式,偏离值趋于残余电阻 R_{res},即有

$$R_s = R_{BCS} + R_{res}. \tag{9.6.2}$$

R_{res}的大小与温度无关,而决定于超导体的表面处理状况.表 9.1 中列出了常用三种超导材料的一组 R_{BCS} 及 R_s 值.

表 9.1　几种超导体的表面电阻和临界磁场值

材料	T_c/K	R_{BCS}^*/Ω	R_{res}^*/Ω	$H_c(0)/(A/m)$	$H_{sh}/(A/m)$
Pb	7.2	5×10^{-9}	2×10^{-8}	6.40×10^4	8.95×10^4
Nb	9.2	2.5×10^{-9}	10^{-9}	1.59×10^5	1.91×10^5
Nb$_3$Sn	18.2	4×10^{-11}	$\sim 10^{-9}$	4.30×10^5	3.18×10^5

* $T = 4.2\,K$, $f = 100\,MHz$ 时的值

另一个超导加速结构中的重要参量是超热临界场 H_{sh}(super heating critical field).它与直流临界磁场 H_c 稍有不同.当高频磁场超过 H_{sh} 时,超导体就立即变成普通导体.表 9.1 中也列出了三种超导材料的 $H_c(0)$ 及 H_{sh} 的理论值.$H_c(T)$ 随温度的关系为

$$H_c(T) = H_c(0) [1 - (T/T_c)^2]. \tag{9.6.3}$$

实验测得的 $H_c(0)$ 低于理论值,例如 Pb 为 $3.58 \times 10^4 A/m$,Nb 为 $1.27 \times 10^5 A/m$,原因尚不清楚,一般认为与表面不完善有关.除临界磁场外,场致发射和电子负载也会限制加速电场的水平.

现在常用于超导加速结构的超导材料是 Nb 和 Pb,其中 Pb 的 T_c 和 H_{sh} 虽然较低,但它价格便宜且易于镀在铜表面形成良好的超导层,仍有着优点.Nb$_3$Sn 由于工艺还不成熟,应用受到限制.

二、超导电子直线加速器

从上节看出,由于射频超导体较之常温导体的电导率可以有高达 10^5 数量级的提高,因而用它做成加速腔可以极大地降低射频功耗.这不仅能节省大量电能和设备费用,而且还可由此带来射频超导加速器的一系列优越的特性,如可以连续波(CW)运行,加速腔由于较少受到射频功耗的限制而可以得到更好的优化等,不仅使束流强度大幅提高,而且束流品质和稳定性也可得到很大的改善.对于因受射频功耗大、设备成本费高等影响特别大的直线加速器的发展来说,它更是提供了一条重要的解决途径.因此随着射频超导技术的发展,射频超导直线加速器也得到了迅速的发展.其中电子直线加速器又由于电子能量到达 $0.5\,MeV$ 后即已接近光速,即 $\beta = v/c \approx 1$,因而使加速腔都可做成 $\beta \approx 1$ 的腔体,不像离子直线加速器须要研发适应不同 β 值的不同的加速腔结构.而且它适合于使用更高的加速频率,如 $f \geqslant 1\,GHz$,这使加速腔体积更小,也使低温容器不会很大.这些都是超导电子加速器的特点.

第一台原型超导电子直线加速器是美国斯坦福大学在 1964 年建造的. 它是在铜上镀铅的 3 腔结构, 将电子从 80 keV 加速到了 500 keV, 加速梯度约 3 MV/m. 后来他们又建造了一台, 其加速梯度为 3.8 MV/m, 可将电子能量加速到 6.6 MeV, 平均流强 50 μA, 能散度约 10^{-3}, 射频功耗仅 4 W.

在电子超导直线加速器的发展中, 它还常同其他类型的电子加速器结合在一起, 从而大大提高了它们的性能、指标, 推进了它们的发展. 在本书第十章的电子回旋加速器中, 就将介绍两台美国在 20 世纪 70 年代建造的, 采用超导电子直线加速器的电子回旋加速器. 一台是斯坦福大学的利用 38.5 MeV 超导直线加速器, 将注入能量为 7 MeV 的电子束经 2 次加速后使能量达到 84 MeV, 并再增加轨道数可达 280 MeV 的电子回旋加速器. 它在 CW 运行下的平均流强可达 20~100 μA. 另一台是美国伊利诺伊大学的电子回旋加速器. 它采用 12 MeV 超导电子直线加速器, 将注入的 3 MeV 电子束经 6 次加速后达到 72 MeV 能量. 这些电子回旋加速器都采用了超导电子直线加速器而使加速能量、流强和品质大幅得到提高.

现在以一台在 1994 年投入运行的美国著名的杰斐逊国家加速器实验室 (JLab) 建造的 1.497 GHz 连续波 (CW) 运行、平均流强为 50 μA 的 4 GeV CEBAF 超导电子直线加速器为例, 来介绍超导电子直线加速器. 其整个装置见图 9.32. 它由两台 400 MeV 的超导电子直线加速器主加速器和轨道上的偏转、束流部件组成. 电子束每转一圈经两台加速器后共加速两次, 能量增益为 800 MeV, 经过 5 圈后即达到 4 GeV 的能量. 电子由 100 keV 的电子枪进入其后的一台作为注入器的 45 MeV 超导电子直线加速器, 再进入两台 400 MeV 加速器. 注入器和两台主加速器分别由 18 组腔和总共 320 个加速腔组成, 每个加速腔均为 5 单元的椭圆形腔, 其形状、加速电场和等效电路见图 9.33. 它的加速腔由铌材制成放在 2 K 的低温容器中. 每个腔的有效加速长度为 0.5 m, 由一台 5 kW 的速调管供给射频功率, 平均加速场梯度为 5 MV/m, 能量增益为 2.5 MeV, $Q_0 = 2.4 \times 10^9$. 椭圆形腔体形状的优化除满足工作频率等设计要求外, 还应使得腔表面处的磁场 H_s 低于临界磁场值, 电场 E_s 对腔轴上加速电场平均值 E_a 的比值即 H_s/E_a 和 E_s/E_a 较低, 从而使运行时不至于出现失超和电子发射等不稳定状态. 多单元腔的色散、模式等特性, 可用本章前面介绍的多单元耦合腔链等效电路进行分析和研究. 随着超导腔的腔形、处理工艺和材料的不断研究、改进, 其电场加速梯度也在不断地提高.

超导能量回收型直线加速器 ERL(energy recovery linac) 的出现是超导电子直线加速器的一个重要的新发展. ERL 的概念是美国康奈尔大学的泰格纳 (M. Tigner) 在 1965 年提出的. 它可以用一个 ERL 光源的原理图 9.34 来说明: 电子束团从注入器经偏转后进入主加速器, 并使电子束团处在如该图所示的上面的加速相位而得到加速, 然后电子束团经过偏转磁铁等束流元件做转圈运动, 转圈中同时

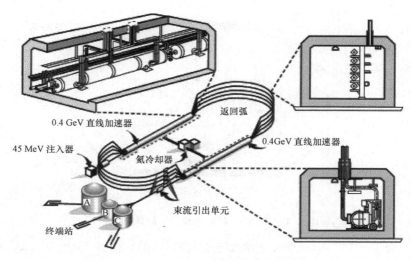

图 9.32　CEBAF 4 GeV 超导电子直线加速器

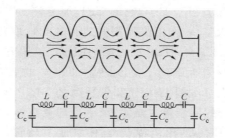

图 9.33　5 单元椭圆形超导腔及其等效电路

与波荡器等光学元件作用发出光束,之后电子束团返回主加速器并被置于图中所示的减速相位,电子束团经历减速将剩余的大部分动能返还给腔体的电磁场供下次加速电子,最终电子束团被导入回收站(放射性垃圾堆),然后新一轮的电子束团又被导入而产生光束.这样的运行模式不仅使一批批产生光束的电子束团始终保持着刚从加速器出来时所具有的高束流品质,从而产生出高品质的光束,而且也使电子束的能量得到最充分的利用,节省了大量的电能.而进入回收站的电子束其能量和产生的辐射都已降到了很低的水平.由于 ERL 具有很高的射频功率-光束的转换效率,因而非常适合用于加速高达数百 mA 电子束流的大功率光源.因此 ERL 光源可以满足现代节能、环保、高功率、高品质的要求,这使它成为新型自由电子激光(FEL)、同步辐射光源、直线对撞机和强流储存环的重要发展方向.

　　1999 年美国 JLab 首先建成了一台如图 9.35 所示的 ERL-FEL 的示范装置.平均流强为 5 mA 的电子束经超导直线加速器后能量达到 48 MeV,然后经波荡器取得了波长为 3~6.2 μm 的 1.72 kW 平均功率的 FEL.之后电子束返回加速器被

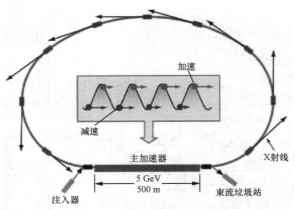

图 9.34　ERL 光源的原理及其加减速相位图

减速,将 90%~99% 的动能反馈给加速腔后进入垃圾站.取得的 FEL 脉冲长度为
0.4~1.7 ps,重复频率可达 74.85 MHz.2004 年 JLab 又建成一台升级的产生红外
自由电子激光的 ERL 装置(IRFEL),它的 ERL 加速腔已增加到 3 组,使加速后的
电子束能量达到 145 MeV,平均束流强度升高到 8 mA,取得的 6 μm 波长的 FEL
平均功率达到 10 kW.2007 年 JLab 的 ERL-IRFEL 继续升级使 FEL 输出功率达
到了 14.1 kW,并将发展目标瞄向了 100 kW~1 MW 的更高的输出功率水平.在
JLab 之后,ERL-FEL 在日本的 JAERI 和俄罗斯的 BINP 等众多研究单位也相继
建成.同时,ERL 在先进的同步辐射光源、离子冷却及直线对撞机等领域也取得了
迅速的发展.超导电子 ERL 的出色特点,已使它成了当前高性能加速器发展的一
个十分重要的方向.

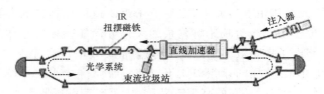

图 9.35　JLab 的 ERL-FEL 示范装置图

　　在我国,北京大学在 20 世纪 80 年代末建起了我国首个射频超导实验室,20 多
年来在从光阴极电子枪到超导电子加速腔的系统的研制上都取得了重要进步和成
果.它采用先进的国产纯铌大晶粒研制成的 1.3 GHz 单 cell 和 2-cell 加速腔分别
达到了 43.5 MV/m 和 40 MV/m 的高加速电场梯度.2005 年北京大学又开始了射
频超导 ERL-FEL 试验装置(SETF)的研制,5 MeV 的电子束将从已建成的超导型
DC-SC 光阴极电子枪进入 1.3 GHz,20 MeV 集成超导电子直线加速器(见图
9.36),再通过波荡器取得波长为 4.7~8.3 μm 的 FEL,然后电子束返回加速器减

速至约 5 MeV 能量,最后被偏转入束流垃圾收集器.该研制工作正在顺利开展.在中国科学院高能物理研究所,其升级的正负电子对撞机 BEPC II 中,已成功地采用了 508 MHz 超导加速腔,使对撞亮度和束流强度都有大幅提高.上海同步辐射光源也在储存环上采用了超导加速腔.现在,ERL-FEL 和超导加速腔等先进加速技术和设备,正在我国得到迅速发展.

图 9.36　北京大学 ERL-FEL 超导电子直线加速器

三、超导离子直线加速器

超导离子直线加速器由于采用了超导射频加速腔,因而具有与超导电子直线加速器相同的优点:节省射频功率,可在 CW 连续波下运行,束流强度和品质均可大幅提高.但由于离子从离子源出来的每核子能量很低,当能量加速到每核子几 MeV,几十 MeV 乃至几百 MeV 时,相对速度因子值也由 10^{-3} 变化到 10^{-1} 量级,因此它有相应的不同的加速结构,这在本章第二节中已分别作了介绍.因为它们的工作频率一般在几十 MHz 到几百 MHz 的较低范围内,因此工作波长较长,加速腔的体积较大,做成超导腔时就需要较大体积的制冷低温容器,这也是与超导电子加速腔不同的.

离子直线加速器的超导腔研究是在 20 世纪 70 年代初出现了谐振型的短加速结构后才开始的.第一台超导离子直线加速器是在德国卡士鲁研究所建造的柱状螺线(helix)直线加速器,它的腔体及加速电场分布见图 9.26.它的外筒直径 40 cm,长 54 cm,内壁镀铅,螺线用 6 mm 直径的铌管绕成.它的品质因数只有 3×10^7,加速梯度为 1.5 MV/m,可将 750 keV 的质子加速到 1.05 MeV 的能量.后来它改用铌作外筒,外筒直径减到 12.8 cm,在 80 MHz 和 139.5 MHz 频率下,品质因数提高到 10^8,加速梯度达到 3 MV/m.表 9.2 中列出了一台 108 MHz 超导柱状螺线加速腔的各项主要参数,可与其他超导加速腔作比较.

表 9.2 离子超导加速腔性能比较

类型	柱状螺线	分离环	分离环	$\lambda/4$ 腔
国家或地区	德国	美国	美国	以色列
建造单位	卡士鲁核研究所	阿贡实验室	纽约州大石溪分校	魏兹曼研究所
工作频率 f/MHz	108	97	150	160
粒子速度 β	0.10	0.11	0.10	0.09
储能 $U/E_a^2/[\mathrm{mJ/(MV/m)^2}]$	97	170	47	42
磁场比 $H_p/E_a/[\mathrm{T/(MV/m)}]$	4.6×10^{-2}	1.76×10^{-2}	1.10×10^{-2}	7.0×10^{-3}
电场比 E_p/E_a	11.9	4.8	5.5	4.3
腔长 L/cm	23.2	35.5	22	16
机械频率 ν/Hz		50	55	110
超导体	铌	铌	铅	铅
结构复杂程度	简单	复杂	中等	简单
稳定性	差	中等	中等	好

E_a——加速电场强度，H_p——最高磁场强度，E_p——最高电场强度

离子超导直线加速器的迅速发展是在分离环腔提出后开始的. 美国阿贡国家实验室(ANL)和纽约州立大学石溪分校(Stony Brook)分别建成了铌和铅的超导分离环腔(SLR). (它们的典型参数见表 9.2)并分别建成了串列静电加速器与几十节超导分离环单腔的组合. 80 年代初离子超导直线加速器结构中又出现了一种新腔——$\lambda/4$ 腔. 它的特性在第二节中已经介绍过. 作为一种超导腔,它的典型参数也列在表 9.2 中. 在美国华盛顿大学建造了串列静电加速器和 32 节 $\lambda/4$ 腔的组合. $\lambda/4$ 超导腔的等效电压达 24.35 MV. 在上述超导直线加速器中,其超导腔的相位均可独立调节,因而对加速不同荷质比和能量的离子,具有很大的适应性和灵活性.

在已运行的超导离子直线加速器中,现以很具代表性的美国阿贡国家实验室(ANL)的阿贡串级-直线加速器系统 ATLAS 作一介绍. 最初(1998 年)它采用 9 MV 串级静电加速器作为注入系统,后接由 46 节 97.0 MHz 超导分离环腔组成的后加速器,射频功率为 6 kW,有关参数见表 9.2,其中 4 节腔用于重聚束及均能用. 随后人们又建造了另一台由 48.5 MHz 和 72.7 MHz 两种频率的 18 节超导 $\lambda/4$ 腔构成的注入器,进一步提高了其性能. 它采用 ECR 离子源,射频功率 2.7 kW,加速电压达到 12 MV. 这些超导腔由铌制成,工作在 4.2 K 低温,每节腔相位可独立调节在连续波 CW 下运行,因而可加速由 Li 到 U 的各种离子,能量可高达 5～17 MeV/u,束流强度达到 50～500 nA.

现在美国密歇根大学(MSU)又在建造一台可用于放射性核素研究的超导重离子直线加速器系统 FRIB,它最终计划将 $^{79+}\mathrm{U}^{238}$ 离子加速到每核子 210 MeV 能

量,流强达 $8.0\,\mathrm{p}\mu\mathrm{A}$. 它也能将质子加速到 $610\,\mathrm{MeV}$. 在我国,北京大学也于 2000 年建成了我国第一台高纯铌薄膜超导 $\lambda/4$ 加速器. 它的铌腔筒长 $59\,\mathrm{cm}$,内直径 $18\,\mathrm{cm}$,工作频率 $143\,\mathrm{MHz}$,馈入射频功率 $6\,\mathrm{W}$ 时,加速场梯度为 $3\,\mathrm{MV/m}$,无载 Q 值达 2×10^{8} 以上. 当用 EN 串级静电加速器注入的 $6.8\,\mathrm{MeV}$ 质子束进行束流实验时,取得了 $0.5\,\mathrm{MeV}$ 的能量增益,为进一步发展这种离子超导直线加速器创造了条件.

近年来散裂中子源、加速器驱动能源(ADS)和直线对撞机等的研制有力地推动了大功率强流质子直线加速器的发展. 由于所需的质子能量达到了 $102\,\mathrm{MeV}$ 范围,因而 β 值已达 10^{-1} 量级,这使它可以应用超导电子直线加速器的超导腔. 现以 2007 年投入运行的美国散裂中子源 SNS 为例来予以说明. 它在采用常温腔耦合直线加速器将 H^{-} 离子加速到 $186\,\mathrm{MeV}(\beta=0.55)$ 后,即采用第一组 $803\,\mathrm{MHz}$, $\beta=0.61$ 的 33 节 6-cell 椭圆形超导腔将 H^{-} 加速到 $375\,\mathrm{MeV}$,有效加速梯度为 $10.5\,\mathrm{MV/m}$,然后再用同频率的第二组 $\beta=0.81$ 的 59 节 6-cell 椭圆形超导腔将 H^{-} 加速到 $968\,\mathrm{MeV}$ 能量 $(\beta=0.87)$,有效加速梯度为 $12.8\,\mathrm{MV/m}$. 超导腔由 $4\,\mathrm{mm}$ 厚的铌制成,负载因子为 6.0%,平均束流强度 $1.4\,\mathrm{mA}$,平均束功率 $1.4\,\mathrm{MW}$. 直线加速器输出的 H^{-} 束经积累环后轰击靶产生强散裂中子. 这是迄今国际上正在运行的最大功率散裂中子源. 在前面第四节中已经提到,中国科学院高能物理研究所也正在建造我国的大功率散裂中子源.

参 考 文 献

[1] Lapostolle P M, Septier A L. Linear accelerator [M]. Amsterdam: North-Holland Publishing Company, 1970.

[2] 徐建铭. 加速器原理 [M]. 修订版. 北京:科学出版社,1981.

[3] 王书鸿,罗紫华,罗应雄. 质子直线加速器原理 [M]. 北京:原子能出版社,1986.

[4] 姚充国. 电子直线加速器 [M]. 北京:科学出版社,1986.

[5] Flügge S. Encyclopedia of physics: Vol. XLIV, Linear accelerator [M]. Springer-Verlag, 1959.

[6] Livingston M S. Particle accelerators [M]. McGraw-Hill Book Company, 1962.

[7] Livingood J J. Principles of cyclic particle accelerators [M]. D. Van Nostrand Company, 1961.

[8] Wangler T P. Principles of RF linear accelerators [M]. John Wiley & Sona, Inc, 1998.

第十章　电子回旋加速器

电子回旋加速器(microtron)又称微波加速器,是用改变倍频系数的方法保证电子谐振加速的回旋式谐振加速器.图 10.1 是我国自行设计和制造的 25 MeV 普通电子回旋加速器的外貌.这台加速器的主要用途是确定 X 射线和电子射线的吸收剂量标准.

图 10.1　国产 25 MeV 电子回旋加速器外貌[①](型号 DHJ-25)

第一节　发展概述

1944 年苏联学者提出了电子回旋加速器原理.1948 年在加拿大建成了第一台电子回旋加速器,使原理变成了现实.此后,许多国家都相继建成了这种类型的加速器.我国在 50 年代末首先在原子能研究所建成.差不多同时,清华大学加速器教研室也建成了一台能量为 2.5 MeV 的电子回旋加速器.这台加速器当时主要用于教学,但它为以后在我国建成 25 MeV 的电子回旋加速器积累了一定的经验.

由于在电子回旋加速器发展的同时,电子直线加速器发展得也很快,而它的流强远比电子回旋加速器高,因此,很多国家把注意力转到了电子直线加速器上.但是,电子回旋加速器在其他方面有它独特的优点,如束流能量分散度小、结构简单、造价便宜等.特别是,在它本身的发展过程中解决了一系列的理论和技术问题,如

---

① 该图片由清华大学胡玉民教授提供.

电子的注入、聚焦问题,高亮度的电子枪,高场强的加速腔和大功率磁控管等.所以,到 60 年代初电子回旋加速器又被重视起来.高效率稳定工作的电子回旋加速器在一些国家相继建成,并且在各个领域中得到了实际应用.

为了提高束流功率,目前已建成连续工作的电子回旋加速器.用输出功率为数百 kW 的振荡管作微波源,束流功率可达数十 kW.

建造电子回旋加速器比较成功的国家有苏联、瑞典、意大利、美国等.表 10.1 列出了几台 10 cm 波段电子回旋加速器的主要参数.表 10.2 为 20 cm、5 cm、3 cm 波段的普通电子回旋加速器的主要参数.

70 年代,有人提出了跑道式电子回旋加速器的概念,其主要思想是把普通电子回旋加速器的整块轨道磁铁分成两块或更多块,在两块磁铁间有一个可供加速用的较长的自由空间.这样,就可以用驻波直线加速器代替单个加速腔,大大提高电子每次加速的能量增益,使电子的最终能量由普通电子回旋加速器的数十 MeV 提高到上百 MeV.超导直线加速器建成后,有人利用它作为跑道式电子回旋加速器的加速设备,建成了超导跑道式电子回旋加速器.这种加速器能连续工作,因而使电子束的平均流强提高到上百 μA.

第二节　普通电子回旋加速器

一、加速原理及谐振加速条件

1. 加速原理

普通电子回旋加速器用单个谐振腔的高频电场加速电子,用均匀静磁场控制电子的轨道,因此,在普通电子回旋加速器中电子的轨道是一系列的相切圆,切点在谐振腔的加速缝隙处.图 10.2 是电子轨道示意图.

(1)控制电子轨道的磁场.

① 轨道磁场是沿径向均匀分布的磁场,即磁场降落指数 $n=0$.显然,轨道磁场没有轴向聚焦,只有在靠近磁极边缘谐振腔处磁场略有下降.

② 轨道磁场是不随时间变化的恒定磁场.因为电子每转一圈得到一次加速,所以圆轨道的半径也逐圈增大,圆心逐渐向磁极中心移动.

(2)加速电场.在电子回旋加速器中,用高频谐振腔缝隙处的高频电场加速电子.设计加速器时可以选用不同频率的高频电场,选定后就不再调变.一般高频电场的频率 f_r 为 3 000,即波长 λ 为 10 cm.也有选用波长为 3 cm 或 5 cm 的加速器.为了保证谐振加速,谐振电子转一圈所需要的时间 T_s 应等于高频电场周期 T_r 的整数倍,即电子转第一圈所需的时间

表 10.1　几台 10 cm 波段普通电子回旋加速器主要参数表

序号	1	2	3	4	5	6	7	8	9
地点	中国北京计量局	苏联物理问题研究所	苏联联合核子研究所	苏联物理问题研究所	美国威斯康星大学	瑞典路恩特大学	瑞典	意大利	英国
最大能量/MeV	6~25	11~25	30	7	35	6.4	8	12	29
能散度			0.3%					0.5%	
轨道圈数	27	22	30	10	34	10	15	21	56
脉冲流强/mA	10	平均流强 25 μA	60	110	100	50	平均流强 80 μA	60	0.05
参数 Ω	2	1.7~2.2	2	1.2	2	1.05	1.05		
磁极直径/cm	135	96	110	60	最后一圈轨道 Φ96	50	~60	106	203.2
磁铁重量/t	2	2	4.5	2		0.6		2.5	
微波源功率	脉冲功率 2 MW	脉冲功率 1.8 MW,平均功率 1.8 kW,频率可调			脉冲功率 4.5 MW	速调管	脉冲功率 2 MW,平均功率 3 kW,2 998 MHz	脉冲功率 2 MW	脉冲功率 1 MW
脉冲宽度/μs	3.5	3	1~3					2~4	3
重复频率/Hz	50,150,300	50,100,200,400	50					20~400	100
用途	确定吸收剂量标准	为工业、科技应用提供 X 射线、电子、中子	快中子反应堆注入器	电子同步加速器注入器	240 MeV 电子储存环注入器	1.2 GeV 同步加速器注入器	探伤用	1.2 GeV 同步加速器注入器	
备注	1983 年运行	1969 年运行			1973 年运行	1964 年运行	1974 年运行		

表 10.2　几台其他波段的电子回旋加速器

波长/cm	20	3	5
能量/MeV	7～9	4	10
平均流强	2 mA	1 μA	20 μA
微波源	连续工作平均功率 170 kW	脉冲功率 200 kW	
用途	工业辐照	X 射线源	研究用

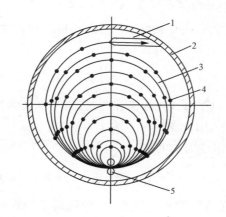

图 10.2　电子轨道示意图
1——引出电子装置;2——真空室;3——电子轨道;
4——束团;5——单个谐振腔

$$T_{s1} = k_{s1} T_r. \qquad (10.2.1)$$

式中 $k_{s1}=1,2,3,\cdots$.

电子每转一圈加速一次,能量逐圈提高,而轨道磁场保持不变,所以电子的轨道将逐圈加长.由于电子的速度很快达到光速,可以近似地认为速度不变,因而电子转一圈所需的时间也将逐圈加长.在电子回旋加速器中,高频场的周期是不调变的.为了保证谐振加速,必须改变倍频系数,即电子转一圈的时间内高频场的周期数将逐圈增加.这样,谐振电子转第 N 圈所需的时间应为

$$T_{sN} = [k_{s1} + (N-1)\Delta k_s] T_r. \qquad (10.2.2)$$

式中 $\Delta k_s = 1,2,3,\cdots$,它表示每圈倍频数的调变量.图 10.3 所示为 $k_{s1}=2$, $\Delta k_s=1$ 的情况下电子回旋周期与高频场之间的关系.

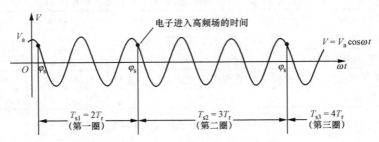

图 10.3 电子回旋周期与高频场周期间的关系
($k_{s1}=2$, $\Delta k_s=1$)

2. 谐振加速条件

谐振加速的条件是电子每次进入谐振腔时,高频电场的相位永远是 φ_s,即 $\varphi=\varphi_s=$常数.(见图 10.3)为此,必须满足下列关系式:

(1)第一圈电子的回旋周期满足

$$T_{s1} = k_{s1} T_r = \frac{2\pi \varepsilon_{s1}}{ec^2 B} = \frac{2\pi}{ec^2 B} (\varepsilon_0 + W_i + \Delta W_{s1}), \tag{10.2.3}$$

式中,ε_{s1} 为谐振电子转第一圈时的总能量,B 为轨道磁场磁感应强度,ε_0 为电子的静止能量,W_i 为电子的注入动能,ΔW_{s1} 为第一圈电子动能的增长值.

(2)第 N 圈电子的回旋周期满足

$$T_{sN} = k_{sN} T_r = [k_{s1} + (N-1)\Delta k_s] T_r = \frac{2\pi \varepsilon_{sN}}{ec^2 B}, \tag{10.2.4}$$

式中,ε_{sN} 为谐振电子在第 N 圈的总能量,N 为圈数.

每转一圈谐振电子回旋周期的增加量满足

$$(\Delta T_s)_1 = \Delta k_s T_r = \frac{2\pi}{ec^2 B}\Delta \varepsilon_s = \frac{2\pi}{c^2 B} V_s, \tag{10.2.5}$$

式中,V_s 为谐振电子每次加速的有效加速电压.(10.2.4)式和(10.2.5)式中,k_{s1} 和 Δk_s 都是整数,是描述电子回旋加速器工作状态的两个重要参数.(见图 10.3)

设实际的轨道磁感强度 B 与 B_0 的比值为 Ω. 此值是描述电子回旋加速器工作状态的又一重要参数,即

$$\Omega = \frac{B}{B_0}, \tag{10.2.6}$$

其中

$$B_0 = \frac{2\pi \varepsilon_0}{ec^2 T_r}. \tag{10.2.7}$$

如果选高频场的波长 $\lambda_r = 10$ cm,电子的静止能量 $\varepsilon_0 = 0.511$ MeV,则 $B_0 =$

0.107 T. 从(10.2.3)式、(10.2.6)式和(10.2.7)式可求出第一圈谐振电子的能量为

$$\varepsilon_{s1} = k_{s1} \cdot \Omega \cdot \varepsilon_0. \tag{10.2.8}$$

每转一圈谐振电子能量的增长值为

$$\Delta\varepsilon_s = \Delta k_s \cdot \Omega \cdot \varepsilon_0. \tag{10.2.9}$$

第 N 圈谐振电子的能量为

$$\varepsilon_{sN} = k_{sN} \cdot \Omega \cdot \varepsilon_0 = [k_{s1} + (N-1)\Delta k_s]\Omega \cdot \varepsilon_0. \tag{10.2.10}$$

从上面的关系式中可以看出，三个重要参数 Ω，k_{s1} 和 Δk_s 是相互制约的.

（1）经过一次加速后电子的能量 ε_{s1} 至少应等于 $2\varepsilon_0$，如果选 $\Omega=1$，则根据(10.2.8)式，有 $k_{s1}=2$.

（2）如选 $B_0=0.107$ T，此值距磁铁饱和值相差很远，由于 $B=B_0 \cdot \Omega$，为了提高磁铁的利用率，Ω 值应选得大些，使实际的轨道磁感强度 B 接近磁铁饱和值，以减小磁铁的尺寸.但是，从(10.2.9)式可以看出，即使 $\Delta k_s=1$，$\Omega=1$，还要求电子每次加速得到一个静止能量.受单个谐振腔能建立起来的最大场强的限制，Ω 值不能选得太高，一般选 $\Omega=1$ 或 2，最高为 3.可见，在普通电子回旋加速器中，轨道磁感应强度 B 的实际取值只能很低，只有 $0.1\sim0.2$ T.为了提高磁铁的利用率，最好把单个谐振腔改为多腔的电子直线加速器，以使电子每次加速的能量增益大大提高.为此，须要把轨道磁铁分成两半，增加放置多腔谐振腔的直线段，这就是跑道式电子回旋加速器的基本思想.（详见本章第三节）

从(10.2.9)式还可以看出，电子回旋加速器不能加速质子，因为质子的静止能量为 938 MeV，每次加速得到这样高的能量是很困难的.

（3）如果能缩短电子轨道间的跨距，也可使磁极面减小而提高磁铁的利用率.在电子回旋加速器中电子轨道间的跨距是

$$\Delta D = D_N - D_{N-1}, \tag{10.2.11}$$

式中，D_N 为第 N 圈电子轨道直径，D_{N-1} 为第 $N-1$ 圈电子轨道直径.

如果第 N 圈与第 $N-1$ 圈电子轨道的长度差用 ΔL 表示，则

$$\Delta L = \pi(D_N - D_{N-1}). \tag{10.2.12}$$

电子转第 N 圈与第 $N-1$ 圈所用的时间差约等于 $\dfrac{\Delta L}{c}$.（因为电子速度很快达到光速）另一方面，由于 Δk_s 的取值一般为 1，所以谐振电子转相邻两圈所用的时间差为一个高频周期，则

$$\frac{\Delta L}{c} = T_r. \tag{10.2.13}$$

比较(10.2.12)式与(10.2.13)式，得出

$$\pi(D_N - D_{N-1}) = cT_r = \lambda_r.$$

即

$$\Delta D = \frac{\lambda_r}{\pi}. \tag{10.2.14}$$

如果激励谐振腔的高频信号源波长 λ_r 为 10 cm，则电子相邻轨道间的跨距 $\Delta D = 3.2$ cm. 可见：

① 由于电子回旋加速器中电子的轨道间距大，因此电子的引出效率高.

② 电子的轨道间距只与高频场的波长 λ_r 有关，减小 λ_r 就可以缩短轨道间的跨距，提高磁铁的利用率. 目前除大多数电子回旋加速器选用 λ_r 为 10 cm 外，波长为 5 cm、3 cm 的高频信号源也成功地用到了电子回旋加速器上.

③ 当高频场的波长 λ_r 选定后，电子轨道间的跨距即为定值. 改变加速器的轨道磁感应强度 B，就可以从同一个位置的引出管道中引出不同能量的电子.

二、自动稳相现象

因为电子回旋加速器中电子每转一圈能量的增长值很高（一般为一到两个静止能量），所以其自动稳相现象与其他类型的谐振加速器有所不同. 在电子回旋加速器中相运动方程不是微分方程，而是差分方程，并且只有在平衡相位附近电子的相运动才是稳定的.

下面分别用求解相运动方程和物理图像的两种方法求出电子回旋加速器中电子相运动的稳定区.

1. 相运动的差分方程与解

（1）相运动方程. 设 t_N，t_{N+1} 分别是电子第 N 次和第 $N+1$ 次通过谐振腔加速缝隙的时刻，如果从电子通过加速缝隙的时刻算作一圈的起始时刻，则电子转第 N 圈所需的时间为

$$\Delta t_N = T_N = t_{N+1} - t_N, \tag{10.2.15}$$

电子转相邻两圈的时间差为

$$\Delta^2 t_N = \Delta t_{N+1} - \Delta t_N = T_{N+1} - T_N. \tag{10.2.16}$$

由 (10.2.2) 式，谐振电子转第 N 圈所需的时间为

$$T_{sN} = \frac{2\pi\varepsilon_{sN}}{ec^2 B},$$

则

$$T_{N+1} - T_N = \frac{2\pi\Delta\varepsilon_{N+1}}{ec^2 B}, \tag{10.2.17}$$

式中 $\Delta\varepsilon_{N+1}$ 是第 $N+1$ 次加速电子能量的增长值，用 eV 表示，它等于

$$\Delta\varepsilon_{N+1} = eV_a\cos\varphi_{N+1} = eV_a\cos\omega_r t_{N+1}, \tag{10.2.18}$$

式中 V_a 是谐振腔高频场的幅值. 将(10.2.17)式和(10.2.18)式代入(10.2.16)式,得到

$$\Delta^2 t_N = T_{N+1} - T_N = \frac{2\pi V_a \cos\varphi_{N+1}}{c^2 B} = \frac{2\pi V_s \cos\varphi_{N+1}}{c^2 B \cos\varphi_s}, \quad (10.2.19)$$

式中 $V_s = V_a \cos\varphi_s$.

为了得到高频加速场相位变化量 $\Delta\varphi_N$ 与时间 Δt_N 的关系式, 须先求出加速相位 φ_N 与 t_N 之间的关系. 设第 N 次通过加速缝隙时高频电场相位为 φ_N, 则

$$\varphi_N = \omega_r t_N - 2\pi \left(\sum_{i=1}^{N-1} \frac{T_i}{T_r} \right). \quad (10.2.20)$$

等式右边第二项是 2π 的整数倍.

$N=1$ 时, $T_1 = k_{s1} T_r$. $N=2$ 时,

$$T_2 = (k_{s1} + \Delta k_s) T_r = (k_{s1} + b) T_r,$$

式中 Δk_s 是电子转一圈电场倍频数的调变量, 以下均用 b 表示. $N=i$ 时,

$$T_i = [k_{s1} + (i-1)b] T_r.$$

因此有

$$\frac{2\pi}{T_r} \sum_{i=1}^{N-1} T_i = \frac{2\pi}{T_r} [T_1 + T_2 + T_3 + \cdots + T_{N-1}]$$

$$= \frac{2\pi}{T_r} \Big[(N-1)k_{s1} + \sum_{i=1}^{N-1} (i-1)b \Big] T_r$$

$$= 2\pi \Big[(N-1)k_{s1} + \sum_{i=1}^{N-1} (i-1)b \Big]. \quad (10.2.21)$$

代入(10.2.20)式,

$$\varphi_N = \omega_r t_N - 2\pi \Big[(N-1)k_{s1} + \sum_{i=1}^{N-1} (i-1)b \Big], \quad (10.2.22)$$

同理,

$$\varphi_{N+1} = \omega_r t_{N+1} - 2\pi \Big[k_{s1} N + \sum_{i=1}^{N} (i-1)b \Big], \quad (10.2.23)$$

$$\varphi_{N+2} = \omega_r t_{N+2} - 2\pi \Big[(N+1)k_{s1} + \sum_{i=1}^{N+1} (i-1)b \Big]. \quad (10.2.24)$$

由(10.2.22)式和(10.2.23)式, 得

$$\Delta\varphi_N = \varphi_{N+1} - \varphi_N = \omega_r \Delta t_N - 2\pi b(N-1) - 2\pi k_{s1}, \quad (10.2.25)$$

由(10.2.23)式和(10.2.24)式, 得

$$\Delta\varphi_{N+1} = \varphi_{N+2} - \varphi_{N+1} = \omega_r \Delta t_{N+1} - 2\pi b N - 2\pi k_{s1}, \quad (10.2.26)$$

由(10.2.25)式和(10.2.26)式, 得

$$\Delta^2\varphi_N = \Delta\varphi_{N+1} - \Delta\varphi_N = \omega(\Delta t_{N+1} - \Delta t_N) - 2\pi b,$$

即

$$\Delta^2 \varphi_N = \omega_r \Delta^2 t_N - 2\pi b. \tag{10.2.27}$$

将(10.2.19)式代入(10.2.27)式,得到

$$\Delta^2 \varphi = \omega_r \frac{2\pi V_s}{c^2 B} \frac{\cos\varphi_{N+1}}{\cos\varphi_s} - 2\pi b.$$

由(10.2.5)式,上式中

$$\frac{2\pi V_s}{c^2 B} = \Delta T_s = b T_r.$$

考虑到 $\omega_r T_r = 2\pi$,最后得到相运动方程

$$\Delta^2 \varphi_N - 2\pi b \frac{\cos\varphi_{N+1}}{\cos\varphi_s} = -2\pi b. \tag{10.2.28}$$

(10.2.28)式就是电子回旋加速器中电子的相运动方程. 它是常系数差分方程,相振荡振幅不衰减.

（2）相运动方程的解. 设非谐振电子第 N 次经过加速缝隙时,对谐振电子相位 φ_s 的偏高值为 η_N,

$$\eta_N = \varphi_N - \varphi_s, \tag{10.2.29}$$

则第 $N-1$ 圈到第 N 圈电子的相移为

$$\Delta\varphi_N = \eta_{N+1} - \eta_N,$$

第 N 圈到第 $N+1$ 圈电子的相移为

$$\Delta\varphi_{N+1} = \eta_{N+2} - \eta_{N+1},$$

所以

$$\Delta^2 \varphi_N = \Delta\varphi_{N+1} - \Delta\varphi_N = \eta_{N+2} - 2\eta_{N+1} + \eta_N. \tag{10.2.30}$$

由(10.2.29)式可得

$$\cos\varphi_{N+1} = \cos(\varphi_s + \eta_{N+1}) = \cos\varphi_s\cos\eta_{N+1} - \sin\varphi_s\sin\eta_{N+1}.$$

因为偏离值 η_{N+1} 很小,所以

$$\cos\varphi_{N+1} = \cos\varphi_s - \eta_{N+1}\sin\varphi_s. \tag{10.2.31}$$

将(10.2.30)式和(10.2.31)式代入相运动方程(10.2.28)式,得到

$$\eta_{N+2} - 2\eta_{N+1} + \eta_N - 2\pi b \frac{\cos\varphi_s - \eta_{N+1}\sin\varphi_s}{\cos\varphi_s} = -2\pi b,$$

$$\eta_{N+2} - 2(1 - \pi b\tan\varphi_s)\eta_{N+1} + \eta_N = 0. \tag{10.2.32}$$

设(10.2.32)式的解是

$$\eta_N = A\cos(N\mu + \delta), \tag{10.2.33}$$

式中振幅 A 和相位 δ 都是常数,它们由初始条件决定,μ 是电子回旋一圈加速相位的移动值. 同理,可写出第 $N+1$ 次、第 $N+2$ 次电子的加速相位与谐振电子相位 φ_s 的偏离值:

$$\eta_{N+1} = A\cos[(\overline{N+1})\mu + \delta],$$

$$\eta_{N+2} = A\cos\left[(\overline{N+2})\mu + \delta\right].$$

令 $\eta_N = A\cos(\theta - \mu)$，$\eta_{N+1} = A\cos\theta$，$\eta_{N+2} = A\cos(\theta + \mu)$ 代入(10.2.32)式,并将 $\cos(\theta-\mu)$ 和 $\cos(\theta+\mu)$ 分别按差角与和角公式展开,即可求出 $\cos\mu$ 的表达式:

$$\cos\mu = 1 - \pi b \tan\varphi_s. \tag{10.2.34}$$

相运动的稳定条件要求 μ 为实数,即 $-1 < \cos\mu < 1$. 将 $\cos\mu$ 的两个临界值代入 (10.2.34)式得出平衡相位的两个临界值:

当 $\cos\mu = 1$ 时,$\tan\varphi_s = 0$,所以 $\varphi_s = 0$;

当 $\cos\mu = -1$ 时,$\tan\varphi_s = \dfrac{2}{\pi b}$,所以 $\varphi_s = \arctan\dfrac{2}{\pi b}$.

相运动的稳定区是

$$0 < \varphi_s < \arctan\frac{2}{\pi b}. \tag{10.2.35}$$

由上式可见,b 值越大相稳定区越小. 对于电子每转一圈倍频数调变一个高频周期的电子回旋加速器,参数 $b = \Delta k_s = 1$,代入(10.2.35)式可求出 $0 < \varphi_s < 32.5°$. 也就是说,对于这种电子回旋加速器,当平衡相位选在 $0 \sim 32.5°$ 范围时,相运动是稳定的.

2. 电子回旋加速器中相运动稳定区的物理解释

上面用数学推导求出了相稳定区(10.2.35)式,它适用于各种参数的电子回旋加速器. 为了阐明物理概念,我们以参数最简单的加速器(即电子通过第一次加速能量的增长值 ΔW_s 等于一个静止能量 $\Delta W_s = \varepsilon_0$)为例,讨论其物理过程,求出相稳定区. 图 10.4 是电子回旋加速器中电子相运动的示意图.

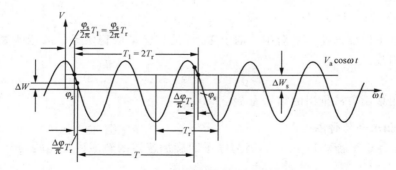

图 10.4　电子相运动的示意图

忽略谐振腔本身的厚度,设非谐振电子从谐振腔出来时,高频电场的相位 φ 偏离谐振电子的平衡相位 φ_s,其偏离值为 $\Delta\varphi$.(见图 10.4)从图中可以看出,非谐振电子比谐振电子晚到的时间为

$$\frac{\Delta\varphi}{2\pi}T_1 = \frac{\Delta\varphi}{\pi}T_r, \quad T_1 = 2T_r. \tag{10.2.36}$$

如果谐振电子获得的能量为 ΔW_s,则非谐振电子获得的能量为

$$\Delta W = \Delta W_s \frac{\cos(\varphi_s + \Delta\varphi)}{\cos\varphi_s} = \varepsilon_0 \frac{\cos(\varphi_s + \Delta\varphi)}{\cos\varphi_s}. \qquad (10.2.37)$$

可见,非谐振电子的能量比谐振电子的能量低. 在电子回旋加速器中,电子的回旋周期与能量成正比. 所以非谐振电子转一圈所用的时间 T 应小于谐振电子转一圈所用的时间 $T_1 = 2T_r$,即

$$T = T_r \left[1 + \frac{\cos(\varphi_s + \Delta\varphi)}{\cos\varphi_s}\right]. \qquad (10.2.38)$$

另一方面,由于在第一次加速时非谐振电子比谐振电子的相位落后 $\Delta\varphi$,因此只有在下一次加速时非谐振电子比谐振电子的相位超前 $\Delta\varphi$,相运动才能稳定. 从图 10.4 的几何关系中不难看出,非谐振电子的回旋周期为

$$T = T_1 - \frac{2\Delta\varphi T_r}{\pi} = 2T_r \left(1 - \frac{\Delta\varphi}{\pi}\right). \qquad (10.2.39)$$

比较(10.2.38)式和(10.2.39)式,得

$$\frac{\cos(\varphi_s + \Delta\varphi)}{\cos\varphi_s} = 1 - \frac{2\Delta\varphi}{\pi},$$

或

$$\cos\Delta\varphi - \tan\varphi_s \sin\Delta\varphi = 1 - \frac{2\Delta\varphi}{\pi}. \qquad (10.2.40)$$

当 $\Delta\varphi$ 很小时,可近似地认为 $\cos\Delta\varphi = 1$, $\sin\Delta\varphi = \Delta\varphi$,代入(10.2.40)得 $\tan\varphi_s \approx \frac{2}{\pi}$,即

$$\varphi_s = 32.5°,$$

这就是电子回旋加速器平衡相位的上限. 可见相运动的稳定条件要求平衡相位的取值范围是

$$0 < \varphi_s < 32.5°,$$

与前面用数学方法推出的结果完全一致.

3. 相运动的特点

(1) 稳定平衡相位 $\varphi_s > 0$. 因为电子回旋加速器的轨道磁场是均匀分布的. 从 (10.2.3)式可得出 $\frac{\Delta T_s}{T_s}$ 与 $\frac{\Delta\varepsilon_s}{\varepsilon_s}$ 之间的比例系数 $\Gamma = 1 > 0$,所以稳定平衡相位 φ_s 为正.

(2) 由于谐振电子一次加速就能得到 1～2 个静止能量. 因此,非谐振电子与谐振电子间因能量差别或相位差别所表现出来的相移动不是微小、缓慢的,而是大步伐、跳跃式的. 此时,相运动过程不能再用微分方程,而只能用差分方程来表示. 相振荡的振幅并不衰减,且其频率较高,并与平衡相角 φ_s 的取值有关. 图 10.5 为电

子相振荡在四种不同 φ_s 值的情况下的示意图. 图(a)中 $\varphi_s < 0$,相运动不稳定;图
(b)中 $\varphi_s > \arctan \dfrac{2}{\pi}$,相运动不稳定;图(c)中 $\varphi_s = \arctan \dfrac{2}{\pi}$,为相稳定区的临界值,
电子回旋两圈完成一次相振荡;图(d)中 $\varphi_s = \arctan \dfrac{1}{\pi}$,为相稳定区的中间值,电子
回旋四圈完成一次相振荡,比任何一种谐振加速器的相振荡频率都高得多.

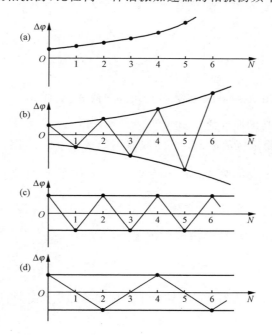

图 10.5　四种不同 φ_s 值的电子相振荡示意图($b=1$)

(a) $\varphi_s < 0$; (b) $\varphi_s > \arctan \dfrac{2}{\pi}$; (c) $\varphi_s = \arctan \dfrac{2}{\pi}$; (d) $\varphi_s = \arctan \dfrac{1}{\pi}$

　　(3) 平衡相位 φ_s 的取值不能太大. 如 φ_s 值过大,即使相位偏离 $\Delta\varphi$ 很小的电子也
会越来越远离 φ_s. φ_s 值的上限随 $\Delta k_s = b$ 值的增大而减小. 图 10.6 表示在 $b=1$ 的情
况下,电子回旋加速器的相稳定区. 从图中可以看出,选取平衡相位 φ_s 值不同,则允许
入射时刻电子的初始相位 φ_i 与 φ_s 偏离值也不同. φ_s 取在 17.5°附近时, $\varphi_i \sim \varphi_s$ 的允
许范围最大,即电子的俘获相位范围最大,约 35°,因此 φ_s 在 17.5°附近是最佳平衡相
位. 如果 φ_s 取在 0°或 32.5°(稳定区的边界),则 $\varphi_i \sim \varphi_s = 0$,即俘获相位范围为 0.

　　因为电子最大的俘获相位只有 35°,约占 T_r 的 1/10,所以对于高频信号源为
10 cm 波段的电子回旋加速器,每次引出电子的延续时间只有 3.3×10^{-11} s.输出
的电子流为短脉冲,每个高频周期俘获一个电子团(见图 10.2 上的小圆点).

　　由于俘获相位小,因此引出的脉冲电子束能量的单一性好,但这也是电子回旋

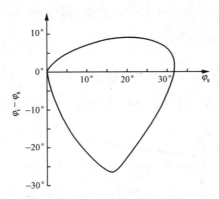

图 10.6　电子回旋加速器中电子的相稳定区($b=1$)

加速器平均流强不高的原因之一.

（4）受相运动稳定区的限制，φ_s的取值不能大于 32.5°，因此对高频加速场幅值 V_a 的稳定度有一定的要求. 取 $\varphi_s=17.5°$（最佳平衡相位），则 $V_a=\dfrac{V_s}{\cos\varphi_s}=\dfrac{V_s}{\cos17.5°}=1.049V_s$. 可见当 V_a 变化为 5% 时，$V_s=V_a$，于是 $\cos\varphi_s=1$，这是相稳定区的临界点，所以要求 V_a 的稳定度应优于 5%.

三、结构

我国自行设计和制造的 25 MeV 电子回旋加速器主要部件的剖面图如图 10.7 所示.

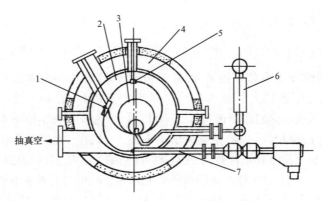

图 10.7　25 MeV 电子回旋加速器示意图

1——辅助引出管道；2——真空室；3——电子轨道；
4——磁极；5——法拉第筒；6——高频系统；7——引出系统

1. 电磁铁和真空室

电子回旋加速器的轨道磁场是恒定的均匀场. 磁感应强度 B 往往只有 0.107 T, 离磁铁饱和值差得很远, 因此, 侧磁轭的截面比磁极小得多, 一般用钢板围成, 也有用四个立柱做的. 上、下磁极为圆形, 兼做真空室的上、下盖板. 磁极的间隙就是真空室. 因为磁场降落指数 $n=0$, 只是在磁铁边缘加速腔处磁场才略有下降, 所以只有径向磁聚焦, 而轴向聚焦主要靠谐振腔加速缝隙的近轴强电场提供. 为了保证轨道磁场的均匀度, 上、下磁极面的平行度要好. 真空室的侧壁用非导磁材料制成, 并开有窗口, 供谐振腔外接波导、抽气管道、引出设备及观察束流等用. 真空度要求在 10^{-3} Pa 左右.

2. 加速系统

电子回旋加速器的加速系统主要由高频功率源、传输波导和谐振腔组成. 对加速电场的要求是频率固定、波长短、场强高. 为了提高场强, 目前在电子回旋加速器中多采用圆柱形谐振腔. 在谐振腔中激励起 E_{010} 型振荡, 其电场方向平行于谐振腔的中心轴. 谐振腔本身的固有频率由腔体尺寸决定, 应与选用的高频电源频率相匹配. 圆柱形谐振腔的直径与波长 λ_r 有关, 一般为 $0.735\lambda_r$. 如果 λ_r 为 10 cm, 则谐振腔的直径为 7.53 cm. 谐振腔的高度决定于要求建立的最高场强, 而与波长 λ_r 无关. 其高度一般取 20~25 mm. 最高场强可达 500 kV/cm.

在谐振腔加速缝隙处呈圆柱形分布的强电场除加速电子外, 还对电子有聚焦作用. 这就弥补了磁场基本上无轴向聚焦作用的不足. 具体地说, 在谐振腔中心平面的前半部电场对电子有聚焦作用, 后半部有散焦作用. 因为电子在聚焦作用区比在散焦作用区的时间长, 所以总的效果是聚焦. 这种聚焦作用称为电场的速度聚焦, 或称变速聚焦. 此外, 电子回旋加速器的稳定平衡相位取在加速场的下降部分, 这样, 电子到散焦区时的电场比在聚焦区时略有下降, 总的效果也是聚焦. 这种聚焦称为电场的时间聚焦, 或称变场聚焦. 可见, 在电子回旋加速器中, 当电子通过谐振腔的加速缝隙时, 除得到加速外, 还同时受到电场的变速和变场聚焦, 使偏离中心轴的电子从各个方面聚向谐振腔的中心轴. 随着谐振腔的改进, 加速电场的场强逐渐提高, 电场的聚焦作用也逐渐加强. 如果在设计谐振腔时, 使电子出口处的孔径小于入口处, 就能改变电力线的分布, 使散焦分量小于聚焦分量, 从而加强加速电场对电子的聚焦作用.

四、电子的入射、引出及束流性能

1. 电子的入射

不断改进电子的发射机构,是提高电子回旋加速器流强的重要途径之一. 在电子回旋加速器中发射电子机构的种类虽然很多,但总的可归纳为谐振腔和电子枪分离或合一的两大类. 从 20 世纪 60 年代应用圆柱形谐振腔加速电子以来,为了避免在加速器磁铁间隙处放置电子枪和引入电子枪高压的困难,多采用谐振腔和电子枪合一的结构,在圆柱形谐振腔上下壁上打孔,将硼化镧制成的阴极放在谐振腔的内侧,从阴极发射出来的电子靠谐振腔内的电场注入加速器中. 图 10.8 所示为一种谐振腔和电子发射阴极合一的结构以及电子轨道. 电子在进入第一圈加速前先在谐振腔内转半圈得到一定的能量. 电子的轨道也可以与图 10.8 中所示的不同,它由谐振腔的尺寸、加速电场强度 E 和轨道磁感应 B 决定. 采用这种合一的结构可使加速器的脉冲流强从 $1\,\mathrm{mA}$ 提高到几十 mA.

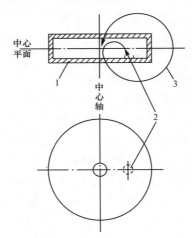

图 10.8　圆柱形谐振腔及发射电子的阴极
1——谐振腔;2——阴极;3——电子轨道

2. 电子的引出

电子回旋加速器中电子轨道间跨距很大,对于 λ_r 为 $10\,\mathrm{cm}$ 的加速器,轨道间跨距达 $3.2\,\mathrm{cm}$. 因此,它引出电子比较容易,引出效率高,设备也很简单,即沿电子轨道的切线方向放置一根铁管,使铁管的中心轴与电子轨道相切. 铁管将轨道磁场屏蔽,称为磁屏蔽管道. 电子在管道中将沿直线运动,通过引出窗,引出真空室.(见图 10.2)

引出电子的能量与磁屏蔽管道的位置有关.沿径向移动磁屏蔽管道,或以磁屏蔽管道与真空室侧壁的交点为轴,转动磁屏蔽管道,使它与不同的电子轨道相切,都可以改变引出电子的能量.但因为真空室内要保持一定的真空度,采用上述方法真空密封比较复杂,目前常采用加辅助磁屏蔽管道的方法,如图 10.9 所示.

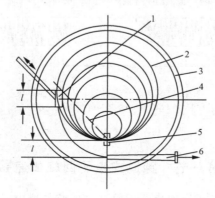

图 10.9　加辅助磁屏蔽管道的引出方法
1——辅助磁屏蔽管道;2——电子轨道;3——真空室;
4——辅助管移动直线;5——谐振腔;6——引出磁屏蔽管

采用这种引出方法时,引出磁屏蔽管道的位置固定不动,推动连接辅助磁屏蔽管道的直杆,使辅助磁屏蔽管道沿斜直线运动.因为每个电子轨道的后四分之一圈的起点都在这条斜直线上,所以辅助磁屏蔽管道将与不同的电子轨道相切,从而达到调变引出电子能量的目的.(见图 10.9)

3. 束流性能

(1)加速粒子的种类.电子回旋加速器的工作原理要求粒子每加速一次至少提高一个静止能量,所以这种加速器不能加速质子及其他重离子,只能加速电子.

(2)电子的能量.普通电子回旋加速器受单个谐振腔能建立起来的最大场强及轨道圈数的限制,目前最高能量只有 40 MeV 左右,引出电子的能量可调.此外,由于电子相运动的特点,电子的能散度很小,一般为千分之几.

(3)电子流强度.从原理来看,电子回旋加速器是连续工作的加速器,每个高频周期有一束电子束.对于 λ_r 为 10 cm 的加速器,每秒可得到 3×10^9 个电子脉冲,平均流强约为几十 mA.但是,受谐振腔本身发热和微波功率源承受负载能力的限制,只能采用脉冲工作方式.脉冲宽度一般为 $1 \sim 5\,\mu s$,重复频率 $50 \sim 500$ Hz.图 10.10 所示为脉冲宽度 $2\,\mu s$,重复频率每秒 50 次,加速场波长为 10 cm 时电子流脉冲的分布情况.

从图中可以看出,因为谐振腔是脉冲工作的,所以只在谐振腔工作的 $2\,\mu s$ 内才有 6 000 个电子脉冲,这就使平均流强大大降低,一般仅为 10 μA 量级.目前,为了提高流强,连续工作的电子回旋加速器也已建成.

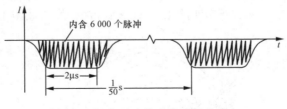

图 10.10　电子流脉冲随时间的分布

(脉宽 2 μs,重复频率 50 Hz,波长 10 cm)

第三节　跑道式电子回旋加速器

综上所述,普通电子回旋加速器用单个谐振腔加速电子,电子每转一圈加速一次.受谐振腔能建立起来的最高场强的限制,电子每次加速的能量增益仅有 1～2 个静止能量.要把电子加速到几十 MeV,须要转几十圈.随着圈数的增多,电子流强度下降.更重要的是,当圈数过多时,可能发生共振而失去稳定性.此外,由于每次加速电子的能量增益不能太高,轨道磁感应强度就很低,因而磁铁半径加大.这将引起磁铁体积增大使其造价提高.所以,普通电子回旋加速器一般只能把电子加速到 20～40 MeV.

显然,进一步提高电子回旋加速器中电子能量的关键问题是提高电子每转一圈的能量增益.到了 20 世纪 70 年代,有人提出了采用多腔结构的电子直线加速器作电子回旋加速器中加速电子的部件,以代替原有的单个谐振腔.这样,可以把每次加速电子的能量增益提高到数 MeV,甚至数十 MeV.为了留出放直线加速器的空间,把轨道磁铁分成两块或更多块.于是,在电子的圆轨道基础上增加了直线段,形状像跑道,所以称跑道式电子回旋加速器(race-track microtron).图 10.11 为跑道式电子回旋加速器的磁铁、加速部件及电子轨道的示意图.

从图 10.11 中可以看出,跑道式电子回旋加速器的加速腔放在没有磁铁的自由空间.因此,磁极间隙的高度只须考虑电子流的通过,一般约 1 cm 左右,比普通电子回旋加速器减小近一个数量级.这就大大地缩小了磁铁的尺寸.此外,因为提高了电子每次加速的能量增益,所以实际的轨道磁感应强度也相应地加大到接近磁铁的饱和值,使磁铁效率得到显著提高.

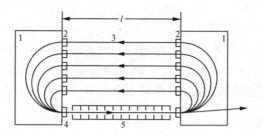

图 10.11　跑道式电子回旋轨道示意图
1——磁极；2——聚焦元件；3——电子轨道；
4——发射电子装置；5——直线加速器

一、谐振加速

在跑道式电子回旋加速器中，经过一次加速后电子的速度就接近光速．电子的回旋周期为

$$T_c = \frac{L}{c},\qquad\qquad(10.3.1)$$

$$L = 2\pi r + 2l,\qquad\qquad(10.3.2)$$

式中，c 为光速，L 为电子转一圈的轨道长度，l 为直线段的长度．将(10.3.1)式代入(10.3.2)式得出轨道半径的表达式，

$$r = \frac{cT_c - 2l}{2\pi},\qquad\qquad(10.3.3)$$

代入谐振加速条件

$$T_c = k_s T_r,\qquad\qquad(10.3.4)$$

其中 $k_s = 1,2,3,\cdots$，跑道式电子回旋加速器中满足谐振加速条件的电子轨道半径的表达式为

$$r = \frac{ck_s T_r - 2l}{2\pi} = \frac{k_s \lambda_r - 2l}{2\pi}.\qquad\qquad(10.3.5)$$

而同样条件下，普通电子回旋加速器的轨道半径的表达式为

$$r = \frac{k_s \lambda_r}{2\pi},\qquad\qquad(10.3.6)$$

k_s 选任意整数．可见，一旦加速场的高频频率 f_r 选定后，普通电子回旋加速器的电子轨道半径就可确定．而在跑道式电子回旋加速器中，由于电子轨道半径还与直线段长度 l 有关，因此 r 不能确定．如果加大直线段的长度 l，则可以在轨道半径 r 很小的情况下满足谐振加速条件．显然，跑道式电子回旋加速器可以靠调节磁铁间的距离 l，加速电场强度和轨道磁场来满足谐振加速条件．由于以上参数能够灵活地调节，所以在电子轨道保持不变的情况下，可以大范围、连续地调节引出电子的能量．

二、加速结构

跑道式电子回旋加速器的加速腔用一系列的谐振腔链（直线加速器）取代了普通电子回旋加速器的单个谐振腔．为了提高微波功率的利用率及减小加速腔所占的空间，多采用驻波直线加速器，其高频频率一般为 10 cm 波段．

三、注入和聚焦

跑道式电子回旋加速器可采用不同的注入方式．图 10.12 为美国同步辐射中心 100 MeV 跑道式电子回旋加速器外注入系统的示意图．

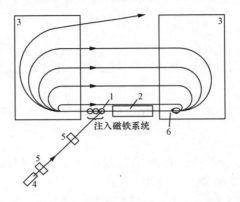

图 10.12　跑道式电子回旋加速器外注入系统的示意图
1——注入偏转磁铁；2——5 MeV 直线加速器；3——主磁铁；
4——电子枪；5——聚焦线圈；6——反向磁铁

在直线加速器的前面放一个注入偏转磁铁．电子枪发射出的电子束经聚焦后，以一定的角度入射到注入偏转磁铁中，偏转后的电子束沿轴线进入直线加速器．经一次加速后，到达直线加速器右端的电子束受反向磁铁及主磁铁的作用，转180°再沿轴线返回直线加速器．两次加速后的电子束沿轴线经注入磁铁系统进入左端主磁铁，转一圈后，再从右端进入直线加速器．

注入磁铁系统是一组磁铁，它对通过的电子束总的偏转作用等于零．

跑道式电子回旋加速器主磁铁的边缘效应对电子束往往是散焦的．为此，通常要在主磁场外边缘增加产生边缘聚焦的磁场，也可以采用在电子轨道的直线段安放透镜的方法．

四、发展概况

20 世纪 70 年代跑道式电子回旋加速器有了很大的进展，许多国家都先后建成了这种加速器．表 10.3 列举了四台能量较高的跑道式电子回旋加速器的主要参数．

表 10.3 四台跑道式电子回旋加速器的主要参数

名称	MAX	ALA-DDIN	RIT	MAMI 三级 串联跑道式电子回旋加速器		
地点	瑞典	美国	瑞典	德国		
最大能量 /MeV	10~100 可调	101	50	第一级 RTM1 14	第二级 RTM2 180	第三级 RTM3 855
能散/keV	100	400		18	36	≤120
轨道圈数	19	20	3~15	28	51	90
每圈能量增益 /MeV	5.3	5	2.7~3.7	0.6	3.24	7.5
轨道磁感应 强度/T	1.114	1	0.56~0.77	0.1	0.56	1.28
Ω	10.5	10	5.5~7.6	1	5	12
束流强度	脉冲流强 24 mA		脉冲流强 30 mA	平均流强 >100 μA	平均流强 70 μA	平均流强 100 μA
脉冲宽度 /μs	0.5~2	2	0.1~7	连续	连续	连续
高频频率 /MHz	3 000	2 800	2 998	2 449.3	2 449.3	2 449.3
用途	550 MeV 储存环的 注入器	1 GeV 储存环的 注入器	生产快中子 束及短寿命 同位素,核 物理研究等	开辟新的核物理实验		
备注	1976 年设计, 1979 年运行	1981 年报导 部件加工 完毕	1974 年出束, 1976 年正常 工作	1987 已建成出束		1990 年建成 出束

第四节 超导跑道式电子回旋加速器

采用超导电子直线加速器(详见第九章)做加速设备的跑道式电子回旋加速器,称为超导跑道式电子回旋加速器.超导电子直线加速器的腔体用铌制成,并需要庞大的冷却系统使腔体温度降到 2~4 K.由于在低温情况下,微波在超导材料中传播时功率损耗很小,因此超导跑道式电子回旋加速器的微波功率源能连续工作,从而可获得较强的平均电子流.

例如,美国斯坦福大学高能物理实验室的一台超导跑道式电子回旋加速器用能量为 38.5 MeV 的超导电子直线加速器做加速设备,注入能量为 7 MeV,两次加速后电子能量达到 84 MeV.如果增加轨道圈数,电子能量可达到 280 MeV.这台加速器是连续工作的,平均流强为 20~100 μA.

　　美国伊利诺伊大学建造的能量为 600 MeV 超导跑道式电子回旋加速器,它的总体图见图 10.13.

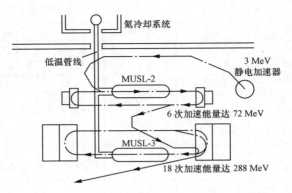

图 10.13　串级超导跑道式电子回旋加速器

　　他们用原有的 3 MeV 静电加速器作注入器,把电子注入第一级超导跑道式电子回旋加速器的超导电子直线加速器中.这台超导直线加速器用铌作腔体,工作温度为 2 K,加速管长 6 m,平均场强为 2 MV/m,电子每次加速能量增益为 12 MeV,高频频率为 1 300 MHz.在第一级超导跑道式电子回旋加速器(MUSL-2)中,电子通过超导加速腔共 6 次,能量达到 72 MeV.它已于 1978 年正式运行.

　　把能量为 72 MeV 的电子束送到第二级超导跑道式电子回旋加速器(MUSL-3)中,再经过 18 次加速,电子能量达到 288 MeV.计划共加速 50 次,电子能量达到 600 MeV.

参 考 文 献

[1] 徐建铭. 加速器原理 [M]. 修订版. 北京:科学出版社,1981.

[2] Hu Y. M. , et al. Nucl. Inst. &Meth. in Physics Research, 1985, B10/11:934—936.

[3] Быстров Ю А, Иванов С А. Ускорителыная Техника и Рентеновские Приборы, Изд. Высщ. Щкола, 1983.

[4] Rosander S, et al. The 50MeV racetrack microtron at the royal institute of technology, Stockholm, 1981.

[5] Green M A, et al. IEEE Trans. , 1981, NS-28(3):2074.

[6] Eriksson M. Nucl. Inst. & Meth. , 1982, 196:331—340.

[7] Eriksson M. IEEE Trans. 1983, NS-30(4):2070—2071.

[8] Herminghaus H. EPAC, 1988, 1:11—16.

[9] Herminghaus H. CEBAF-report, 1989, 89-001:247—251.

[10] Axel P, et al. IEEE Trans. , 1977, NS-24(3):1133.

第十一章　加速器新原理与新技术进展

第一节　加速器新技术在几个领域内的进展

一、超导超高能对撞机 LHC

随着高能物理学的不断发展,粒子物理学对加速器所加速的粒子能量要求越来越高.若采用常规技术建造能量更高的加速器,其规模之大和造价之高将是显而易见的.在 20 世纪 70 年代,不少加速器实验室计划采用超导技术建造加速器,力图提高加速器的能量并减小加速器的尺寸.1983 年美国费米实验室建成超导质子同步加速器,采用超导磁铁后使原有直径为 2 km 的 400 GeV 质子同步加速器的能量提高到了 1 TeV.1991 年德国 DESY 建造成功的电子-质子对撞机 HERA(德国汉堡),其质子能量为 820 GeV,轨道长度仅为 6.3 km.这表明超导技术应用于加速器已取得成功,给建造超高能加速器带来了美好的前景,也鼓励着各国加速器专家选用超导磁铁技术,设计更高能量的加速器.美国曾着手建造世界上最高能量的质子-质子对撞机——超导超高能对撞机 SSC 就是一例.后因多种原因,该加速器于 1993 年停建.西欧中心(CERN)在已有的大型正负电子对撞机 LEP 的隧道内,利用高磁场的超导磁铁,设计建造了 7 TeV 的质子对撞机 LHC,并计划将铅 Pb 的外层电子全部剥离后加速到 1150 TeV(2.76 TeV/u).下面我们对 LHC 作一介绍[1]. LHC(large hadron collider)是一台能量为 7 TeV 的质子-质子对撞机,主加速器轨道周长为 26.659 km.它安装在已不运行的 LEP(large electron positron collider)的隧道内.早在 20 世纪 80 年代,LEP 开始设计和建造时,西欧中心的一个小组已因考虑长期目标,并对其技术、物理课题进行了多年的探索和研究,提出了超高能质子对撞机的设想.1994 年 12 月,CERN 理事会投票表决批准建造 LHC.开始时 LHC 计划分两步完成,后由于日本、美国、印度以及其他非西欧成员国参与合作,1995 年 CERN 理事会投票表决,将计划修改为一步到位完成.为在该隧道将质子加速到 7 TeV,超导二极磁铁的磁场必须达到 8.3 T,因此要求超导二级磁铁的温度冷却到 1.9 K.

LHC 由直线加速器及若干台同步加速器组成,其平面布局如图 11.1 所示.质子由离子源产生,在 LINAC2 中加速到 50 MeV,然后注入增强器(PSB, proton synchrotron booster)中被加速到 1.4 GeV,引出后注入质子同步加速器(PS)中加速到 25 GeV,再在超质子同步加速器(SPS)中加速到 450 GeV. 这些质子按两个方向(顺时针和逆时针方向)分别注入各自的超导质子同步加速器环中(主环 LHC),注入填充时间约为 4 min 20 s/LHC 环,然后在 LHC 中加速 20 min,将质子加速到 7 TeV. 质子将在 LHC 中运行数小时,并使束流在对撞点处的亮度达到 $10^{34}\,\mathrm{cm}^{-2}\,\mathrm{s}^{-1}$ 并实现对撞.

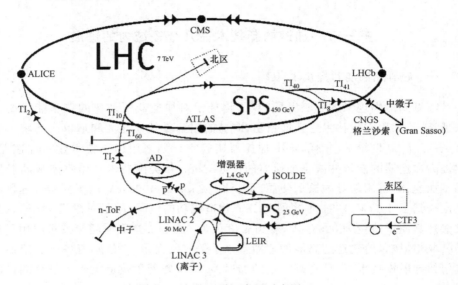

图 11.1 LHC 平面布局示意图

另外,LHC 除加速质子外,还可以加速重离子铅离子. 铅离子的产生是将高纯铅加热到 500℃ 左右,铅蒸气被电子电离成高电荷态的铅离子,电荷态最高的离子为 Pb^{29+}. 这些离子经选择在 LINAC3 中被加速到 4.2 MeV/u,然后再通过一碳膜形成 Pb^{54+}. Pb^{54+} 在累积环中累积,在低能离子环 LEIR 中加速到 72 MeV/u. 之后,它被注入 PS 中加速到 5.9 GeV/u,再送到 SPS 通过第二个膜将铅核的全部电子剥离掉,形成 Pb^{82+},同时在 SPS 中加速到 177 GeV/u,然后送至 LHC 加速到 2.76 TeV/u.

LHC 的主要参数如表 11.1 所示.

表 11.1　LHC 主加速器的主要参数

周长	26 659 m
质子束流能量	7 TeV
重离子能量	2.76 TeV/u
磁场数	9 593
二级磁铁数	1 232
四极磁铁数	392
二极磁铁场强峰值磁场	8.33 T
二级磁铁工作温度	1.9 K
超导高频腔数	8/束流
高频频率	400 MHz
腔工作温度	4.5 K
束流亮度	$10^{-34}\,cm^{-2}\,s^{-1}$
环中束团数	2 808
质子束团质子数	1.1×10^{11}
每秒质子回旋圈数	11 245
每秒碰撞数	6×10^{8}

该对撞机于 2009 年开始调试运行,已在两环中将质子加速到 1.18 TeV. 2010 年继续调试,于 11 月将每环的质子加速到 3.5 TeV,并实现了对撞.之后进行了铅离子的加速调试[2][3].

二、自由电子激光及直线加速器相干光源 LCLS

自由电子激光器(free electron laser)是 20 世纪后期才发展起来的一种新型相干光源,简称 FEL.

20 世纪 60 年代初发展的激光的工作原理是基于原子、分子、离子系统中能级之间的跃迁.一般说来,它产生的受激辐射是单频、相干辐射.而自由电子激光是一种亮度高,频率在宽阔范围中可调的相干性光源.在原理上,它与 1950 年皮尔斯(J. Pierce)发明的行波管相似. 1960 年美国的菲利普(R. M. Philip)发明了一种名叫 Ubitron 的毫米微波管,认为有作为武器的可能,而实际上它就是使用低能电子束工作的 FEL. 1968 年美国斯坦福大学潘特尔(Pantell)教授在电子直线加速器束流通过的扭摆磁铁的两端增加了反射镜,改进了产生毫米波自发辐射的性能.在这些基础上,1975 年麦克莱(J. Maclay)使用一个 24 MeV 超导直线加速器的束流,第一次获得了红外波段的自由电子激光,从而开拓了一个崭新的科技领域.

1. 自由电子激光器工作原理

自由电子激光器(FEL)的工作原理可用图 11.2 来定性描述.由加速器引出的

相对论性电子束注入一个由若干个磁场方向周期性交替变化的波荡器（undulator）中,在洛伦兹力的作用下,其轨道周期性地扭摆而产生同步辐射,即所谓自发辐射.这种辐射是在周期磁场中产生的,电子束在这种辐射场的作用下会产生能量调制及空间分布群聚,即大多数电子将聚集在光波的某个特定的相位附近.这样,不但大多数电子的相位相同,而且相隔一个波长的各团电子的辐射相位也是相同的,因此辐射功率大为增强,使连续谱同步辐射成为相干辐射谱(如图 11.3 所示),而峰值辐射强度比连续谱要高几个数量级.这就是相干辐射的基本物理过程.相干辐射的峰值波长 λ_i 由下式给出(对平面型波荡器,在电子轨道平面):

$$\lambda_i = \frac{1}{i} \frac{\lambda_\mathrm{u}}{2\gamma^2}\left(1 + \frac{K^2}{2}\right), \tag{11.1.1}$$

其中,λ_i 是相干辐射谱中第 i 次谐波的波长,λ_u 是波荡器磁铁周期的长度,单位与 λ_i 相同,γ 是电子的总能量与其静止能量之比($\gamma = E/m_0 c^2$),$K = \alpha\gamma = 0.934 B_0 \lambda_\mathrm{u}$ 是偏转系数,α 是电子在磁铁中最大偏角,B_0 是波荡器的峰值磁场.这里 λ_u 以 cm 为单位,B_0 以 T 为单位.

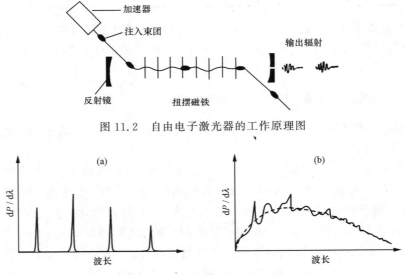

图 11.2　自由电子激光器的工作原理图

图 11.3　波荡器的辐射谱示意图
(a) 经针孔准直后的辐射谱；(b) 未经准直孔的辐射谱

　　若在波荡器两端加上反射镜,从光学角度来看,它们就构成了光学谐振腔.根据(11.1.1)式选择适当参数可使某些相干辐射在经过两反射镜的反射并通过波荡器时从电子束中进一步获得能量,即光辐射的振幅得到进一步放大.如此重复多次,最后振幅将达到一个稳定的饱和值,并将从反射镜中的小孔输出.这种单频辐射具有很高的功率.

2. 自由电子激光器装置

从上述原理分析可知,FEL 能产生强度极高、波长可调的相干辐射,这种辐射必将成为各领域的科学家强有力的研究工具.正因为这样,世界各国科学工作者为自由电子激光器装置的研制进行着不断的探索,形成了不同类型的自由电子激光器装置.在束流较弱(几十 A),电子间的相互作用可以忽略时,电子束与波荡器的作用等效于电子与虚光子的康普顿散射(Compton scattering),因此这类 FEL 称为康普顿型 FEL.另一种情况束流较强(几千 A 以上),电子间相互作用不能忽略,相互作用将属于拉曼散射(Raman scattering),称为拉曼型 FEL.强流加速器如感应直线加速器,由于其脉冲束流强度很高,能量低,适宜作放大器.它们的束流品质较差,不宜作为振荡器.弱束加速器如电子直线加速器(RFLA)等,虽然束流强度低、单程增益小、效率低,但束流品质好,脉冲时间长(10 μs 甚至连续),适宜于做成振荡器,并可得到极高的光辐射功率.当束流脉冲很短且流强很高,束流发射度和能散度很低时,束流同较长的波荡器相互作用会得到自放大的自发辐射(self-amplified spontaneous emission),即所谓 SASE.归纳起来,目前 FEL 可分为振荡器 FEL,放大器 FEL(包括谐波放大 CHG,高增益谐波型 HGHG),自放大自发辐射 SASE FEL.表 11.2 是世界上部分 FEL 的性能参数表.

表 11.2　世界 FEL 装置一览表

地点 (名称)	λ /μm	σ_z/ps	E /MeV	I/A	N	λ_u /cm	K	类型
Frascati (FEL-CAT)	760	15～20	1.8	5	16	2.5	0.75	RF,O
UCSB (mm FEL)	340	25 000	6	2	42	7.1	0.7	EA,O
Novosibirsk (RTM)	120～230	70	12	10	2×33	12	0.71	ERL,O
KAERI (THz FEL)	100～1 200	20	4.5～6.7	0.5	80	2.5	1.0～1.6	MA,O
Osaka (ISIR, SASE)	70～220	20～30	11	1 000	32	6	1.5	RF,S
Himeji (LEENA)	65～75	10	5.4	10	50	1.6	0.5	RF,O
UCSB (FIR FEL)	60	25 000	6	2	150	2	0.1	EA,O
Osaka (ILE/ILT)	47	3	8	50	50	2	0.5	RF,O

（续表）

地点 （名称）	λ $/\mu m$	σ_z/ps	E /MeV	I/A	N	λ_u /cm	K	类型
Osaka （ISIR）	32～150	20～30	13～19	50	32	6	1.5	RF,O
Tokai （JAEA-FEL）	22	2.5～5	17	200	52	3.3	0.7	RF,O
Bruyeres （ELSA）	20	30	18	100	30	3	0.8	RF,O
Osaka （FELI4）	18～40	10	33	40	30	8	1.3～ 1.7	RF,O
LANL （RAFEL）	15.5	15	17	300	200	2	0.9	RF,O
Kyoto （KU-FEL）	11～14	2.0	25	17	40	4	0.99	RF,O
Darmstadt （FEL）	6～8	2	25～50	2.7	80	3.2	1.0	RF,O
Osaka （iFEL1）	5.5	10	33.2	42	58	3.4	1.0	RF,O
BNL （HGHG）	5.3	6	40	120	60	3.3	1.44	RF,A
Beijing （BFEL）	5～25	4	30	15～20	50	3	1.0	RF,O
Dresden （U100-FELBE）	18～280	1～25	18～34	15	38	10	0.5～ 2.7	RF,O,K
（U27-FELBE）	4～21	0.5～4	15～34	15	2×34	2.73	0.3～ 0.7	RF,O,K
Tokyo （KHI-FEL）	4～16	2	32～40	30	43	3.2	0.7～ 1.8	RF,O
Nieuwegein （FELIX）	3～250	1	50	50	38	6.5	1.8	RF,O
Orsay （CLIO）	3～150	10	8～50	100	38	5	1.4	RF,O
Nieuwegein （FELICE）	3～40	1	60	50	48	6.0	1.8	RF,O
Osaka （iFEL2）	1.88	10	68	42	78	3.8	1.0	RF,O
Nihon （LEBRA）	0.9～ 6.5	1	58～100	10～20	50	4.8	0.7～ 1.4	RF,O

（续表）

地点（名称）	λ/μm	σ_z/ps	E/MeV	I/A	N	λ_u/cm	K	类型
Tsukuba（ETLOK-III）	0.85~1.45	90	310	1~3	2×7	20	1~2	SR,O,K
UCLA-BNL（VISA）	0.8	0.5	64~72	250	220	1.8	1.2	RF,S
JLab（IR upgrade）	0.7~10	0.15	120	400	30	5.5	3.0	ERL,O
BNL（ATF）	0.6	6	50	100	70	0.88	0.4	RF,O
Dortmund（FELICITAI）	0.42	50	450	90	17	25	2.0	SR,O
Osaka(iFEL3)	0.3~0.7	5	155	60	67	4	1.4	RF,O
Orsay（Super-ACO）	0.3~0.6	15	800	0.1	2×10	13	4.5	SR,O,K
JLab（UV upgrade）	0.25~0.7	0.2	135	270	60	3.3	1.3	ERL,O
Duke（OK-5）	0.25~0.79	5~20	270~800	10~50	2×30	12	3.18	SR,O,K
BNL（SDL FEL）	0.2~1.0	0.5~1	100~250	300~400	256	3.9	0.8	RF,A,S,H
Okazaki（UVSOR-II）	0.2~0.8	6	600~750	28.3	2×9	11	2.6~4.5	SR,O,K
Tsukuba（ETLOK-II）	0.2~0.6	55	310	1~3	2×42	7.2	1~1.4	SR,O,K
Trieste（ELETTRA）	0.2~0.4	28	1 000	150	2×19	10	4.2	SR,O,K
Duke（OK-4）	0.19~0.4	50	1 200	35	2×33	10	4.75	SR,O,K
Frascati（SPARC）	0.066~0.5	0.5~8	115~177	40~380	6×75	2.8	2.2	RF,A,S,H
RIKEN（SCSS Prototype）	0.03~0.06	1	250	300	600	1.5	0.3~1.5	RF,S
DESY（FLASH）	0.004 5	0.15	1 200	2 000	984	2.73	1.23	RF,S
SLAC（LCLS）	0.000 15	0.07	13 600	3 500	33×112	3	2.5	RF,S

　　MA——电子回旋加速器；ERL——能量回收直线加速器；EA——静电加速器；RF——射频直线加速器；SR——电子存储环；PW——激光等离子体尾场加速器；A——FEL 放大器；K——FEL 速调管；S——SASE；O——FEL 振荡器；H——HGHG

图 11.4 是美国斯坦福 MARK III 加速器及激光器的示意图.这个装置的加速器利用了以前的 1 GeV 电子直线加速器 MARK III 的一节,但是它的注入器、速调管、波荡器以及光学腔全是新的.建立这个装置的目的在于产生 $2\sim10\ \mu\mathrm{m}$ 的激光.该加速器的电子枪工作在 2 857 MHz,是 $\mathrm{LaB_6}$ 热阴极的微波枪,来自枪的电子束经过一个 α 铁以及四极磁铁、轨道校正系统等后,其平均束流为 $220\ \mu\mathrm{A}$,束流相宽为 4°(FWHM),峰值束流为 20 A.电子束由高梯度加速场的直线加速器加速到 44 MeV.电子枪和加速器所需微波功率由一只 30 MW 的速调管 ITT 提供.

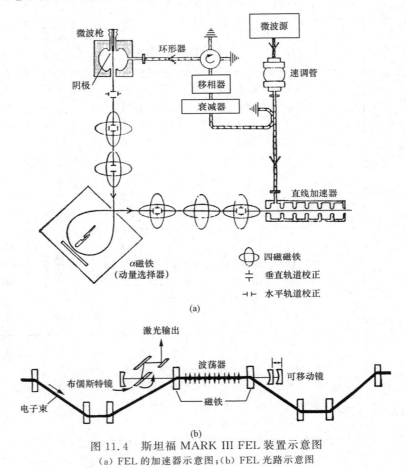

图 11.4　斯坦福 MARK III FEL 装置示意图
(a) FEL 的加速器示意图;(b) FEL 光路示意图

自由电子激光器的光路如图 11.4(b)所示.它主要由一个可调磁间隙波荡器、反射镜以及布儒斯特镜等组成.激光器光腔长度为 178.5 cm.波荡器由混合型永久磁铁组成,其磁场周期数为 47,周期长度为 2.3 cm,峰值磁感应强度为 0.7 T,总长度为 125 cm.8 块场强相同的永久磁铁组成一个使电子进入和离开波荡器的紧凑系统. 激光的输出耦合由一个旋转的 ZnSe 布儒斯特片等来实现.

自由电子激光器的研究已在不少国家的实验室取得成功, 上述的斯坦福 MARK III FEL 经过运行已得到 28％ 的增益, 用改变波荡器的磁间隙办法得到 $3.1\sim2.60\,\mu\mathrm{m}$ 的激光, 已观测到第 5、第 7 次谐波的相干自发辐射.

3. 直线加速器相干光源 LCLS

随着同步辐射的广泛应用和同步辐射用户对同步辐射光性能的要求进一步提高, 特别是对其高亮度、超短脉冲光源的需求之迫切, 同步辐射第四代光源被提上日程, 而目前基于自由电子激光的光源是实现第四代光源的主要途径. 美国斯坦福直线加速器中心(SLAC)于 20 世纪末开始着手直线加速器相干光源 LCLS(linac coherent light source)的前期研究并同 UCLA, BNL, LANL, ANL 的科学家合作开展研究. 美国能源部自 1999 年起, 每年提供 150 万美元支持开展 LCLS 的概念研究, 2002 年完成了概念设计报告[3], 2006 年秋开始工程建设, 2009 年 4 月 10 日首次得到 1.5 Å 的 X 射线辐射光, 2009 年 10 月为用户提供高亮度、超短脉冲 X 射线光源开展前沿课题研究.

LCLS 是一台基于电子直线加速器的自由电子激光 X 射线光源, 它主要是由电子直线加速器和平面型波荡器组成的自放大自发辐射型自由电子激光 SASE (self-amplified spontaneous emission). (参看图 11.5)其电子直线加速器利用了 SLAC 的 3 km 直线加速器的后三分之一部分并进行了适当改进. (如增加 X 波段加速节、束团长度压缩段等)为产生高性能电子束源, 在主加速器的一侧新建了 135 MeV 的高性能电子直线加速器作为注入器. 该注入器主要由光阴极电子枪、两个 3 m 长等梯度行波加速管、束流匹配段以及束流测量装置等组成, 其布局如图 11.6 所示.

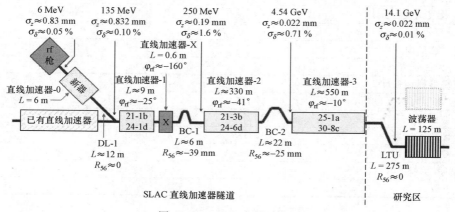

图 11.5 LCLS 布局示意图

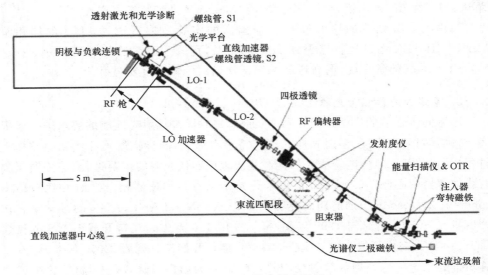

透射激光和光学诊断　　螺线管, S1

阴极与负载连锁　　　　光学平台

直线加速器
螺线管透镜, S2

LO-1

RF 枪

LO-2

四极透镜

RF 偏转器

LO 加速器

发射度仪

能量扫描仪 & OTR

5 m

注入器
弯转磁铁

束流匹配段

阻束器

直线加速器中心线

光谱仪二极磁铁

束流垃圾箱

图 11.6　LCLS 注入器布局图

　　为满足高束流性能(高流强、短脉冲、低能散、低发射度等)的要求,除采取光阴极微波电子枪外,对馈入电子枪、加速管中的各微波相位及其同步、稳定等均须进行控制,此外还采用了 X 波段加速段和磁压缩装置等措施.利用 PARMELA 等软件对加速器中的束流动力学参数、辐射特性进行从头到尾(start to end)的模拟计算,该 LCLS 的束流参数如表 11.3 所示.表 11.4 列出了部分束流参数的测量值.

表 11.3　LCLS 束流性能参数表

参数名	数值		单位
电子束能量	4.54	14.35	GeV
归一化发射度(rms)	1.2	1.2	mm·mrad
峰值束流	3 400	3 400	A
能散度	0.20	0.06	%,rms
束团长度	77	77	fs
波荡器周期长度	3		cm
波荡器周期数	3 729		
波荡器长度	112.86		m
波荡器磁场	1.325		T
波荡器间隙	6		mm
波荡器参数 K	3.7		
FEL 参数 ρ	14.5×10^{-4}	5.0×10^{-4}	

（续表）

参数名	数值		单位
功率增益长度	1.3	4.7	m
重复频率	120		Hz
饱和峰值功率	19	8	GW
峰值亮度	$5\times10^{31}\sim5\times10^{32}$	$10^{32}\sim10^{33}$	$N_{ph}/(s\cdot mm^2\cdot mrad^2\cdot 0.1\%BW)$
平均亮度	$2\times10^{20}\sim2\times10^{21}$	$2.7\times10^{21}\sim2.7\times10^{22}$	$N_{ph}/(s\cdot mm^2\cdot mrad^2\cdot 0.1\%BW)$
基本波长	18	1.5	Å

表 11.4　部分 LCLS 参数测量值

束流参数	测量值		单位
能量	14.2	4.1	GeV
束团长度(rms)	7	20	μm
峰值流强	3 000	1 000	A
束团电荷量	0.25	0.25	nC
发射度	0.5~1.6	0.5~1.6	mm·mrad
能量稳定性(tms)	0.04	0.07	%
峰值电流稳定性	10	6	%
重复频率	30	30	Hz
基波波长	$\geqslant1.4$	$\leqslant17$	Å
FEL 增益长度	3.3	1.5	m
峰值亮度	20	0.3	$10^{32}/(s\cdot mm^2\cdot mrad^2\cdot0.1\%BW)$
平均亮度	40	2	$10^{20}/(s\cdot mm^2\cdot mrad^2\cdot0.1\%BW)$
光子带宽	≈0.2	≈0.4	%
FEL 脉冲能量稳定性	<10	<10	%

图 11.7 给出了 LCLS 以及其他同步辐射光源的辐射谱亮度曲线,从图中可以看到,LCLS 的峰值辐射亮度要比其他光源的亮度高近 10 个量级.

三、能量回收直线加速器 ERL

自 20 世纪 70 年代专用同步辐射装置诞生以来,光源的性能在不断提高.基于电子储存环的同步辐射光源已发展到第三代,其光源亮度已提高了 10 个量级.随着光源性能的提高,各科学领域的研究因新的研究方法和手段而取得了许多重要成果,并拓宽了各自的研究范围.科学家对光源的性能,特别是对光源的亮度、超短脉冲提出了更高的要求,第四代光源也呼之欲出.由于基于电子储存环的光源的亮度受到衍射极限以及各种非线性不稳定性等因素所制约,已很难进一步提高,基于自由电子激光的光源便成为第四代光源的主要途径.2009 年美国斯坦福直线加速

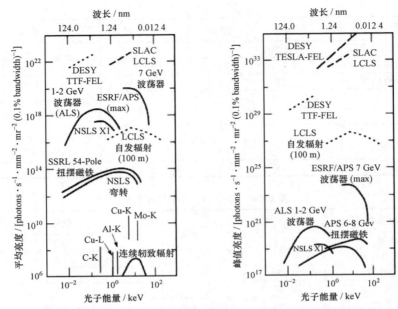

图 11.7　LCLS 以及其他同步辐射装置的峰值亮度和平均亮度曲线

器中心(SLAC)的直线加速器相干光源 LCLS 已调试成功,并为用户提供超短脉冲(数十 fs)、高亮度(峰值亮度比现有光源高近十个量级)的 X 射线光源,为生命科学等领域的研究提供了良好的研究手段. 但这一光源的平均亮度因受功率源的限制而难以提高,因此提高直线加速器的功率利用率,或者说电子束的能量回收问题已成为提高基于自由电子激光的光源高平均亮度的瓶颈问题.

　　有关电子直线加速器的能量回收的研究可追溯到 20 世纪 60 年代. 1965 年,康奈尔大学核物理研究实验室的蒂格纳(M. Tigner)教授考虑到来自两个电子直线加速器的电子束发生对撞后,其电子束的束流功率不能再加以利用而废弃. 为了利用其功率从而提高电子直线加速器的功率利用效率,他提出如图 11.8 所示的方案,让来自两个电子直线加速器的电子束在碰撞后进入另一直线加速器,并使其相位处在减速相位上,从而将束流功率交还给微波功率源以达到回收电子束能量的目的[4]. 这是最早提出的能量回收方案设想. 10 年后,加拿大加速器专家斯瑞伯(S. O. Schriber)利用直线加速器末端的磁铁系统将束流反射回去,反向再进入原加速器. 通过调节磁铁系统相对于加速管的位置从而改变反向进入加速器的相位,可改变回收能量的程度以改变被加速电子束的能量,这样可使医用加速器小型化. 实验结果表明,这一方法在不加大功率源的条件下可以得到 5~25 MeV 的电子束[5,6].

　　上述的能量回收建议和用于放射治疗医用加速器小型化的试验结果最初并未

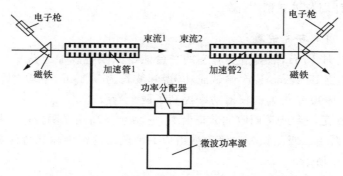

图 11.8　对撞机直线加速器能量回收方案示意图

引起高能加速器和同步辐射光源方面专家的注意.

20 世纪 80 年代中,直线加速器能量回收的研究引起了不少实验室的重视. 1985 年在美国 MIT 的一个小组开始了"同一腔"(same-cell)的能量回收研究,即让束流加速和减速时通过同一加速结构[7]. 试验表明电子束可加速到 400 MeV, 而减速后的电子束能量为 23 MeV. 1986 年"same-cell"能量回收被 SLAC 小组研究证实[8]. 此后不久,美国洛斯阿拉莫斯国家实验室利用从 FEL 出来的电子束再弯回进入加速结构以加速新的电子束,返回的电子束的能量的 70% 被回收产生微波功率来加速电子,返回的电子束能量由 21 MeV 减速到 5 MeV.

1990—1994 年间,美国杰斐逊实验室(JLab)在超导加速结构注入器上进行了能量回收实验,结果表明束流能量的 90% 被回收[9]. 1997 年该实验室的一个利用能回收的红外自由电子激光的验证系统(IR DEMO FEL)已建立起来,并于 1999 年得到连续的波长为 3.1 μm 的红外辐射功率 1.72 kW[10],2006 年得到波长为 1.6 μm 的平均辐射功率达 14.2 kW[11].

2003 年,俄罗斯新西伯利亚核物理研究所(BINP)利用了多次通过常规加速结构并让电子束通过波荡器后返回到原加速结构,其相位处在减速相位以回收电子束能量的方法,试验得到 120~230 μm 的太赫兹(THz)波辐射,最大平均功率为 400 W[12].

上述的直线加速器能量回收以及可提高平均辐射功率的实验结果,激励着各国这一领域的科学工作者为之进一步开展研究,并提出了更大光源(包括 X 射线光源)的研究计划. 如美国 JLab[10]、康奈尔大学的 X-ray 计划[13],俄罗斯 BINP 的 MARS 计划[14],英国达累斯堡的 ALICE[15],日本的 KEK、JAEA[16] 等. 此外,在高能物理研究中,这类加速器可应用于电子冷却电子束源(美国 BNL)、电子离子对撞机[17,18],以及极化电子束的产生[19] 等.

下面对美国 JLab、俄罗斯 BINP 以及日本 LAERI 的有关能量回收直线加速器

ERL 的研究计划及进展稍作介绍.

1. JLab ERL 研究进展

1999 年 7 月 15 日,杰斐逊实验室的一台能量回收直线加速器——红外自由电子激光验证装置 IR Demo 首次调试成功,得到波长为 3.1 μm,平均功率为 1.72 kW 的辐射,这比 1990 年得到的辐射功率提高了两个量级[10].

IR Demo 是一台能量回收的验证装置,它由直流高压光阴极电子枪、超导加速腔、波荡器以及由二级磁铁和四级磁铁组成的消色差返回传输线等组成.其布局示意图如图 11.9 所示.

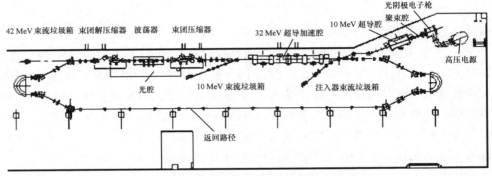

图 11.9　JLab 的 IR Demo FEL 装置示意图

直流高压光阴极电子枪产生 20 ps 长的微脉冲束团,其能量为 320 keV.该电子束进入频率为 1.497 MHz 的聚束腔进行聚束使束团长度变短,然后进入平均电场梯度为 10 MV/m 的超导腔进行加速.被加速的束流经由束流传输进入由 8 个超导腔组成的加速结构将电子束的能量提高到 48 MeV.而后电子束进入束团压缩器 (chicane)将束团进一步压缩,再进入波荡器产生 IR FEL 辐射.之后束流进入一解压缩器,将束团长度拉长以便减小空间电荷效应.到这时,束流有两个方向可去,一是直接进入束流前方的束流垃圾箱,一是进入返回的方向.在返回的路径上,电子束经过由二级磁铁、四级磁铁组成的消色差、等时性束流传输线,返回到原加速结构被减速,将能量交回给加速结构以加速新的电子束,而被减速的电子束的能量降为 10 MeV 后进入到束流垃圾箱.这样,一方面减少了微波功率的要求,另一方面束流被减速后进入垃圾箱,减轻了束流垃圾箱的热负荷和辐射剂量.试验表明,在同样的功率源条件下,束流不返回时最大平均流强为 1.1 mA,而让束流返回减速后,平均束流增加到 5 mA.表 11.5 是该验证装置的束流参数以及 FEL 系统的主要参数表.

表 11.5　IR Demo FEL 主要束流参数及 FEL 系统参数表

参数名	设计值	测量值
束流能量（动能）	48 MeV	48.0 MeV
平均流强	5 mA	4.8 mA
束团电荷量	60 pC	up to 60 pC
束团长度	<1 ps	0.4 ± 0.1 ps
峰值流强	22 A	up to 60 A
横向发射度	<8.7 mm·mrad	7.5 ± 1.5 mm·mrad
纵向发射度	33 keV·deg	26 ± 7 keV·deg
重复频率	18.7 MHz	18.7 MHz
微波源频率	1.497 GHz	1.497 GHz
波荡器周期长度	2.7 cm	2.7 cm
波荡器周期数	40	40.5
波荡器参数 K	1	0.98
波荡器相位误差	$<5°$	2.6°
轨道离散	100 μm	<100 μm
光腔长度	8.010 5 m	8.010 5 m
瑞利长度	40 cm	40 ± 2 cm
镜曲率半径	2.54 m	2.54 m
镜倾斜误差	5 μrad	≈ 5 μrad
输出耦合器反射系数	98.50	97.6, 90.5
输出波长	3～6 μm	5.8～6.2 μm

该验证装置已于 2004 年改造升级为 10 kW IR/1 kW UV FEL,其布局示意图如图 11.10 所示.

该装置在原验证装置的基础上改造后,既能产生红外(IR)自由电子激光,又能产生真空紫外(UV)自由电子激光. 表 11.6 给出了该基于能量回收直线加速器自由电子激光器装置的 FEL 的主要参数.经调试,该装置已于 2004 年 7 月得到了波长为 6 μm 的,10 kW 的连续波辐射功率,2006 年 10 月得到了 1.6 μm,14.2 kW 的连续 IR 波辐射功率,2001 年 8 月得到了真空紫外(UV)波辐射,其波长为 363 nm,平均功率为 100 W.

表 11.6　JLab FEL 主要参数表

束流能量	150 MeV	150 MeV
波长范围	10～14 μm	250～1 000 nm
能量/脉冲	120 μJ	20 μJ
脉冲重复频率	75 MHz	75 MHz
最大输出平均功率	>10 kW	>1 kW

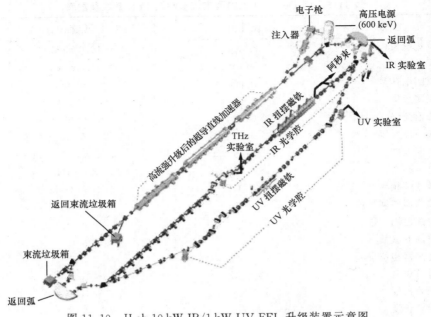

图 11.10　JLab 10 kW IR/1 kW UV FEL 升级装置示意图

2. 俄罗斯新西伯利亚核物理研究所能量回收直线加速器研究

1998 年新西伯利亚核物理研究所的一个研究小组,在第一次亚洲粒子加速器会议上报告了他们的第四代光源 MARS 计划[20],该计划的基本思路是建立一台利用能量回收直线加速器和衍射极限的波荡器辐射产生波长为 0.01~4 nm 的第四代光源.电子束多次通过同一超导直线加速器,最后将电子束加速到 5.3 GeV 后通过一较长的波荡器(约 150 m 长)产生相干辐射.该电子束返回到原超导加速器时处于减速相位,于是将其能量交回给功率源,从而减小了对微波功率源的功率要求,且电子束由于能量减小很易被束流垃圾箱吸收,又不会产生高的辐射剂量.由于电子束在加速过程中所需的加速时间远小于电子束团弥散过程的特征时间,因此由绝热阻尼所致,其发射度可小到 10^{-12} m·rad 量级,辐射光的平均亮度可达 $10^{23}/(\text{s} \cdot \text{mm}^2 \cdot \text{mrad}^2 \cdot 0.1\%\text{BW})$.该光源的布局如图 11.11 所示.MARS 能量回收直线加器和波荡器辐射主要参数如表 11.7 所示.模拟计算的波荡器辐射光亮度曲线如图 11.12 所示.

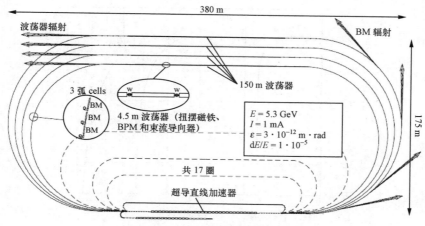

图 11.11 MARS 计划布局示意图

表 11.7 MARS 加速器及波荡器参数

参数名	参数值	参数名	参数值
电子束能量	5.3 GeV	波荡器	
平均流强	1 mA	周期长度	$\lambda_u = 1.5$ cm
峰值流强	1 A	磁铁间隙	5 mm
束流发射度	2×10^{-6} mm·mrad	磁场强度	0.65 T
相对能散度	2.4×10^{-5}	周期数	10 200
最后一圈周长	944 m	偏转参数 K	1.0
最后一圈能量损失	1.37 MeV	基波波长	1 Å
加速结构类型	超导 LEP 型加速腔	辐射亮度	1.4×10^{23}/s·mm²· mrad²·0.1%BW
工作频率	352 MHz	二级磁铁辐射	
加速单元数	4	磁场场强	0.35 T
各加速单元超导腔数	4	辐射波长	$\lambda_c = 1.9$ Å
加速场梯度	≥5 MV/m	辐射亮度	1.7×10^{17}/s·mm²· mrad²·0.1%BW
品质因数 Q_0	2×10^9		
二级磁铁数	1400		
磁场强度	0.347 T		
二级磁铁中曲率半径	50.9 m		

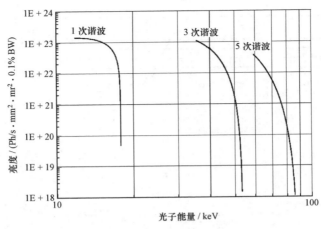

图 11.12　波荡器辐射亮度曲线

　　与此同时,他们已着手建造了较低能量的光源装置.该装置的布局如图 11.13 所示.

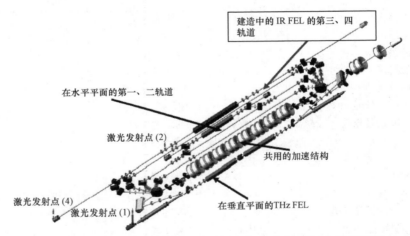

图 11.13　新西伯利亚核物理研究所 BINP 高功率 FEL 布局示意图

　　该 FEL 计划共用一个加速结构,让电子束多次通过该加速结构以得到不同能量的电子束,最后的电子束返回到加速结构时的相位是处在减速相位,并将其能量交还给加速结构.作为该装置的第一步,他们在垂直平面建造了一台能量为 12 MeV 的 THz 波 FEL 装置(如图 11.13 所示),并于 2003 年调试运行.它的加速结构是采用常规导体,工作频率也很低,产生 THz 辐射,是振荡型的 FEL. 2006 年该装置利用能量回收原理已得到 THz 辐射,其波长范围为 120～230 μm,最大平均输出功率为 400 W.加速器及 THz 波辐射参数如表 11.8 所示[21].

表 11.8 新西伯利亚 FEL 主要参数表

参数名	参数值	参数名	参数值
注入电子束能量	2 MeV	束团长度	100 ps
电子束能量	12 MeV	峰值流强	10 A
最大平均流强	20 mA		
加速腔频率	180 MHz	辐射波长	0.12～0.23 mm
加速腔数	16	线宽	0.3 %
单腔加速电压	0.7 MV	光脉冲长度（FWHM）	50 ps
束流重复频率	22.5 MHz	峰值辐射功率	1 MW
束流发射度	2 mm·mrad	重复频率	11.2 MHz
束流能散	0.2 %	最大平均辐射功率	0.4 kW

3. 日本原子能研究所

日本原子能研究所（JAERI）在 1987 年开始了高功率自由电子激光器的研究计划，并于 2000 年得到了 kW 级的 FEL 辐射. 1999 年该所开始了 ERL 的设计、研究，原来的直线加速器于 2001 年关闭，并将原来的超导直线加速器进行改进以验证能量回收. 2002 年初该装置运行并验证了能量回收，同年 8 月得到 FEL 辐射，其辐射功率为 0.1 kW. 该 ERL 装置的布局如图 11.14 所示.

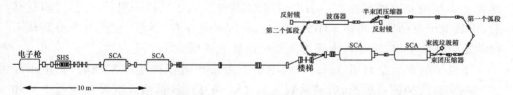

图 11.14 日本原子能研究所能量回收直线加速器装置（JAERI-ERL）示意图

该装置主要由注入器、超导加速腔、波荡器、束团压缩器（chicane）以及两个弧段组成. 注入器由阳极电压为 230 kV 的热阴极栅控电子枪、83.3 MHz 次谐波聚束腔（SHB）以及两个工作频率为 499.8 MHz 的超导加速腔等组成. 重复频率为 10.4 MHz 的栅控脉冲控制电子枪的束团长度为 800 ps，电荷量为 0.5 nC，平均束流为 5 mA. 这些电子束经次谐波聚束腔压缩，漂移，然后在两个加速腔中加速到 2.5 MeV，再压缩使束团在主加速腔入口处的束团长度为 15 ps. 电子束在主加速结构中加速到 17 MeV，而后经弧段传输线进入波荡器. 产生 FEL 后，电子束经由第二个弧段传输线再进入主加速结构，但它们的相位是处于减速相位，即电子束返回加速结构被减速，将其能量回收. 试验表明，98% 的能量被回收.

2005 年 10 月日本原子能研究所和日本核循环发展研究所的 FEL 研究小组重组归到日本原子能厅（Japan atomic energy agency），定名为 JAEA ERL 小组. 该

ERL 小组除运行 17 MeV ERL FEL 外,还负责研发将来需要的电子枪,并设计一台 6 GeV 的能量回收直线加速器光源[22,23,24].

四、超高能直线对撞机

由于同步辐射的存在,电子储存环对撞机的造价和尺寸将随质心能量的平方关系增长.根据这一规律,若要将欧洲能量为 55 GeV 的正负电子对撞机 LEP 的能量提高 10 倍,其周长将达 2700 km,显然这是难以实现的.而若选用超导磁铁来减小加速器的尺寸,又须要补偿巨大的同步辐射损失.如 500 GeV 的电子储存环,磁场为 0.15 T,电子轨道的曲率半径为 11.1 km,电子回旋一圈所辐射掉的能量将达 498.75 GeV,即约等于电子束本身的能量.如果采用超导磁铁,则辐射损失就更大了.由此可知,用常规的和超导的方法建造超高能正负电子储存环对撞机都会面临巨大的同步辐射损失,难以建造高能正负电子存储环对撞机.

美国斯坦福直线加速器中心的加速器专家们于 1980 年提出了一种直线对撞机 SLC 方案,并于 1983 年 10 月开始建造,1987 年 4 月开始调试,1989 年 4 月首次观测到 Z^0 粒子事例.SLC 机器的运行成功为建造超高能正负电子对撞机展现了可喜的前景.图 11.15 是斯坦福直线对撞机 SLC 的示意图.

在 SLC 中,正负电子都在同一 3 km 长的直线加速器中进行加速.当它们被加速到 1 GeV 时从直线加速器中引出,并分别传输注入正负电子阻尼环.经过阻尼环后,正负电子束的发散角被减小到 1.5×10^{-5} mrad 左右.然后,正负电子分别从不同的阻尼环中引出,再注入直线加速器中继续加速到 50 GeV.

正电子的产生是利用 33 GeV 的电子束轰击正电子产生靶实现的.正电子经 220 MeV 直线加速器加速,后被返航输运 2 km 的路程,再注入直线加速器中被加速到 50 GeV.

在这直线加速器的末端建造了一个正负电子对撞机.在其正负电子对撞区有一个所谓最终聚焦系统(final focus system).它是一个较复杂的束流输运段,在束流光学性能上要同其他部分匹配.束流尺寸先减小到原来的 20%,然后有一个由六极磁铁,二极磁铁组成的系统校正色差畸变,最后使束流尺寸再减小到 20%,以提高对撞点的亮度.SLC 机器于 1989 年投入运行,其参数如表 11.9 所示.

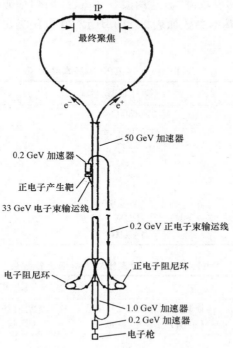

图 11.15　SLC 布局示意图

表 11.9　1989 年 SLC 的性能参数

	五月	八月	十二月
重复频率 f	30 Hz	60 Hz	60 Hz
电子数 N^-	1.1×10^{10}	1.8×10^{10}	2.0×10^{10}
正电子数 N^+	0.8×10^{10}	1.6×10^{10}	2.0×10^{10}
束流尺寸 σ_x	4 μm	3.3 μm	3.0 μm
σ_y	4 μm	3.3 μm	3.0 μm

　　最初设计和建造 SLC 的目的是验证直线对撞机的原理和进行高能物理研究. SLC 的运行成功为建造下一代直线对撞机提供了有益的经验. 作为高能物理研究用的直线对撞机, 其能量必须大大高于 LEP II(质心系能量为 180 GeV 到 200 GeV)的能量, 即质心系能量至少为 400 GeV 到 500 GeV, 其亮度也必须提高. 因此下一代的直线对撞机的设计有赖于低发散度源的研究和产生亚微米束的最后聚焦系统的研究, 也有赖于可靠的高能量效率加速器的研究. 除了 SLAC 在以上三方面开展研究外, 欧洲、日本和俄罗斯也都在进行研究, 他们也提出了建造更高能量直线对撞机的方案. 如苏联新西伯利亚核物理研究所 1978 年就提出正负电子直线对撞机(VLEPP)方案, 电子和正电子分别在各自的直线加速器中加速到高能后再进行对撞.

直线加速器是一种高梯度场结构,它用波长为 5 cm 的功率源,希望得到 100 MV/m 的加速场.VLEPP 的基本参数如表 11.10 所示.20 世纪提出的直线对撞机的设计参数如表 11.11 所示.

表 11.10　VLEPP 的基本参数

	第一阶段	第二阶段
能量	2×150 GeV	2×500 GeV
加速器长度	2×1.5 km	2×5 km
亮度	10^{32} cm^{2}s^{-1}	10^{32} cm^{2}s^{-1}
碰撞点数	5	5
束团中粒子束	10^{12}	10^{12}
平均束流功率	2×250 kW	2×900 kW
供电峰值功率	1 GW	4 GW
总供电功率	15 MW	40 MW

表 11.11　下一代直线对撞机初步参数表

机器名称	NLC	CLIC	VLEPP	JLC
地点	斯坦福 (美国)	日内瓦 (欧洲)	新西伯利亚 (苏联)	筑波 (日本)
质心能量/TeV	1	2	2	1
亮度/(cm^{-2}s^{-1})	7.9×10^{33}	10^{33}	10^{33}	1.7×10^{33}
主直线加速器				
微波功率波长/mm	17.5	10	21.4	26
加速场/(MV·m^{-1})	186	80	100	100
每束电子数	1.4×10^{10}	5×10^9	10^{11}	4×10^9
对撞点参数				
交叉角/mrad	3.9	$\geqslant 3$	—	24
β_x/mm	27	30	100	30
β_y/mm	0.085	0.4	1	0.09
σ_x/nm	388	125	1 000	300
σ_y/nm	2.2	15	10	3
σ_s/μm	70	200	700	79

SLC 成功运行已过去了二十余年了,但质心能量在 500 GeV～1 TeV 量级的正负电子对撞机的研制仍在计划中.各国加速器专家、工程师在广泛地开展国际合作,努力攻克其关键技术难题.目前正在积极计划建造的直线对撞机有斯坦福直线加速器中心的 NLC(next linear collider),西欧中心 CERN 的紧凑型直线对撞机 CLIC (compact linear collider)以及国际直线对撞机 ILC(international linear collider)等.

图 11.16 是 NLC 的布局示意图[25].NLC 的设计以质心能量 1 TeV 为目标,即

在质心能量 1 TeV 时性能参数最佳,但也可在较低能量时运行,并可使其对撞机的能量升级到 3 TeV. 表 11.12 列出了 NLC 的两个阶段的主要束流参数.

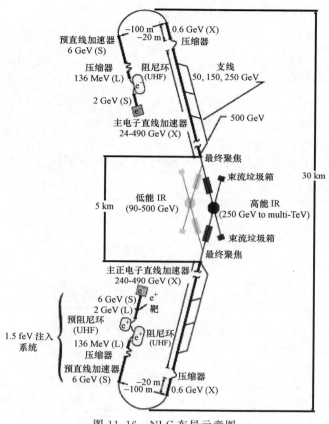

图 11.16　NLC 布局示意图

表 11.12　NLC 对撞机第一阶段、第二阶段的束流参数

参数	第一阶段	第二阶段
能量能量/GeV	500	1 000
亮度/(10^{34} cm^{-2} · s^{-1})	2.0	3.4
束团电子数/10^{10}	0.75	0.75
重复频率/Hz	120	120
束团间间隔/ns	1.4	1.4
有效加速梯度/(MV · m^{-1})	48	48
对撞点束流尺寸 σ_x, σ_y/nm	245,2.7	190,2.1
对撞点束团长度 σ_s/μm	110	110
每台直线加速器长度/km	6.3	12.8
对撞机总长度/km	≈30	≈30

图 11.17 是 CLIC 的布局示意图[26]. 该对撞机的主要特点是利用超导技术和双束加速原理,即主直线加速器的功率是一台低能、强流加速器产生的,频率为 12 GHz 的微波功率. 该对撞机的主要参数如表 11.13 所示.

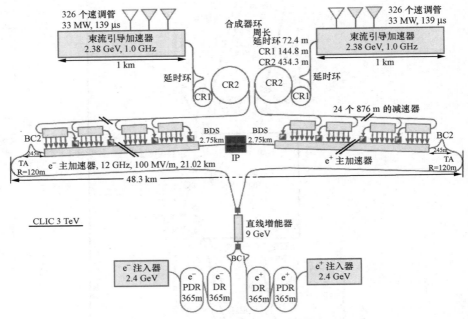

图 11.17 西欧直线对撞机 CLIC 布局示意图

表 11.13 西欧正负电子对撞机 CLIC 主要设计参数表[2]

质心能量/TeV	3	驱动直线加速器束流参数	
亮度/($cm^{-2}s^{-1}$)	2×10^{34}	工作频率/MHz	999.5
每束团粒子束	3.72×10^9	束流能量/MeV	240
束团间隔/ns	0.5	脉冲长度(串)/μs	139
每串束团数	312	束流强度/A	4.2
RF 频率/GHz	11.994	RF 功率效率/(%)	93
加速梯度/(MV·m^{-1})	100	驱动束流(压缩后)参数	
最大表面场/(MV·m^{-1})	245	总压缩因子	24
RF 功率效率/(%)	27.7	脉冲长度/ns	240
单节加速结构长度/m	0.23	束流强度/A	100
对撞机场地长度/km	48.4	束流能量/MeV	240
供电功率效率/(%)	7.2	每周期束团数	24

为了确定双束加速方案以及其他关键技术的可行性,该处特别设计和建造了 CLIC 的试验装置 CTF3. 该试验装置的布局如图 11.18 所示. 它的主要目标是验

证双束加速的可行性. 该试验装置经过广泛的国际合作(来自 19 个国家的 38 个研究所及大学的合作),现已完成建造和安装,即将全面开始调试试验. 目前已验证得到频率为 12 GHz,功率为 170 MW 的功率输出[27].

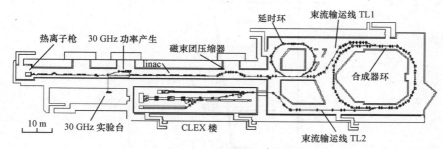

图 11.18 CTF3 布局示意图[27]

上面介绍的直线对撞机计划均是在酝酿探讨之中. 由于直线对撞机技术难度大,所需经费巨大(数十亿美元),所需场地数十千米,因此到目前为止,还没有一个计划已处在实施之中. 不少关键技术,如加速结构是超导还是常温,频率取什么频段较宜,地点选在何处等都在讨论或者说在试验之中. 这些问题的最后解决有待国际合作和有关国家政府的决定. 在将来加速器国际委员会(ICFA)、国际直线对撞机指导委员会(ILCSC)的指导和支持下,在第二届国际直线对撞机研讨会(ILC workshop)上正式形成了国际直线对撞机全球设计组织 GDE(ILC global design effort),其目标是集合三个区域(美洲、亚洲、欧洲)的加速器专家进行合作,确定直线对撞机的基本参数和布局. 来自各国三百多个研究所、大学的科学工作者于 2007 年 8 月完成了国际直线对撞机参考设计报告(international linear collider reference design report)[28]. 设计的基本要求是质心能量为 500 GeV,对撞点亮度约为 $2 \times 10^{34}\,\mathrm{cm}^{-2}\,\mathrm{s}^{-1}$,电子束的极化度$>$80%,能量稳定性$\leqslant$0.1%,质心能量可升级到 1 TeV. 为此,该设计框架为:极化电子束在直流光阴极电子枪中产生;正电子束的产生是通过 150 GeV 的电子束在一波荡器中产生光子,然后光子打钛合金靶产生正电子;正负电子加速到 5 GeV 后经过阻尼环、两个束团压缩系统使其束流性能达到设计要求,然后进入主直线加速器加速到 250 GeV(可升级到 500 GeV). 其主直线加速器采用超导加速腔结构,工作频率为 1.3 GHz,平均加速场强为 31.5 MV/m. 图 11.19 是该国际直线对撞机 ILC 的布局示意图,表 11.14 是 ILC 的主要设计参数.

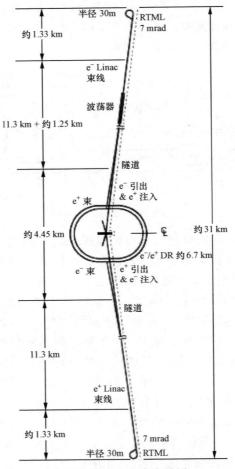

图 11.19　ILC 方案布局图

表 11.14　ILC 主要参数

参数	值	单位
质心能量	500	GeV
平均流强	9	mA
重复频率	5	Hz
束流脉冲长度	1.0	ms
平均加速梯度	31.5	MV/m
阻尼环能量	5	GeV
阻尼环周长	6.7	km
主直线加速器长度	11	km
总长度	31	km

（续表）

参数	值	单位
总功率消耗	230	MW
对撞点束流参数：		
重复频率	5	Hz
每束团粒子数	2×10^{10}	
束团间隔	369.2	ns
水平归一化发射度	10	mm · mrad
垂直归一化发射度	0.04	mm · mrad
束流尺寸(RMS)σ_x	639	nm
σ_y	5.7	nm
σ_z	300	μm
亮度	2×10^{34}	$cm^{-2}\cdot s^{-1}$

五、冷却技术

在质子和重离子加速器中,提高束流亮度始终是粒子物理学家所希望的,因此采取各种手段来提高高能加速器中的累积束流强度是加速器设计者所追求的目标.建造质子、重离子储存环是提高累积束流强度最有效的措施,但在这些加速器中,由于相空间中粒子密度守恒,注入环中的粒子数受到限制,致使束流亮度的提高受到限制.为了克服这一限制,人们采用所谓"冷却技术"以提高这些加速器中的束流亮度.到目前为止,冷却技术已在不少加速器上得到应用并取得了满意的结果.

"冷却"这一概念是从粒子的横向动能可以用温度来度量这一意义借用过来的.我们知道,在电子储存环中的同步辐射导致电子在储存环中的自由振荡振幅衰减,即电子在环中占有的横向相空间的面积逐渐减小.当它们减少到一定程度时,又可进行注入,使注入电子再一次充满储存环的接受相空间.这样,一次又一次注入,可使电子(正电子)储存环的累积束流达到很高(安培量级).但由于质子、重离子储存环同步辐射极小,这迫使人们探索新的办法来减小质子储存环中质子束团的发射度,使质子"冷却",以便实现多次注入.这个方法最早是苏联的布德克尔(G. I. Budker)在1966年国际碰撞束流讨论会上报告的,它被称为"电子冷却".并于1974—1975年在苏联科学院核物理研究所(新西伯利亚)进行了实验研究,取得了满意的结果.1981年美国费米国家实验室也报道了电子冷却的实验结果.1968年范德梅尔(S. Vander Meer)提出了另一种被称为"随机冷却"的冷却方法.1974年在西欧CERN的交叉质子储存环上利用该法进行了实验,取得了良好结果.这些结果直接导致CERN建造了反质子累积环,美国费米实验室和劳伦斯伯克利实验室也合作为Tevatron设计建造了反质子累积环.下面我们分别讲述"电子冷却"

（electron cooling）和"随机冷却"（stochastic cooling）的机制.

1. 电子冷却

"电子冷却"是指,在质子或反质子储存环中的直线段上注入与质子速度相等的电子束,如果电子束的能量单一,其轨道又与质子轨道平行,即电子的横向速度分量很小,而环中的质子束团的发射度较大,即横向运动动量较大,那么从温度概念来说,在以平均速度运动的坐标系中质子的温度较高,电子的温度较低,于是它们之间将通过库仑散射等因素进行能量交换,最后达到一个平衡态,即电子变热,质子变冷.也就是说质子的横向动量变小,发射度变小,此即"电子冷却"的物理过程.

"电子冷却"试验已在不少实验室进行过.图 11.20 是苏联核物理研究所进行电子冷却研究的装置示意图.该装置被命名为 NAP-M,它是专用于研究电子冷却的机器.质子的能量最高为 150 MeV,电子的能量为 100 keV,电子流为 1 A,电子束的角分散为 2×10^{-3} rad.其典型的实验结果如表 11.15 所示.

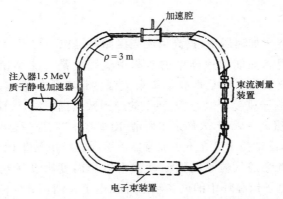

图 11.20　苏联 NAP-M 质子加速器冷却试验装置示意图

表 11.15　质子冷却的典型实验参数和结果

质子能量/MeV	35～80
电子能量/keV	19～43.6
电子束直径/mm	10
电子束流强/A	0.1～0.25
质子束流强/μA	20～200
质子束平衡尺寸/mm	0.8
冷却时间（在电子流为 0.1 A 时）/s	5
冷却范围的束流寿命/s	5 000
没有冷却的束流寿命/s	900
质子束角分散	$\leqslant 4 \times 10^{-5}$
质子束动量分散（$\Delta P/P$）	1×10^{-5}

上面结果发表后,西欧 CERN 也得到了满意的结果. 1981 年美国费米实验室
(Fermilab)发表了为建造质子–反质子 Tevatron 对撞机所进行的"电子冷却"的试验
结果:在 5 s 冷却时间内,动量分散减少 50 倍,横向束流尺寸在 15 s 内缩小 3 倍,寿
命约为 1 000 s,这些都与冷却理论计算相符. 表 11.16 是费米实验室的试验装置的
主要参数表.

表 11.16　冷却环和电子束主要参数

电子束能量/keV	62.4
电子束流强/A	2
冷却长度/m	5
电子束直径/mm	50
质子能量/MeV	114
质子环周长/m	135
质子数	$\approx 5 \times 10^5$
ν_x	3.56
ν_y	5.56
高频谐波数	7
高频加速电压/kV	$0.015 \sim 3$
冷却直线段参数 β_x/m	20
β_y/m	30
平均气压/Pa	6.7×10^{-7}

我国兰州近代物理研究所的重离子冷却储存环就是采取电子束冷却技术
的[29]. 他们在主环 CSRm 的一直线节中利用电子束冷却以积累更高流强,而在试
验环 CSRe 中利用电子束冷却补偿束流在内靶试验时的发射度增长或为高分辨的
核素的质量测量提供高性能的束流. 2006 年在 CSRm 进行了 C-束流累计试验. C-
束流的能量为 7 MeV/u 时,冷却后束流动量分散由 10^{-3} 降到 10^{-4},流强累计增益
因子达到 300[30].

为了提高同步加速器、储存环中质子、重离子的束流,在美国费米实验室的
Tevatron,德国 DESY 的 HERA 以及西欧中心的 LHC 的 SPS 上均采取了电子束
冷却. 美国 BNL 的相对论重离子对撞机 RHIC 也正在进行基于能量回收直线加速
器产生的高性能电子束进行冷却的研究[31,32].

2. 随机冷却

"随机冷却"是指储存环中的粒子束的自由振动振幅和动量分散被一个反馈系
统所衰减的物理过程. 为了阐明"随机冷却"的物理过程,这里选用图 11.21 所示的
自由振动冷却系统来定性叙述.

在储存环某处安放一个能检测环中粒子位置的传感元件,而在与这一元件相
距为 1/4 自由振动波长下游的地方安放冲击磁铁. 传感元件检测到储存环中粒子

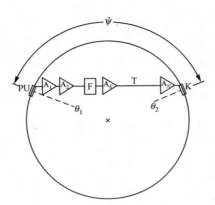

图 11.21　随机冷却系统示意图

偏离平衡轨道的横向位置和动量的信号,这一信号经放大并加到下游的冲击磁铁上,使粒子受到冲击场的作用.如果在环中仅有单一的粒子,显然,在冲击磁铁处受到作用后,粒子自由振动的振幅和动量偏移将被衰减.然而,在冲击磁铁处,粒子除接受到自己的信号外,还将受到其他粒子产生的信号,因此,对粒子数无限的系统来说,由于相空间流密度是一个常数(刘维尔定理),粒子不可能被冷却.但是,实际的储存环中的粒子数是有限的,因而总有一些粒子被衰减,这种衰减在低粒子相空间密度的环(如质子环)中可以起到冷却作用.我们不难从下面的分析中得出这个结论.

　　传感元件检测到储存环中 N 个粒子的某一个横向位置 Y_i(在理想情况,传感器的灵敏度正比于粒子的横向偏离),这个信号经放大加到下游的冲击磁铁上.如果此系统的电子学线路的带宽为 W,则在冲击磁铁处单个粒子受到脉冲作用时间近似为 $\frac{1}{2W}$.这样第 i 个粒子通过冲击磁铁时将受到 $n\left(n=\dfrac{N}{2WT}\right)$ 个粒子的冲量,这个冲量改变了自由振动的角度.因传感器和冲击磁铁间相距 1/4 自由振动波长,这个角度就有效地校正了自由振动,使 Y_i 发生了变化,

$$Y_i \rightarrow Y_i - gY_i - g\sum_{\substack{j=1 \\ j\neq i}}^{n} Y_j, \tag{11.1.2}$$

这里 g 是系统的增益.

　　此时表征系统"温度"的量 Y_i^2 的变化为

$$\Delta Y_i^2 = -2gY_i^2 - 2g\sum_{\substack{j=1 \\ j\neq i}}^{n} Y_iY_j + g^2\sum_{j=1}^{n} Y_j^2 + g^2\sum_{\substack{h \\ h\neq j}}\sum_{j} Y_hY_j. \tag{11.1.3}$$

我们考虑到 $i\neq j$,平均值 $\langle Y_iY_j\rangle = 0$,上式对粒子平均得

$$\langle\Delta Y_i^2\rangle = -2g\langle Y^2\rangle + g^2 n\langle Y^2\rangle.$$

当 $g=\dfrac{1}{n}=\dfrac{2WT}{N}$ 时,自由振动振幅均方根衰减率为

$$\frac{1}{\tau} = \frac{W}{2N} = \frac{1}{4nT}. \tag{11.1.4}$$

上式便是理想情况下冷却率 τ 与带宽 W、粒子数 N 以及粒子回旋周期 T 等参数间的关系式.

上面仅就随机冷却的物理过程进行了讨论. 自 1968 年后,随机冷却已成为很多加速器理论工作者研究的课题,不少实验室也选用了这样的冷却方案来提高加速器中的相空间粒子密度. 随机冷却不如低能下的电子冷却那样快,但它的优点是冷却的速率并不随离子束能量的增长而迅速下降.

六、超小型同步辐射光源

同步辐射光源在超大规模集成电路 ULSI 以及医疗诊断方面的初步应用已显现出极大的优越性,因此,研究建造超小型电子储存环——软 X 射线光源已引起很多工业部门及医疗单位的浓厚兴趣. 超小型同步辐射光源的研究制造已在德国柏林 BESSY、法国 NeyPric 公司、日本和英国等单位取得进展. 用于光刻的同步辐射机器,其目的在于克服普通光源 $0.5\,\mu m$ 光刻线宽的极限,改善产品质量等,同时机器必须是超小型的,且操作简便、曝光面积大. 围绕上述目标,日本电子技术实验室 (ETL)、德国 BESSY 实验室在建造超小型同步辐射机器方面已处在世界领先地位. ETL 和住友电器工业有限公司(SEI)联合研制的实验性小型机器(NIJI-I)已于 1986 年 2 月 28 日建成,并得到 160 MeV,400 mA 的储存束流. 德国 BESSY 实验室也于 1986 年 5 月使 COSY-II 在常规磁铁条件下运行(50 MeV). 日本住友重工业公司 (SHI)建造的超导超小型环 AURORA 也已于 1989 年建成运行. 据不完全统计,仅日本就有 10 余台用于光刻研究的小型同步辐射加速器在运行或正在建造. 表 11.17 给出了目前世界上部分专用于光刻发展研究的小型同步辐射光源及有关参数.

表 11.17　部分专用于光刻的小型同步辐射机器主要参数表

机器名称和地点	尺寸 /m	能量 /GeV	轨道半径 /m	流强 /mA	特征波长 /(10^{-10} m)
COSY-I(BESSY,柏林)	～$\Phi2$	0.56	0.37	(300)	11.8
COSY-II(BESSY,柏林)	2×6	0.63	0.44	50	9.8
MARS(Neypric,法国)	$\Phi5$	0.8	1.6	(100)	117.5
NIJI-I(ETL-SEI,筑波)	$\Phi4$	0.27	0.7	425	198.8
NTT-II(NTT-HITACH)	2×6	0.55	0.5	—	16.8
AURORA(SHI,田芜)	$\Phi3$	0.65	0.5	300	10.2
NIJI-II(ETL-SEI)	$\Phi5$	0.6	4.4	(300)	36.2
LURA(IHI,筑波)	6.8	0.8	2.0	(500)	21.8
NIJI-III(SEI-ETL)	$\Phi4$	0.62	0.5	200	11.7
SORTEC-I(筑波)	$\Phi15$	1.0	2.8	500	15.7
NTT-I(NTT-TOSHIBA)	$\Phi14$	0.8	2.22	—	24.2

对一个实用的小型同步辐射光源机器来说,场地不能太大,一般在 12 m×12 m 的空间内.这样小的场地不但要求能容纳储存环,还要容纳注入器和较大尺度曝光区域的光束线、实验站,同时储存环的同步辐射光的特征波长 λ 还不能太长[一般选在(5~15)×10^{-10}m 范围].为满足所有这些要求,不得不采用超导技术.目前已建成的 AURORA,NIJI-III 以及 COSY-II 均是由超导磁铁等构成的储存环.以日本住友重工业有限公司的 AURORA 为例,图 11.22 是该机器的光束线、实验站布局示意图.

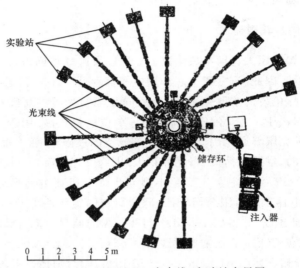

图 11.22　AURORA 光束线、实验站布局图

AURORA 的主机——储存环是由一个圆形的无直线节的超导磁铁构成.在磁铁极间安放有高频加速腔、真空室、用于注入的磁屏蔽通道、偏转器,以及扰动磁铁等,如图 11.23 所示.电子的轨道半径为 0.5 m,铁的外形尺寸约 3 m.主机的注入器是一台 150 MeV 的电子回旋加速器.主机能提供 16 个光束线.主机主要参数如表 11.18 所示.

表 11.18　AURORA 主要参数表

机器类型	弱聚焦
能量	650 MeV
储存束流	300 mA
弯转半径	0.5 m
特征波长	10^{-9} m
磁感应强度	4.3 T
光束线数	16
建成时间	1989 年

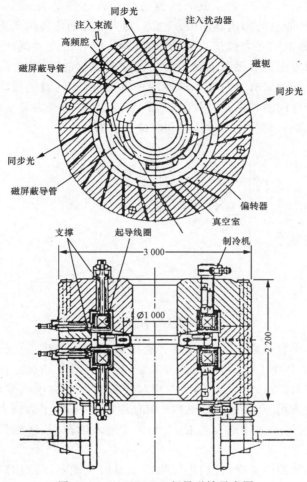

图 11.23　AURORA 超导磁铁示意图

第二节　加速器新原理研究

一、问题的提出

我们已论述了各种常规加速器的原理和所能加速的带电粒子种类及其能量范围. 从加速粒子的能量来说,目前世界上最高能量的加速器已将质子加速到 7 TeV (LHC),电子已被加速到 104.5 GeV(LEP). 从加速器的规模来说,圆形电子加速器的周长达 26.7 km(LEP),电子直线加速器长达 3 km(SLAC),原计划建造的

SSC 的主加速器周长为 87 km. 就加速器造价而言达数亿美元至近百亿美元. 总之,建造一台更高能量的加速器不但在财力、物力等方面使各国政府难以下决心批准,加速器的占地面积之大也是一般国家难以承受的. 然而,目前已有加速器的能量及束流强度两方面仍然很难满足高能物理学家提出的要求,这就迫使加速器专家们探索更为经济而又有效的新加速原理和方法. 假若我们把目前世界上运动物体的能量和其密度间的关系画一张图(见图 11.24),并划分为三个区域,那么这三个区域反映了人类对物质世界的认识和改造自然的能力.

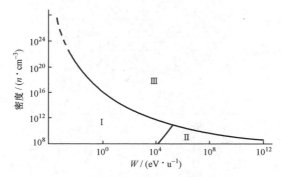

图 11.24　物质动能与其密度的关系图

　　从图 11.24 中可以看出,区域 I 是各种机械运动的范畴,包括人的运动、鸟兽的运动以及火车、汽车、飞机乃至火箭的运动,因此区域 I 是近几百年来人类探索自然已经扩展到的区域. 区域 II 则是带电粒子加速器所加速的带电粒子、核反应产物等所占据的领域. 经加速的带电粒子其能量越高,则粒子数或者说单位体积内的粒子数就越少. 这一区域是人类近 70 年来才进入的范围. 区域 III 是人类目前尚未达到的区域.

　　在人类几千年的历史中,人们曾使用的工具以及武器所能达到的速度不过是每秒数十米左右,若以每个核子的动能来计算,它们处在图 11.24 的左边界. 随着人类历史的发展,人类的进步使物质的机械运动速度不断提高,产生了蒸汽机、各种机械和能量转换装置,以及电的发现和利用,原子能的利用……在同大自然的斗争中,人类付出了巨大的劳动,涌现了无数的发明家和科学家,推动着科学和人类社会的进步,其活动在这张图中的范围也逐渐扩大.

　　现在,摆在人们面前的研究课题,就是从区域 II 向区域 III 扩充领地,即一方面要提高带电粒子的能量,另一方面要提高束流强度. 这个问题的解决靠现有的加速器原理和技术是困难的. 只有新的加速原理的发现和应用方能使高流强超高能加速器面目一新. 到目前为止,有关新加速原理的文章和试验不少,但是这些研究还处在探索阶段,有的正在进行试验,有的仅从理论上进行探讨. 下面就研究历程中曾给人们或将给人们以希望的几种加速原理作一简介.

二、电子环加速器（ERA）

苏联的维克斯勒尔（Векслер）于 1957 年提出了"电子环加速器"方案. 它的原理是这样的：把由直线电子感应加速器引出的电子束注入磁镜中，然后用增加磁场的办法对电子束进行绝热压缩形成电子环，如图 11.25 所示. 电子环形成的地方，由于电荷密度高，其电场足以使周围气体电离并捕获部分离子加载到电子环中. 当该环被加速时，电子环与离子一起被加速.

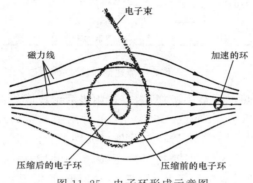

电子束

磁力线

加速的环

压缩后的电子环

压缩前的电子环

图 11.25 电子环形成示意图

1968 年在美国劳伦斯伯克利实验室（LBL）开了一次 ERA 的讨论会，与会科学家对 ERA 的成功寄予很大的希望. 此后不少国家成立了研究组，少则数人多则近 100 人进行理论和实验方面的研究. 1971 年苏联的萨兰采夫（V. P. Sarantsev）在日内瓦高能加速器会上作了电子环加速器将 α 粒子加速到 30 MeV 的报告. 美国加利福尼亚大学劳伦斯辐射实验室提出了一个将质子加速到 $10\sim 65$ GeV 的电子环加速器方案. 该加速器全长约 400 m，造价估计 240 万美元左右. 1978 年苏联杜布纳小组报告了 ERA 加速重离子的结果：加速器总长度为 50 cm，电子能量为 20 MeV，电子环的大半径 $R=3$ cm，小半径 $a=2$ mm，有 5×10^{11} 个 ^{14}N 的离子被加速，其加速率为 4 MeV/u/m，对其他重离子的加速率为 $1.5\sim 2$ MeV/u/m.

仿佛从 ERA 的结果可以看到新的希望，但 ERA 存在的不稳定性，如负质量不稳定性等使原来希望达到 100 MV/m 的场梯度受到了限制（低于 50 MV/m），因此电子环加速器作为高能量加速器的主张已被放弃. 但少数实验室仍在研究 ERA 作为重离子加速器的可能性. 总之，作为集团加速的电子环加速器有所进展，但仍有不少问题须要进一步研究和解决.

在电子环加速器中，基本过程分为四步，即成圈、压缩、捕获正离子和加速. 下面以美国马里兰大学的装置为例做一介绍.

图 11.26 是马里兰大学 ERA 装置示意图.

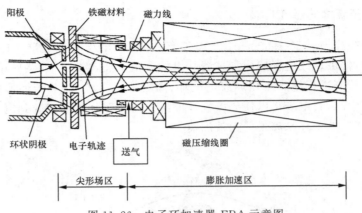

图 11.26　电子环加速器 ERA 示意图

　　环状阴极发射出热电子被阳极加速,穿过阳极后形成圆筒状电子束,并进入到一个磁场的尖形场区(cusped magnetic field,参看图中的磁力线,在阳极后面的磁性材料环使两边纵向相反方向的磁场在此处形成高的径向磁场).此处的径向磁场使电子转圈,并使电子的纵向动能转换成转圈的角向动能.由于在这个区内广义角动量守恒成立,电子通过这尖形场区后纵向运动速度 β_z 由下式给定:

$$\beta_z^2 = \beta^2 - \left(\frac{eBr}{\gamma m_0 c}\right)^2, \tag{11.2.1}$$

式中 B 是尖形场区的纵向磁感应强度,r 是筒状电子束的半径,γ 是电子的相对能量 $\left(\gamma = \frac{mc^2}{m_0 c^2}\right)$.由(11.2.1)式可知,选择适当的 B,r 和 γ,就可得到所需的 β_z.例如初始 $\beta = 1$,则 1 ns 的脉冲电子束团的纵向长度为 30 cm.如果通过尖形场区后的 $\beta_z = 0.03$,则束团纵向长度仅为 1 cm.这就实现了电子束在纵向的压缩,进而提高了电子环中的电荷密度.

　　电子束通过尖形场区后,磁场逐渐加大,电子的回旋半径也逐渐减小.(如图 11.27 所示)这不但使电子环的纵向尺寸变小,径向尺寸也变小,因此形成电荷密度很高的电子环.由于圆筒电子束是脉冲化的,因此被压缩的电子环是一个接一个地沿纵向方向运动的,如同吐的烟圈一样,故该加速器也称为"烟圈加速器".

　　电子成圈并被压缩后,其电荷密度很高,并形成很强的表面电场 E,其最大电场(以 MV/m 为单位)由下式给出:

$$E_{max} \approx \frac{4.6 \times 10^{-12} N_e}{Ra}, \tag{11.2.2}$$

其中 N_e 是电子环中的电子数,R 是电子环的大半径,a 是电子环的截面的小半径,半径都以 cm 为单位.根据(11.2.2)式可知,若 $N_e = 10^{13}$,$R = 3$ cm,$a = 2$ mm,则

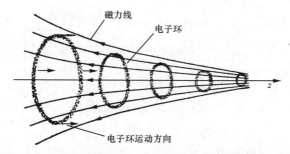

图 11.27　电子环的径向尺寸在纵向磁场中被压缩示意图

$E_{max} \approx 76$ MV/m. 这样强的电场足以使气体电离. 为了加速离子, 在压缩电子环的途中送入 $10^{-2} \sim 10^{-1}$ Pa 压强的气体. 气体被电子环电场电离后部分被电子环捕获. 这不但使集团加速成为可能, 而且电子环捕获离子后自身的稳定性也得到改善.

加载离子的电子环沿纵向运动, 其中已被捕获的离子同电子环一起以同样的纵向速度运动. 若电子环沿纵向运动时, 纵向磁场逐渐减小, 则电子环的角向速度也减小, 这导致电子环的纵向速度 β_z 增加, 结果电子环中的离子的 β_z 也跟着增加, 这也就实现了离子的加速. 由于这是因磁场减小, 电子环直径变大而被加速的, 因此被称为"膨胀加速". 当然也可以用外场来加速电子环.

三、强直线电子束集团加速器

强相对论电子束(IREB, intense relativistic electron beam)的集团加速是 1960 年苏联的普鲁图(A. A. Plyutto)首先报告的, 但直到 1986 年, 美国格莱别尔(S. E. Graybill)等发现用强相对论电子束(IREB)注入中性气体后产生集团加速的离子能量远比 IREB 本身的能量高时, 才引起加速器同行们的极大兴趣. 强相对论性电子束注入中性气体中产生非常高的加速电场(约 100 MV/m), 这比常规离子加速器中平均电场(约 $1 \sim 1.5$ MV/m)高了近两个数量级. 正因为如此, 世界上不少实验室开始对这种加速器进行理论和实验研究, 并提出了各种实验方案, 也取得了一些初步结果. 图 11.28 是这类加速器工作原理的示意图. 从图中可知, 这类加速器首先有一个能产生强相对论性电子束的装置, 如图中阴极阳极系统, 它产生流强高达数千甚至数万 A, 能量为 MeV 量级的电子束. 产生 IREB 的典型装置是 Marx 发生器, 它的参数是:

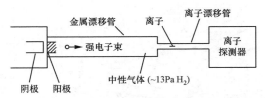

图 11.28　利用 IREB 注入中性气体中的集团加速器示意图

电子能量	$100\,keV\sim10\,MeV$
电子束流	$1\,kA\sim1\,MA$
束流脉冲长度	$10\,ns\sim100\,ns$
束流半径	$10\,mm\sim100\,mm$
束流功率	$10\,J\sim1\,MJ$

用这样的装置产生的 IREB 注入工作气体(如氢)中,其气压为 13 Pa 左右.这时 IREB 会导致气体电离并捕获部分离子一起运动,使离子被加速,其离子的能量远高于注入的电子束的能量.这就是这类加速器的基本工作原理.下面仅就其中前沿电离加速器 IFA(ionization front accelerator)、自动共振加速器 ARA(autoresonant accelerator)以及真空漂移管加速器等作一概述.

1. 前沿电离加速器IFA

IFA 加速器的基本物理过程是把强相对论电子束(IREB)注入中性气体中,在束团的前部形成一个很陡的势阱,这个势阱引起中性气体电离并捕获离子.当 IREB 移动时,这个势阱同样一起移动,这样 IREB 提供了一个加速场使离子得到加速.IREB 的整个空间电荷场很高(如电子束能量 $\varepsilon_e=1\,MeV$,电子束流 $I_e=30\,kA$,电子束半径 $r=1\,cm$,则加速场 $E_z\approx100\,MV/m$),而势阱的速度是从零开始的,因此离子可以从静止状态开始被加速.这个加速原理已被一些实验所证实.如美国康奈尔大学米勒(R. B. Miller)等人用 2 MeV,20 kA 的 IREB 实验,在 100 cm 范围内,使氘离子加速到 6.6 MeV.更高能量的实验方案也已提出.表 11.19 是 IFA 加速器可能的设计参数表.

表 11.19　IFA 加速器设计参数表

	IREB	质子参数
能量	3 MeV	1 GeV
束流	30 kA	10 kA
束流半径	1 cm	0.5 cm
束流脉宽	40 ns	0.04 ns
束流功率	0.09 TW	10 TW
加速区长度	—	10 m

2. 自动共振加速器ARA

图 11.29 是自动共振加速器 ARA 的示意图. 与 IFA 不同,ARA 加速器是将 IREB 注入有很强的纵向磁场 B_z 的真空管道中,并且用高频激励器在非中性化的 IREB 中激起慢的回旋波. 从这种模式的回旋波的色散关系中得到相速度 v_p 为

$$v_p = \left[\omega_0/(\omega_0 + \omega_{ce})\right]v_z, \tag{11.2.3}$$

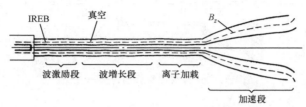

图 11.29　ARA 加速器示意图

这里 ω_0 是激励波的频率,$\omega_{ce} = eB_z(\gamma m_0 c)^{-1}$ 是电子在 B_z 场中的回旋频率,v_z 是电子束流的速度. 这里被激励起的回旋波是一个纵向空间电荷波. 它是一种所谓负能量形式的波,也就是说它是从 IREB 束流能量的损失建立起来的波,其场强沿轴逐渐增长. 载在这个慢空间波上的离子将被加速. 在加速段,B_z 逐渐变小,由(11.2.3)式可知二波的相速逐渐增加,因此离子被加速到高能. 表 11.20 是 ARA 试验加速器的参数表.

表 11.20　ARA 可行性试验加速器参数表

IREB 参数		加速段参数	
能量	$\varepsilon_e = 3\,\text{MeV}$	质子能量	$\varepsilon_p = 30\,\text{MeV}$
束流	$I_e = 30\,\text{kA}$	质子束流	$I_p = 30\,\text{A}$
束径	$r_b = 3\,\text{cm}$	加速段长度	$l = 400\,\text{cm}$
束流脉冲功率	$p_e = 9 \times 10^{10}\,\text{W}$	初始磁感应强度	$B_{in} = 2.4\,\text{T}$
压缩段参数		末端磁感应强度	$B_{out} = 0.2\,\text{T}$
初始磁感应强度	$B_{in} = 0.24\,\text{T}$	初始束径	$r_{in} = 1\,\text{cm}$
长度	$l = 100\,\text{cm}$	末端束径	$r_{out} = 3.5\,\text{cm}$
末端电子束半径	$r_{out} = 1\,\text{cm}$	激励波频率	$f_0 = 240\,\text{MHz}$
末端磁感应强度	$B_{out} = 2.4\,\text{T}$		

3. 真空漂移管加速器

图 11.30 是美国马里兰大学真空漂移管加速器的示意图. 这个加速器利用阳极、阴极间放电产生强相对论性电子束,在阳极附近用喷阀喷入气体,在电子束前端使气体电离形成等离子体. 这个等离子体既是离子源,又是集团加速的载体. 实验结果表明,每个核子的最大能量为 5 MeV,而且与质量无关. 用不同的气体进行

实验发现,在离子束团中包含的总电荷与气体种类无关并近似相同(~10^{12} e).从 Xe 离子中发现最大能量的 Xe(10^7 离子/cm^2)为 600~900 MeV.

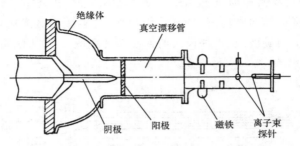

图 11.30　真空漂移管加速器示意图

四、等离子体加速器

等离子体加速器是另一种类型的集团加速器.研究表明,在一定条件下,电磁波能在等离子体中建立和传播.为研究在等离子体中建立起慢波的条件,首先假定是有界等离子体,即用磁场约束的圆柱形等离子体.利用麦克斯韦方程、连续性方程以及广义欧姆定律等,可得到用磁约束的有界等离子体中波的色散关系为

$$\frac{J_0(m_p a)}{J_1(m_p a)} = -\frac{|m_0|}{m_p}\varepsilon_z\frac{K_0(|m_0|a)}{K_1(|m_0|a)}. \tag{11.2.4}$$

其中 $m_p^2 = (k^2 - \beta^2)\left(1 - \dfrac{\omega_p^2}{\omega^2}\right)$;$J_0, J_1, K_0, K_1$ 是贝塞尔函数,β 是波的传播常数;$k^2 = \omega^2/c^2$;$\omega_p^2 = 4\pi n e^2/m_e$ 是等离子体的朗缪尔(Langmuir)频率;n 是等离子体密度;a 是等离子体柱半径,$|m_0| = \sqrt{\beta^2 - k^2}$,$\varepsilon_z = 1 - \omega_p^2/\omega^2$.由以上关系得相速 v_p 为

$$v_p = \frac{\omega}{\beta} = \frac{c}{\sqrt{1 - m_p^2 c^2/(\omega^2 - \omega_p^2)}}. \tag{11.2.5}$$

正如我们在讨论电子直线加速器时指出的那样,只有当电磁波的相速小于或等于光速时,才能用来加速电子,这里同样只有当电磁波在等离子体中传播的相速小于或等于光速时才能用来加速带电粒子.从(11.2.5)式中得到慢波的条件是

$$v_p = \frac{c}{\sqrt{1 - m_p^2 c^2/(\omega^2 - \omega_p^2)}} \leqslant c. \tag{11.2.6}$$

即建立慢波的条件为 $\sqrt{1 - m_p^2 c^2/(\omega^2 - \omega_p^2)} \geqslant 1$. 当 $\omega < \omega_p$ 时,$\varepsilon_z < 0$,m_p 为实数,它既满足 $v_p \leqslant c$,又满足色散方程(11.2.4)式.由此可知,在等离子体中建立慢波的条件是 $\omega \leqslant \omega_p$.此时相速可改写为

$$v_p = \frac{c}{\sqrt{1 + m_p^2 c^2/(\omega_p^2 - \omega^2)}} \leqslant c. \tag{11.2.7}$$

从(11.2.7)式不难发现,调节电磁波的频率 ω 或控制等离子体的密度来改变 ω_p 均可以得到不同的相速并且小于或等于光速.由此可知,我们能够在等离子体中激励起能加速带电粒子的慢波.

采用小信号线性处理的办法,在等离子体中激起的电场很强.当等离子体密度 $n=1\times10^{12}\,\mathrm{cm}^{-3}$ 时,其最大电场强度

$$E_{max} \approx 220\,\mathrm{MV/m}.$$

若利用这样高的电场来加速带电粒子,能量为 $2\,\mathrm{GeV}$ 时,加速器的长度也不过是 $10\,\mathrm{m}$ 左右.这一结果鼓舞着人们致力于等离子体加速的探索.但由于等离子体中存在很多类型的不稳定性,以及需要频率很高($10^{10}\,\mathrm{Hz}$ 以上)的大功率源等技术难题,使研究进展缓慢.不管怎样,等离子体作为慢波结构具有以下优点:

(1)不会发生击穿.因为波导内充满的是已经完全被电离了的物质,因此不但能建立很高的电场,而且不会击穿.

(2)能够传播混合波,即纵波、横波均能被激励并能在其中传播.

(3)波与被加速粒子间有很好的耦合.

(4)等离子体波导的几何形状和电性能易调节和控制.

正因为等离子体具有上述特点,才吸引着人们为建立等离子体加速器而继续探索.

研究表明,在无界等离子体中的加速模式是一个相对论性电子等离子体波.它基本上是一个空间电荷波,其相速近似于光速 c.这个波具有一些总的特性,其特性还与激励方式有关.最大电场 E_{max} 由下式给出:

$$eE_{max} = m\omega_p^2 c, \tag{11.2.8}$$

其中 ω_p 是等离子体自然谐振频率即朗缪尔频率,E_{max} 是纵向电场的最大值.将有关参数代入(11.2.8)式,得到最大场强 E_{max}(以 V/cm 为单位)与等离子体密度 n_0(以 cm^{-3} 为单位)的关系式,

$$E_{max} = \sqrt{n_0}. \tag{11.2.9}$$

当等离子体密度 n_0 在 $10^{16}\sim10^{18}\,\mathrm{cm}^{-3}$ 范围内,根据(11.2.9)式计算,其加速电场在 $10\sim100\,\mathrm{GV/m}$ 范围内.这意味着,仅 $100\,\mathrm{m}$ 长的这种等离子体加速器,就能把质子加速到 $1\sim10\,\mathrm{TeV}$ 的能量.这是一个多么令人兴奋的结果!实际上,由于波在增长过程中要捕获一些电子等,这将使可用的电场减到约 $0.1E_{max}$.

综上所述,不论是有界等离子体,还是无界等离子体,都可在其中建立起很高的纵向加速电场.目前不少实验室提出了各自的等离子体加速器方案.这里仅就激光激励的等离子体差拍波加速器 PBWA(plasma beat wave accelerator)和等离子体尾场加速器 PWFA(plasma wakefield accelerator)进行讨论.

1. 等离子体差拍波加速器 PBWA

PBWA 是用激光来激励等离子体波的集团加速器. 它是田岛俊树（T. Tajima）等人提出的, 已在美国、英国、意大利、法国等有关实验室开展试验研究. 前面曾谈到, 激励等离子体波遇到没有现成的极高频率的功率源的困难, 而 PBWA 方案则用两个频率分别为 ω_0 和 ω_1 的高功率激光束平行照射等离子体, 它们的差频 $\omega_0 - \omega_1$ 和等离子体频率 ω_p 相等, 这时有质动力伴随着激光包络共振激励大振幅的等离子体波, 其相速 v_p 为

$$v_p = \frac{\omega}{k} = \frac{\omega_0 - \omega_1}{k_0 - k_1} = \frac{\Delta\omega}{\Delta k} \approx v_g, \qquad (11.2.10)$$

式中 v_g 是激光在等离子体中的群速, $v_g = c\left(1 - \dfrac{\omega_p^2}{\omega_0^2}\right)^{1/2}$. 差频拍波激励等离子体波的过程如图 11.31 所示. 如果激光器的频率比 ω_p 高很多, 波的相速 v_p 将接近光速, 因此注入的相对论性粒子就有可能停留在等离子体波的加速场相位上, 并被加速到高能.

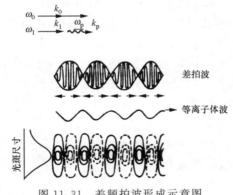

图 11.31　差频拍波形成示意图

表 11.21 列出了一台可能的等离子体差频拍波加速器 PBWA 的参数和所需激光器参数.

表 **11.21**　一台 16 GeV PBWA 的参数表

激光波长	$0.25\,\mu\mathrm{m}$
等离子体密度	$10^{17}\mathrm{cm}^{-3}$
E_z	$3\,\mathrm{GeV/m}$
加速器长度	$5.4\,\mathrm{m}$
能量增益	$16.2\,\mathrm{GeV}$
等离子体波长	$100\,\mu\mathrm{m}$
激光等离子体耦合系数	10%

（续表）

激光脉冲宽度（方波）	15 ps
等离子体波建场时间	15 ps
激光能量	200 J
等离子体波直径	500 μm
等离子体体积	1 cm³
等离子体能量	16.65 J

2. 等离子体尾场加速器PWFA

从能量密度观点来看,已有的电子束或离子束的脉冲功率能同激光器相比,甚至比激光器更高.因此,在选择激励等离子体波的方法时,自然会想到用强流带电粒子束来激励.理论和试验表明,用一个密度很高的高功率电子束注入并通过等离子体时,在束团后将激励起等离子体波.由于这束团的空间电荷力的作用,等离子体中的电子被移动并停留在等离子体振荡波的尾部,这尾部场被称为尾场.这类似于湖面上行驶的小船后面激起的波浪,它总是和船的速度一样并尾随船一起向前运动.束团所激起的尾场的相速将与这注入束团的速度($\approx c$)一样.

该方案是美国 P. Chen 和 J. M. Dawson 等人提出的.已在美国阿贡国家实验室得到实验结果.从被加速粒子的能量得知,尾场幅值为 5 MV/m 左右.他们的实验目的在于论证设计一个能量高于 1 GeV 的尾场加速器的可行性.

SLAC 在美国能源部支持下的 E-57 计划,计划利用 SLAC 的 28.5 GeV 的电子束通过 1 m 长的锂等离子体将其能量增加 1 GeV[33].图 11.32 是该计划的布局示意图.

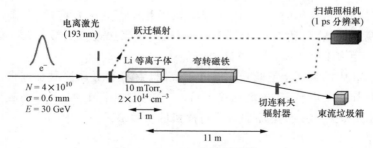

图 11.32　E-57 布局示意图

除用电子束激励等离子体外,还可以采用激光进行激励.美国加利福尼亚大学曾提出用激光束来激励等离子体尾场的方案,这种加速器被称为等离子体激光尾场加速器.计算表明,激光尾场加速器的尾场幅度为

$$eE/m\omega_{\mathrm{p}}c \approx \frac{1}{2}\left(\frac{V_{\mathrm{osc}}}{c}\right). \tag{11.2.11}$$

根据这个关系式,若用 10 TW 功率激光器,将会在 0.5 mm 内将带电粒子加速到 7 MeV,即加速场高达 15 GV/m. 表 11.22 列出了激光尾场加速器的计算参数表.

表 11.22　激光尾场加速器设计参数

激光器功率	10 TW	1 PW
脉冲长度	0.25 ps	1 ps
V_{osc}/c	2	11
等离子体密度	6×10^{16} cm^{-3}	4×10^{16} cm^{-3}
加速场梯度	15 GV/m	$20 \sim 80$ GV/m

五、其他类型加速器

除上述新加速原理外,仍有不少新概念、新加速方案在诞生,也许它们当中之一将成为超高能加速器的先驱. 为了开拓我们的视野,为了向区域 Ⅲ(本章图 11.24)迈进,这里将另几种类型的新加速器方案介绍给读者.

1. 尾场加速器

这里说的尾场加速器不同于前面说的等离子体尾场加速器,而是指速度接近光速的非常短而又强的脉冲电子束团通过束团与腔壁的相互作用,在腔体内激起的电磁场. 由于腔的内壁不是理想导体,其壁电阻使激发的电磁场总是滞后于前进的电子束团,即电磁场总是尾随着电子束,因此称这种场为尾场. 这一类尾场是沃斯(G. A. Voss)和韦兰(T. Weiland)在 1982 年首先提出的,并为加速器同行所重视和研究. 图 11.33 是所谓尾场变压器(加速器)的示意图. 强而短的圆筒形电子束团(环状束团)通过腔体时,在腔内激起电磁场并向腔的中心传播、会聚,在腔中心建立起很高的电场(可达 500 MV/m). 利用这个场来加速带电粒子,必然使带电粒子在很短的距离上得到很高的能量.

图 11.33 中的束团 Ⅰ 是低能强流电子束团,束团 Ⅱ 是弱流被加速束团. 为有效地利用尾场加速带电粒子,尾场加速器将由一系列如图 11.33 所示的腔体组成. 表 11.23 是计算得到的一台尾场加速器对撞机的参数表.

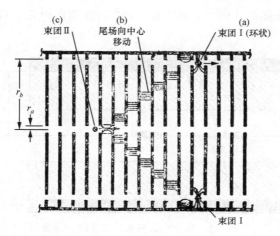

图 11.33　尾场变压器示意图

（a）束团Ⅰ在腔中形成尾场；

（b）尾场的中心传播；（c）束团Ⅱ被尾场加速.

表 11.23　60 GeV＋60 GeV 尾场加速器对撞机参数

粒子能量	50 GeV
电子直线加速器长度	550 m
正电子直线加速器长度	650 m
常规直线加速器场梯度	25 MV/m
尾场变压器场梯度	170 MV/m
每束高能粒子束	10^{11}
驱动束流粒子束	6×10^{12}
各束团长度	0.2 cm
尾场变压器增益	10.2
驱动束流参数	
粒子束	6×10^{12}
进入尾场变压器的束流能量	5.5 GeV
离开尾场变压器的束流能量	0.5 GeV
螺旋线磁感应强度	＞1 T

　　另一种尾场加速器是电介质加载的尾场加速结构,其基本原理如图 11.34 所示[34].在半径为 a 的良导体波导的内壁填充介电常数为 ε 的电介质,如陶瓷、冻石等,其内径为 b,即半径为 b 的范围内为真空.当一低能（相对论性电子束）、高流强、短脉冲的电子束团,沿该结构的轴线通过时,它在束流的后方会建立起很强的电场（尾场）,该电场就可以用来加速紧随其后的流强较小的电子束团.早期原理性试验证明加速梯度为 1 MV/m.20 世纪 80 年代已得到 10 MV/m 的加速梯度.近年来,

在 10 GHz 时,加速梯度已达 100 MV/m[3],在 THz 范围内几个 GV/m 的场也已观察到[35,36,37].

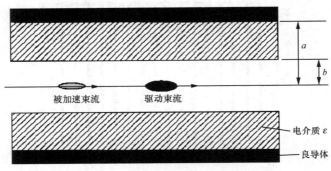

图 11.34　电介质加载尾场加速结构示意图

2. 双束加速器TBA

双束加速器(two-beam accelerator) 方案如图 11.35 所示.其中一电子束(图中强电子束团)用来产生高功率的自由电子激光,作为高梯度加速结构的功率源,在它的激励下可产生很高的加速场(≈380 MV/m).这样的加速器被认为是一种能把电子加速到 1 TeV 的加速器,是下一代直线对撞机最有希望的候选者之一.

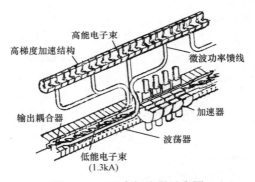

图 11.35　双束加速器示意图

强流相对论性电子束团通过波荡器时产生激光,这激光通过波导传输给高梯度的加速结构.强电子束团在波荡器中损失的能量,在进入下一个波荡器之前由感应式直线加速器或超导直线加速器补偿,然后在通过下一个波荡器时又产生激光,其激光功率被馈送到下一个加速结构.这样串接下去,使整个高梯度加速结构中都建立起高梯度加速场,若这时有电子束通过这梯度场将被加速到很高的能量.表 11.24 是一台 375 GeV＋375 GeV 的双束加速器对撞机的设计参数表.

表 11.24　双束加速器对撞机参数表

正负电子能量	375 GeV
加速器总长度	2 km
对撞机总长度	5 km
双束加速场梯度	260 MV/m
平均功率	150 MW＋150 MW
重复频率	1 kHz
驱动束流能量	3 MeV
高能粒子数	10^{11}

另一类双束加速器在论述西欧直线对撞机 CLIC 时已提到. CLIC 也是利用双束加速原理的. 但与上面不同, 它利用较低能 (相对于主加速器的能量而言) 强流电子束在加速结构减速产生所需频率的功率, 并且通过特殊的引出传输结构将其功率传输到主加速器加速电子束至高能.

3. 逆自由电子激光加速器(IFELA)

前面介绍的自由电子激光器是低能电子束团在通过波荡器时, 电子把能量转换成相干辐射的单色光——激光. 同样, 若让激光束和电子束团同时经过波荡器, 激光的能量就有可能转换成电子束团的能量, 这是逆自由电子激光加速器 (inverse free electron laser accelerator, 即 IFELA) 的基本思想. 电子束通过波荡器时的轨迹将成曲线或螺旋线形状. 电子轨迹同激光传播方向不平行的部分就有可能从激光场中得到能量, 即被加速. 这时电子所得到的能量 eE 由下式给出:

$$eE = eE_0 \sin\alpha \sin\varphi, \tag{11.2.12}$$

其中 E_0 是激光束中电场的最大幅值, α 是电子轨道同激光传播方向的平均夹角, φ 是电子束处在激光加速电场中的相位. 计算表明, 具有 10^{14} W 的脉冲功率的激光束, 其 E_0 高达 TV/m 量级. 这样高的电场必然使电子在短距离上获得极高的能量. 但由于粒子的能量增加后, 其 α 角变小, 会使电子束看到的加速场变小. 不管怎样, 这一方案仍是很有吸引力的. 为使电子的能量进一步提高, 多级逆自由电子激光加速器方案业已问世, 图 11.36 是这种方案的示意图. 表 11.25 是一台 300 GeV＋300 GeV 的逆自由电子激光加速器的可能参数表.

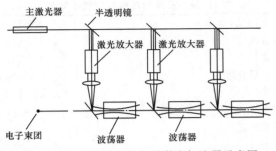

图 11.36　多级逆自由电子激光加速器示意图

表 11.25　300 GeV 正负电子逆自由电子激光加速器参数表

正负电子能量	294 GeV
注入电子束能量	250 MeV
激光波长	1 μm
激光功率(脉冲)	50 TW
加速场同步相位	0.866 rad
激光场强	0.22 TV/m
激光束腰半径	0.7 mm
波荡器磁场周期	3.8 cm
波荡器磁感应强度	1.0 T
加速器总长度	8 km
各激光器脉冲能量	10 kJ
平均功率	320 MW

2001 年基穆拉(W. D. Kimura)在 *Phys. Rev. Lett.* 上发表了另一类逆自由电子激光加速器的试验验证文章. 其试验装置由两台逆自由电子激光加速器构成,第一台用于电子束的聚束并将束团聚成约 3 fs 长的微脉冲束团,然后进入第二台进行加速. 图 11.37 是其试验装置布局示意图. 试验表明,电子束在第一个 IFEL(inverse free electron laser)中被聚束. 仔细调节两台 IFEL 间的同步和相位后,已观察到微脉冲电子束被加速[38,39].

上面已简述了加速器新原理和新技术的现状,由于篇幅所限,还有不少方案未能涉及,也许它们将来在超高能加速器中起着重要作用,如光栅加速器、逆切连科夫(Cherenkov)加速器、光子晶体加速结构[40,41],以及最近提出的基于超颖材料(metamaterial)的直线加速器结构[42,43]等. 希望读者参阅有关文献和著作.

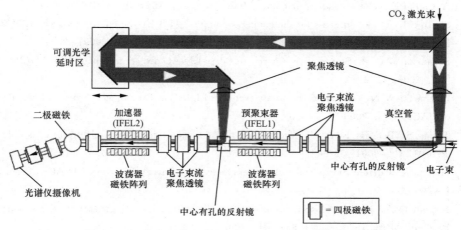

图 11.37　逆自由电子激光(STELLA)加速器布局示意图

参 考 文 献

[1] http：//multimedia. gallery. web. cern. ch/.

[2] Myers S. LHC commissioning and first operation// Proc. Of IPAC'10 [C]. 2010：6—10.

[3] http：//LHC. web. CERN. CH/.

[4] Tigner M. A possible apparatus for electron clashing-beam experiments [J]. Nuovo Cimento, 1965，37：1228—1231.

[5] Schriber S O. Double pass linear accelerator-REFLEOTRON [J]. IEEE on Nucl. Scie.，1975，NS-22(3)：1060.

[6] Schriber S O. Experimental measurement on a 25 MeV REFLEOTRON [J]. IEEE on Nucl. Scie.，1977，NS-24(3)：1061.

[7] Flanz J B，Sargent C P. IEEE on Nuclear Science，1985，NS-32(3)：3213.

[8] Smith T I，et al. Nuclear Instrument and Methods，1987，A259：1.

[9] Sereno N S，et al. Proc. of PAC1987 [C]. 1987：221.

[10] Neil G R，et al. Sustained kilowatt lasing in a free-electron-laser with same-cell energy recovery [J]. Physical Review Letters，2000，84(4)：662—665.

[11] http：//www. jlab. org/FEL/.

[12] Vinokurov N A，et al. Proc. Of FEL2006 [C]. 2006：492—495. Smith S L，et al. Progress on the Commissioning of ALICE，the Energy Recovery Linac-Based Light Source at Daresbury Laboratory. Proc. Of PAC09 [C]. 2009：1281.

[13] Crittender J A，et al. Developments for Cornell's X-ray ERL. Proc. of PAC09 [C]. 2009：106—108. Sakanaka S，et al. Status of the Energy recovery LINAC Project in Japan. Proc. Of PAC09 [C]. 2009：1278.

[14] Antokhin E A, et al. Nucl. Instrum. Methods, 2004, A528: 15.

[15] Smith S L, et al. Progress on the commissioning of ALICE, the energy recovery LINAC - based light source at Daresbury laboratory. Proc. Of PAC09 [C]. 2009: 1281.

[16] Sakanaka S, et al. Status of the energy recovery LINAC project in Japan. Proc. Of PAC09 [C]. 2009: 1278.

[17] Litvinenko V N, et al. R & D energy recovery LINAC at Brookhaven National Lab. Proc. of PAC09 [C]. 2009.

[18] Peggs S, Ben-Zvi I, et al. Accelerator physics issues for future electron-ion colliders. PAC01 [C]. 2001: 38—41.

[19] Hajima R. Current Status and Future perspectives of Energy Recovery LINACs. Proc. Of PAC09 [C]. 2009: 97—101.

[20] Kayran D A, et al. MARS-a project of the diffraction limited generation X-ray source. Proc. of APAC-1998 [C]. 1998: 704—706.

[21] Vinokurov N A, et al. Status of the Novosibrisk high power terahertz FEL. Proc. of FEL2006 [C]. 2006: 492—495.

[22] Hajima R, et al. First demonstration of energy recovery operation in the JAERI superconducting LINAC for a high-power free_electron laser [J]. Nuclear Instruments and Method in Physics Research, 2003, A 507: 115—119.

[23] Hajima R. Overview of energy-recovery LINACs. Proc. Of APAC2007 [C]. 2007: 11.

[24] Nagai R, et al. Linac optics optimization for energy recovery Linac. Proc. Of PAC03 [C]. 2003: 3443.

[25] Phinney N. 2001 Repot on the next linear collider. Fermilab-Conf-01/075-E, June, 2001 [C].

[26] Dobert S. Status and future prospects of CLIC. Proc. Of LINA08 [C]. 2008: 364—368.

[27] Skowronski P K, et al. Progress towards the CLIC feasibility demonstration in TF3. Proc. of IPAC'10 [C]. 2010: 3410.

[28] Phinney N, Toge N, Walker N. International linear collider reference design report accelerator. Accelerator ILC-Report-2007-001, 3 [C]. http: //www. linearcollider. org.

[29] Xia J W, et al. The heavy ion cooler-storage-ring project (HIRFL-CSR) at Lanzhou [J]. Nucl. Instr. Meth. , 2002, A 488: 11—25.

[30] Xia J W, et al. HIRFL-CSR facility. Proc. Of PAC09 [C]. 2009: 3048—3052.

[31] Pilat F. RHIC status and plans. Pros. Of EPAC2002 [C]. 2002: 15—19.

[32] Litvinenko V N, et al. R & D energy recovery LINAC at Brookhaven national laboratory. Proc. Of EPAC08 [C]. 2008: 193—195.

[33] Assmann R W, et al. Progress towards E-57: A 1 GeV plasma wakefield accelerator. Proc. Of PAC99 [C]. 1999: 330—332.

[34] Gai W, et al. Experimental demonstration of wake-field effects in dielectric structure [J]. Physical Review Letters, 1988, 61(24): 2756.

[35] Conde M E, et al. The Argonne wakefield accelerator facility (AWA) upgrades and future experiments. Proc. Of PAC09 [C]. 2009: 2923—2925.

[36] Conde M E, et al. Survey of advanced dielectric wakefield accelerators. PAC07 [C]. 2007: 1899—1903.

[37] Rosenzweib J, et al. High frequency, high gradient dielectric wakefield acceleration experiments at SLAC and BNL. Proc. of IPAC'10 [C]. 2010: 3605—3607.

[38] Kimura W D, et al. First staging of two laser accelerators [J]. Physical Review Letters, 2001, 86(18): 4041—4043.

[39] Kimura W D, et al. First demonstration of staged laser accelerators. Proc. of PAC01 [C]. 2001: 103—107.

[40] Marsh R A, et al. Design advanced photonic band gap (PBG) structures for high gradient accelerator applications. Proc. Of PAC09 [C]. 2009: 2986—2988.

[41] England R J, et al. Photonic band gap fiber wakefield experiment at SLAC. Proc. Of PAC09 [C]. 2009: 3004—3006.

[42] Spapiro M A, et al. Metamaterial-based linear accelerator structure. Proc. of PAC09 [C]. 2009: 2992—2994.

[43] Tan Y S, et al. Metamaterial mediated inverse cherenkov acceleration. Proc. of PAC09 [C]. 2009: 4378—4380.